全国技工院校计算机类专业教材

（中/高级技能层级）

Dreamweaver 网页设计与制作

（第二版）

人力资源社会保障部教材办公室　组织编写

中国劳动社会保障出版社

简介

本书主要内容包括：网站制作基础知识、Dreamweaver CS3 入门、输入与编辑网页元素、应用超链接和行为、用表格构建网页布局、建立框架网页、应用样式表、应用 Div+CSS 技术布局网页、应用模板和库、动态网页入门、应用 JavaScript 制作网页特效等。

本书由郭煜主编，葛蓝、董曼任副主编，叶矿、叶娴、孙定荣、陈驰野参加编写；林植浩审稿。

图书在版编目(CIP)数据

Dreamweaver 网页设计与制作 / 人力资源社会保障部教材办公室组织编写. -- 2 版. -- 北京：中国劳动社会保障出版社，2019

全国技工院校计算机类专业教材. 中/高级技能层级

ISBN 978-7-5167-3954-9

Ⅰ. ①D… Ⅱ. ①人… Ⅲ. ①网页制作工具－技工学校－教材 Ⅳ. ①TP393.092

中国版本图书馆CIP数据核字(2019)第102320号

中国劳动社会保障出版社出版发行

（北京市惠新东街 1 号 邮政编码：100029）

*

北京市艺辉印刷有限公司印刷装订 新华书店经销

787 毫米 ×1092 毫米 16 开本 19.75 印张 376 千字

2019 年 7 月第 2 版 2025 年 5 月第 12 次印刷

定价：49.00 元

营销中心电话：400-606-6496

出版社网址：http://www.class.com.cn

http://jg.class.com.cn

前　言

为了更好地满足技工院校计算机类专业的教学要求，适应计算机行业的发展现状，全面提升教学质量，人力资源社会保障部教材办公室组织有关学校的一线教师和行业、企业专家，充分调研企业用人需求和学校教学情况，吸收借鉴各地技工院校教学改革的成功经验，根据人力资源社会保障部颁发的《技工院校计算机类通用专业课教学大纲（2015）》《技工院校计算机应用与维修专业教学计划和教学大纲（2015）》《技工院校计算机网络应用专业教学计划和教学大纲（2015）》对相关教材进行了修订。本次修订的教材包括:《电工与电子技术基础（第三版）》《键盘操作与五笔字型（第二版）》《计算机应用基础（第二版）》《常用办公软件（第三版）》《计算机组装与维护（第二版）》《Dreamweaver 网页设计与制作（第二版）》《Photoshop 平面设计与制作（第二版）》《Flash 动画设计与制作（第二版）》《计算机网络基础与应用（第二版）》《Internet 基础与应用（第三版）》《常用工具软件（第三版）》《微型计算机外围设备（第四版）》《制图与机械常识（第三版）》等。

本次教材修订工作的重点主要有以下几个方面:

第一，坚持以能力为本位，突出职业教育特色。

根据计算机类专业毕业生所从事职业的实际需要，合理确定学生应具备的知识结构与能力结构，对教材内容的深度、难度做了调整。同时，进一步加强实践性应用环节，突出职业教育特色，以满足社会对技能型人才的需要。

第二，兼顾技术发展与教学条件，突出计算机综合应用能力培养。

针对计算机软、硬件更新迅速的特点，在教学内容选取上，既注重体现新软件、新知识，又兼顾技工院校教学实际条件。在教学内容组织上，不仅仅局限于某一计算机软件版本的具体功能，而是更注重计算机使用能力的拓展，使学生能够触类旁通，提升计算机使用的综合能力，为后续专业课程的学习打下良好的基础。

第三，创新教材编写模式，注重实践能力培养。

根据技工院校学生认知规律，创新教材编写模式，以完成具体工作过程为主线组织教材内容，将理论知识的讲解与具体的任务载体有机结合，激发学生学习兴趣，提高学生实践能力。

第四，丰富教材表现形式，提高教材可读性。

在表现形式上，通过丰富的操作图片和软件截图详尽地指导任务操作步骤和软件使用方法，使教材内容更加直观、形象。结合计算机类专业教材的特点，多数教材采用四色印刷，图文并茂，增强了教材内容的表现效果，提高了教材的可读性。

第五，开发多种教学资源，提供优质教学服务。

在教学服务方面，为方便教师教学和学生学习，配套提供了制作素材、电子课件、教案示例等教学资源，可通过技工教育网（http://jg.class.com.cn）下载使用。除此之外，在部分教材中还借助二维码技术，针对教材中的重点、难点内容，开发制作了操作演示微视频，可使用移动设备扫描书中二维码在线观看。

本次教材的改版工作得到了河北、黑龙江、江苏、河南、广东、重庆等省（直辖市）人力资源社会保障厅（局）及有关学校的大力支持，在此我们表示诚挚的谢意。

人力资源社会保障部教材办公室

2019 年 1 月

目 录

CONTENTS

项目一
个人网页的简单美化——网站制作基础知识

项目内容

本项目的主要工作内容是对一个简单个人网站首页的网页标题、背景颜色、字体大小等基本要素做简单修改，要求在熟悉网站基本知识、认识网页基本元素的基础上，利用 HTML 语言完成。

项目分析

所有的网站都是由一个个网页组成的，本项目通过对简单个人网站首页的分析，来认识网页和网站的本质和组成元素，掌握与网页相关的基本概念。目前网页制作大多使用 Dreamweaver 这类“所见即所得”的窗口化设计工具，不必全部进行程序代码的编写，但能够看懂并简单运用 HTML 语言进行网页代码的修改仍是网页设计工作的一项必备技能。在某些时候，直接使用 HTML 语言能够给工作带来便利。

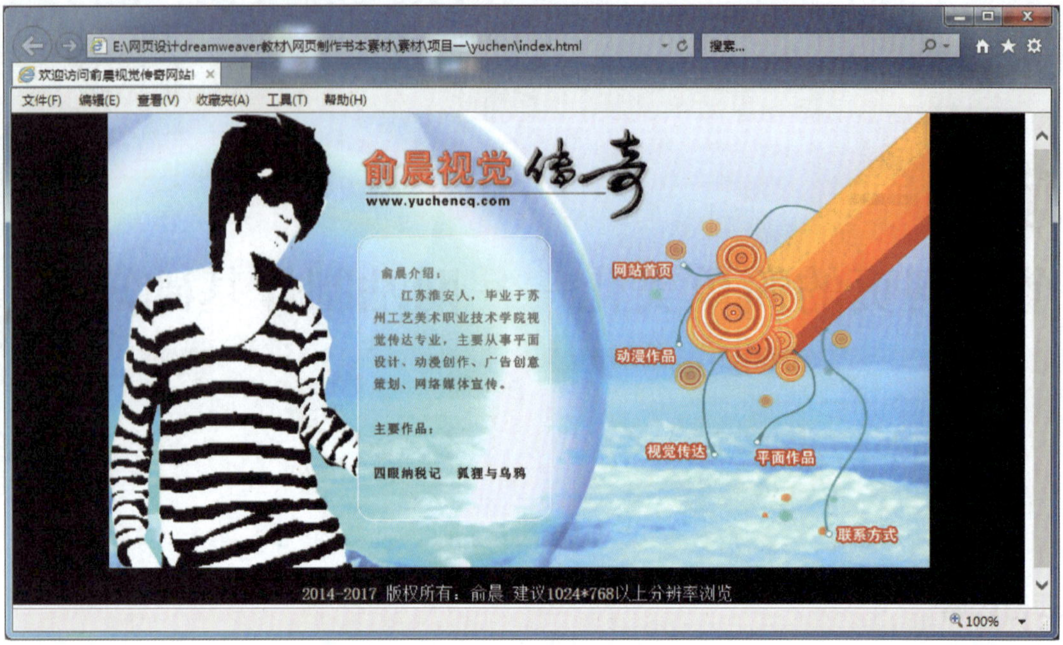

● 项目成果展示

任务 1　认识网站与网页

学习目标

◆认识网页的本质和网页中的常见元素

◆掌握 IP 地址、域名、网址等基本概念

◆理解静态网页与动态网页的区别

网页是上网时在浏览器中看到的一个个画面，网站则是一组相关网页的集合。一个小型网站可能只包含几个网页，而一个大型网站则可能包含成千上万个网页。

打开某个网站时显示的第一个网页被称为网站的主页（首页），它是网站的门户，通过它可以了解网站的性质和内容，以及访问网站的其他页面。

相关知识

一、网页的本质

图 1—1 所示为新浪网的主页及其组成文件，由该图可以看出，网页主要由文字、

图像和动画等元素组成。网页包括一组文件，它们分别是网页文件（扩展名为 htm、asp 等）、图像文件（扩展名为 jpg、gif 等）和 Flash 动画文件（扩展名为 swf）等。

在浏览器中选择“文件”→“另存为”命令，将网页保存到磁盘中，便可以看到网页的组成文件。

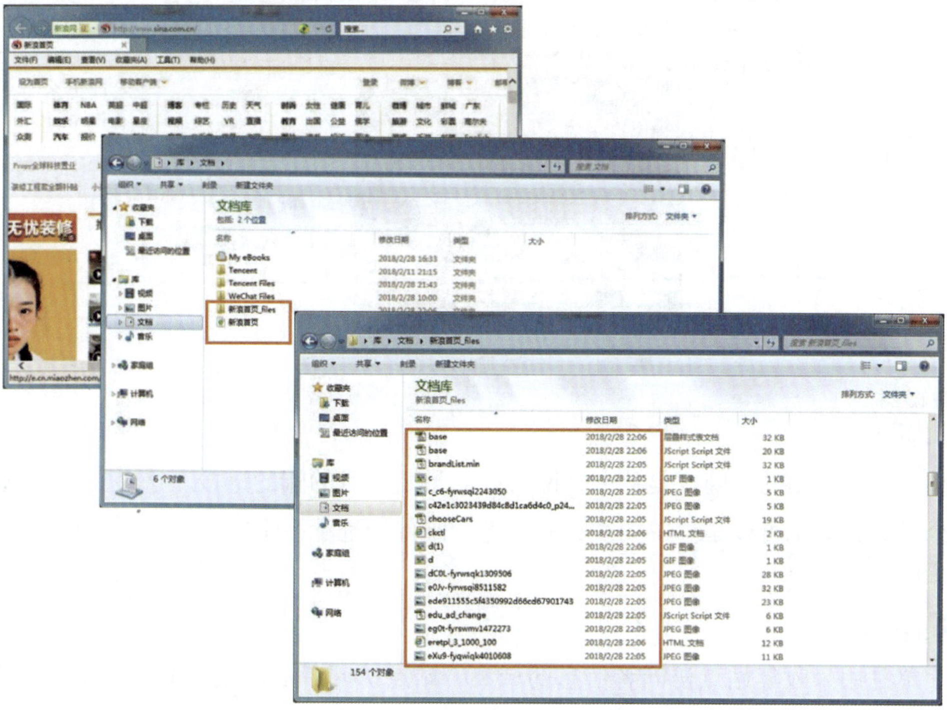

图 1—1　新浪网主页及其组成文件

二、网页中的常见元素

从浏览者的角度看，网页中无非就是一些文字、图像、动画等。但从专业人员的角度来看，网页中通常包含站标（Logo）、导航条、广告条（Banner）、文字链接和按钮等功能元素，如图 1—2 所示。

1. 文本

文本一直是最重要的信息载体与交流工具，网页中的信息一般以文本为主。在网页中可以通过字体、大小、颜色、底纹、边框等设置文本的属性。用户还可以在网页中设计各种各样的文字列表，清晰地表达一系列项目。在图 1—2 中文字链接部分的文本也可看作是文字列表，只不过每个列表项都通过超链接链接到与该列表项相关的网页。

2. 图像

现在看到的网页之所以丰富多彩，都是因为有了图像，可见图像在网页中的重要性。在网页中图像既可以表达主题，也可以对网页起装饰作用。网页中的图片一般为JPG、PNG 和 GIF 格式，即以 .jpg（或 .jpeg）、.png 和 .gif 为后缀的文件。

图 1—2　构成网页的常用元素

3. 超链接

超链接是网站的灵魂，是从一个网页指向另一个目的端的链接。这个目的端通常是另一个网页，但也可以是一幅图片、一个电子邮件地址、一个文件、一个程序，或者是本页中的其他位置。

4. 表单

表单是用来收集站点访问者信息的域集。站点访问者填写表单的方式是输入文本、单击单选框与复选框，以及从下拉菜单中选择选项。在填写好表单之后，站点便送出访问者所输入的数据，该数据就会根据所设置的表单处理程序，以各种不同的方式进行处理。

5. 表格

表格是网页排版的灵魂。使用表格排版是现在网页的主要制作形式。通过表格可以精确地控制各网页元素在网页中的位置。表格并非指网页中直观意义的表格，其范围更广一些。表格是 HTML 语言中的一种元素，主要用于网页内容的排列，组织整个网页的外观。通过在表格中放置相应的图片或其他内容，网页中的元素得以方便地固定在设计的位置上，即可有效地组合成符合设计效果的页面。一般表格边线不在网页中显示。

6. 动画

动画是网页上最活跃的元素，通常制作优秀、创意出众的动画是吸引浏览者的最有效的方法。网页中的 Banner 一般都是动画的形式。

网页中除了这些最基本的元素，还包括横幅广告、字幕、悬停按钮、日戳、计数器、音频、视频等。

三、IP 地址、域名和网址

1.IP 地址

虽然互联网连接了不计其数的服务器与客户机，但并不是杂乱无章的。每一个主机在互联网上都有唯一的地址，这个地址称为 IP 地址（Internet Protocol Address）。IP 地址由 4 组 0 ~ 255 之间的整数（可取 0 及 255）组成，数字之间用点间隔。例如，“61.135.150.126”就是一个 IP 地址。

2. 域名

由于 IP 地址在使用过程中难于记忆和书写，人们又用一种与 IP 地址对应的字符来表示地址，这就是域名。每一个网站都有自己的域名，并且域名是独一无二的。例如，只需在浏览器地址栏中输入“www.sina.com.cn”，就可以访问新浪网站。

小提示　在创建网站后需要申请域名和空间，并将网站上传到空间上，访问者才能通过互联网看到该网站。

3. 网址

网址又称为 URL，英文全称是“Uniform Resource Locator”，即统一资源定位符。它是一种网络上通用的地址格式，用于标识网页文件在网络中的位置。一个完整的网址由通信协议名称、域名或 IP 地址、网页在服务器中的路径和文件名 4 部分组成。例如，图 1—3 所示的网址“http://blog.sina.com.cn/s/blog-1459fdfec01030t0q.html”中，http 是超文本传输协议，blog.sina.com.cn 是域名，s 是文件在服务器中的路径，blog-1459fdfec01030t0q.html 是文件名。

图 1—3　网址示例

小提示　在浏览器地址栏中输入网址，并按下 Enter 键后，本地计算机首先通过浏览器将要浏览的网页地址发给存放网页的服务器，服务器在收到请求后，即将网页文件及其用到的图像文件、动画文件和其他文件发送给客户机。客户机上的浏览器则通过解释执行网页文件中的命令，将网页完整地显示在浏览器中。

四、动态网页与静态网页

网页可分为动态网页（DHTML）和静态网页（HTML）两大类。

从表现形式上来看，动态网页与静态网页 URL 的后缀不同，静态网页的后缀可以是 .htm、.html、.xml、.shtml，而动态网页则是以 .asp、.jsp、.php、.cgi、.perl 为后缀，并且在动态网页网址中通常有一个标志性符号“?”。

从浏览者的角度来看，无论是动态网页还是静态网页，都可以展示基本的文字和图片信息，只是动态网页可以实现交互功能，如各种论坛、留言板和聊天室等都属于动态网页。

从制作者的角度来看，静态网页完全采用 XHTML 语言编写，只需要掌握常用的网页设计软件（如 Dreamweaver）即可，而创建动态网页，除了要掌握常用的网页设计软件外，还必须掌握如 java、C# 等程序设计语言，以及 Microsoft SQL Server 或 Oracle 等数据库管理软件。

小提示 动态网页与网页中的动画、滚动等视觉上的“动态效果”不是同一概念。动态网页可以是纯文本，也可以包含各种动画。

任务实施

在学习了网页的基础知识后，下面通过制作一个简单的个人网站首页设计模板，认识实际网页的制作方法，并设计网页上的基本元素。

步骤 1 将本项目素材中的“index.jpg”文件拷贝至本任务工作文件夹中备用。

小提示 教材中所涉及素材等教学资源均可通过中国技工教育网 http://jg.class.com.cn 免费下载。

扫描二维码，可查看操作演示视频。

步骤 2 启动 Dreamweaver CS3，出现如图 1—4 所示的界面，选择“新建”栏目中的“HTML”，系统便会新建一个 HTML 文档。

步骤 3 选择“文件”→“另存为”命令，在出现的对话框中选择文件保存的位置，并给文件命名，如命名为“index.html”，然后单击“保存”按钮保存文件。

小提示 在编辑网页之前先将网页保存是一个良好的习惯，并且应该为文件设定一个英文或汉语拼音名称（不要命名为汉字名称），如果网页为主页，可以命名为“index.html”或者“default.html”。

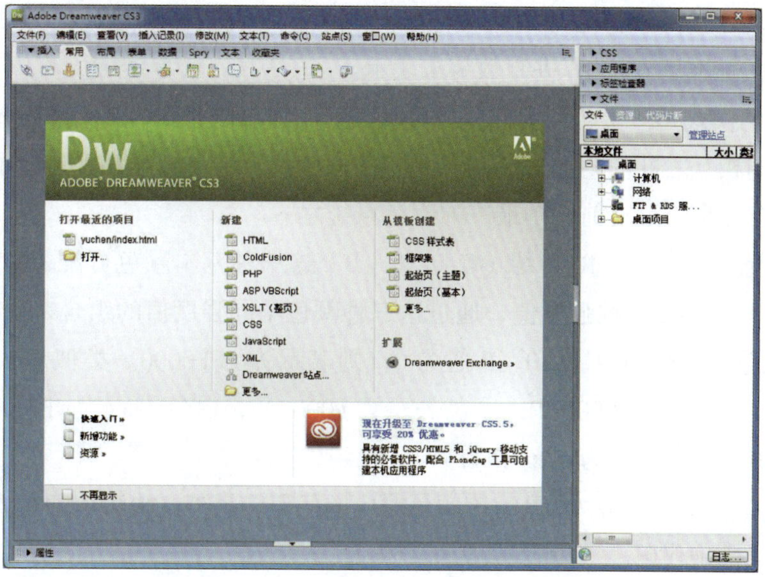

● 图 1—4 Dreamweaver CS3 启动界面

步骤 4 选择“插入记录”→“表格”命令，在“表格”对话框中按图 1—5 所示设置参数，然后设置表格属性，如图 1—6 所示。

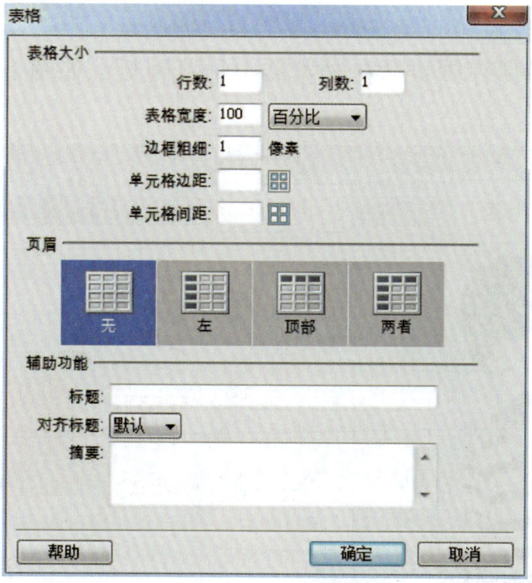

● 图 1—5 设置表格大小

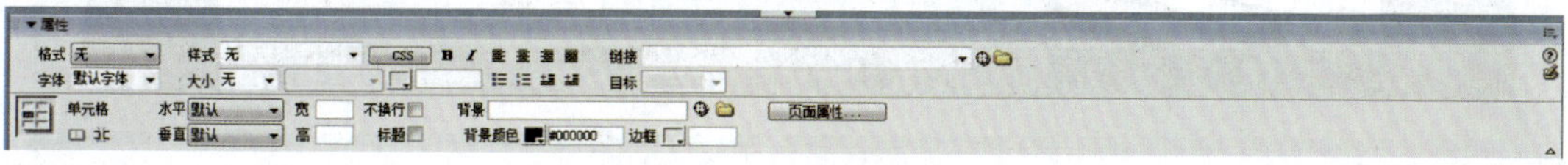

● 图 1—6 设置“表格”属性

在网页设计软件中，通常用代码来准确表示某一种具体颜色，较为常用的是根据 RGB 颜色模式标准用 6 位 16 进制数字来表示。

RGB 颜色模式是工业上常用的一种颜色标准，它通过红、绿、蓝三个颜色强弱的变化以及它们相互之间的叠加来得到各式各样的颜色。这个标准几乎包括了人类视力所能感知的所有颜色，是目前运用最广的颜色系统之一。

RGB 颜色模式为红（R）、绿（G）、蓝（B）这三种基本颜色分配了 0 ~ 255（即 16 进制的 00 ~ FF）共 256 种强度值，通过这三种颜色不同强度值的组合来表示各种颜色。如红色的 R 值为 255、G 值为 0、B 值为 0，则表示为 #FF0000。类似地，绿色表示为 #00FF00，蓝色表示为 #0000FF，黑色表示为 #000000，白色表示为 #FFFFFF，黄色表示为 #FFFF00，棕色表示为 #A67D3D 等。

在选取颜色时，窗口中会显示该颜色对应的代码。另外，也可以通过查询相关代码表获得颜色的准确代码。

步骤 5　选择“插入”→“图像”命令，在“选择图像源文件”对话框中选择“index.jpg”图片，单击“确定”按钮即可完成图像的插入。选择图像，设置“居中对齐”。

步骤 6　插入图像后，按 Enter 键，输入“2014–2017 版权所有：俞晨　建议 1 024*768 以上分辨率浏览”版权信息。选择输入的文字，在属性栏中修改文字的颜色为白色（#FFFFFF）。

步骤 7　按 F12 键保存网页，在浏览器中预览网页，如图 1—7 所示。本任务完成

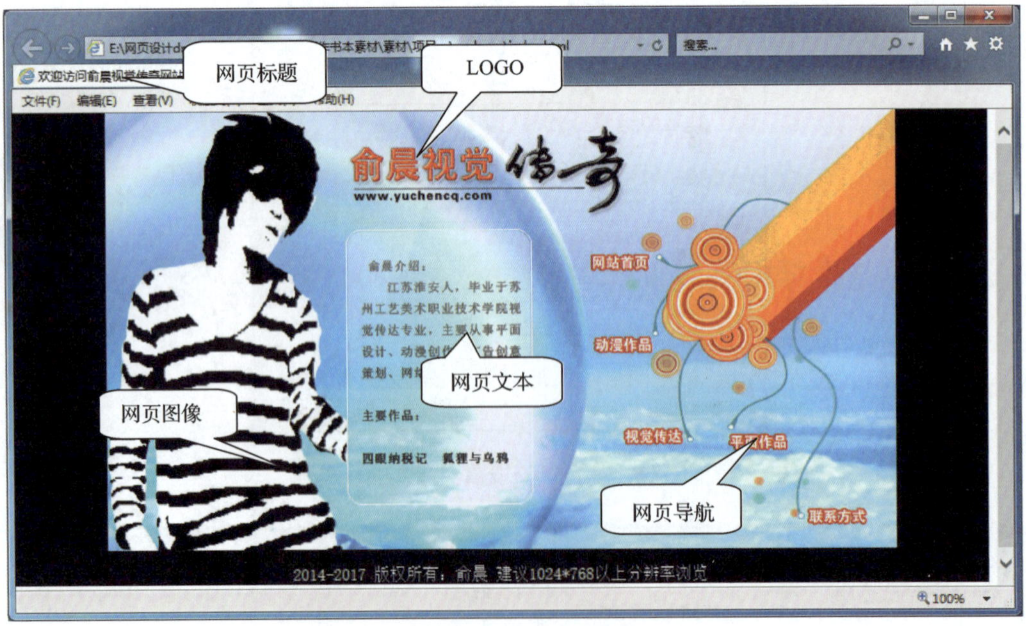

图 1—7　网页效果及基本构成要素

的只是一个网页设计的模板，网页中的内容都是图片形式，在实际设计时，应根据各个元素的需要设计成文本或超链接等形式。

任务 2　使用 HTML 语言修改简单网页

学习目标

◆掌握创建 HTML 文件的方法

◆理解 HTML 文件结构

◆掌握简单 HTML 文件的编写方法

相关知识

HTML（Hypertext Markup Language，超文本标记语言）不是一种编程语言，而是一种描述性的标记语言，用于描述超文本中内容的显示方式。例如，在网页中定义一个标题、一段文本或者一个表格等，都是利用一个个 HTML 标记完成的。其最基本的语法是：< 标记 > 内容 </ 标记 >。标记通常都是成对使用的，一个开头标记就对应有一个结束标记。结束标记只是在开头标记的前面加一个斜杠“/”。当浏览器从服务器接收到 HTML 文件后，就会解释里面的标记符，然后把标记符相对应的功能表达出来。

例如，在 HTML 中以 <p></p> 标记定义一个文本段落，以 <table></table> 标记定义一个表格。当浏览器碰到 <p></p> 标记时，就会把 <p></p> 标记之间的所有文字以一个段落的样式显示出来。

上面介绍的 <p> 标记和 <table> 标记都属于结构标记，即它们用于定义网页内容的结构。此外，还有一类标记称为形式标记，用于定义网页内容的形式。例如，浏览器遇到 <b></b> 标记时，就会把 <b></b> 标记中的所有文字以粗体样式显示出来。又如标记为“<i> 网页 </i>”时，其显示结果就是斜体的“网页”两个字。

HTML 易学易用。总的原则就是用什么样的标记就能得到什么样的效果，希望获得什么效果，就用相应的标记即可。因此，学习 HTML 实际上就是学习如何使用各种 HTML 的标记。

一、HTML 文件的创建

人们经常使用网页这个概念，实际上，网页就是一个文件，这个文件是利用 HTML 写成的，所以又被称为 HTML 文件。HTML 文件的本质就是一个文本文件，只是扩展名为“.htm”或“.html”。因此，可以利用任何文本编辑软件创建、编辑 HTML 文件。在 Windows 操作系统中，最简单的文本编辑软件就是 Notepad（记事本）。

HTML 文件的创建方法非常简单，具体的操作步骤如下。

（1）单击 Windows“开始”菜单，然后依次选择“所有程序”→“附件”→“记事本”命令，也可直接在“搜索程序和文件”框中搜索“记事本”或“Notepad”，在结果中单击运行程序。

（2）在打开的记事本窗口中写入如下代码，此时记事本窗口如图 1—8 所示。

```
<html>
  <head>
    <title>test</title>
  </head>
  <body>
    <b>
    互联网，我来了！
    </b>
  </body>
 </html>
```

● 图 1—8　在记事本中输入 HTML 文件

（3）编写完成后保存该文档。选择记事本菜单栏中的“文件”→“保存”命令，弹出“另存为”对话框。要特别注意，应首先在“保存类型”下拉列表中选择“所有文件”选项，然后再在“文件名”文本框中输入一个文件名，并以“.htm”或者“.html”作为文件名的后缀，如图 1—9 所示。

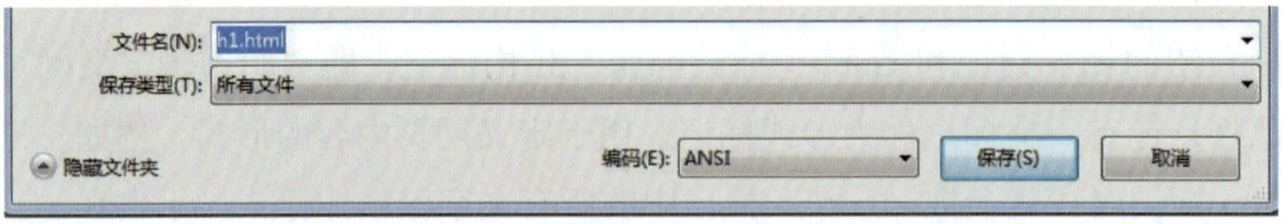

● 图 1—9　修改后缀名

小提示　如果这里不改成“所有文件”，记事本程序会自动在文件名后面加上“.txt”后缀，这样浏览器就不会把这个文件识别为网页文件了。

（4）设置完成后单击“保存”按钮，这时该文本文件就保存为 HTML 文件，可以看到它的图标就是网页文件的图标，如图 1—10 所示。

（5）这时双击该 HTML 文件，就会自动打开浏览器，并显示该文件的内容，如图 1—11 所示。还可在本项目配套教学资源中查看效果文件。

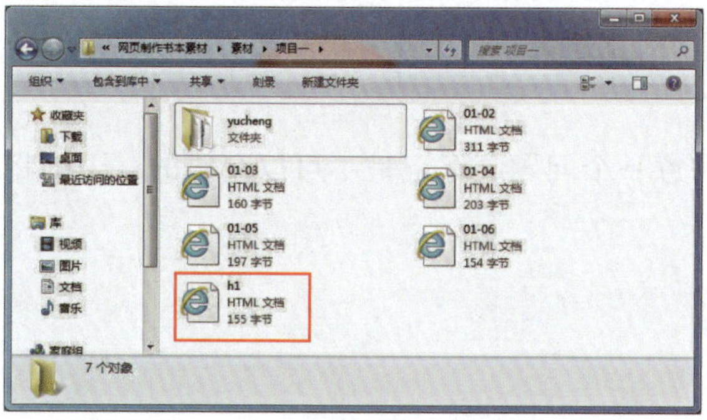

● 图 1—10　保存后的 HTML 文件

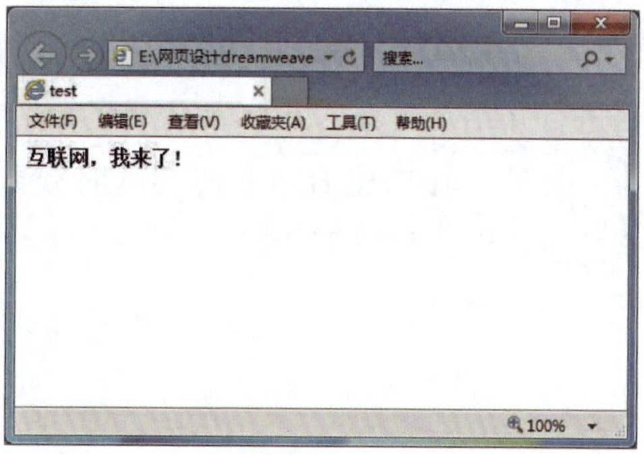

● 图 1—11　在浏览器中的显示效果

小提示　由于 HTML 文件本质上就是文本文件，所以使用任何文本编辑软件都可以对它进行编辑。Dreamweaver 是最常见的专业网页编辑软件之一，但是在本任务中，仍然使用最简单的记事本编辑 HTML 文档，目的是通过最基本的操作，尽可能深入地掌握 HTML 的原理。

二、HTML 文件结构

在上面的 HTML 文件里用到了多个 HTML 标记，下面依次介绍它们的作用。实际上，它们构成了最简单的完整的 HTML 文件结构。

1. <html> 标记

<html> 标记放在 HTML 文件的开头，并没有实质性的功能，只是一个形式上的标记，但在编写 HTML 文件时仍要形成一个良好的习惯，在 HTML 文件开头使用 <html> 标记开始。

2. <head> 标记

<head> 称为头标记，一般放在 <html> 标记里，其作用是放置关于此 HTML 文件的信息，如提供索引、定义 CSS 样式等。

3. <title> 标记

<title> 称为标题标记，包含在 <head> 标记内，其作用是设定网页标题，在浏览器左上方的标题栏中将显示这个标题，此外，在 Windows 任务栏中显示的也是这个标题。

4. <body> 标记

<body> 称为主体标记，网页所要显示的内容都放在这个标记内，它是 HTML 文件的重点所在。在后面项目中所介绍的 HTML 标记都将放在这个标记内。然而它并不仅仅是一个形式上的标记，它本身也可以控制网页的背景颜色或背景图像，这将在后续项目进行介绍。

另外，在构建 HTML 框架的时候要注意一个问题，标记是不可以交错的，否则将会造成错误，如以下代码：

```
<html>
    <head>
      <title>test</title>
      <body>
      </head>
    </body>
</html>
```

此代码第 4 行与第 5 行代码位置颠倒了，这是错误的。

三、简单的 HTML 案例

通过以上的学习，已经对 HTML 有了一个基本的认识，通过下面简单的案例，可以进一步理解 HTML 的基本原理，这对于以后深入掌握各种 HTML 标记有很大的帮助。

例 1.1 设置标题。

新建空白的 html 文件，输入 HTML 代码如下，在浏览器中打开这个网页，其效果如图 1—12 所示。

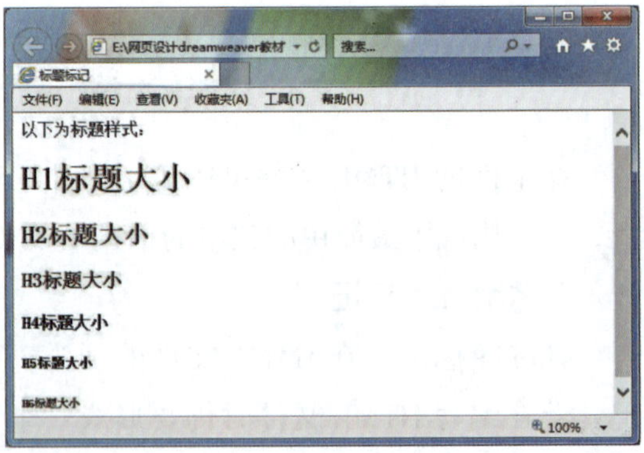

图 1—12 标题标记

```
<html>
        <head>
          <title> 标题标记 </title>
        </head>
        <body>
        以下为标题样式：
        <h1>H1 标题大小 </h1>
```

```
    <h2>H2 标题大小 </h2>
    <h3>H3 标题大小 </h3>
    <h4>H4 标题大小 </h4>
    <h5>H5 标题大小 </h5>
    <h6>H6 标题大小 </h6>
  </body>
</html>
```

这里运用了标题标记 <H*n*></H*n*>（*n* 表示 1 到 6 的数字）。这个标记用来设置标题文字以加粗方式显示在网页中。它共有 6 个层次，也就是可以设置 6 种大小样式。

例 1.2 设置文字颜色。

新建空白的 html 文件，输入 HTML 代码如下，在浏览器中打开这个网页，其效果如图 1—13 所示。

```
<html>
  <head>
    <title> 设置文字颜色 </title>
  </head>
  <body>
    <font color=blue>
    这是蓝色文字
    </font>
  </body>
</html>
```

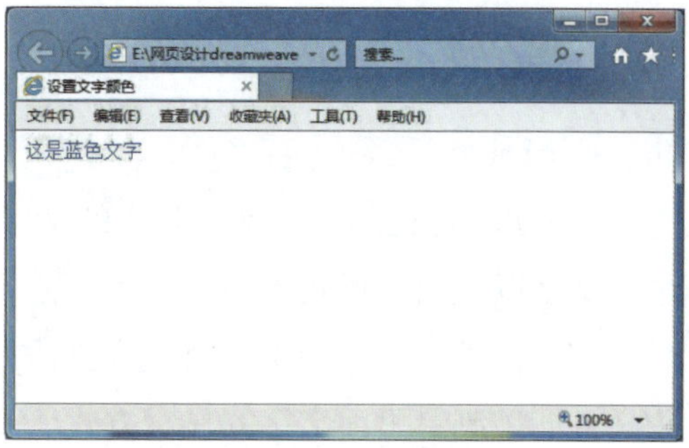

● 图 1—13 字体颜色标记

<font color=#></font> 标记可以用来控制文字颜色，# 代表颜色的英文名称。这里的标记写法和前面的例子有所不同，在标记名称（font）的后面还有一个单词 color，称为标记的“属性”，用于设置标记的某些附属性质，例如 color 就是用来设置文字的颜色属性。

常用的颜色属性有 black（黑）、gray（深灰）、silver（浅灰）、green（绿）、purple（紫）、yellow（黄）、red（红）、white（白）等。

例 1.3 同时设置加粗、倾斜以及文字的颜色。

新建空白的 html 文件，输入 HTML 代码如下，在浏览器中打开这个网页，其效果如图 1—14 所示。

```
<html>
```

```
<head>
  <title> 蓝色粗斜字体 </title>
</head>
<body>
  <b>
    <i>
      <font color=blue>
        这是蓝色粗斜字体
      </font>
    </i>
  </b>
</body>
</html>
```

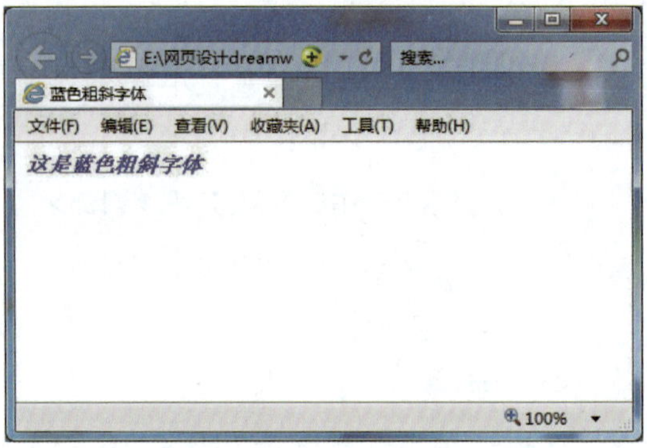

● 图 1—14　蓝色粗斜字体

<b></b> 标记的作用是使其中的文字以加粗的形式显示，<i></i> 标记的作用是使其中的文字以倾斜的形式显示。

需要注意的是，这是一个标记间的相互嵌套，也就是一个标记放在另一个标记之中，共同控制最里面文字的显示方式。

例 1.4　插入本项目素材中的“cup.jpg”图片。

新建空白的 html 文件，输入 HTML 代码如下，在浏览器中打开这个网页，其效果如图 1—15 所示。

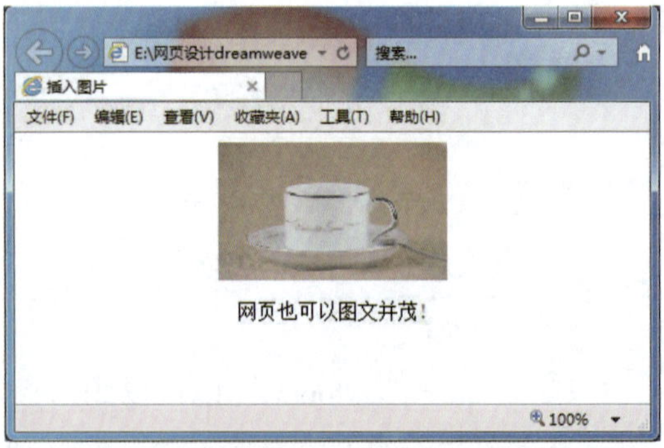

● 图 1—15　插入图片

```
<html>
  <head>
    <title> 插入图片 </title>
  </head>
  <body>
    <center>
      <img src=cup.jpg>
      <p> 网页也可以图文并茂！</p>
    </center>
  <body>
</html>
```

图片插入的 HTML 标记是 <img>，它有一个 src 属性，用于指明图像文件的位置。例如上面的代码中，src 属性设置为“cup.jpg”，这就是说该图片和调用它的 HTML 文件处于同一目录中，这时可以直接使用图片的文件名，图片的扩展名也要一并加上。

小提示 网页文件中的图像文件与 HTML 文件是分离且各自保存的，如需把这个网页复制到其他计算机上，就要把这个 HTML 文件和图像文件一起复制过去，否则就不能正常显示。可以和 Word 文档对比一下，在 Word 文档中插入图像以后，这个 Word 文档本身就把图像信息包含在文档数据中了，它与网页文档存在着明显的区别。

例 1.5 注释标记。

新建空白的 html 文件，输入 HTML 代码如下，在浏览器中打开这个网页，其效果如图 1—16 所示。

```
<html>
    <head>
      <title> 注释标记 </title>
    </head>
  <body>
    这是正文文本 ......     <!- 这是注释文本 ......-->
  </body>
</html>
```

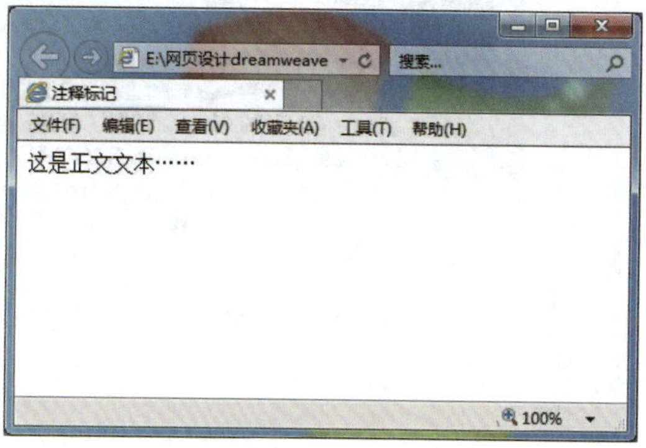

● 图 1—16 注释标记

可以看到，在“<!–”和“-->”之间的内容，即“这是注释文本……”这行字并没有在浏览器中显示出来。“<!–”和“-->”这对标记称为注释标记，它的作用是方便网页设计者或用户识读该文件的内容，所以注释标记中的内容是不会显示在浏览器中的。

通过上面 5 个案例可以初步了解网页文件的基本原理。在实际工作中，需要用到的标记、属性远不止于此，这将在后续项目中详细介绍。

任务实施

下面利用 HTML 语言对任务 1 完成的个人网站首页做简单的修改。

步骤 1 用 Adobe Dreamweaver CS3 打开任务 1 完成的网页，将网页的视图模式切换至“拆分”模式，如图 1—17 所示。

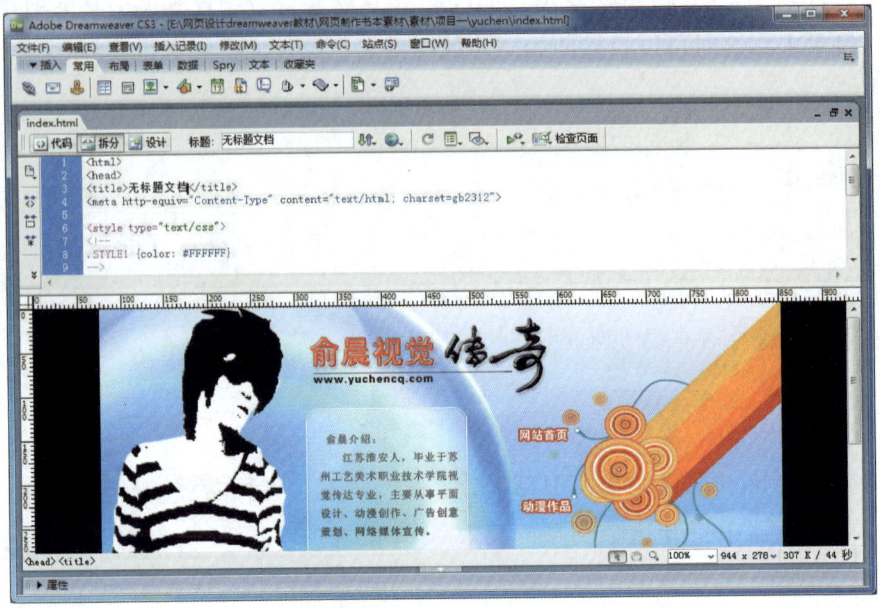

● 图 1—17　“拆分”视图模式

步骤 2　在网页的 html 代码中把网页的标题修改成“欢迎访问俞晨视觉传奇网站！”，如图 1—18 所示。

```
<html>
<head>
<title>欢迎访问俞晨视觉传奇网站！</title>
<meta http-equiv="Content-Type" content="text/html; charset=gb2312">

<style type="text/css">
<!--
.STYLE1 {color: #FFFFFF}
-->
```

● 图 1—18　修改网页标题

步骤 3　在网页的 html 代码中把网页的背景颜色修改为白色，页脚文字的颜色修改为红色，如图 1—19 所示。

```
</style>
</head>
<body leftmargin="0" topmargin="0" marginwidth="0" marginheight="0">
<table width="100%" height="100%" border="0" cellpadding="0" cellspacing="0" bgcolor="#000000">
  <tr>
    <td bgcolor="#FFFFFF"><div align="center">
      <p><img src="images/index.jpg" width="778" height="430"></p>
      <p><span class="STYLE1">2014-2017 版权所有：俞晨 建议1024*768以上分辨率浏览</span></p>
    </div></td>
```

● 图 1—19　修改背景颜色和文字颜色

步骤 4 按 F12 键保存网页，并在浏览器中预览网页，如图 1—20 所示。

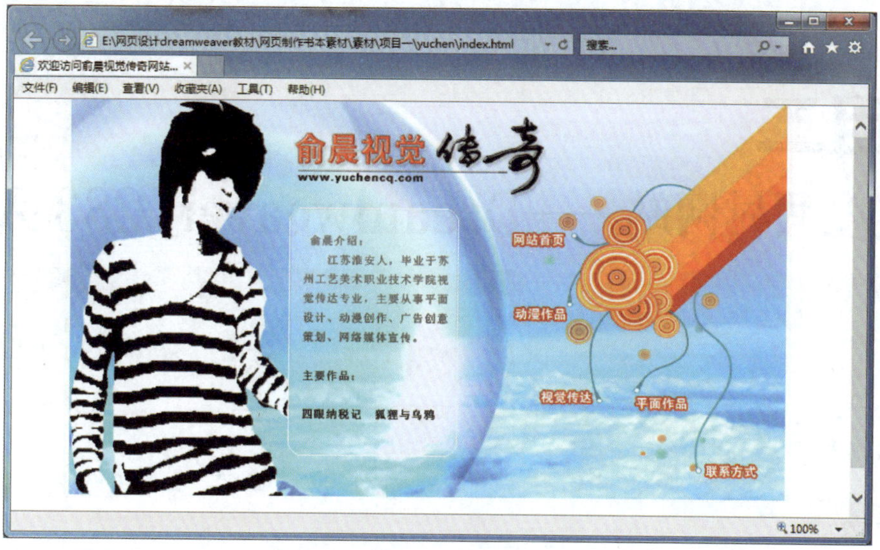

● 图 1—20 修改后的网页

巩固练习

按以下要求完成效果图的制作。

（1）将网页的标题设置为“欢迎来到我的个人空间！”。

（2）将网页的左边距和上边距设置为 10 px（像素）。

知识拓展 网页美化常识

为使网页内容更加美观、生动，在内容编排的基础上，还需要对网页进行美化工作。网页的美化一般包括颜色的选择与搭配、版式的设计、尺寸的选择等。扫描二维码，了解网页美化的基本常识。

项目二
创建度假村网站——Dreamweaver CS3 入门

项目内容

本项目的工作内容是为某度假村公司创建网站。该公司要求度假村网站的首页以动静相结合的方式突出度假村的整体形象，给人的视觉冲击力强，网站风格独特、新颖、严谨、大方、浪漫、温馨。

项目分析

首页起标题和目录的作用，所以首页的设计非常重要，它是访问者对公司的第一印象，应体现度假村公司的企业形象识别（Corporate Identify，CI）设计。网站主页采用典型的企业宣传模式，在文件小、信息含量大的基础上，力求美观大方、简洁明快、主题鲜明，给人赏心悦目、一目了然的感觉，这样才能满足客户的需求，激发用户的兴趣，使用户对网站进行进一步的访问，以此树立度假村的品牌形象。浏览者通过首页按钮可以进入相关栏目，也可以通过首页相关主题链接直接查看感兴趣的内容。

● 项目成果展示

任务 1　面板基本操作——初识 Dreamweaver CS3

学习目标

◆熟悉 Dreamweaver CS3 操作界面

◆掌握网页文档的基本操作

Dreamweaver 是一款集网页制作和网站管理于一身、所见即所得的网页编辑软件。Dreamweaver CS3 不仅继承了前几个版本的出色功能，还在界面整合与易用性方面更加贴近用户。

本任务主要讲解 Dreamweaver CS3 的基础知识，包括如何启动和退出，以及界面元素和用途等内容。

相关知识

Dreamweaver CS3 工作界面如图 2—1 所示，其界面大致可以直观地划分为 9 个部分。

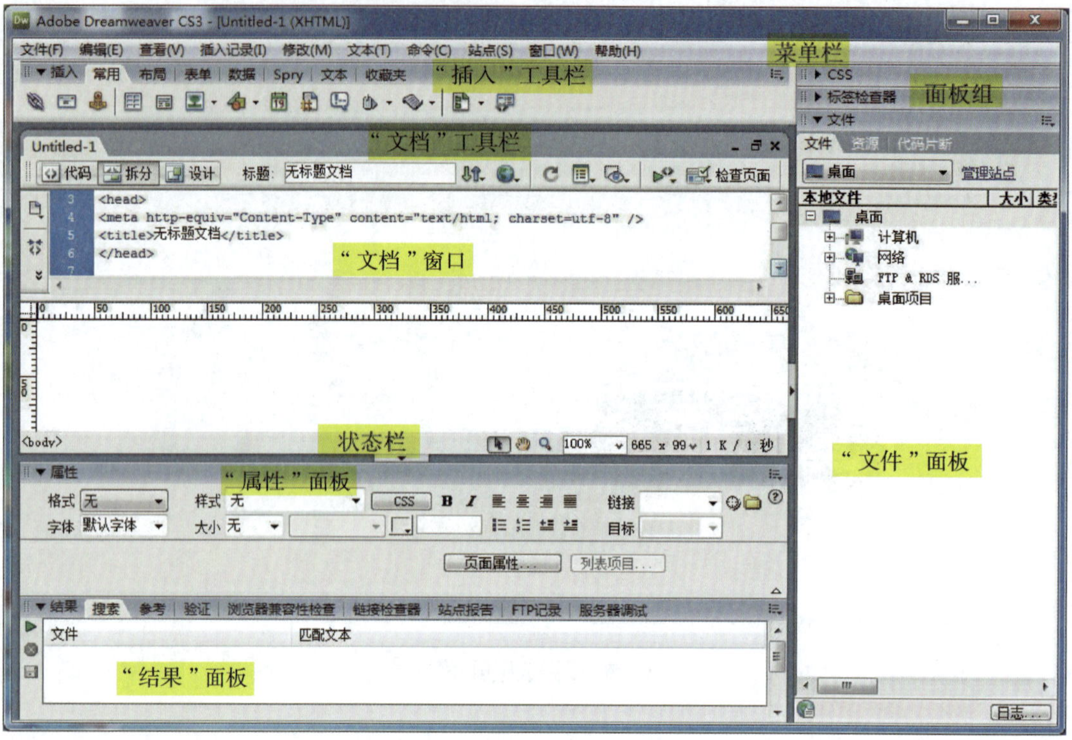

● 图 2—1 Dreamweaver CS3 工作界面

一、文档窗口

文档窗口有三种视图状态，分别是代码、拆分和设计。在文档工具栏部分有三个按钮，如图 2—2 所示，可以快速地切换三种视图。

代码视图状态下，文档窗口显示网页的代码。

设计视图状态下，文档窗口显示网页的外观，即“所见即所得”的编辑方式。

拆分视图状态下，文档窗口被拆分成上下两个窗口，两个窗口分别是代码视图状态和设计视图状态，而且在这种状态下，两个窗口是关联的，无论是在代码窗口选定代码还是在设计窗口选定元素，另一个窗口都会相应地变化。

● 图 2—2 视图切换按钮

二、状态栏

状态栏提示当前创建文档的有关信息，如图 2—3 所示。

● 图 2—3 状态栏

首先左侧显示当前编辑内容所属的节点。右侧提供选取工具、手型工具、缩放工具在设计视图下的快捷按钮，作用分别是选取页面元素、移动页面以方便浏览、放大或缩小页面的显示比例。

三、“插入”工具栏

“插入”工具栏提供的是部分操作或功能的快捷按钮，这些操作或功能在编辑网页中会频繁使用。图 2—4 ~ 图 2—7 展示了其中的常用、布局、表单和文本四个部分，这四个部分的功能是编写静态页面时最为常用的。

常用部分提供了使用频率最高的若干功能按钮，如图 2—4 所示。

● 图 2—4 “插入”工具栏（常用）

布局部分提供了插入 div 元素、框架以及借助 Spry 框架实现的菜单、选项卡面板等操作的快捷按钮，如图 2—5 所示。

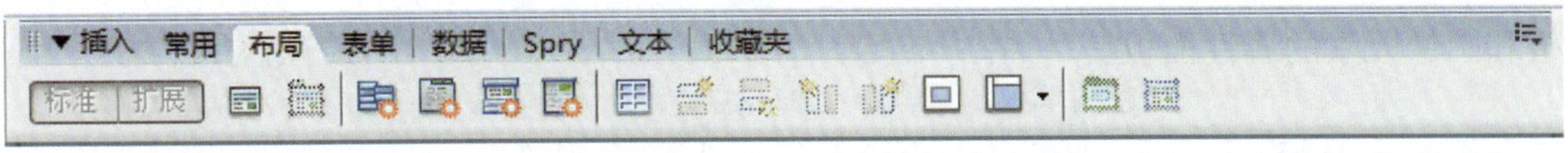

● 图 2—5 “插入”工具栏（布局）

表单部分提供了插入表单标记及各个控件的快捷按钮，此外，还提供了借助 Spry 框架实现的部分控件输入值验证功能的按钮，如图 2—6 所示。

● 图 2—6 “插入”工具栏（表单）

文本部分提供了插入特殊符号文本的快捷按钮，如图 2—7 所示。如果不使用这些按钮就要在代码中输入相应的字符实体来实现。

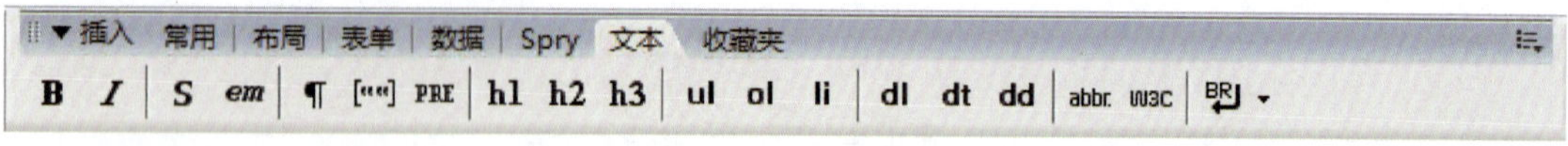

● 图 2—7 “插入”工具栏（文本）

四、“文档”工具栏

“文档”工具栏（见图 2—8）上有前面提到的文档视图切换按钮，同时还有新建、打开、保存、剪切、复制、粘贴、页面预览、上传、根据 DTD 声明验证 HTML 标记等快捷按钮。

● 图 2—8 “文档”工具栏

此外，“文档”工具栏提供了不同媒体类型的切换按钮，以便根据样式表显示相应媒体的效果。

五、“属性”面板

“属性”面板用于对网页中元素属性进行设置，“属性”面板中的属性项动态关联至鼠标选定的网页元素。如图 2—9、图 2—10 所示，分别展示的是网页中文本的属性面板和图像元素的属性面板。

● 图 2—9 “属性”面板（文本属性）

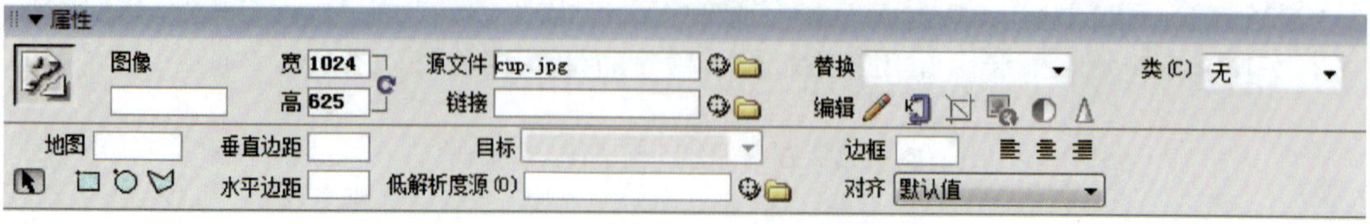

● 图 2—10 “属性”面板（图像属性）

六、“结果”面板

“结果”面板用于显示几种常用操作的操作结果，如图 2—11 所示。

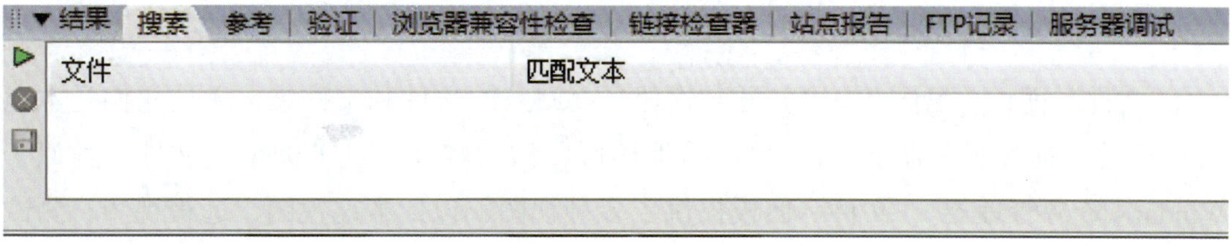

● 图 2—11 “结果”面板

以下详细介绍“结果”面板中较为常用的几种功能。

1. 搜索

Dreamweaver CS3 提供的搜索功能十分强大，如图 2—12 所示。其搜索范围可以是鼠标选定的一段文字、当前文档、当前打开的几个文档、某个文件夹下的所有文档，甚至是整个站点的文档。而且查找的内容可以是源代码，可以是文本，也可以是某个标记。

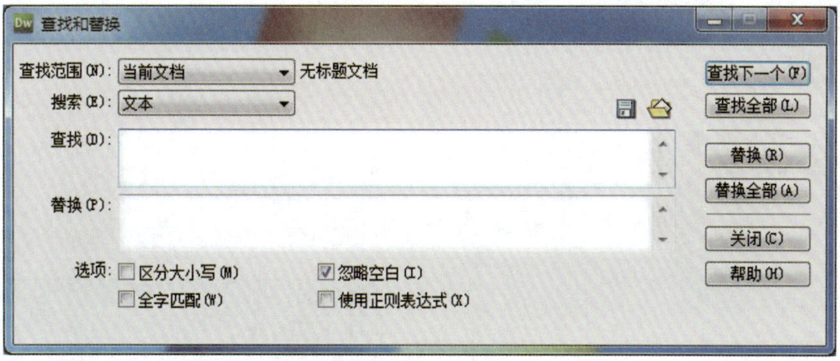

● 图 2—12 查找和替换功能

2. 验证

HTML 规范有不同的版本，编写网页时的规范做法是在第一行声明页面代码遵循哪一个 HTML 规范。验证部分就是根据声明或在没有声明的情况下根据默认设置验证页面是否符合规范。如果不符合规范，则会在结果面板区域列出网页中不符合规范的标记或属性。这对于编写符合 W3C（World Wide Web Consortium）标准的网页十分有帮助。

3. 浏览器兼容性检查

近似于验证功能，预先设定所要编写的网页适合哪些类型及版本的浏览器，通过此功能检查网页中使用的标记在这些浏览器中是否能够正常显示。

4. 链接检查器

检查选定文档中的链接是否有效，无效链接将显示在结果面板区域。

七、“文件”面板

“文件”面板（见图 2—13）可以管理当前站点的文件和文件夹，无论它们是本地站点还是在远程服务器上。“文件”面板还可以访问本地磁盘上的全部文件，类似于 Windows 资源管理器。“文件”面板提供了多种视图，包括本地视图、远程视图、测试服务器、地图视图。

八、面板组

面板组是分组在某个标题下的相关面板的集合，如图 2—14 所示。若要展开一个面板组，可以单击组名称左侧的展开箭头；若要取消停靠一个面板组，可以拖动该组标题条左边缘的手柄。

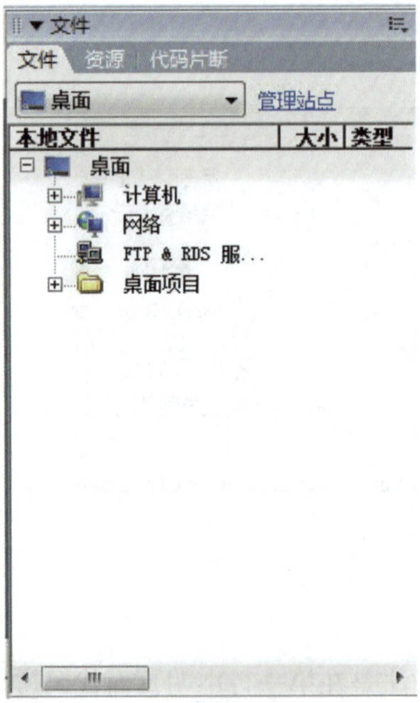

图 2—13 “文件”面板

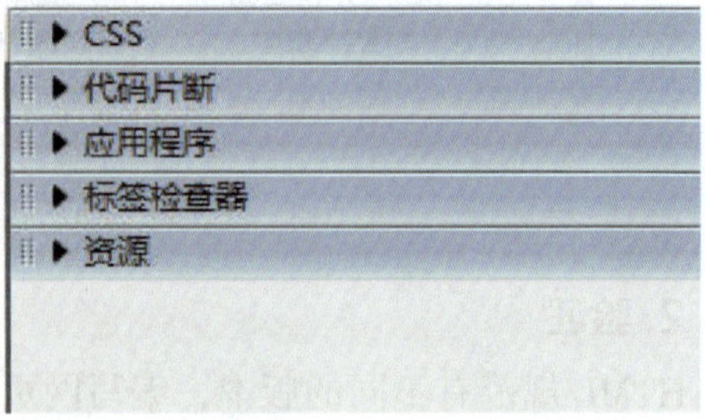

图 2—14 面板组

以下对图 2—14 所示面板组中的面板（均未展开）做简单说明。

1. CSS

CSS 面板显示当前元素的 CSS 式样，可以在该区域新建、修改或删除 CSS 声明语句。

2. 代码片断

代码片断面板收集了许多常用代码段，包括 HTML 代码、JavaScript 代码等。

3. 应用程序

应用程序面板为使用动态技术页面的编写提供了方便，该部分包括数据库链接、数据集绑定、组件使用等方面的内容。

4. 标签检查器

标签检查器动态关联到文档窗口内当前选定的元素标记，标签检查器列出该标记具有的属性、可供该标记绑定的事件等。

5. 资源

资源面板用于管理页面中使用的多媒体元素，包括图片、Flash 动画、声音文件等。

实际上 Dreamweaver CS3 在默认状态下还有很多面板未显示，可以通过设置选择显示的面板并调整面板的布局，因此使用者可以根据自己的使用习惯定制该应用程序的显示项目。

九、菜单栏

由于很多的常用功能在 Dreamweaver CS3 界面上都有快捷按钮，而菜单中更加复杂的功能也不是本课程的学习内容，因此本部分只介绍“编辑”菜单中的几项。

1. 标签库

标签库的显示如图 2—15 所示。在该编辑器中可以新建标签，并且为标签添加属性。

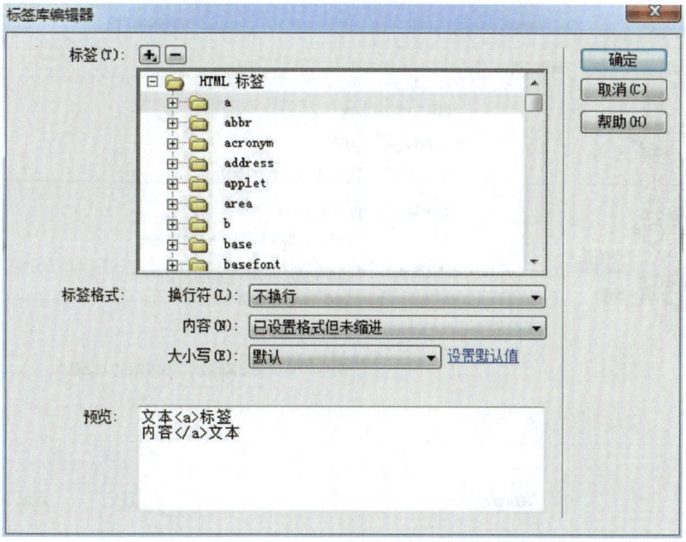

● 图 2—15　标签库编辑器

2. 快捷键

可以修改或添加常用操作的快捷键，以提高使用 Dreamweaver CS3 的效率。快捷键设定面板如图 2—16 所示。

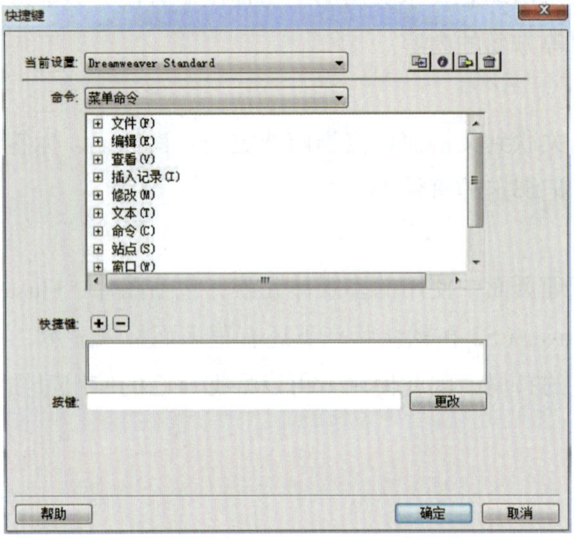

● 图 2—16　快捷键设定面板

3. 首选参数

此处介绍两方面内容。

（1）新建文档（见图 2—17）“新建文档”部分的“默认文档类型”决定着每次新建一个 HTML 页面时，系统为页面加上何种默认的格式。

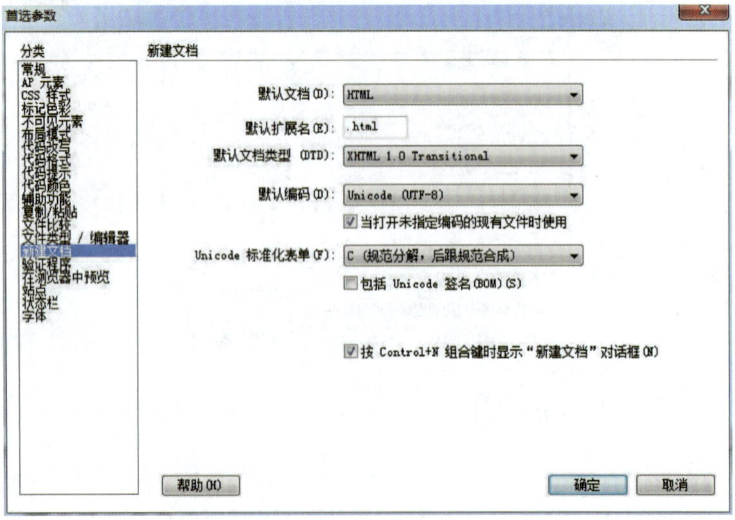

● 图 2—17　首选参数设置面板（新建文档）

（2）验证程序（见图 2—18）“验证程序”部分的作用是为没有明确声明参数的页面指定规范标准。

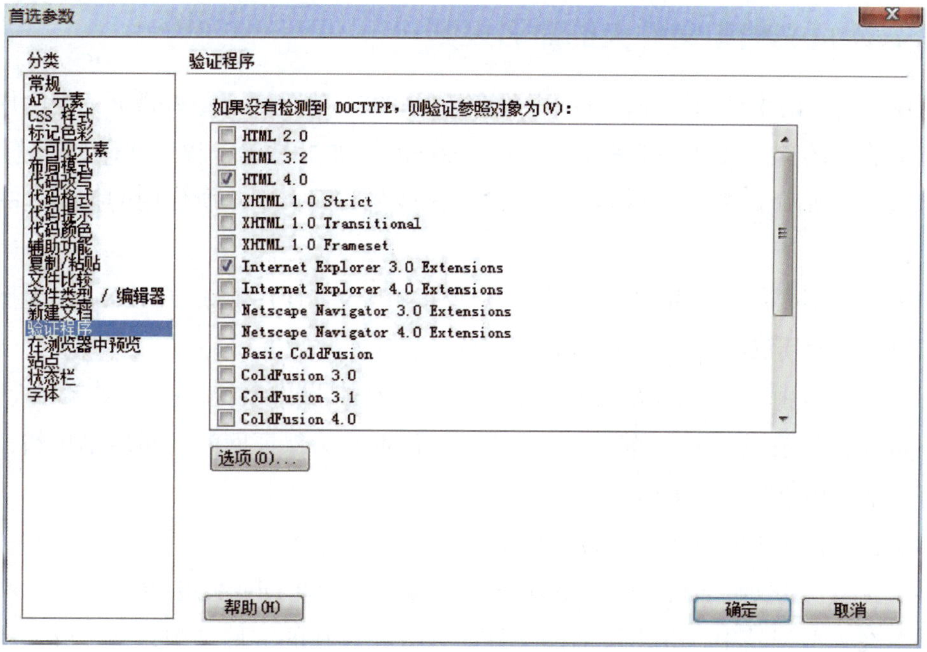

● 图 2—18 首选参数设置面板（验证程序）

任务实施

上机操作，运行 Dreamweaver 软件，打开本项目素材中的网页文件，对照相关知识的讲解，熟悉软件界面，找到相关的菜单或设置选项。

任务 2 创建“fuligong”站点——新建和管理站点

学习目标

◆了解网页文档和文件的命名规则

◆熟悉定义站点的步骤，能定义站点并创建网页

本任务初步认识 Dreamweaver CS3 后，学习新建和管理站点的方法，主要包括网页文档和文件夹的命名规则，定义站点以及新建、保存、关闭、打开和预览文档的方法。

相关知识

一、网页文档和文件夹的命名规则

为便于日后的维护和管理，网站中所有文件和文件夹的命名最好遵循一定的规则。

（1）静态的首页文件一般命名为“index.html”。如果是包含程序代码的动态页面，如 ASP 文件，则命名为“index.asp”。总之，扩展名与网页本身所使用的技术是一一对应的。

（2）最好不要使用汉字命名文件和文件夹，因为在使用 Unix 或 Linux 作为操作系统的主机上，使用汉字命名的文件运行时会出错。

（3）文件名中不要使用大写英文字母，因为 Unix 操作系统区分英文字母大小写，而 Windows 操作系统不区分英文字母大小写。因此，为保证网站发布后不出错，文件名最好全部使用小写英文字母。

（4）运算符号不能用在文件名的开头。

（5）比较长的文件名可以使用下划线“_”隔开多个单词或关键字。

（6）在大型网站中，分支页面的文件应存放在单独的文件夹中，每个分支中的图像也应该存放在单独的文件夹中，存放网页图像的文件夹一般命名为“images”或者“img”。

（7）在动态网站中，用来存放数据库的文件夹一般命名为“data”或者“database”。

二、在 Dreamweaver 中定义站点

为便于管理和编辑站点，在创建网页之前，首先要在 Dreamweaver 中定义站点。定义站点可以将本地磁盘中的站点文件夹同 Dreamweaver 建立一定的关联，可以使用 Dreamweaver 上传或下载站点内容。

定义站点主要包括设置站点名称、站点性质，以及站点所对应的文件夹，具体操作步骤如下。

步骤 1　首先在计算机的磁盘上创建一个要作为站点的根文件夹。

步骤 2　启动 Dreamweaver 后，选择“站点”→“新建站点”命令，打开“× × × 的站点定义为”对话框。单击“基本”选项卡，在上面的编辑框中输入站点名（此处为“fuligong”），然后单击“下一步”按钮，如图 2—19 所示。

步骤 3　由于创建的是静态站点，所以在接着弹出的对话框中选择“否，我不想使用服务器技术”单选框，然后单击“下一步”按钮。

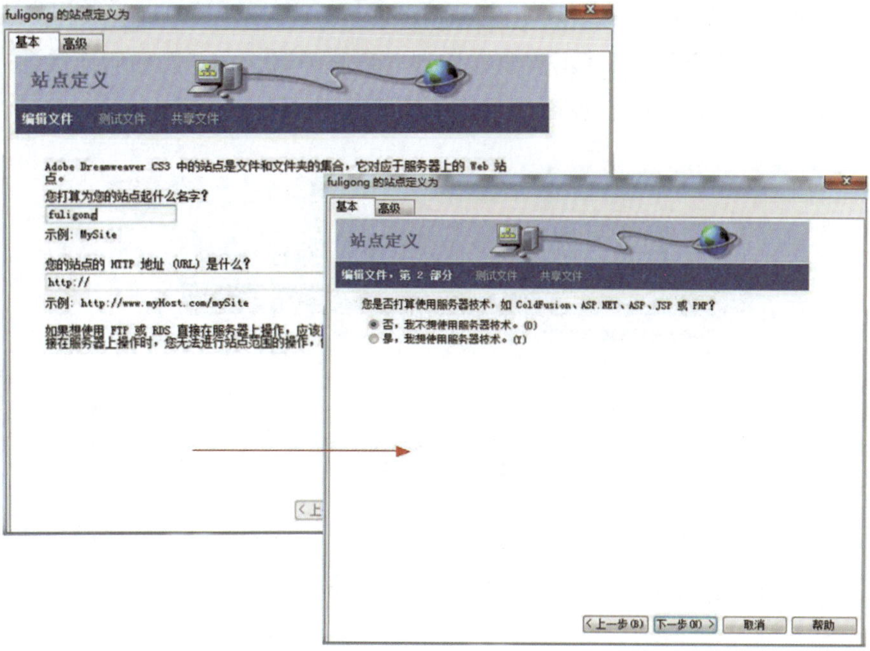

● 图 2—19 设置站点名称和服务器技术

步骤 4 在接下来弹出的对话框中选择“编辑我的计算机…”单选框，单击“您将把…”编辑框后的文件夹图标，在打开的“选择站点 fuligong 的本地根文件夹:”对话框中选择本地硬盘上的站点根文件夹，然后单击“选择”按钮，如图 2—20 所示。

● 图 2—20 设置网站编辑方式和站点根文件夹

步骤 5 回到"fuligong 的站点定义为"对话框，单击"下一步"按钮。由于现在只是在本地编写和调试网页，故不需要连接到远程服务器，在"您如何连接到远程服务器？"下拉列表中选择"无"，如图 2—21 所示。

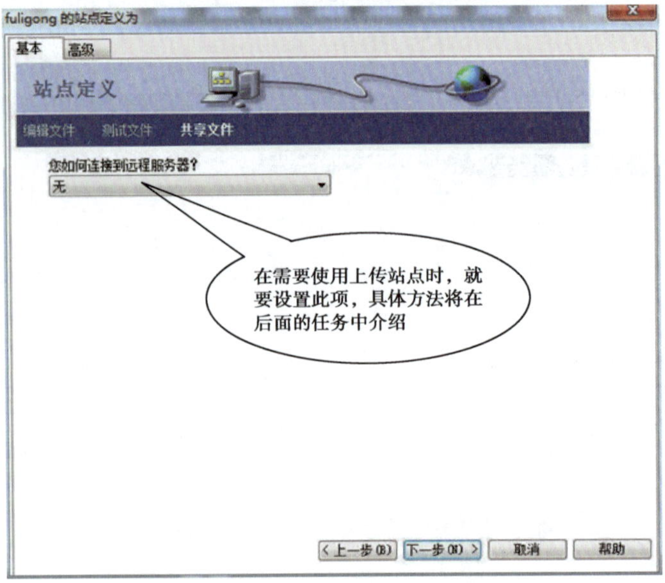

图 2—21　设置连接远程服务器的方法

步骤 6 单击"下一步"按钮，系统汇总显示所设参数，如图 2—22 所示。单击"完成"按钮，此时便完成了站点的创建。

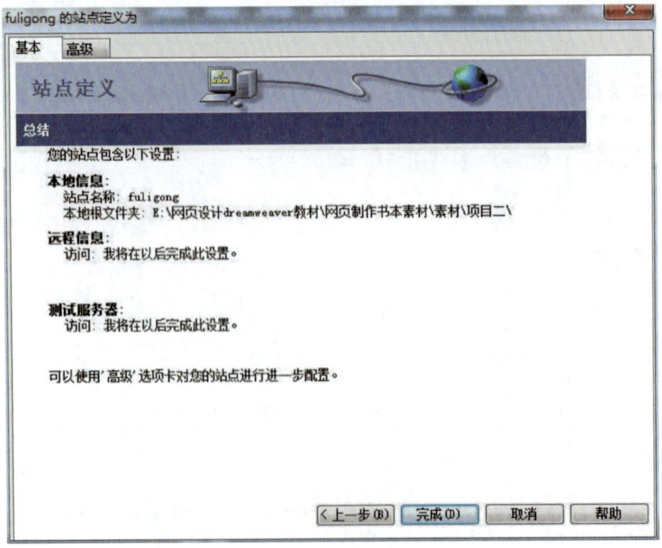

图 2—22　所设参数总汇

步骤 7 选择“窗口”→“文件”命令，打开“文件”面板，可以看到“文件”面板中显示了新创建的站点，如图 2—23 所示。

小提示 在 Dreamweaver 中可定义多个站点，如果要删除、复制或编辑某个站点，可选择“站点”→“管理站点”命令，打开“管理站点”对话框（见图 2—24），然后在该对话框中选择相应站点，单击“删除”“复制”或“编辑”按钮，对其进行操作。

图 2—23 “文件”面板中显示新创建的站点

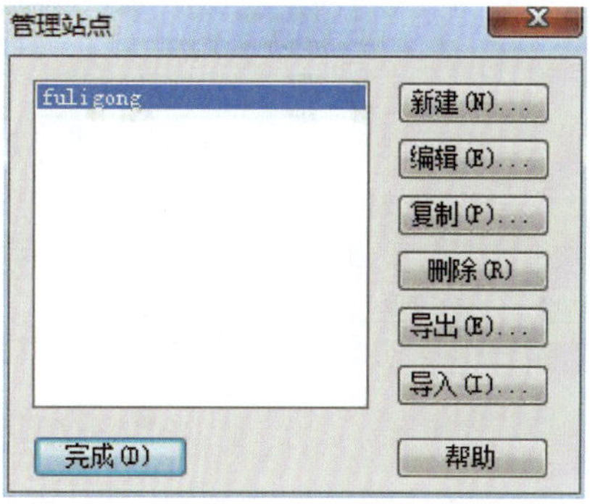

图 2—24 “管理站点”对话框

三、新建文档

Dreamweaver 中的文档也就是网页，创建新网页的方法有多种。下面使用“文件”菜单创建网页。

步骤 1 选择“文件”→“新建”命令，打开“新建文档”对话框。在左侧的“文档类型”列表中选择创建方式，这里选择“空白页”；在“页面类型”列表中选择网页类型，这里选择“HTML”；在“布局”列表中选择布局类型，这里选择“无”，如图 2—25 所示。

步骤 2 设置完后单击“创建”按钮，就创建了一个默认名为“Untitled-1”的新文档，如图 2—26 所示。

四、保存和关闭文档

新建或编辑网页文档后，需要保存文档才能使所做的设置生效。此处以前面创建的文档为例说明如何保存和关闭文档。

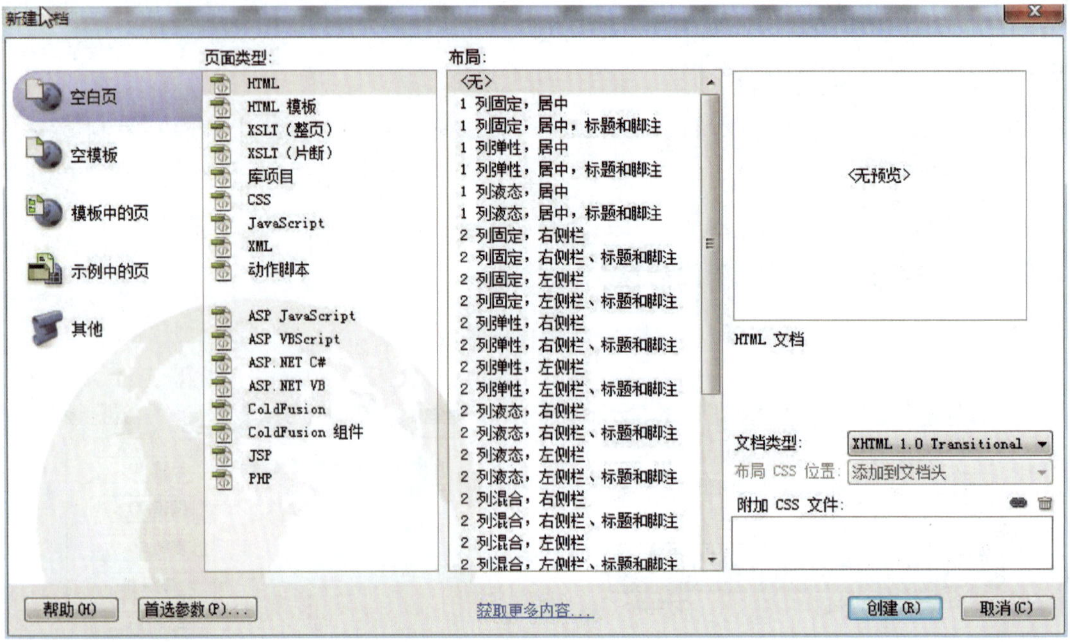

● 图 2—25 “新建文档”对话框

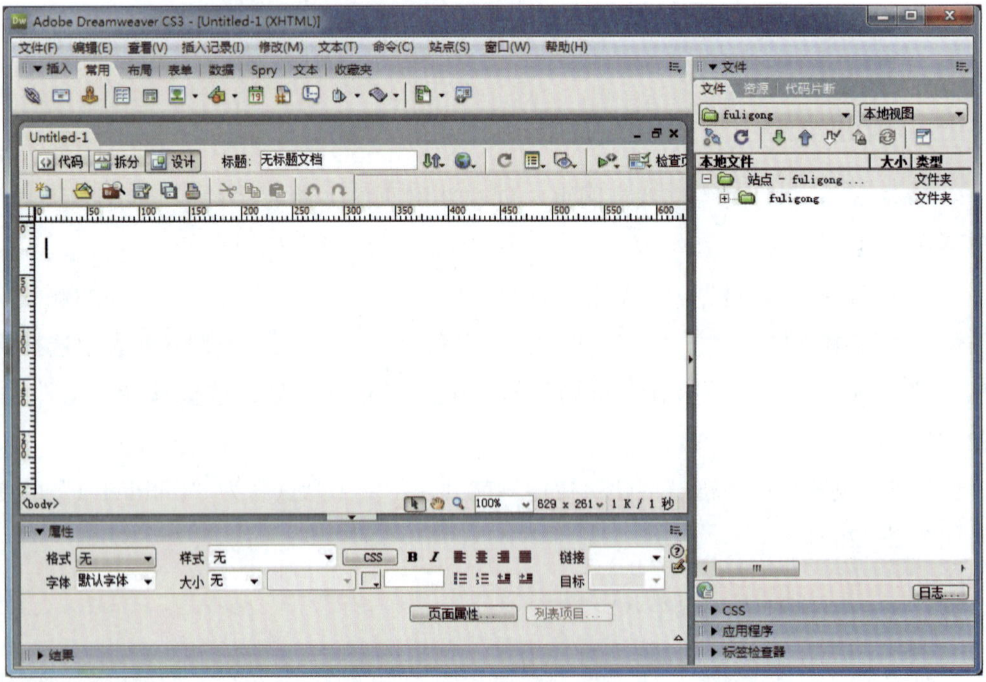

● 图 2—26 创建新文档

步骤 1 如要保存文档，可选择“文件”→“保存”命令，或按 Ctrl+S 组合键，弹出“另存为”对话框，在该对话框的“保存在”下拉列表中选择保存文档的文件夹，在“文件名”编辑框中输入文档名，如图 2—27 所示。

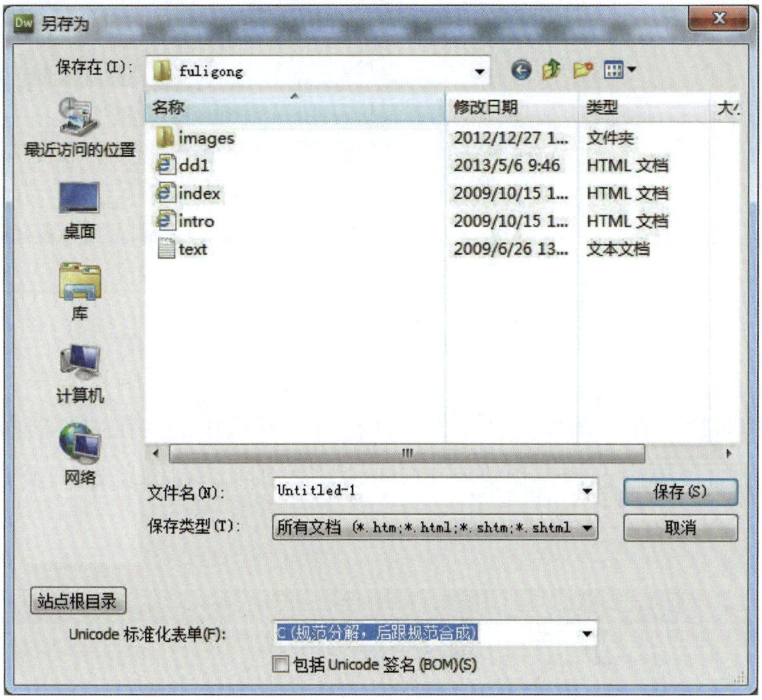

● 图 2—27 “另存为”对话框

步骤 2 设置完后单击“保存”按钮，便将文档保存在选择的文件夹中，此时“文件”面板中也会出现刚保存的文档。

步骤 3 关闭文档的操作相当简单，只需单击相应文档右上角的“关闭”按钮，或按 Ctrl+W 组合键即可。

五、打开和预览文档

除常用的新建、保存和关闭文档操作外，有时还需要打开某个文档进行编辑。

步骤 1 要打开文档，可选择“文件”→“打开”命令，弹出“打开”对话框，如图 2—28 所示。

步骤 2 在“查找范围”下拉菜单中选择文档所在文件夹，在文件列表中选择要打开的文档，单击“打开”按钮，即可打开所选择的文档，如图 2—29 所示。

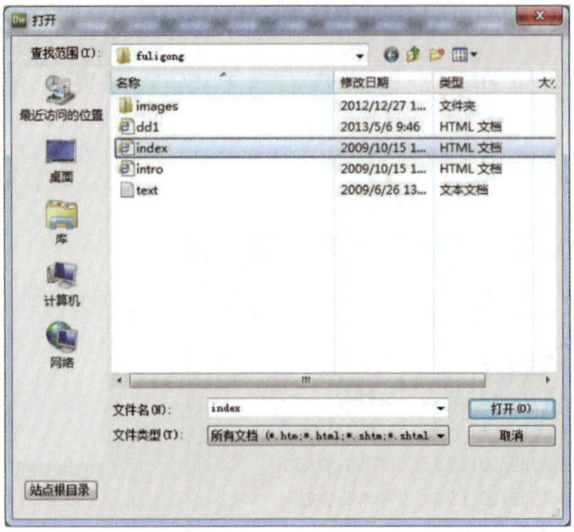

● 图 2—28　打开文档

● 图 2—29　文档打开效果

步骤 3　在对网页执行保存操作后，通常需要预览一下编辑效果。如需预览文档，可在对网页执行保存操作后，单击“文档”工具栏中的“在浏览器中预览 / 调试”按钮，在弹出的菜单中选择“预览在 IExplore”菜单项，在浏览器中预览文档，如图 2—30 所示。

● 图 2—30　预览文档

六、“文件”面板的应用

使用“文件”面板可以非常高效地管理站点。实际操作中，在定义站点后，通常都是利用该面板创建、重命名或打开站点中的网页文档或文件夹。

步骤 1　要创建网页文档，可右键单击“文件”面板中的站点根文件夹，在弹出的快捷菜单中选择“新建文件”选项，新建的文档名处于可编辑状态，如图 2—31 所示。

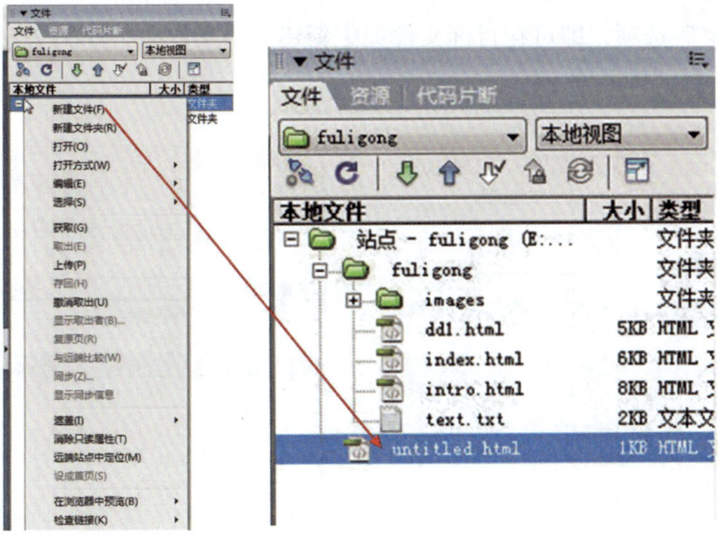

● 图 2—31　创建文档图

步骤 2　单击并拖动鼠标选中文档名，输入新名称（此处为“com.html”），之后按 Enter 键确认，如图 2—32 所示。

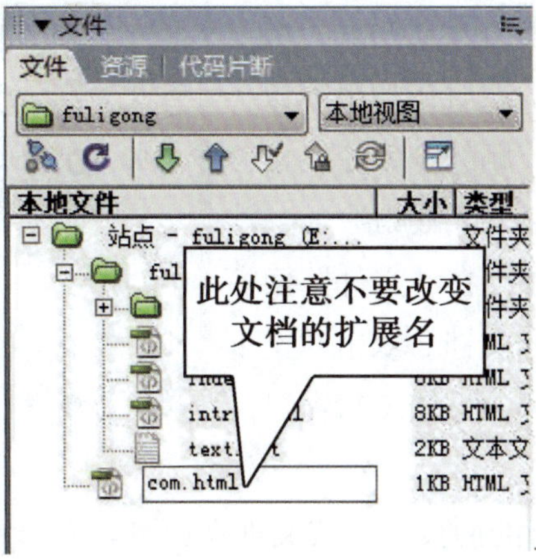

● 图 2—32　重命名文档

小提示 在“文件”面板中所建文档的扩展名取决于创建站点时所选择的服务器技术，如果选择“否，我不想使用服务器技术”，则新建文档的扩展名默认为“.html”；如果选择使用 ASP JavaScript 服务器技术，则新建文档的扩展名默认为“.asp”。

步骤 3 要新建文件夹，可在目标文件夹上单击鼠标右键，在弹出的快捷菜单中选择“新建文件夹”选项，即可在目标文件夹中新建一个文件夹，如图 2—33 所示。

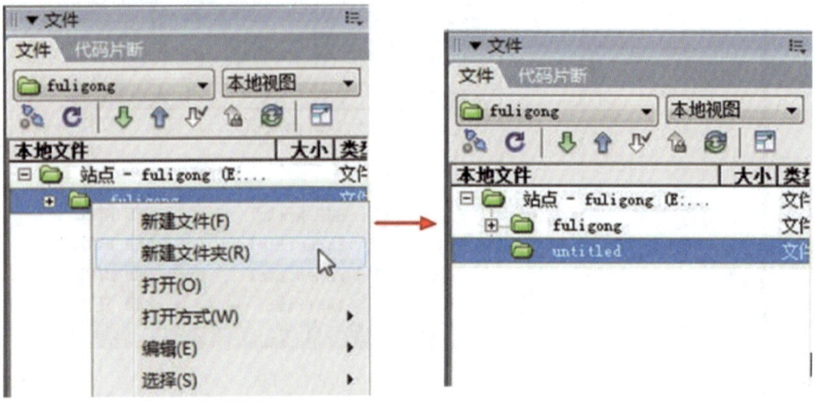

图 2—33 新建文件夹

步骤 4 参照重命名网页文档的方法，将文件夹重命名为“images”，以存放网站中用到的图像文件，如图 2—34 所示。

步骤 5 要删除网页文档或文件夹，可以右键单击文档或文件夹，然后在弹出的快捷菜单中选择“编辑”→“删除”命令，也可在选中文档后，直接按 Delete 键删除。

步骤 6 除上述操作外，在“文件”面板中还可以非常方便地打开文档。双击“文件”面板中的网页文档，可在文档编辑窗口中打开该文档。

图 2—34 重命名文件夹

步骤 7 要重命名现有的网页文档或文件夹，可首先选中文档或文件夹，然后单击文档名或文件夹名，接着输入新名称即可。重命名文档时，注意不要更改其扩展名。

任务实施

创建网站的第一步是确定本地站点的目录结构，并准备好相应的素材文件，然后在 Dreamweaver 中定义站点并创建网页，下面进行度假村网站创建的具体操作。

一、确定站点目录结构

步骤 1　为便于管理和维护网站，在开始创建网页之前，最好先确定站点的目录结构。它主要包括两项任务：一是在本地磁盘创建用来保存网站内容（包括网页文件和图像、动画等）的文件夹，该文件夹被称为站点根文件夹。这里创建一个名为“fuligong”的站点根文件夹。二是为便于管理站点中的内容，还要根据网站栏目结构图在站点根文件夹中创建若干子文件夹，以存放不同类型的文件。这里创建如图 2—35 所示的图像文件夹“images”。

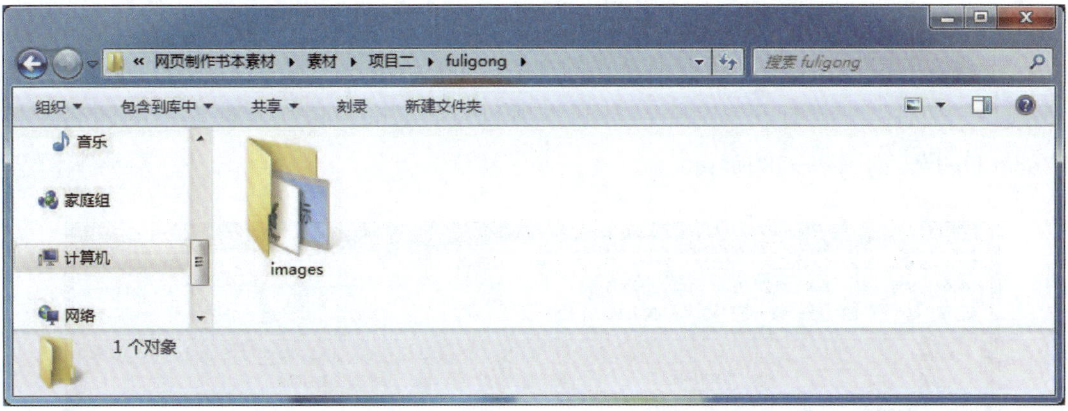

● 图 2—35　“fuligong”网站站点目录结构

步骤 2　在开始网页制作之前，最好将网站中用到的所有文件都分类放置在站点根文件夹中。例如，网页文件放在根目录下，图像文件放在 images 文件夹里，动画文件放在 swf 文件夹里，以便更顺利地完成站点的创建和网页的制作。这里将本项目素材“fuligong”目录下“images”文件夹中的文件拷贝到新创建的同名文件夹中。

二、定义站点并创建网页

确定站点目录结构并准备好相关素材后，下面将“fuligong”文件夹定义为站点根文件夹，并在该站点内创建和制作相关网页。

步骤 1　启动 Dreamweaver 后，选择“站点”→“新建站点”命令，打开“未命名站点 1 的站点定义为”对话框。参照前面定义站点的方法，在 Dreamweaver 中定义站点“fuligong”，如图 2—36 所示。

步骤 2 在“文件”面板中右键单击站点根文件夹，在弹出的对话框中选择“新建文件”选项，新建文档并重命名为“index.html”，如图 2—37 所示。

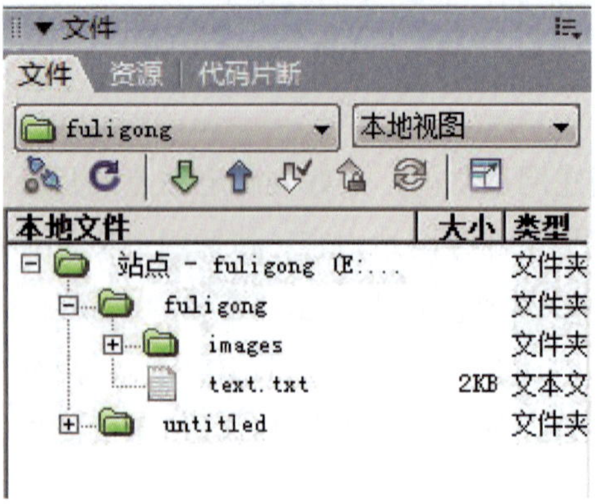

● 图 2—36 设置站点名称和服务器技术

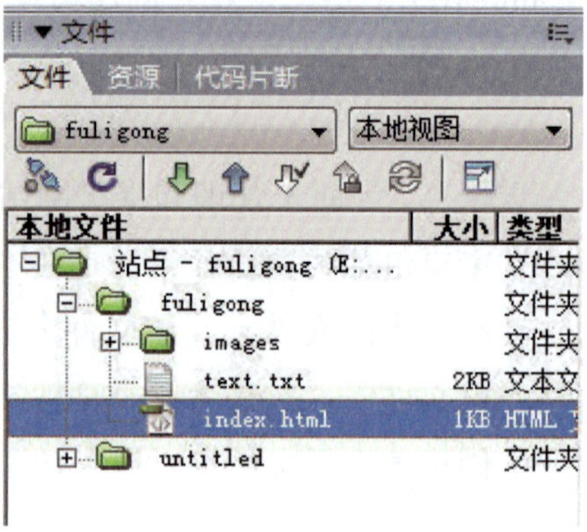

● 图 2—37 新建文档并重命名

步骤 3 双击“文件”面板中新建的文档“index.html”，在文档窗口中打开它，然后选择“文件”→“打开”命令，打开本项目素材“fuligong”文件夹中的同名文档“index.html”，如图 2—38 所示。

● 图 2—38 同时打开两个“index.html”文档

步骤 4　单击“标签选择器”中的“<body>”标签，选择当前网页中的全部内容，按 Ctrl+C 组合键复制，单击“文档标签”栏中左侧的“index.html”文档，切换至新建的文档，然后按 Ctrl+V 组合键粘贴复制的内容。

步骤 5　按 Ctrl+S 组合键保存文档，便完成了网站首页的创建。可以参考首页的创建方式，在“文件”面板中创建一个名为“intro.html”的文档，然后将本项目素材中“fuligong”文件夹中同名文档中的内容拷贝至该文档中并保存。

任务 3　为首页设置头信息和页面属性——页面总体设置

学习目标

◆掌握设置网页头信息的方法

◆熟悉页面属性的设置方法

新建网页后，一般都要对页面进行一些简单的设置，主要包括头信息和页面属性设置。头信息可以使网页更容易被搜索到，虽然在网页上看不到它的效果，但从功能角度来讲，它是网页中必不可少的元素。页面属性主要包括文档标题、页边距、背景颜色及背景图像等基本属性。

相关知识

一、设置头信息

头信息包括网页关键字、网页说明等。在使用 Google、Baidu、Bing 等搜索引擎搜索网页时，不是检索网页的所有内容，而是只检索网页的关键字。如果想要自己的网页能够被搜索引擎检索到，最好把关键字设置为人们经常使用的词语。

步骤 1　单击“常用”插入栏中“文件头”按钮右侧的下拉按钮，在打开的下拉列表中选择“关键字”，打开“关键字”对话框。在“关键字”编辑框中输入要为网页设置的关键字，各个关键字之间用半角逗号隔开，单击“确定”按钮，插入关键字，如图 2—39 所示。

步骤 2　为确认所插入的关键字，单击“拆分”按钮，在文档窗口上方将显示“代码”视图，可以看到在 <head> 标签里插入了 <meta> 标签，其中显示了刚才设置的关键字，如图 2—40 所示。

● 图 2—39　插入关键字

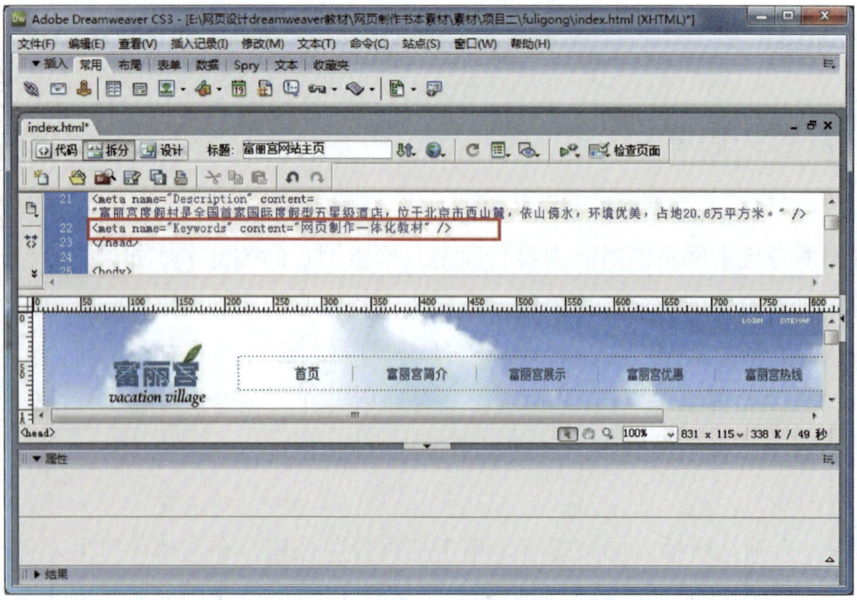

● 图 2—40　在“代码”视图中查看关键字效果

步骤 3 除关键字外，搜索引擎在检索网页时还会查看网页中的说明文本。单击“常用”插入栏中“文件头”按钮右侧的下拉按钮，在打开的下拉列表中选择“说明”，打开“说明”对话框，在“说明”编辑框中输入对网页的描述性文本，如图 2—41 所示。

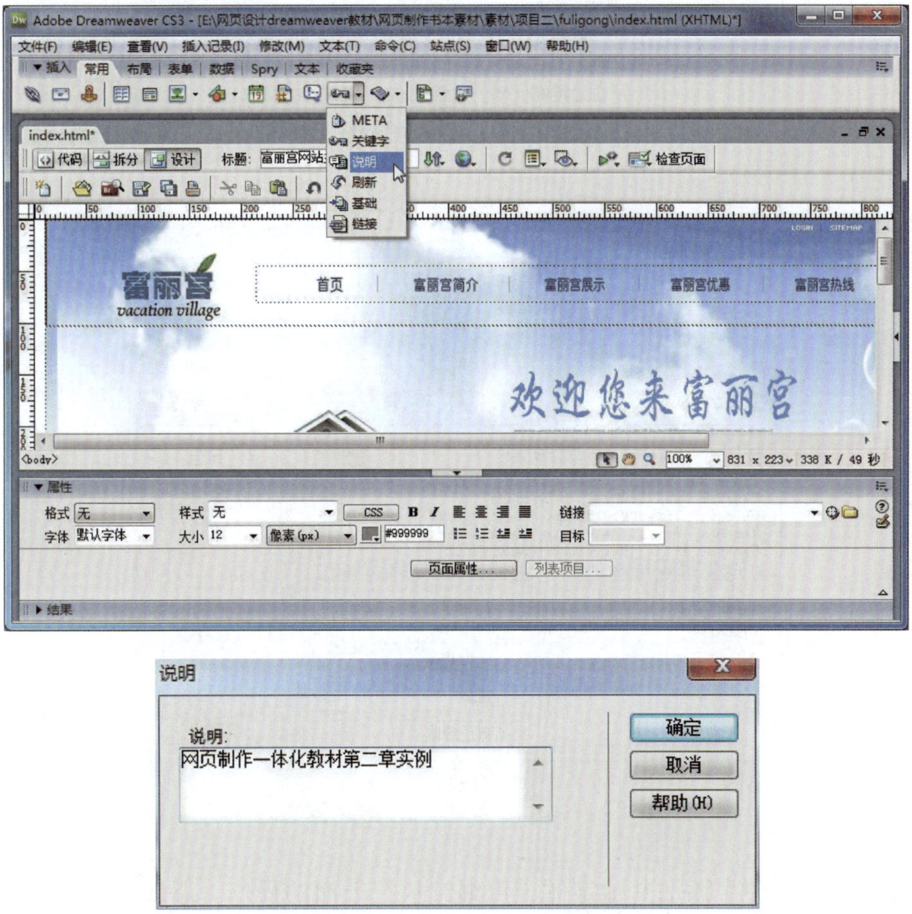

● 图 2—41　设置说明文本

二、设置页面属性

步骤 1 单击“属性”面板上的“页面属性”按钮，或按 Ctrl+J 组合键，打开“页面属性”对话框，如图 2—42 所示。

步骤 2 在“页面字体”下拉列表中选择网页默认的字体。如果没有需要的字体，可选择“编辑字体列表”选项，打开“编辑字体列表”对话框，在“可用字体”列表框中选择一种字体，然后单击 << 按钮，可将选中的字体加入到字体列表中，如图 2—43 所示。

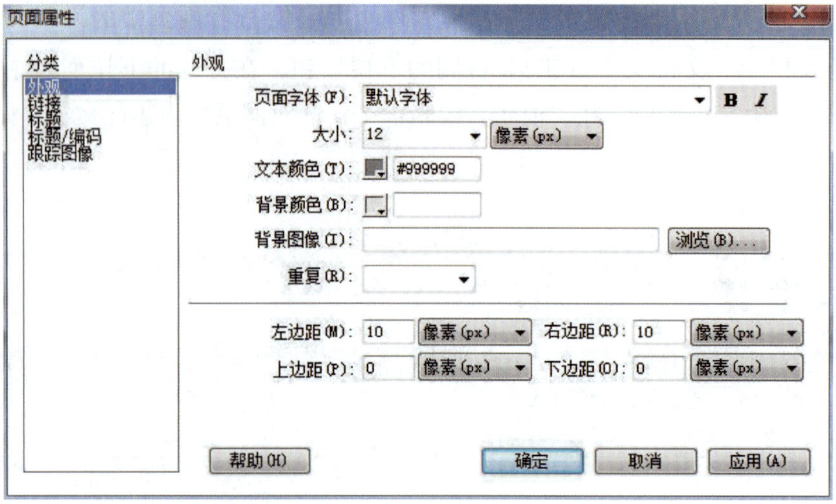

● 图 2—42 “页面属性”对话框

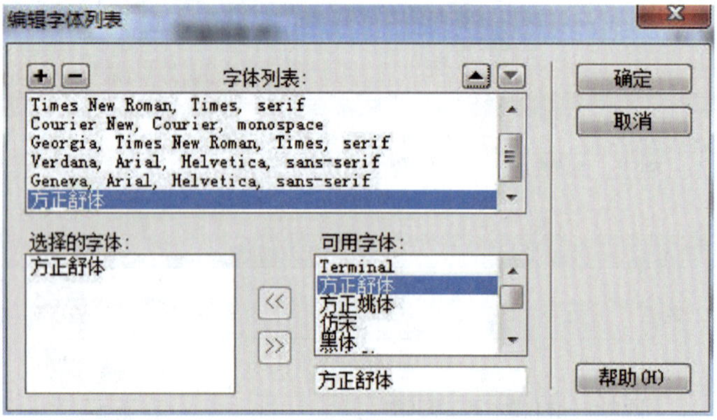

● 图 2—43 “编辑字体列表”对话框

步骤 3 如果还想添加其他字体，可继续执行上面的操作。添加完后单击“确定”按钮，关闭“编辑字体列表”对话框，回到“页面属性”对话框，在“页面字体”下拉列表中选择需要的字体。

步骤 4 在“大小”下拉列表中可设置网页默认文本的大小；单击“文本颜色”后的按钮，在弹出的调色板中设置网页文本的颜色；采用同样的方法可设置网页的背景颜色。

步骤 5 单击“背景图像”编辑框后的“浏览”按钮，打开“选择图像源文件”对话框，在对话框中选择要设置为背景图像的文件，然后单击“确定”按钮，可将其设置为网页背景。

步骤 6 在“重复”下拉列表中可设置背景图像的显示方式，其中，“不重复”表示背景图像保持原大小和位置；“重复”为默认项，选择该项后背景图像会填满整个窗口；“横向重复”表示背景图像沿水平方向平铺；“纵向重复”表示背景图像沿垂直方向平铺。

小提示 如果所选图像不在站点根文件夹中，Dreamweaver 会弹出提示框，询问是否将图像文件复制到站点根文件夹中。单击“是”按钮，系统将自动复制图像到站点根文件夹中。

一般情况下，最好不要将图像设置为网页背景，因为这会影响网页的下载速度，尤其是在网页浏览量较大时。

步骤 7 在表示边距的四个编辑框里分别输入边距值（指网页有效内容区距离网页上、下、左、右边界的距离），一般设置为 0，也可根据需要进行设定。单击左侧“分类”列表中的“链接”选项，可设置网页中链接文本的颜色、是否有下划线等，如图 2—44 所示。

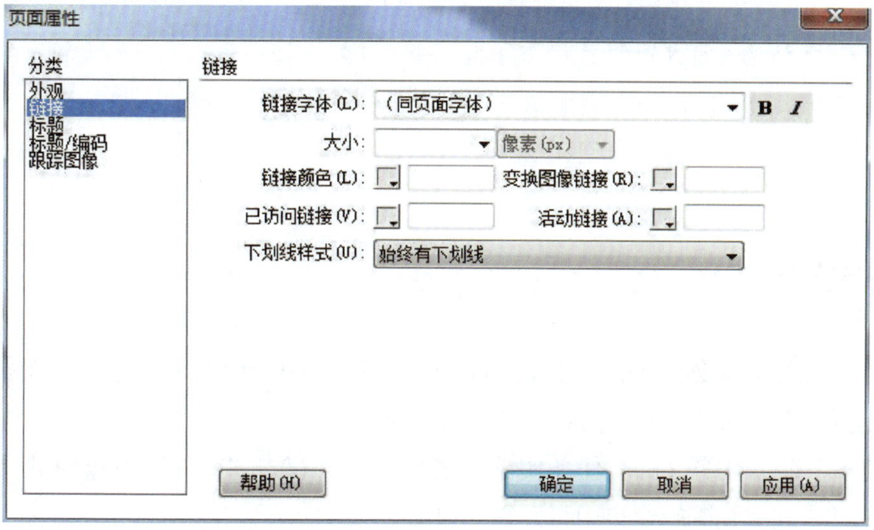

图 2—44 设置链接样式

步骤 8 单击左侧“分类”列表中的“标题 / 编码”选项，在“标题”编辑框中输入网页标题，一般是表示网页特征或欢迎词之类的文本；在“编码”下拉列表中选择网页使用的编码类型，一般选择“简体中文（GB2312）”，如图 2—45 所示。

步骤 9 单击“确定”按钮，关闭“页面属性”对话框，前面所做的设置将应用于网页文档中。

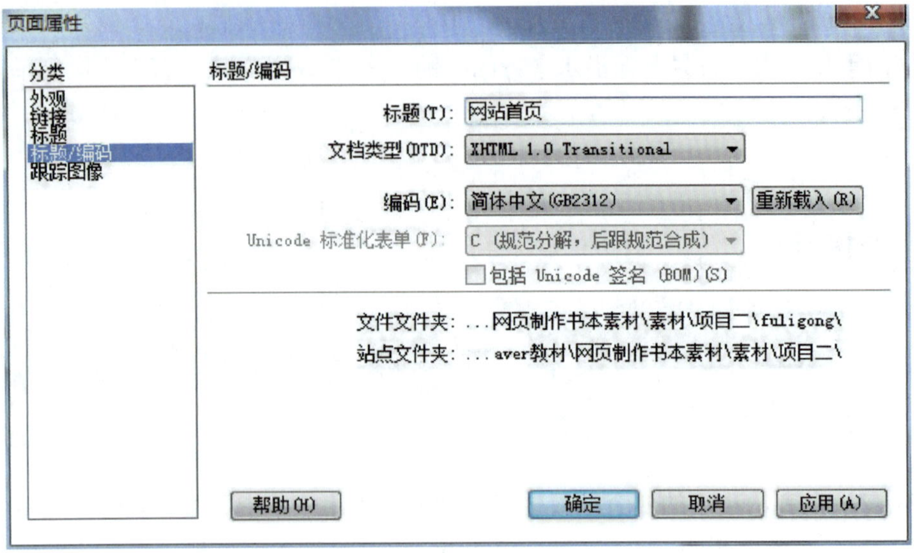

● 图 2—45　设置网页标题和编码

小提示　“链接”指向要访问的目标文档或其他元素，从而可以从一个页面跳转到另一个页面，其具体内容将在项目四中做详细介绍。

在实际的网页制作中，文本和链接属性一般不在“页面属性”中设置，而是在 CSS 样式中设置，这样既方便又快捷。

任务实施

下面通过为前面创建的度假村网站首页“index.html”设置头信息和页面属性，来学习头信息和页面属性在实际网页制作中的应用。

步骤 1　继续任务 2 的“任务实施”进行操作。双击“文件”面板中的网页文档“index.html”，在文档编辑窗口中打开它，如图 2—46 所示。

步骤 2　此时网页的上、下、左、右各有一定的空白，并且文本也比较混乱。按 Ctrl+J 组合键打开“页面属性”对话框。

步骤 3　单击左侧“分类”列表中的“外观”选项，在“大小”下拉列表中选择“12”，设置文本颜色为灰色“#999999”，左、右边距值为“10”，上、下边距值为“0”。

步骤 4　单击左侧“分类”列表中的“标题 / 编码”选项，在“标题”编辑框中输入网页标题“富丽宫网站主页”；编码为默认，单击“确定”按钮，关闭“页面属性”对话框。

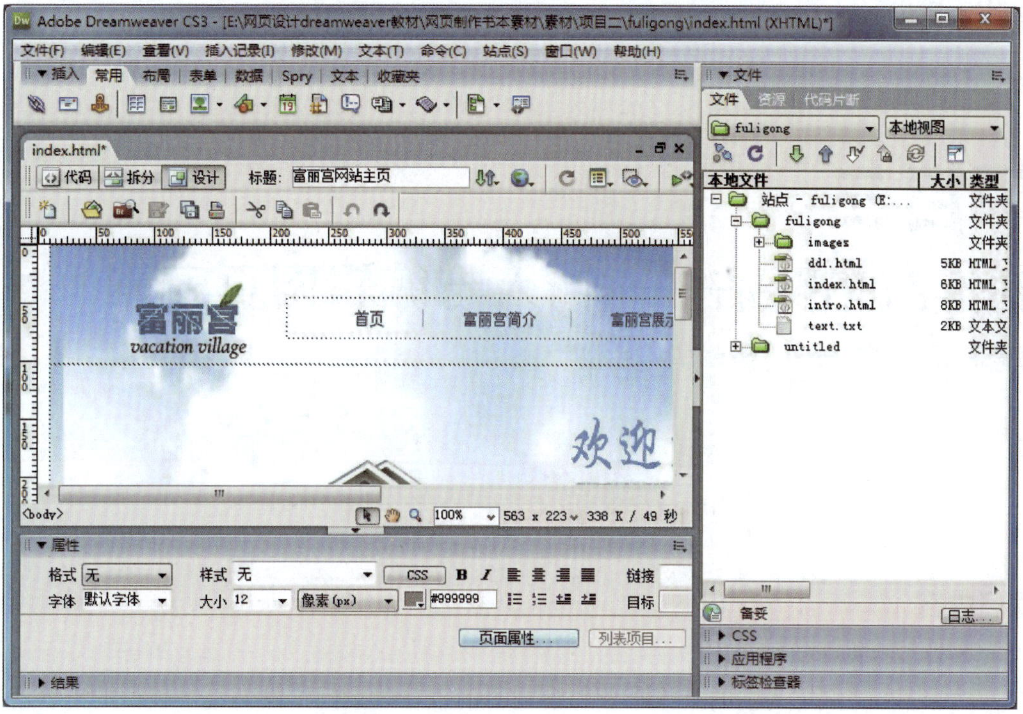

图 2—46　打开网站首页“index.html”

步骤 5　为网页设置头信息。单击“常用”插入栏中“文件头”按钮右侧的下拉按钮，在打开的下拉列表中选择“关键字”，打开“关键字”对话框。在“关键字”编辑框中输入要为网页设置的关键字，之后单击“确定”按钮。

步骤 6　按同样方法打开“说明”对话框，输入说明文本后单击“确定”按钮。

步骤 7　至此本任务完成，按 Ctrl+S 组合键保存文档。

巩固练习

新建一个站点，首先利用“文件”面板练习新建、重命名、保存网页等操作，然后练习设置网页头信息和页面属性等操作。

知识拓展　网站制作流程

本项目网站的制作是在已提供一定素材基础上完成的，在实际工作中，常常要从零开始。扫描二维码，了解网站制作的完整流程。

项目三
制作汽车网站——输入与编辑网页元素

项目内容

以经营福特汽车为主的某汽车贸易公司目前正在建设门户网站，本项目的内容就是完成网站中产品展示与营销部分的设计制作。这部分是整个网站的核心，根据公司的要求，应建立完善的产品展示平台和信息发布系统。

项目分析

按照公司的要求，在完成这个任务的时候必须注意以下两个问题。

（1）建立完善的产品展示平台，包括现有产品的完美展示、可更改性、可扩展性，产品展示包括行业分类、产品类型分类的展示，产品展示采用照片加文字格式实现。

（2）建立完善的信息发布系统，让客户了解最新信息、企业动态以及企业实力，内容包括图片、文字、更新时间、作者，详细介绍公司的信息。

根据以上要求，在制作这类网页时必须具备熟练的文字、图片、视频、动画等元素的编辑技巧。

● 项目成果展示

任务 1　输入并设置网站子页文本——文本输入与编辑

学习目标

◆熟练掌握文本的输入方法

◆掌握各种文本格式的设置方法

文本是网页中不可缺少的组成元素，它能将各种信息有效地传达给浏览者。本任务介绍文本的输入与编辑方法，主要包括文本的输入、文本段落格式和字符格式的设置，以及水平线和特殊字符的插入。

相关知识

一、输入文本

在 Dreamweaver 中输入文本的方法非常简单，只要将光标定位在网页的某个位置，然后选择输入法输入文本即可。对于大量的外部文本，用户可利用剪贴板将其拷贝到网页文档中，方法如下。

步骤 1 首先用记事本打开外部文本，然后选择“格式”→“自动换行”命令，取消“自动换行”前面的“√”。

步骤 2 按 Ctrl+A 组合键全选文本，然后按 Ctrl+C 组合键复制选中的文本，如图 3—1 所示。

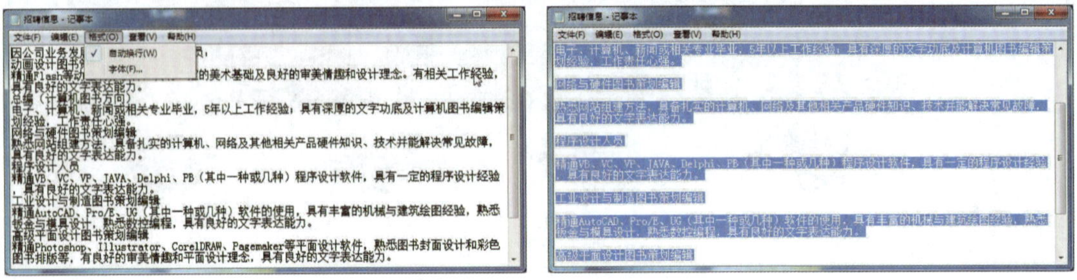

图 3—1 打开外部文本并复制

步骤 3 切换至 Dreamweaver 操作界面，将光标置于网页中要输入文本的位置，按 Ctrl+V 组合键即可将文本粘贴到网页中。

小提示 为便于浏览者阅读，对于输入的长文本，需要对其进行换行或分段。其中，分段按 Enter 键，换行按 Shift+Enter 组合键。

二、设置文本段落格式和字符格式

默认情况下，输入文本的字体、字号等，与该网页“页面属性”中设置的相同。另外，用户也可利用“属性”面板上的“格式”下拉列表为文本设置系统提供的格式化样式（段落、标题 1、标题 2 等），或直接设置所选文本的字体、大小、颜色、粗体、斜体、对齐方式和列表方式等，如图 3—2 所示。

文本的格式设置有字符格式与段落格式之分。其中，要设置段落格式，只需将光标定位在该段落即可进行设置；要设置字符格式，应首先利用拖动方法选中文本，然后再进行设置。

例如，如果希望将文本居中对齐，可以先用拖动法选择文本，然后单击“属性”面板上的“居中对齐”按钮，如图 3—3 所示。

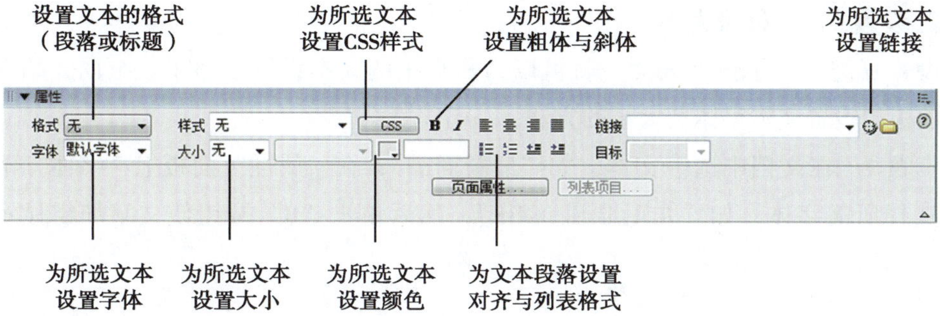

● 图 3—2 文本“属性”面板

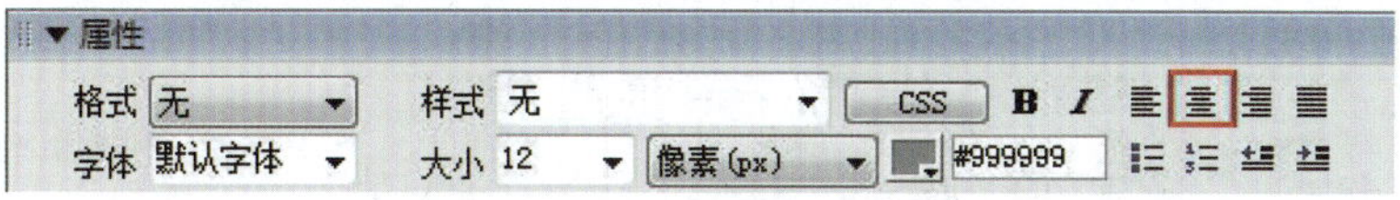

● 图 3—3 设置段落对齐

又如，如果希望改变文本颜色，则应首先利用拖动方法选中文本，然后再利用“属性”面板进行设置，如图 3—4 所示。

● 图 3—4 设置文本颜色

这里需要指出的是，当设定了某段文本的样式后，Dreamweaver 会在“属性”面板的“样式”列表中自动创建 CSS 样式。

如果需要将该样式应用到别的文本，只需选中文本后，直接在“属性”面板的“样式”列表中选择即可。

1. 设置字体列表

Dreamweaver 中自带的字体有限，一般满足不了大多数网页设计者的需求。可以通过设置字体列表解决这一问题。选中“属性”面板的“字体”选项，弹出“编辑字体列表”对话框。然后可参照项目二任务 3“设置页面属性”中的操作设置字体列表。

2. 设置文本字体及大小

设置好需要的字体列表后，就可以为网页中的文本设置字体了。下面介绍在“属性”面板中设置文本字体及大小的方法。

步骤 1 在文档中选中文本，如“最新商品”，在“属性”面板上“字体”下拉列表中选择所需字体，如“方正准圆 _GBK”，然后单击“B”按钮使文字加粗显示，如图 3—5 所示。

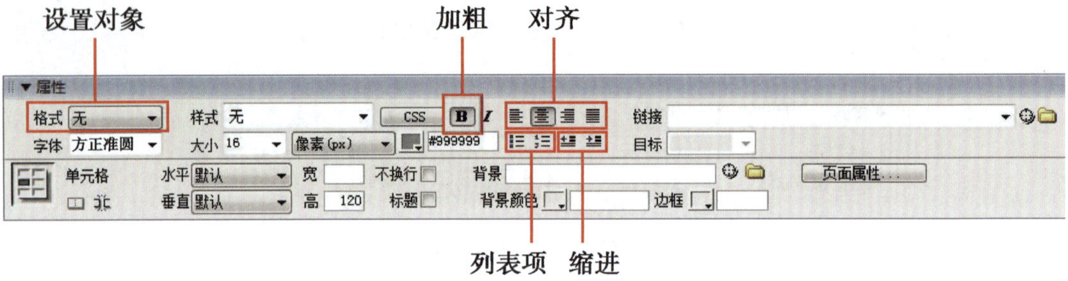

● 图 3—5　文本及段落格式设置

步骤 2 在“大小”下拉列表中选择“16”，设置文本大小。

> **小提示** 虽然通过设置字体列表可以为网页中的文本设置各种字体，但不提倡在网页中使用特殊字体。因为即使使用了特殊字体，如果浏览者计算机上没有安装该字体，就只能显示为默认字体。如果想对网页中的少量文本使用特殊字体，可将文本做成图像后插入到网页中。

3. 设置段落对齐和缩进

通过设置段落对齐和缩进格式，可以更好地为文档布局。将光标置于需要设置段落缩进的任意段落中，在“属性”面板上“格式”下拉列表中选择“段落”选项，单击四个对齐按钮可设置不同的对齐方式，单击“文本凸出”按钮可使段落凸出，单击“文本缩进”按钮可使段落缩进，如图 3—5 所示。

4. 设置列表项

列表分为项目列表和编号列表，项目列表常应用在“列举”类型的文本中，编号列表常应用在“条款”类型的文本中，这种方式使得文本更加直观、明了。

选中所要设置的文本（见图 3—6），然后单击“属性”面板上的“列表项”按钮，效果如图 3—7 所示。

“编号列表”的设置方法同“项目列表”类似，此处不再赘述。

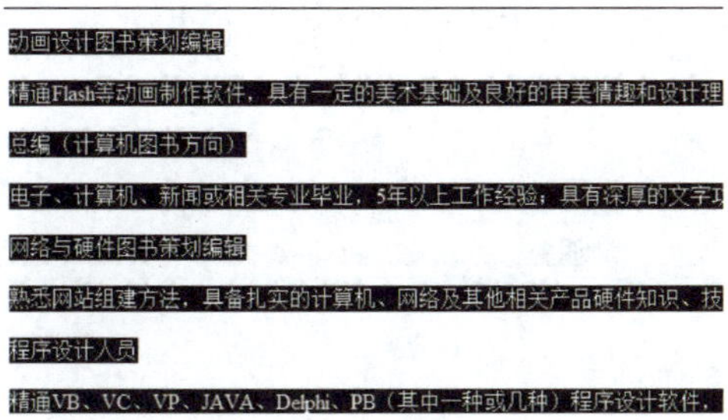

● 图 3—6　选中文本

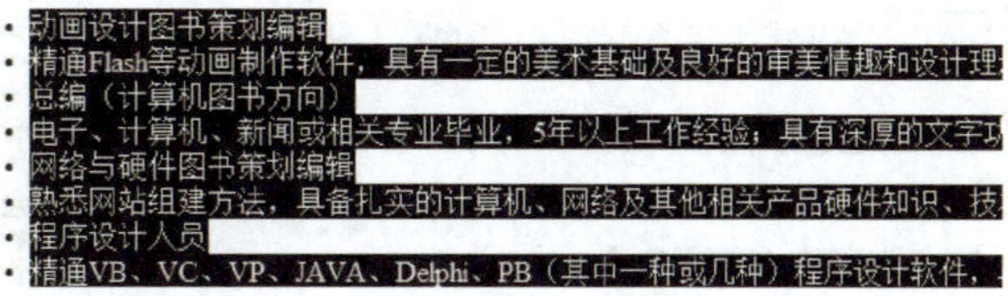

● 图 3—7　应用“项目列表”格式

小提示　此处需要注意的是，在对文本应用列表项之前，必须用 Enter 键把文本中的各项分为不同的段落。

三、插入水平线和特殊字符

如果网页文档由很长的内容构成，可在内容中间插入水平线，从而使网页内容阅读起来更轻松。另外，网页中还经常包含一些特殊字符，如版本符号、货币符号等。此处介绍如何在网页中插入水平线和特殊字符。

1. 插入水平线

水平线对于组织信息和区分版块很有帮助，如图 3—8 所示。要插入水平线，可在定位插入点后，选择“插入记录”→“HTML”→“水平线”命令。

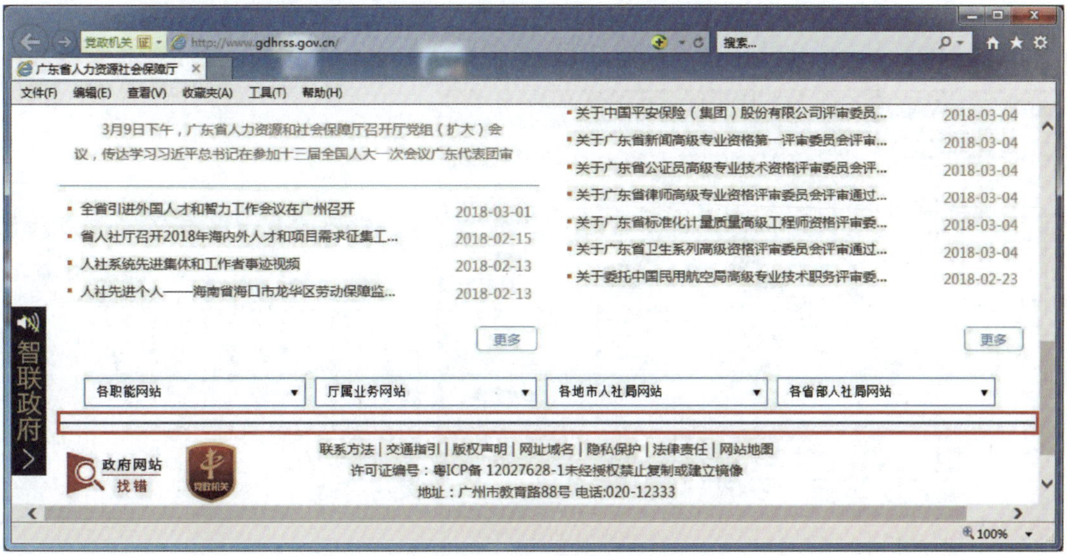

● 图 3—8　网页中的水平线

在设计视图中选中水平线后，会显示如图 3—9 所示的水平线“属性”面板。

● 图 3—9　水平线“属性”面板

下面列出了水平线“属性”面板中各常用项的意义。

水平线：设置水平线名称，主要用于脚本程序。

宽：设置水平线的宽度，以像素（px）或百分比为单位。缺省为空，表示采用默认值（100%）。

高：设置水平线的粗细，以像素（px）为单位。缺省为空，表示采用默认值（2 px）。

对齐：设置水平线的对齐方式。

阴影：是否为水平线添加阴影效果。

类：为水平线设置类样式（三种样式之一，将在项目七中做详细介绍）。

2. 插入特殊字符

要插入特殊字符，可在定位插入点后，选择“插入记录”→“HTML”→“特殊字符”命令，然后在弹出的菜单中选择相应的特殊字符，如图 3—10a 所示。

如果在“特殊字符”菜单下没有找到需要的特殊字符，可以通过选择该菜单中最下面的“其他字符”命令打开“插入其他字符”对话框，这样可以获取更多的特殊字符，如图 3—10b 所示。在该对话框中选中要插入的字符后，单击“确定”按钮即可插入。

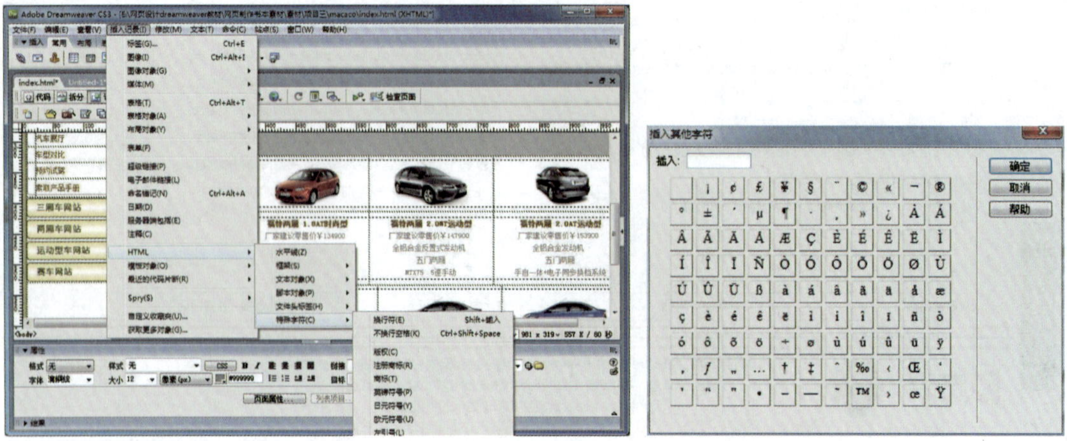

a）　　　　b）

● 图 3—10　插入特殊字符

小提示　使用“插入”栏可以非常快捷地插入特殊字符。具体方法为，将插入栏切换至“文本”插入栏，单击最右侧“换行符”按钮后的小三角图标，在打开的下拉列表中选择要插入的特殊字符。

任务实施

在学习了文本的输入与编辑方法后，下面为汽车网站中的“关于福特汽车”网页输入文本并设置格式。

步骤 1　将本项目素材中的“macaco”文件夹拷贝至本地磁盘，在 Dreamweaver 中创建一个站点，将“macaco”定义为站点根文件夹，然后打开该站点下的“com.html”文档和“text.txt”文档。

步骤 2　将“text.txt”中的内容复制并粘贴到网页文档右侧 Flash 动画下方的空白单元格中，如图 3—11 所示。

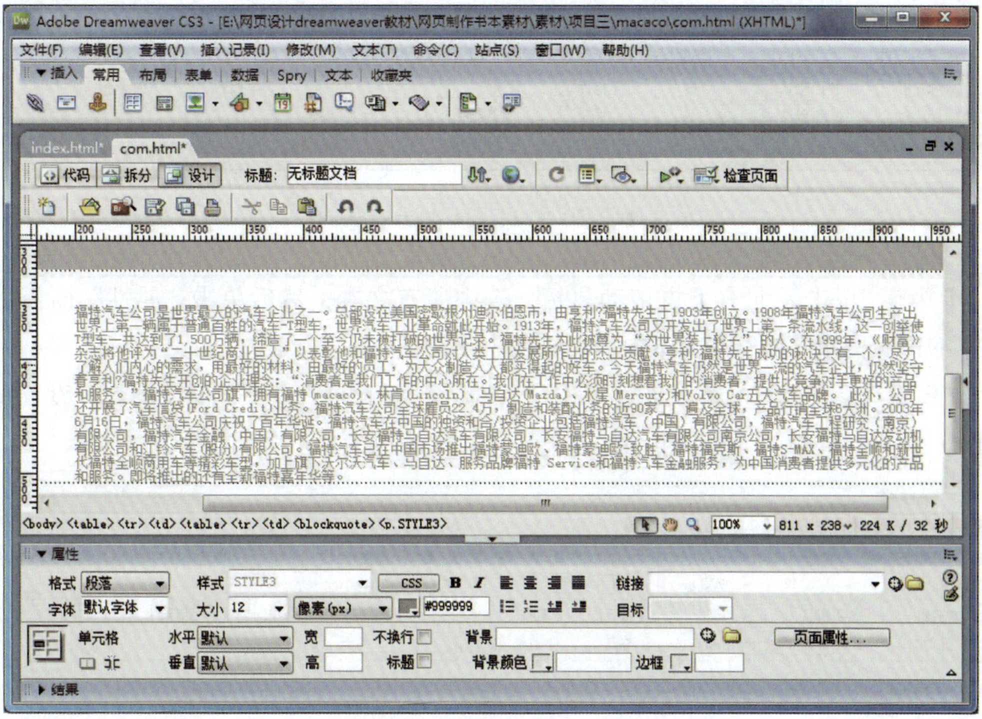

● 图 3—11　复制文本到网页文档中

步骤 3　给文本分段，将插入点置于要作为第 2 段的文本起始处“1908 年”前方，按下 Enter 键，则其后的所有文本都成为第 2 段。

步骤 4 按照同样的方法，划分其他段落，最终效果如图 3—12 所示。

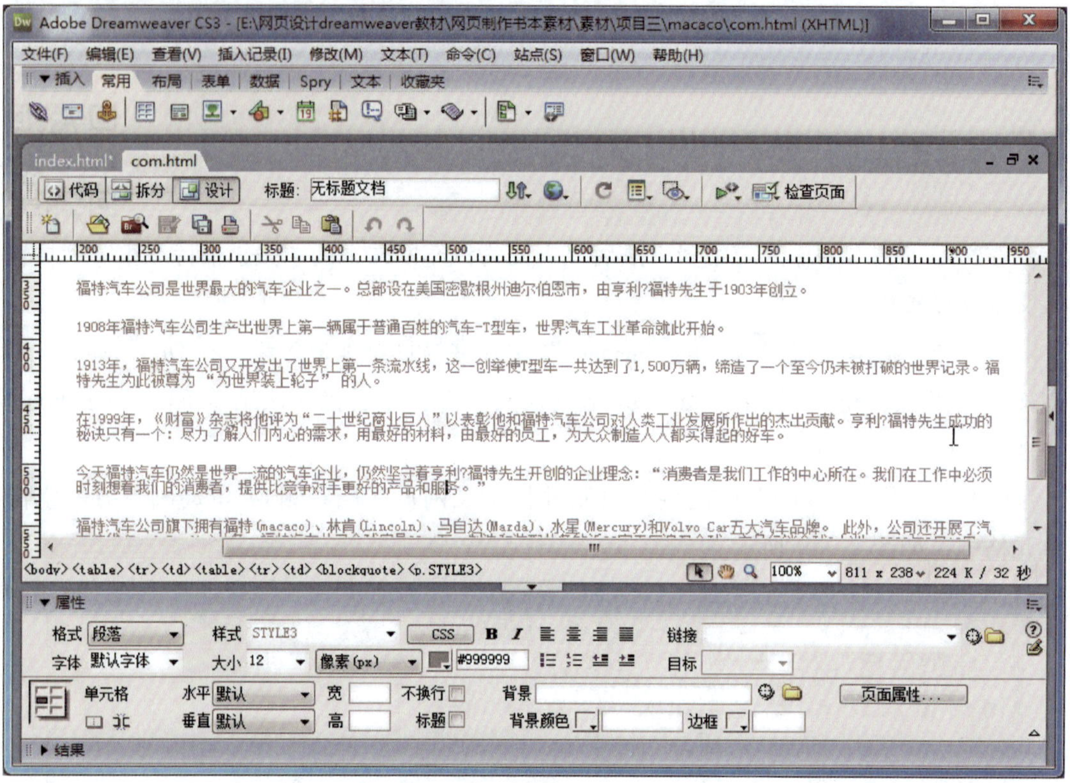

● 图 3—12　段落划分效果

步骤 5 单击并向右下方拖动鼠标，选中所有文本，然后单击“属性”面板上的“文本缩进”按钮，使所有文本向内缩进两个字符。

步骤 6 保持选择文本状态，单击“属性”面板上的“大小”下拉列表，设置文本大小为 12 px；单击“文本颜色”按钮，设置文本颜色为灰色，如图 3—13 所示。

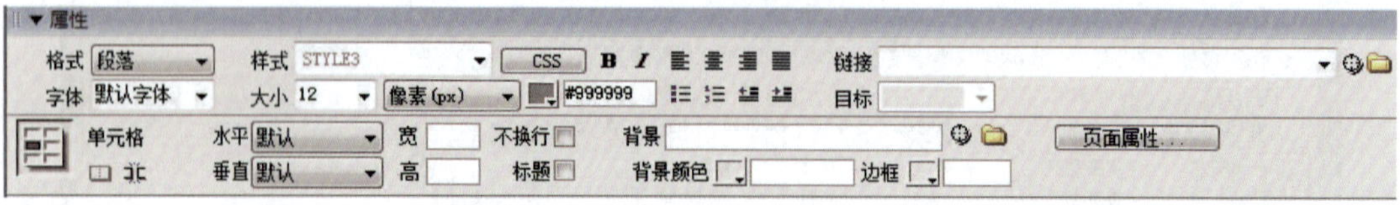

● 图 3—13　设置文本大小和颜色

步骤 7 最后，为使文本上方的动画与文本之间有一定间距，将插入点置于文本起始位置，按 Enter 键使文本上方空出一段。

任务 2 在主页中插入导航条和图像——应用图像

学习目标

◆掌握编辑图像的方法
◆掌握图像各种特效的制作方法
◆掌握导航条的制作方法

本任务主要介绍图像在网页文档中的应用，包括图像的插入与编辑、图像占位符的应用，以及鼠标经过图像和导航条的制作等。

相关知识

一、网页中常见的图像文件格式

目前在网页中可以使用的图像包括 JPEG、GIF 和 PNG 格式，下面分别列出了它们各自的特点。

JPEG（联合图像专家组标准）格式：该格式适于表现色彩丰富、具有连续色调的图像，如各种照片。其优点是图像质量高，缺点是文件尺寸稍大（相对于其他格式），且不能包含透明区域。

GIF（图形交换格式）格式：由于它最多只能包含 256 种颜色，因而适合表现色调不连续或具有大面积单一颜色的图像，如卡通画、按钮、图标、徽标等。其优点是图像尺寸小，可包含透明区，且可制成包含多幅画面的简单动画，缺点是图像质量稍差。

PNG（便携网络图像）格式：该格式集 JPEG 和 GIF 格式的优点于一身，图像质量高且可包含透明区。

二、插入与编辑图像

在 Dreamweaver 中插入图像的方法非常简单，下面介绍具体操作。

步骤 1 首先在要插入图像的位置单击，确定插入点，然后单击“常用”插入栏中的“图像”按钮，如图 3—14 所示。

步骤 2 打开“选择图像源文件”对话框，在“查找范围”下拉列表中选择图像文件夹，在文件列表中选择要插入的图像文件，然后单击“确定”按钮插入图像，如图 3—15 所示。

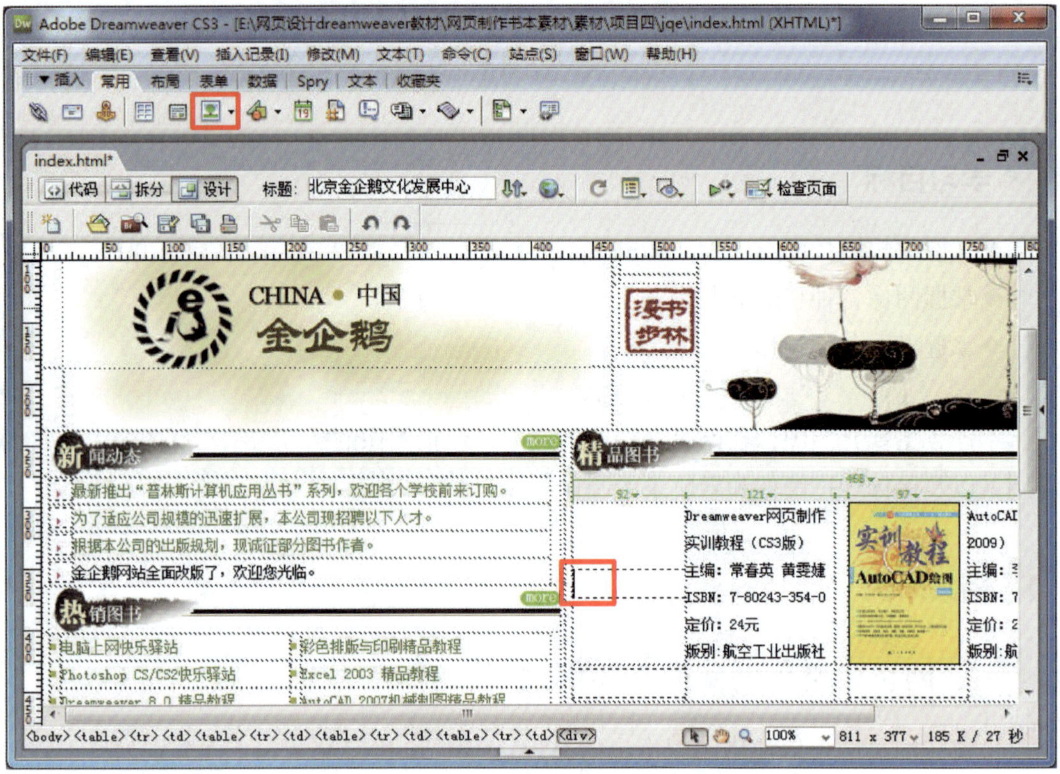

● 图 3—14 确定插入点后单击“图像”按钮

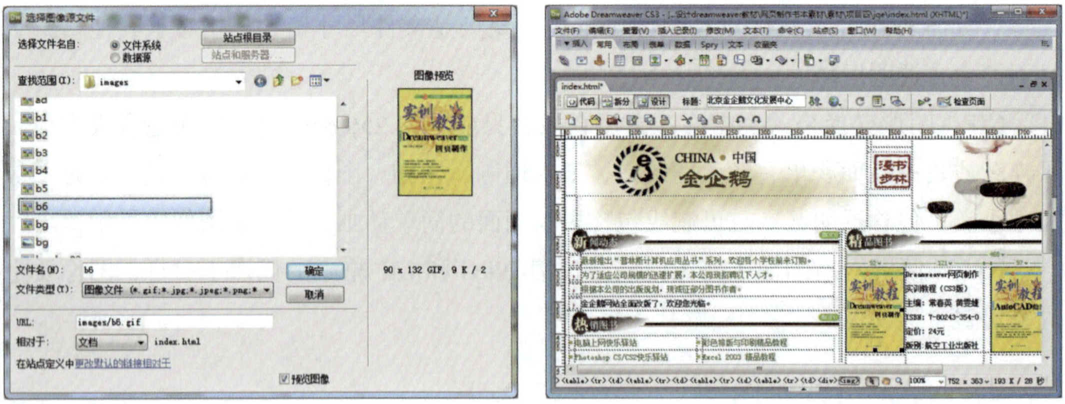

● 图 3—15 插入图像

小提示 同网页背景图像的设置一样，如果此时所选图像不在站点根文件夹中，Dreamweaver 会弹出提示框，询问是否将图像复制到站点根文件夹中。单击“是”按钮，系统会自动复制图像文件到站点根文件夹中。否则，在发布网页后，会因找不到图像而无法显示。

默认情况下，每次插入图像时都会显示“图像标签辅助功能属性”对话框，如图 3—16 所示。如果不想显示该对话框，可单击对话框下方的“请更改‘辅助功能’首选参数”链接文本，在打开的“首选参数”对话框左侧的“分类”列表中选择“辅助功能”，然后取消选择右侧的“图像”复选框，如图 3—17 所示。

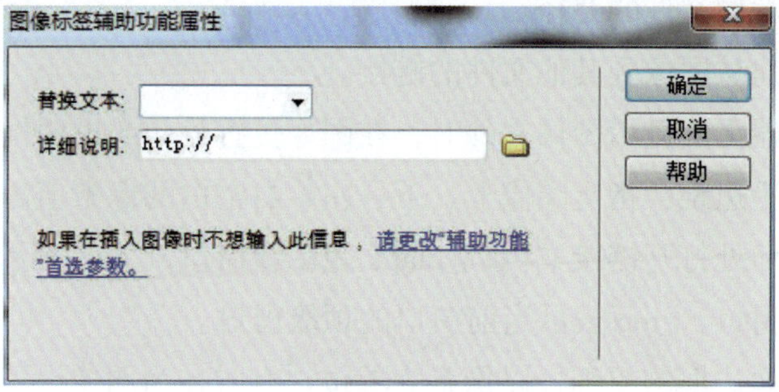

● 图 3—16 “图像标签辅助功能属性”对话框

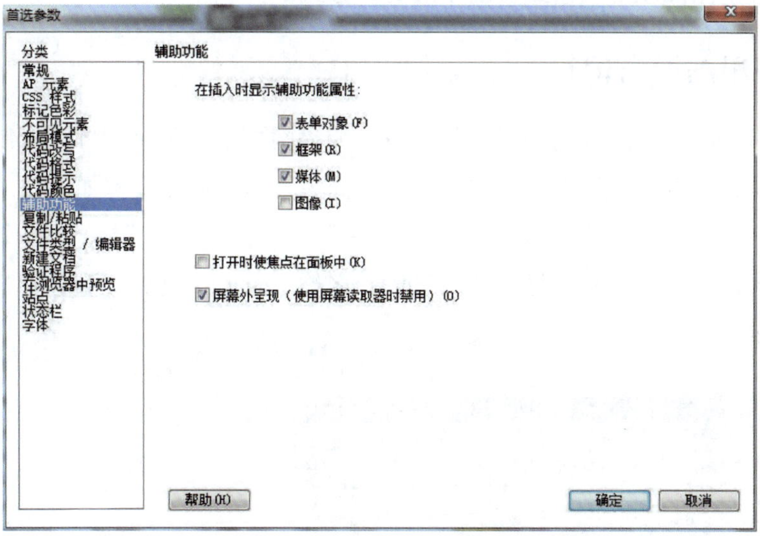

● 图 3—17 “首选参数”对话框

步骤 3 选中插入的图像，可利用“属性”面板对该图像的各项属性进行修改，如图 3—18 所示。

下面列出图像“属性”面板中各常用项的意义。

图像：设置图像名称，主要用于通过脚本控制图像。

宽和高：图像的宽度和高度（单位为像素），改变了图像的尺寸后，该数值将加粗显示。

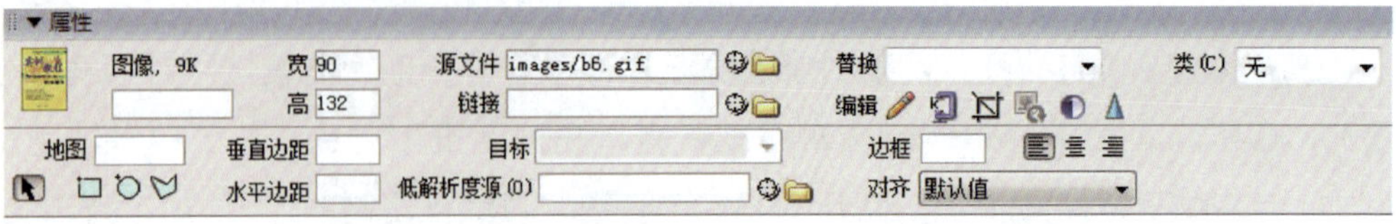

● 图 3—18　图像“属性”面板

源文件：显示图像文件的路径。

链接：用于创建从图像到其他文件的链接。

替换：在浏览器无法显示图像文件时，在图像位置显示的说明性文字。

垂直边距和水平边距：指定图像上、下、左、右空白的像素值。

目标：设置在何处打开链接文档，_blank 表示新窗口，_self 表示当前窗口，_parent 表示当前窗口的父窗口，_top 表示当前窗口的顶级窗口。

边框：设置图像边框的粗细，以像素为单位。有时在为图像设置链接后，图像的周围会多出一个蓝色的边框，此时只需将图像的边框值设置为“0”，即可将该边框去掉。

对齐：确定图像在单元格或页面中的对齐方式。

三、使用图像占位符

图像占位符相当于图像的临时替代对象。如果网页中的某个图像尚未制作好，可暂时用图像占位符代替。图像占位符的用法非常简单，具体操作步骤如下。

步骤 1　确定插入点后，选择“插入记录”→“图像对象”→“图像占位符”命令，打开“图像占位符”对话框，然后设置其名称、宽度、高度、颜色和替换文本，如图 3—19 所示。

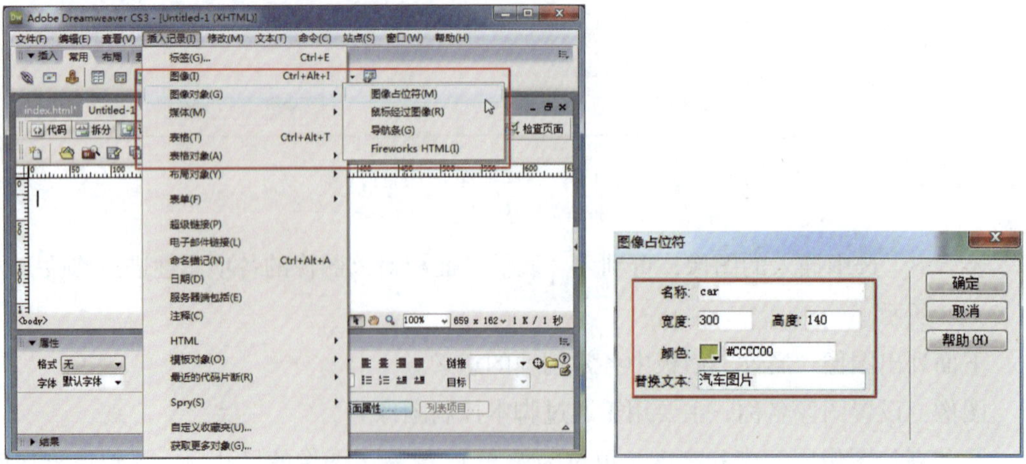

● 图 3—19　打开“图像占位符”对话框

步骤 2 单击“确定”按钮，在指定位置插入一个图像占位符，如图 3—20 所示。

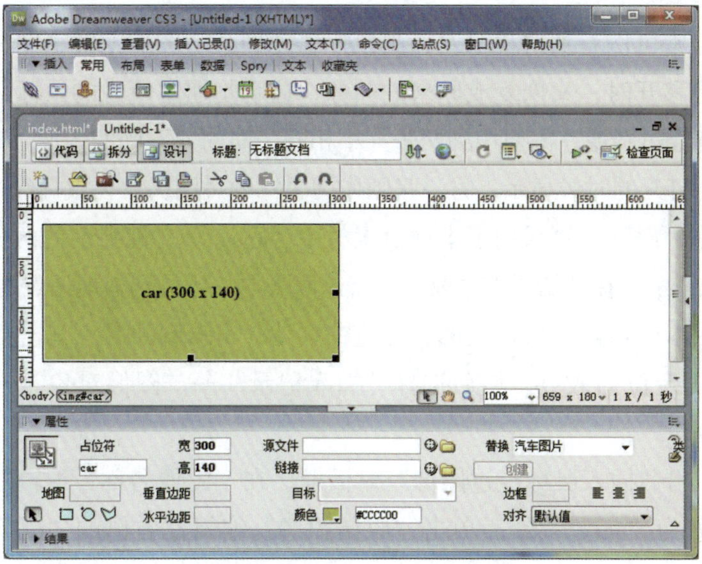

● 图 3—20 插入图像占位符

步骤 3 要用制作好的图像替换图像占位符，可首先单击选择图像占位符，然后在“属性”面板的“源文件”编辑框中输入带路径的文件名，或者单击该编辑框后面的“浏览文件”按钮，在打开的“选择图像源文件”对话框中选择要替换的图像，单击“确定”按钮，Dreamweaver 会自动将图像占位符替换为所选择的图像，如图 3—21 所示。

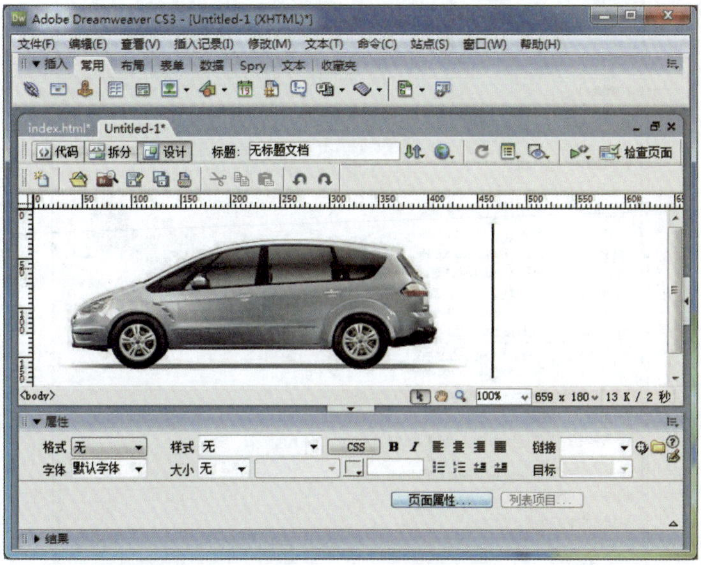

● 图 3—21 替换图像

四、制作鼠标经过图像

在网页中经常可以看到这种情况，当鼠标移动到某一图像上时，图像变成了另一幅图像，而当鼠标移开时，又恢复成原来的图像，这就是通常所说的鼠标经过图像。

要制作鼠标经过图像，需要用到两张大小相同，而内容不同的图像。其中一张作为原始图像，在页面打开的时候显示；另一张则作为鼠标经过图像，在鼠标经过的时候替换原始图像显示出来。以下示例采用了本项目素材中“image”文件夹中的两张图片“EAR_1.jpg”和“EAR_2.jpg”，在开始操作之前，先将这两张图片拷贝到本地站点的图像文件夹中。

步骤 1 在本地站点中新建文档，并重命名为“image.html”。双击打开该文档，在文档窗口中单击定位插入点，然后选择“插入记录”→“图像对象”→“鼠标经过图像”命令。

步骤 2 弹出“插入鼠标经过图像”对话框，在“图像名称”编辑框中为图像输入一个名称（此处为“ear”），然后单击“原始图像”编辑框右侧的“浏览”按钮，弹出“原始图像：”对话框，在“查找范围”下拉列表中选择图像所在文件夹，在文件列表中选择原始图像（此处为 EAR_1.jpg），然后单击“确定”按钮，如图 3—22 所示。

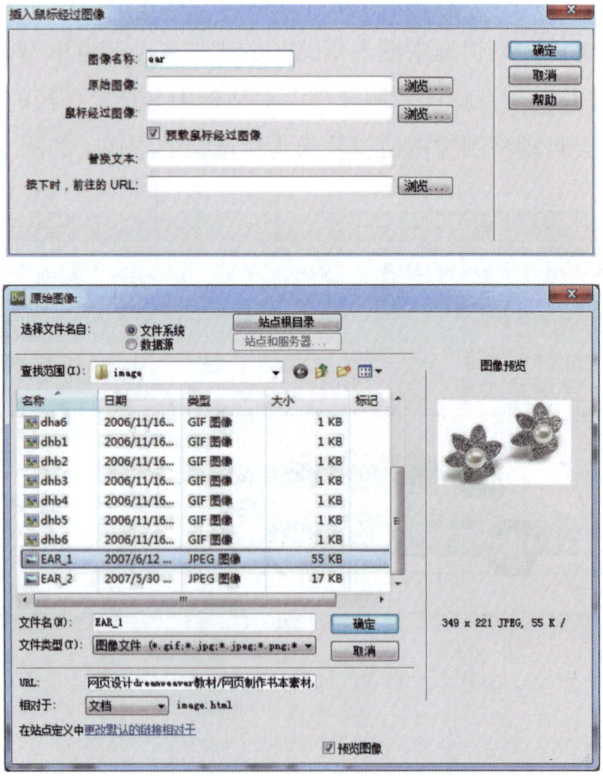

图 3—22 设置图像名称和原始图像

步骤 3 按照同样的方法设置“鼠标经过图像”为“EAR_2.jpg”，在“替换文本”编辑框中输入替换文本（此处为“耳钉”），在“按下时，前往的 URL”编辑框中输入单击图像时将打开的网页文档名称（或单击编辑框右侧的“浏览”按钮选择网页），最后单击“确定”按钮，插入鼠标经过图像，如图 3—23 所示。

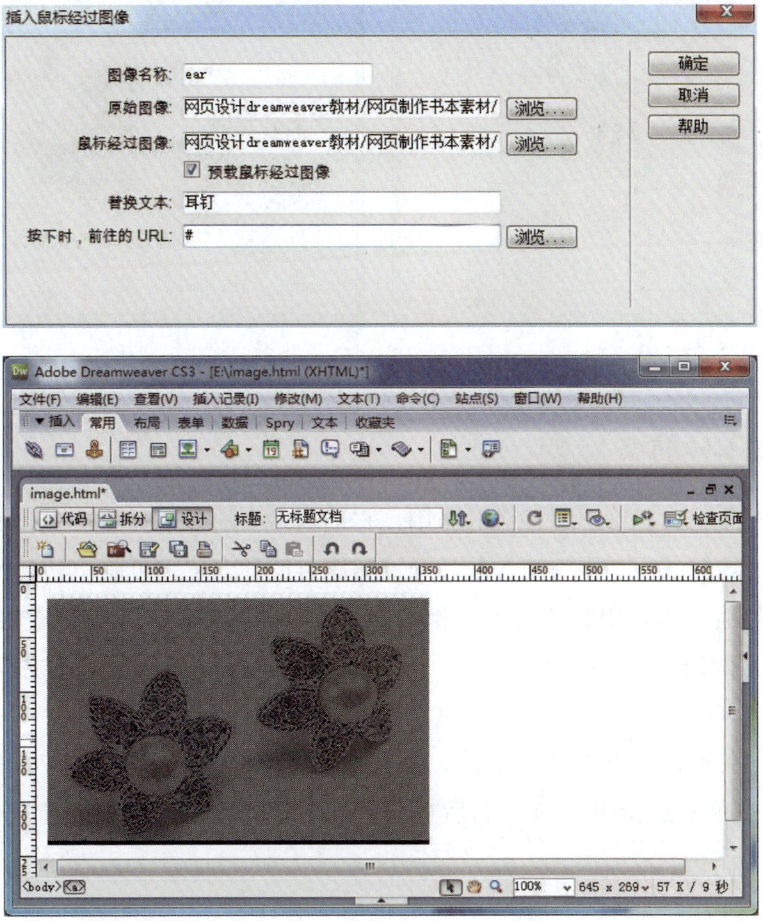

● 图 3—23 插入鼠标经过图像

小提示 默认情况下，“预载鼠标经过图像”复选框被选中，表示浏览器在下载网页时自动在后台载入鼠标经过图像，从而加快鼠标经过图像的显示速度。

“替换文本”表示在图片不能正常显示时出现在图片位置的说明性文字。

“按下时，前往的 URL”编辑框中输入“#”号是空链接，表示图像没有链接目标，也可以为空。

步骤 4 按 Ctrl + S 组合键保存文档，然后按 F12 键预览网页，将光标放在设置为鼠标经过图像上方时，可以看到原始图像变为鼠标经过图像，如图 3—24 所示。

● 图 3—24 预览文档

五、制作导航条

导航条在网站中起着不可替代的作用，它把网站中的各个页面连接起来。每一个网站都有自己的导航条。利用与制作鼠标经过图像类似的方法，可制作具有可变效果的导航条。制作导航条需要用到两组大小相同而内容不同的图片，本项目素材“image”文件夹中准备了两组图片“dha1 ~ dha6”和“dhb1 ~ dhb6”，在开始操作之前应先将这两组图片拷贝到本地站点的图像文件夹中。

步骤 1 在本地站点中新建文档，保存并重命名为“dh.html”。双击打开该文档，在文档窗口中单击定位插入点，然后选择“插入记录”→“图像对象”→“导航条”命令。

步骤 2 打开“插入导航条”对话框，在“项目名称”编辑框中输入项目名（此处为“dh1”，也可以不输入）；单击“状态图像”编辑框后的“浏览”按钮，在打开的“选择图像源文件”对话框中选择要作为状态图像的文件（此处为“dha1.gif”），然后单击“确定”按钮。

步骤 3 按照同样的方法，设置“鼠标经过图像”为“dhb1.gif”，如图 3—25 所示。如有必要，可设置其他选项。

步骤 4 单击编辑框左上方的“添加项”按钮，添加新项。参照前面的方法设置项目名称、状态图像和鼠标经过图像。

“插入导航条”对话框中各主要选项的意义如下。

状态图像：表示网页中初始显示的图像。

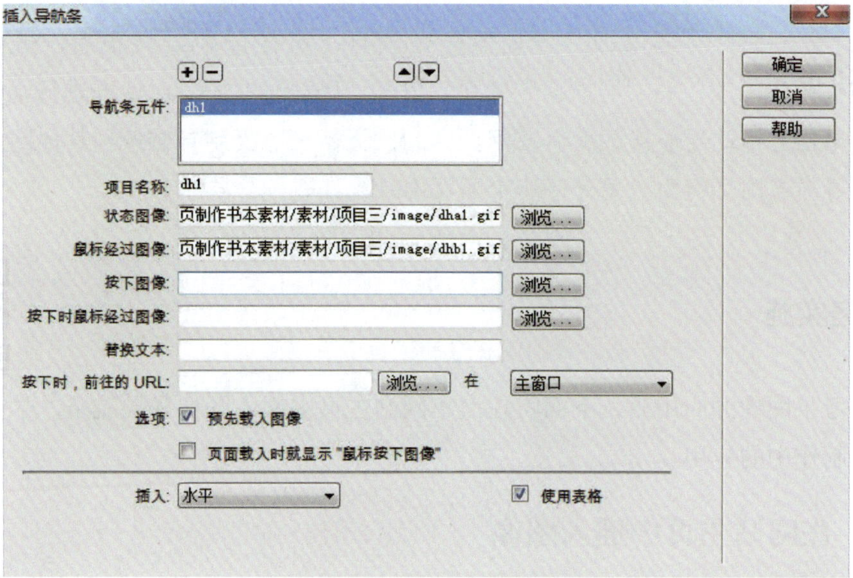

● 图 3—25 设置鼠标经过图像

鼠标经过图像：鼠标滑过时显示的图像。

按下图像：按下按钮时显示的图像，一般不设置。

按下时鼠标经过图像：按钮处于按下状态时的鼠标经过图像，一般不设置。

替换文本：导航图片不能正常显示时，在图片位置显示的文字。

插入："插入"下拉列表中有两个选项，其中"水平"表示插入水平的导航条，"垂直"表示插入垂直的导航条，默认为"水平"。

步骤 5 重复执行上面的操作，添加并设置新项，最后单击"确定"按钮插入导航条。

步骤 6 按 Ctrl+S 组合键保存文档，然后按 F12 键预览网页，将光标置于导航条上方时，其背景颜色变深，如图 3—26 所示。

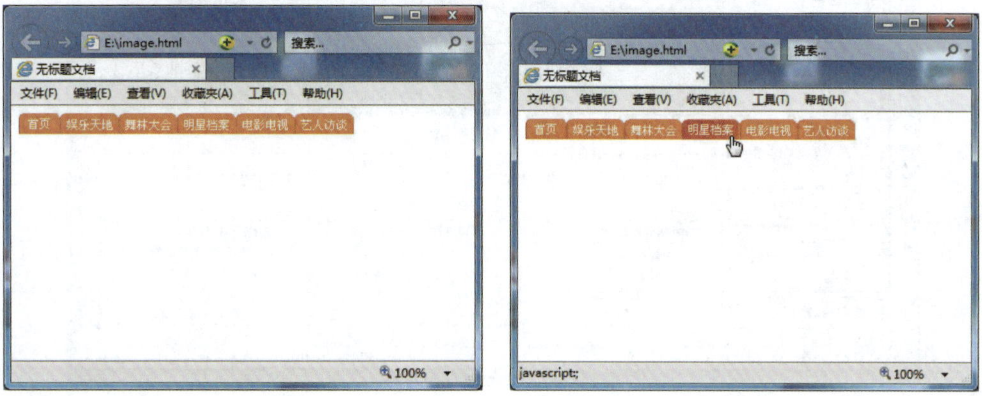

● 图 3—26 预览网页

小提示 要修改、增加导航条项目，可在选中导航条后，选择“修改”→“导航条”命令，打开“修改导航条”对话框进行修改。

可单击并拖动导航条改变其在网页中的位置，可以复制导航条到其他网页，也可以对导航条附加行为。另外，一个网页中只允许有一个导航条。

任务实施

在学习了图像的应用后，下面将在汽车网站主页中插入图像和导航条，学习图像在实际网页制作中的应用。

一、在网站主页中插入图像

步骤 1 继续在上一任务“任务实施”中定义的“macaco”站点中操作。首先在“文件”面板中双击该站点中的“index.html”文档，将其打开。

步骤 2 在网页右侧空白大单元格下方的第 1 个空白小单元格中单击确定插入点，然后单击“常用”插入栏中“图像”按钮，如图 3—27 所示。

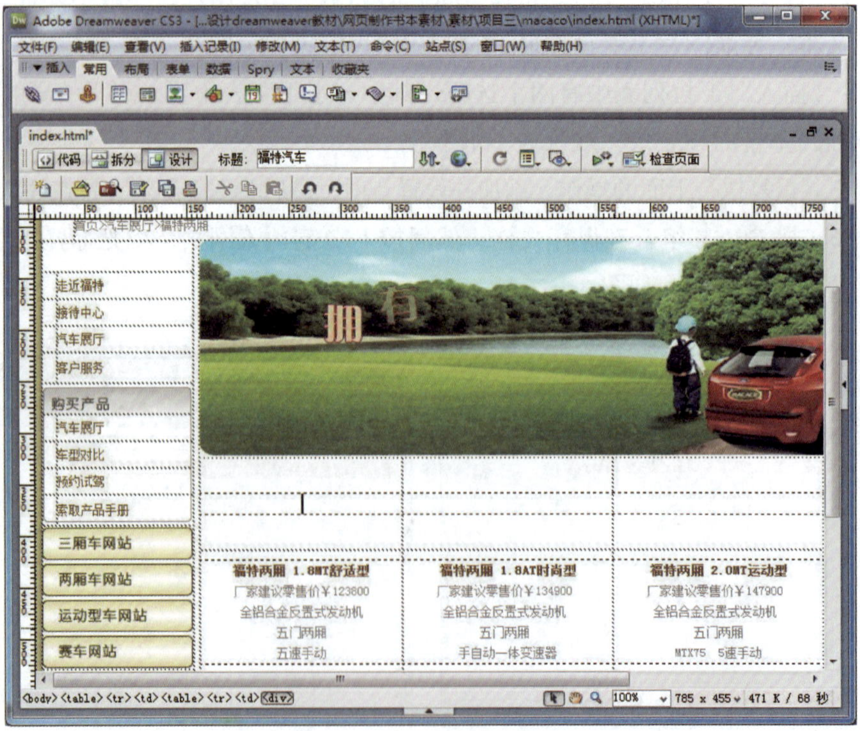

图 3—27 定位插入点后单击“图像”按钮

步骤 3　打开“选择图像源文件”对话框，从中选择要插入的图像，然后单击“确定”按钮插入图像，如图 3—28 所示。

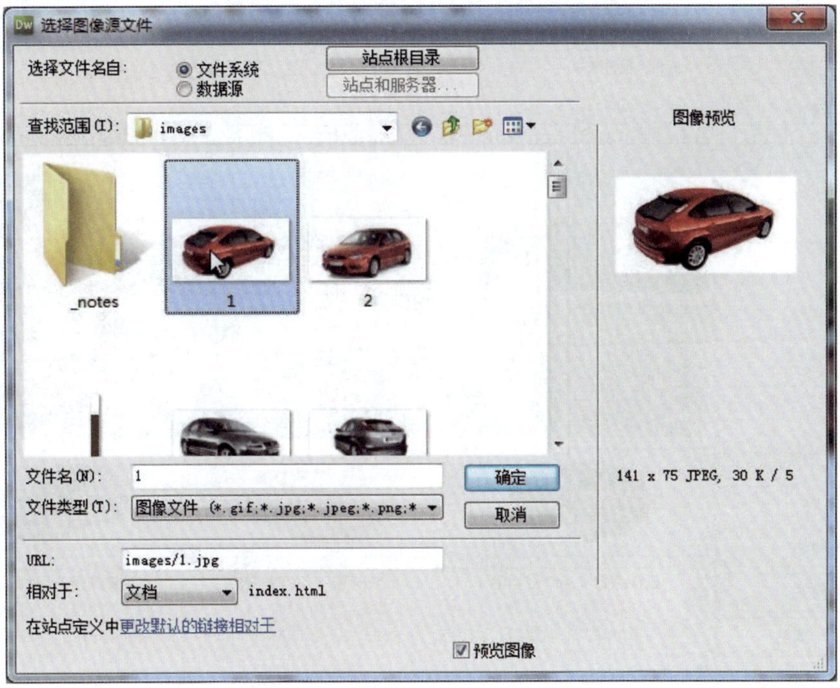

● 图 3—28　插入图像

步骤 4　在图片所在单元格的空白区域单击，然后单击“属性”面板上的“居中对齐”按钮，使图片在单元格中居中对齐。

步骤 5　按照同样的方法在其他空白单元格中插入图片，并设置为“居中对齐”，效果如图 3—29 所示。

二、插入导航条

继续在以上打开的文档中操作，为网站主页插入导航条。

步骤 1　将插入点置于网站标志所在行的第 3 个单元格中，在“属性”面板上“垂直”下拉列表中选择“底部”，设置该单元格的垂直对齐方式为底部，如图 3—30a 所示。

步骤 2　选择“插入记录”→“图像对象”→“导航条”命令，打开“插入导航条”对话框，在“项目名称”编辑框中输入“dh1”，设置“状态图像”和“鼠标经过图像”分别为“dh_05.png”和“dhh_05.png”，设置“按下时，前往的 URL”为“index.html”，如图 3—30b 所示。

● 图 3—29　插入其他图像并设置居中对齐

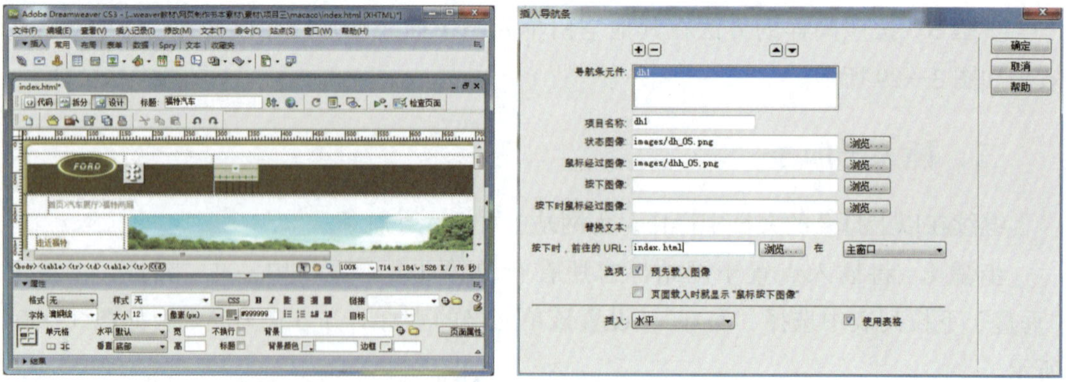

a)　　　　　　　　　　　　　　　　　　b)

● 图 3—30　打开“插入导航条”对话框并设置第 1 项

步骤 3　重复添加新项，并参照前面的方法设置项目名称、状态图像和鼠标经过图像，最后单击“确定”按钮插入导航条，如图 3—31 所示。

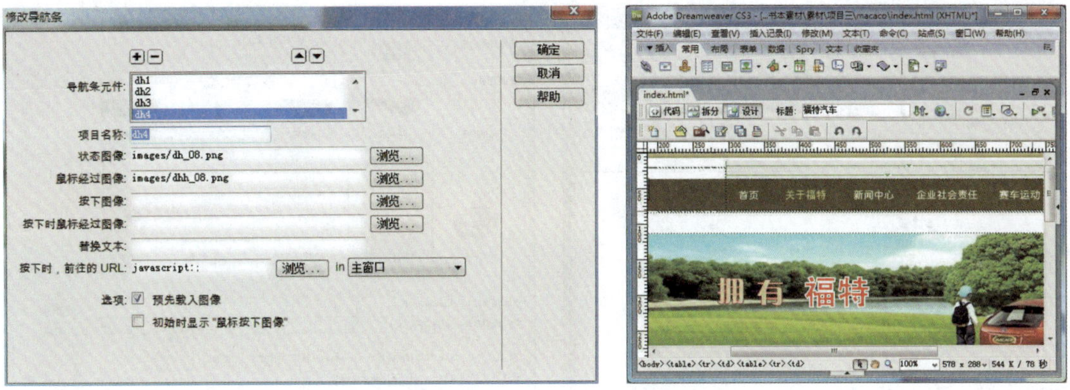

● 图 3—31 插入导航条

任务 3 为主页设置动画和背景音乐——应用动画和多媒体

学习目标

◆掌握插入 Flash 动画的方法

◆掌握插入音频和视频的方法

前面所讲的网页中只有静态的图片和文字，显得过于单调。本任务主要介绍如何为网页添加动画和多媒体元素，以使网页内容更加丰富多彩。

相关知识

一、插入 Flash 动画

Flash 动画是一种流行的矢量动画，具有文件尺寸小、变化丰富的优点，因而很多网页中都会使用。

步骤 1 与插入图像的方法类似，在网页中插入 Flash 动画的方法也非常简单。确定插入点后，单击“常用”插入栏中的“媒体”→“Flash”按钮，如图 3—32a 所示。

步骤 2 弹出“选择文件”对话框，在“查找范围”下拉列表中选择动画所在文件夹，在文件夹列表中选择一个扩展名为“.swf”的 Flash 动画，如图 3—32b 所示。

步骤 3 单击“确定”按钮，弹出“对象标签辅助功能属性”对话框，再次单击“确定”按钮，Flash 动画就插入到网页中了，如图 3—33 所示。

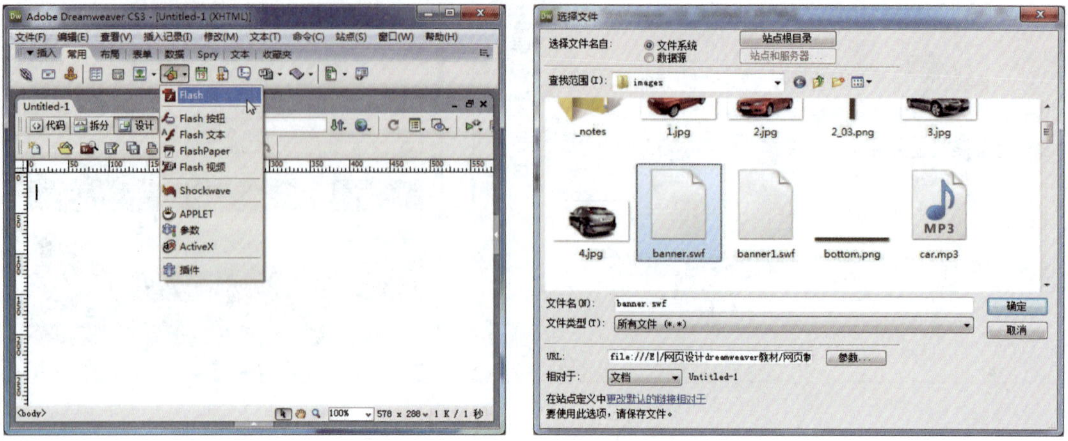

a）　　b）

● 图 3—32　选择 Flash 动画

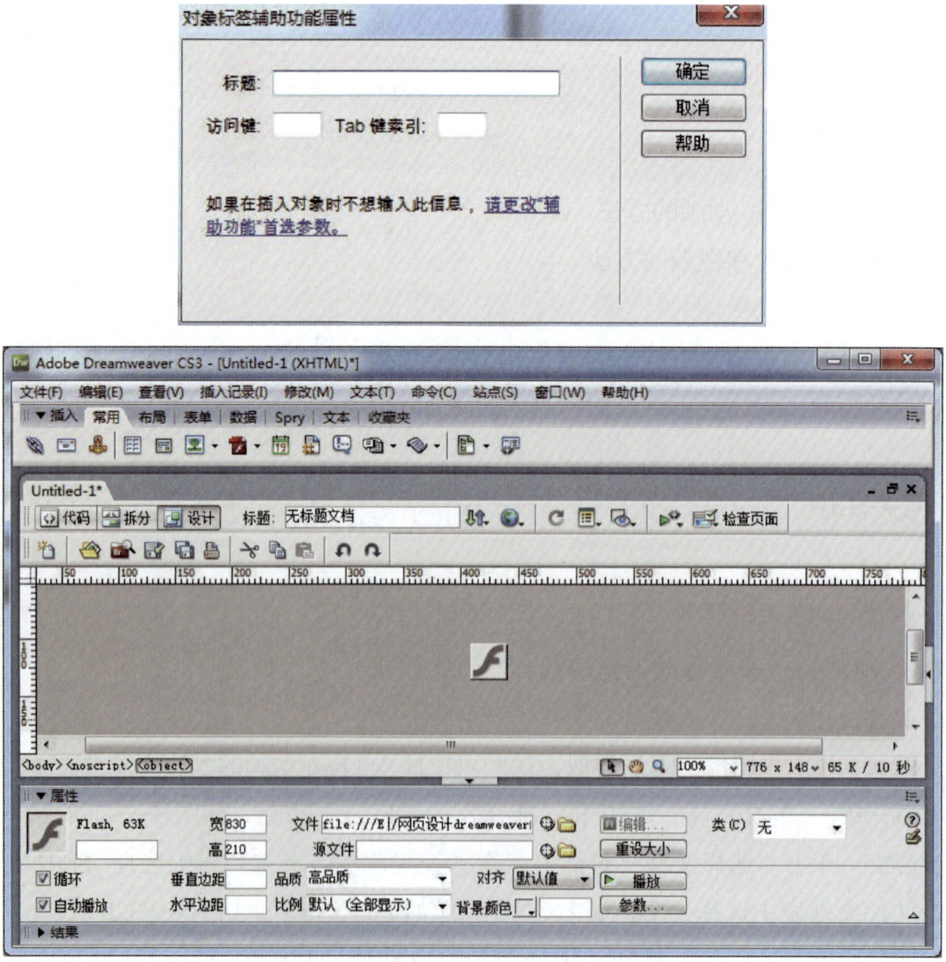

● 图 3—33　插入 Flash 动画

步骤 4　单击选中网页中的 Flash 动画，可以在“属性”面板中对该动画的各项属性进行修改，如图 3—34 所示。

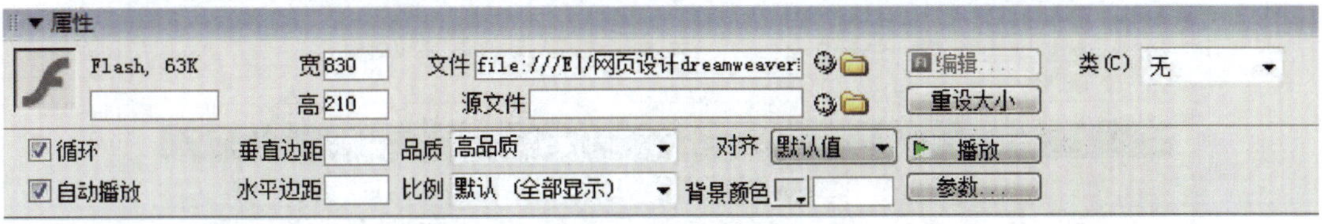

● 图 3—34　Flash 动画“属性”面板

“属性”面板中部分常用设置项的意义如下。

循环：选中该选项后，Flash 动画将连续播放。如果没有选中该选项，则 Flash 动画在播放一次后停止播放。

自动播放：如果选中该选项，则在打开页面时自动播放 Flash 动画。

垂直边距和水平边距：指定 Flash 动画周围的空白像素值。

宽和高：以像素为单位指定 Flash 动画的宽度和高度。

文件：指向 Flash 动画文件的路径。

重设大小：将 Flash 动画恢复到实际大小。

品质：设置 Flash 动画的播放品质。

比例：确定 Flash 动画如何适应在其“宽”和“高”编辑框中设置的尺寸。缺省为“默认（全部显示）”，表示显示整个 Flash 动画；“无边框”表示使影片适合设定的尺寸，维持原始的纵横比；“严格匹配”表示对影片进行缩放以适合设定的尺寸，忽略纵横比。

对齐：确定影片在页面上的对齐方式。

背景颜色：指定 Flash 动画区域的背景颜色。在不播放 Flash 动画时（在加载时和播放后）也显示此颜色。

参数：单击此按钮打开一个对话框，可在其中输入传递给 Flash 动画的附加参数。

二、应用透明 Flash 动画

假如已为网页、某个表格或某个单元格设置了一张背景图像，在单元格中插入一个 Flash 动画时，由于 Flash 动画的背景颜色会遮盖掉背景图像，就看不到背景图像了。为使背景图像能够正常显示，需要将 Flash 动画的背景颜色改成透明。

步骤 1　在 Dreamweaver 中打开本项目素材“shop”文件夹中“index.html”文档。在网站标志所在单元格右侧的单元格中插入“\shop\images”文件夹中的动画文件“nihong.swf”，如图 3—35 所示。

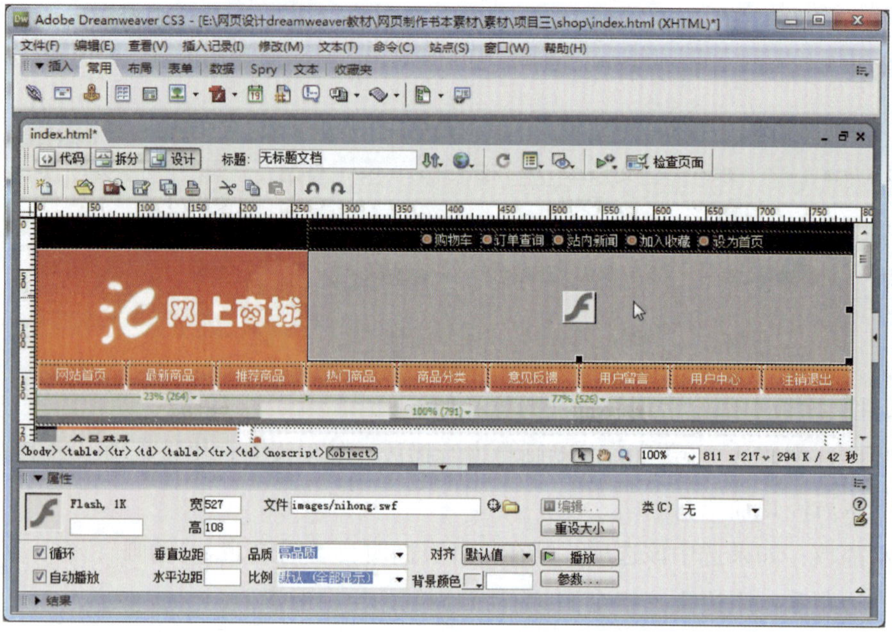

● 图 3—35 插入动画

步骤 2 保存文档，单击“文档”工具栏中的“在浏览器中预览 / 调试”按钮，在弹出的菜单中选择“预览在 IExplore”菜单项，在浏览器中预览效果，可以发现 Flash 动画遮挡了表格的背景图像，如图 3—36 所示。

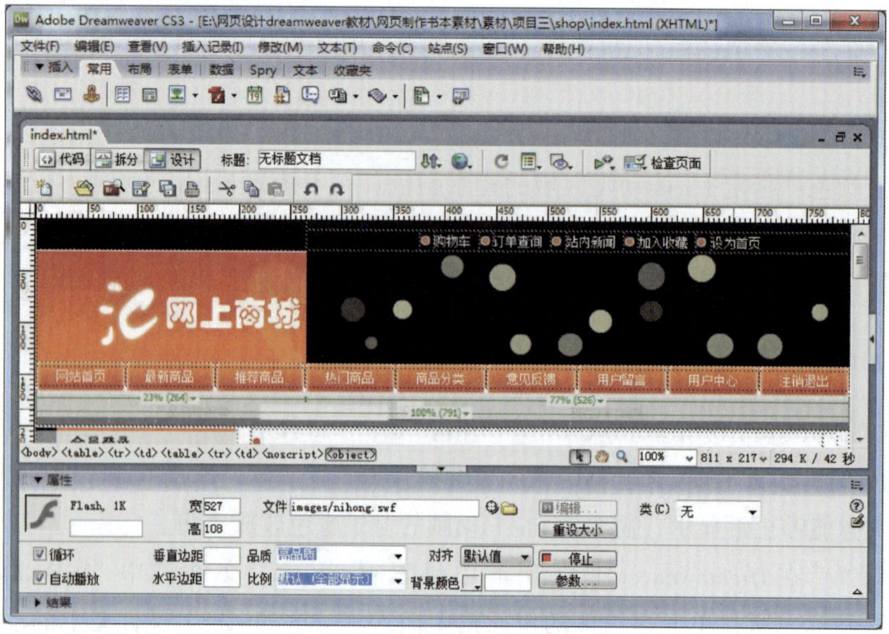

● 图 3—36 预览网页效果

步骤 3　回到 Dreamweaver 操作界面。选中 Flash 动画，单击“属性”面板中的“参数”按钮，打开“参数”对话框。在“参数”列第一行单击，输入“wmode”，在对应的“值”列输入“transparent”，如图 3—37 所示。单击“确定”按钮，关闭“参数”对话框。

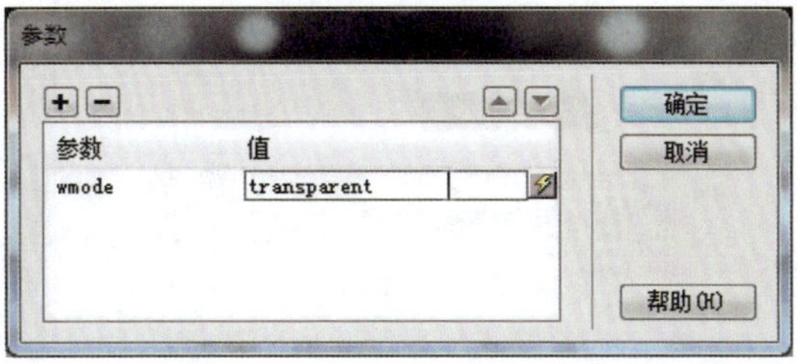

● 图 3—37　“参数”对话框

步骤 4　再次保存文档，并在浏览器中预览，可以看到动画后面的背景图像出现了，如图 3—38 所示。

● 图 3—38　预览透明背景的动画效果

三、插入 Flash 按钮

Flash 按钮包括两类，一类是用 Flash 软件制作的按钮，另一类是 Dreamweaver 中集成的按钮。前者的插入方法与 Flash 动画类似，此处主要讲解后者的插入。

步骤 1　将插入点置于要插入 Flash 按钮的位置，选择“插入记录”→“媒体”→“Flash 按钮”命令，打开“插入 Flash 按钮”对话框。

步骤 2　在“样式”列表框中选择一种样式，其效果将显示在“范例”栏中，这里选择“Slider”；在“按钮文本”编辑框中输入要在按钮上显示的文本内容，此处为“company”；在“字体”下拉列表中选择一种字体，作为按钮文本的字体；在“大小”编辑框中设置按钮文本的大小；在“链接”编辑框中设置按钮的链接目标；在“目标”下拉列表中选择打开链接文档的方式，此处设置为“_self”。单击“确定”按钮，即可插入 Flash 按钮，如图 3—39 所示。

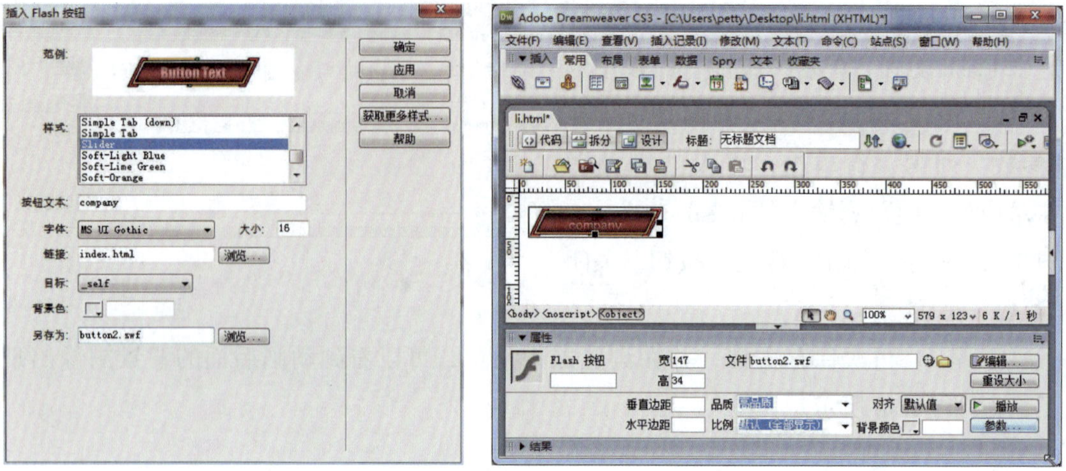

● 图 3—39　插入 Flash 按钮

四、插入音频文件

步骤 1　打开本项目素材“music”文件夹中的“wma.html”文档。将插入点置于网页中要插入音频文件的位置（此处为表格最下方的空白单元格），选择“插入记录”→“媒体”→“插件”命令，打开“选择文件”对话框。

步骤 2　在“查找范围”下拉列表中选择文件所在位置（此处为“\项目三\music\music”文件夹），在文件列表中选择要插入的文件（此处为“ybzdgd.wma”），单击“确定”按钮，插入音频文件，如图 3—40 所示。

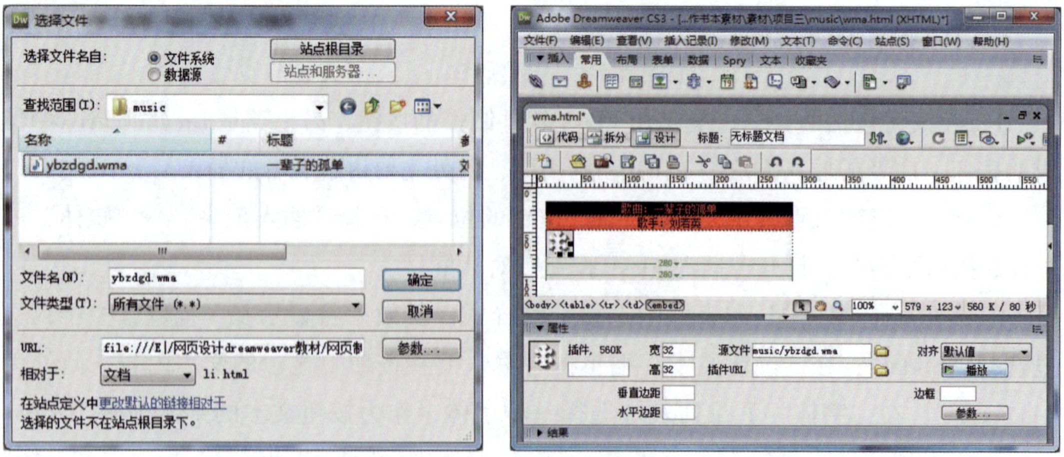

● 图 3—40　插入音频文件

步骤 3　选中插入的音频文件，在“属性”面板中将“宽”和“高”分别改为“280”和“45”，将“对齐方式”改为“居中”。

步骤 4　保存文档并在 IE 浏览器中预览。在音乐传来的同时，可以看到白色单元格中出现了 Media Player 播放器的控制面板。

小提示　如果对插件大小要求不是很严格，可以直接拖动其右侧或下方的变形点改变其大小。通过设置参数可以将插入的音频文件隐藏，作为网页的背景音乐。

五、插入视频文件

除音频文件外，在 Dreamweaver 中还可以插入视频文件、Shockwave 影片和 Applet 等其他媒体元素。

步骤 1　打开本项目素材“video”站点中的“cat_a.html”文档。在“影片介绍”左侧的空白单元格中单击，然后选择“插入记录”→“媒体”→“插件”命令，打开“选择文件”对话框。

步骤 2　选择要插入的视频文件（此处为“\项目三\video\images”文件夹中的“cat.mpeg”），单击“确定”按钮，即可插入视频，如图 3—41 所示。

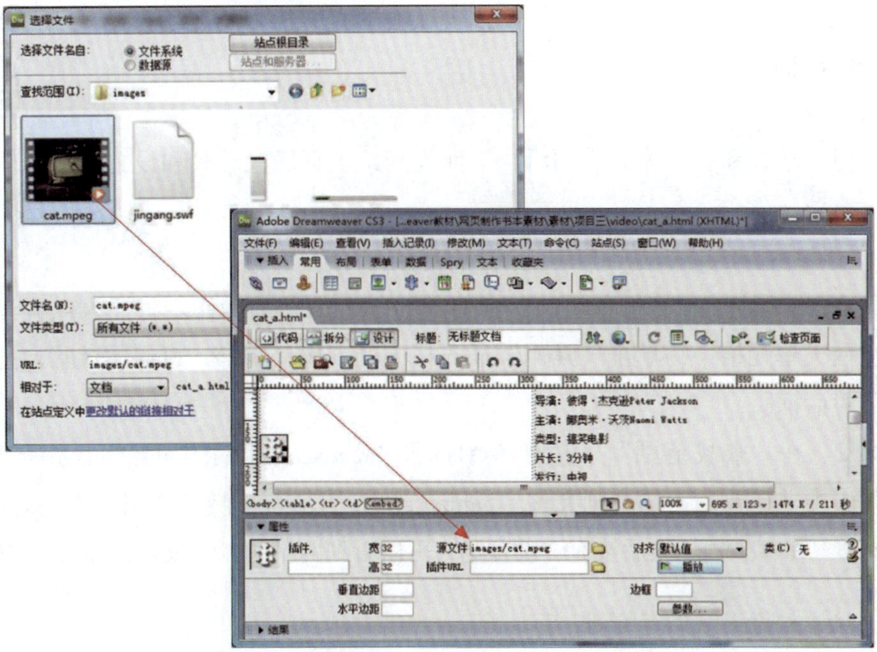

图 3—41　插入视频文件

步骤 3　选中视频文件，在“属性”面板上“宽”和“高”编辑框中分别输入“320”和“240”，重新设置视频文件大小。

步骤 4　按 Ctrl+S 组合键保存文档，然后按 F12 键预览网页，如图 3—42 所示。

● 图 3—42　预览网页

任务实施

在学习了动画和多媒体的应用后，下面为网站主页插入动画和设置背景音乐。

一、在主页中插入动画

步骤 1　继续任务 2“任务实施”中对“index.html”的操作。将插入点置于导航条下方的空白大单元格中，单击“常用”插入栏中的“媒体”→“Flash 按钮”，打开“选择文件”对话框。

步骤 2　在“查找范围”下拉列表中选择“macaco”目录中的“images”文件夹，在文件列表中选择要插入的动画文件“banner.swf”，单击“确定”按钮，插入动画。

步骤 3　保存文档，然后按 F12 键预览，可以看到网站主页的效果，如图 3—43 所示。

二、为主页设置背景音乐

步骤 1　继续在前面的文档中进行操作。将插入点置于网站标志右侧的单元格中，

● 图 3—43　预览网页

选择“插入记录”→“媒体”→“插件”命令，打开“选择文件”对话框。

步骤 2　选择本项目素材“macaco”目录下“images”文件夹中的音频文件“car.mp3”，然后单击“确定”按钮插入音频文件。

步骤 3　保持选中音频文件状态，单击“属性”面板上的“参数”按钮，打开“参数”对话框。在“参数”列输入“hidden”，在对应的“值”列输入“true”；单击左上方的符号添加参数，在新添加的参数列输入“loop”，对应的“值”列输入“true”，最后单击“确定”按钮，如图 3—44 所示。

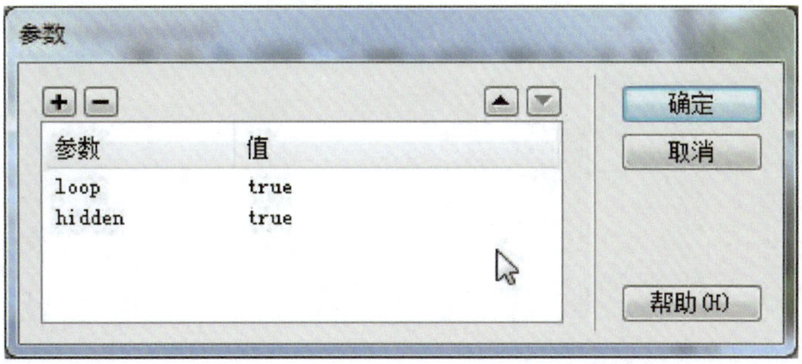

● 图 3—44　设置音频文件参数

步骤 4 保存文档并按 F12 键预览，Media Player 播放器被隐藏，并且可以听到背景音乐。

小提示 设置“hidden”值为“true”，可以隐藏 Media Player 播放器；设置“loop”值为“true”，表示循环播放背景音乐。

知识拓展 网页中图像不显示问题的处理

初学者可能会遇到本来插入成功的图像，在预览网页时却不能正常显示的情况。这是什么原因呢？扫描二维码，了解相关知识。

项目四

制作文化公司网站——应用超链接和行为

项目内容

广州皇翼文化发展有限公司是一家拥有丰富资源的新生代文化传播公司，主要从事舞台艺术、演艺演出、展览展示、活动推广等业务。本项目的工作内容是为该公司建设网站，要求如下：

（1）采用简洁美观的全版欢迎页面。

（2）内容页可以使用色彩对比强烈的风格，少量文字版面内容，以图片显示的版块为主。

（3）图片展示是重点，在访客查看图片时，图片应有特色的显示链接效果。

（4）网站栏目之间有明确的链接。

项目分析

要完成上述任务要求，网站制作必须应用超链接和行为技术。超链接是网站中最重要的组成部分，它指向要访问的目标文档或其他元素，从而使一个网页可以跳转到另一个网页或打开“下载文件”对话框等。利用行为技术可以实现浮动广告、滚动字幕，以及收缩、放大图像等效果。

● 项目成果展示

任务 1　为首页和子页设置链接——应用超链接

学习目标

◆熟练掌握设置各种超链接的方法

◆掌握跳转菜单的设置方法

超链接包括很多种，最常用的是常规超链接，另外还有图片链接、下载链接、电子邮件链接等，下面将分别介绍。

相关知识

一、设置常规超链接

常规超链接包括内部超链接和外部超链接。内部超链接是指目标文件位于站点内部的链接；外部超链接是实现网站与网站之间跳转，也就是从本网站跳转到其他网站的链接。

1. 内部超链接

内部超链接的设置非常灵活，在选中要设置超链接的文本或图像后，可以在“属性”面板上的“链接”编辑框中直接输入要链接到的网址或网页名称；也可以通过单击“属性”面板上“链接”编辑框后的“浏览文件”按钮，在弹出的“选择文件”对话框中选择要链接到的文件，如图 4—1 所示。

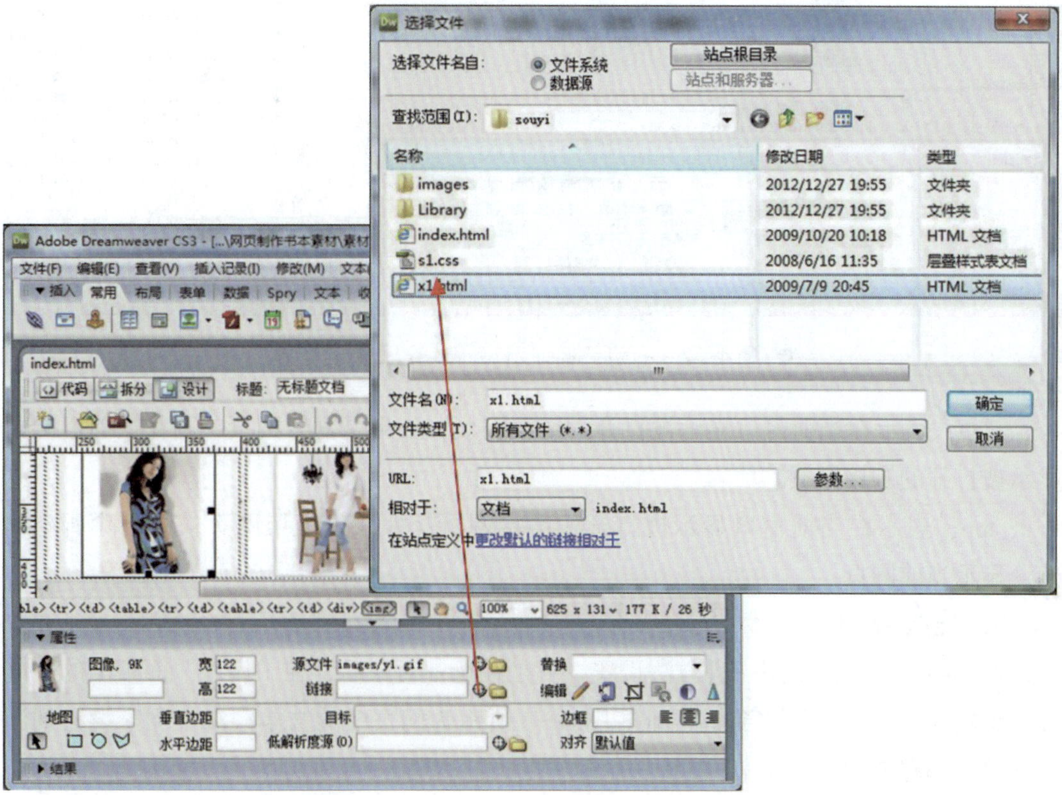

● 图 4—1 单击“浏览文件”按钮设置内部超链接

还有一种方法是单击并拖动“属性”面板上“链接”编辑框后的“指向文件”按钮到“文件”面板中的文件上，前提是此时的“文件”面板中显示的是该网页所在的网站，如图 4—2 所示。

“属性”面板上“链接”编辑框下方的“目标”下拉列表框表示打开链接文档的方式，默认为在当前窗口中打开链接网页，其中各选项意义如下。

_blank：表示在保留当前网页窗口的状态下，在新窗口中显示被打开的链接网页。

_parent：表示在当前窗口显示被打开的链接网页；如果是框架网页，则在父框架中显示被打开的链接网页。

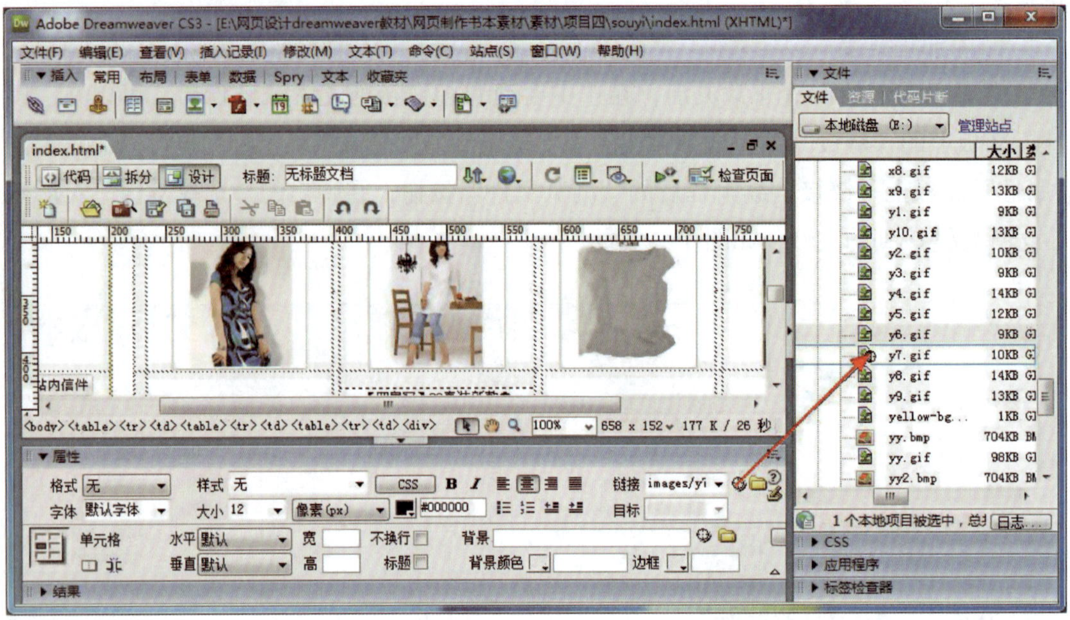

● 图 4—2　拖动“指向文件”按钮设置内部链接

_self：表示在当前窗口显示被打开的链接网页；如果是框架网页，则在当前框架中显示被打开的链接网页。

_top：表示在当前窗口显示被打开的链接网页；如果是框架网页，则删除所有框架，显示当前网页。

2. 外部超链接

外部超链接只能采用一种方法设置，就是在选中对象后，在“属性”面板上的“链接”编辑框中输入要链接到的网址。图 4—3 所示为网页中的文本“淘宝网”设置到淘宝网的外部超链接。

二、设置图片链接和下载链接

所谓图片链接，就是在单击网页中的某个小图片时，在新窗口中打开一幅大图片；下载链接是指单击某个超链接时会打开一个“文件下载”对话框（或自动启动下载工具），通过在该对话框中单击“打开”或“保存”按钮，打开或下载文件。

实际上，设置这类链接的方法非常简单，选中要设置为链接的文本或图像后，只要在“属性”面板的“链接”编辑框中将链接目标设置为图像文件或压缩文件就可以了，如图 4—4 所示。此外，如果希望在新窗口中打开大图片，还应将“目标”设置为“_blank”。

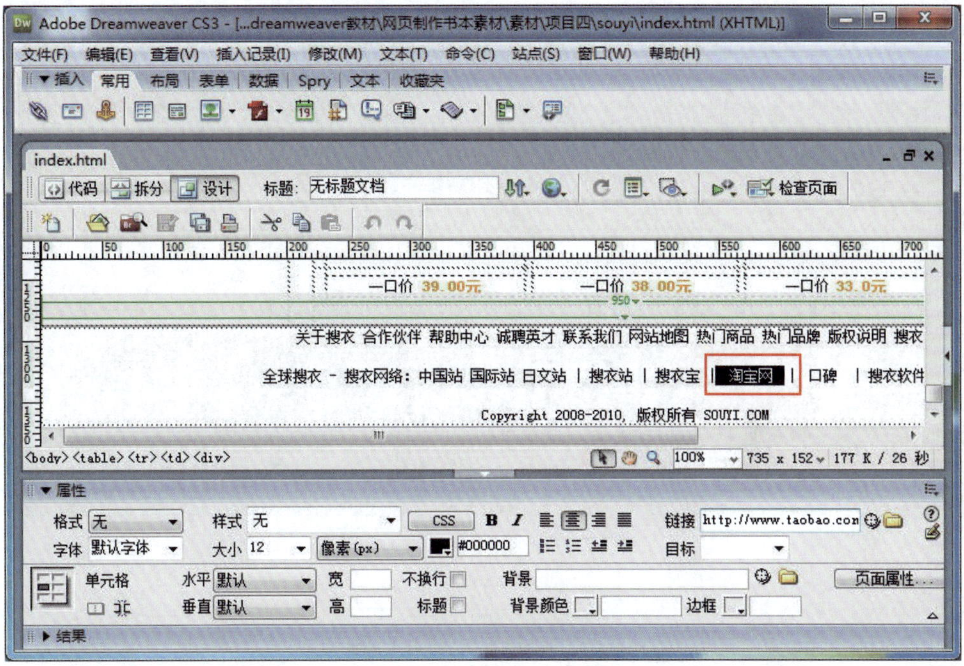

● 图 4—3 设置外部超链接

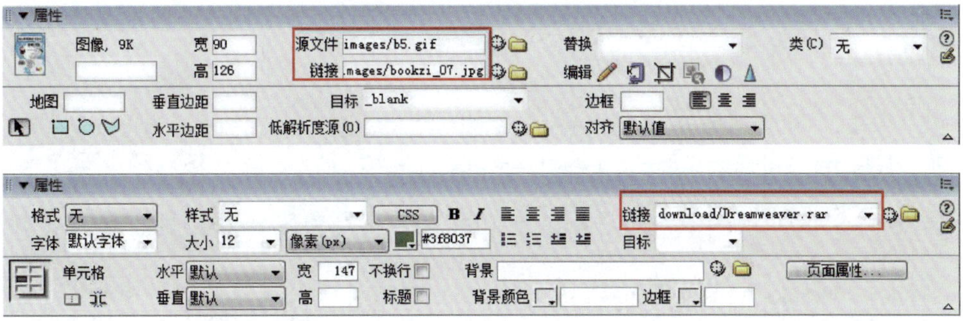

● 图 4—4 设置图片链接和下载链接

三、设置电子邮件链接

很多网站上留有电子邮件地址，单击该地址可打开默认电子邮件工具（如 Outlook）的编辑新邮件窗口，这是一种特殊类型的链接，又称为电子邮件链接。在网站上设置一个这样的链接，可以方便浏览者联系，下面介绍如何设置此类链接。

步骤 1 拖动鼠标选中要设置电子邮件链接的文本，此处为“联系我们”，如图 4—5 上部分所示。

步骤 2 在“属性”面板上“链接”编辑框中输入“mailto:电子邮箱地址”，此处为“mailto:master@gzhy.cn”，如图 4—5 下部分所示。

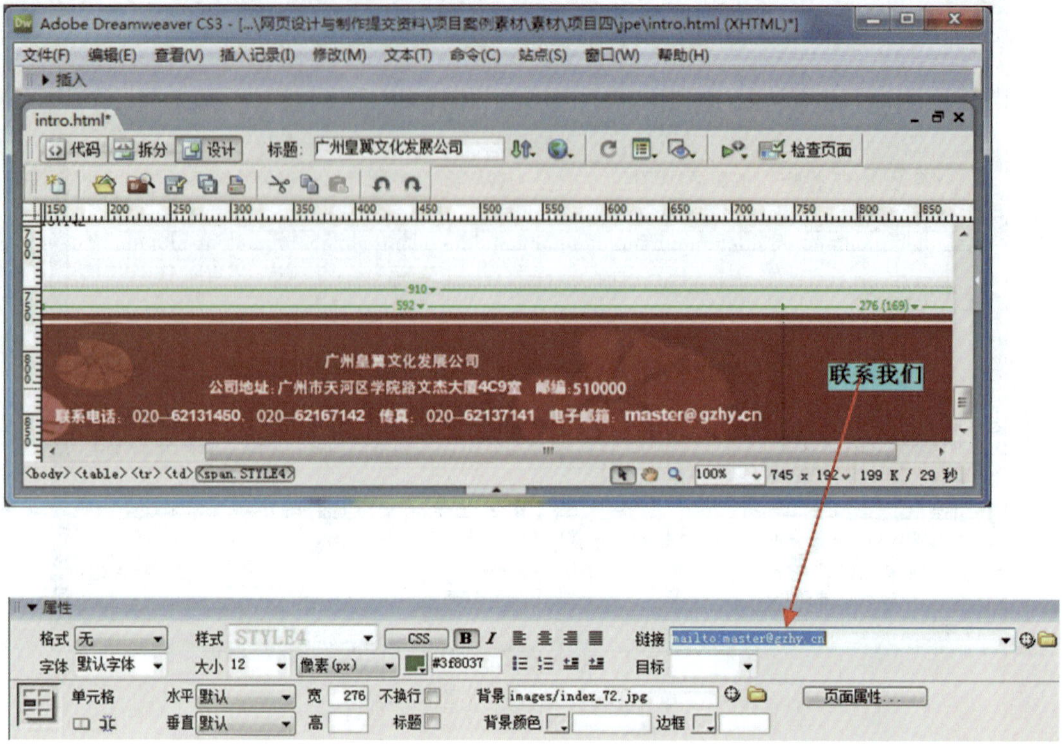

● 图 4—5 设置电子邮件链接

小提示 此处是直接在“属性”面板上输入代码设置电子邮件链接。另外，也可以选择“插入记录”→“电子邮件链接”命令，打开“电子邮件链接”对话框，然后在“E-mail”编辑框中输入邮箱地址设置，如图 4—6 所示。

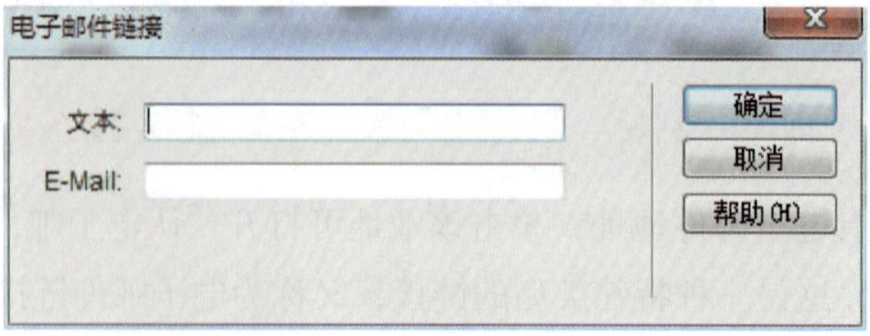

● 图 4—6 “电子邮件链接”对话框

步骤 3 保存文档后按 F12 键预览，将光标置于链接文本上方时，光标变为手形，此时单击鼠标即可打开 Outlook 的“新邮件”对话框，且“收件人”编辑框中显示刚才设置的电子邮件地址，如图 4—7 所示。

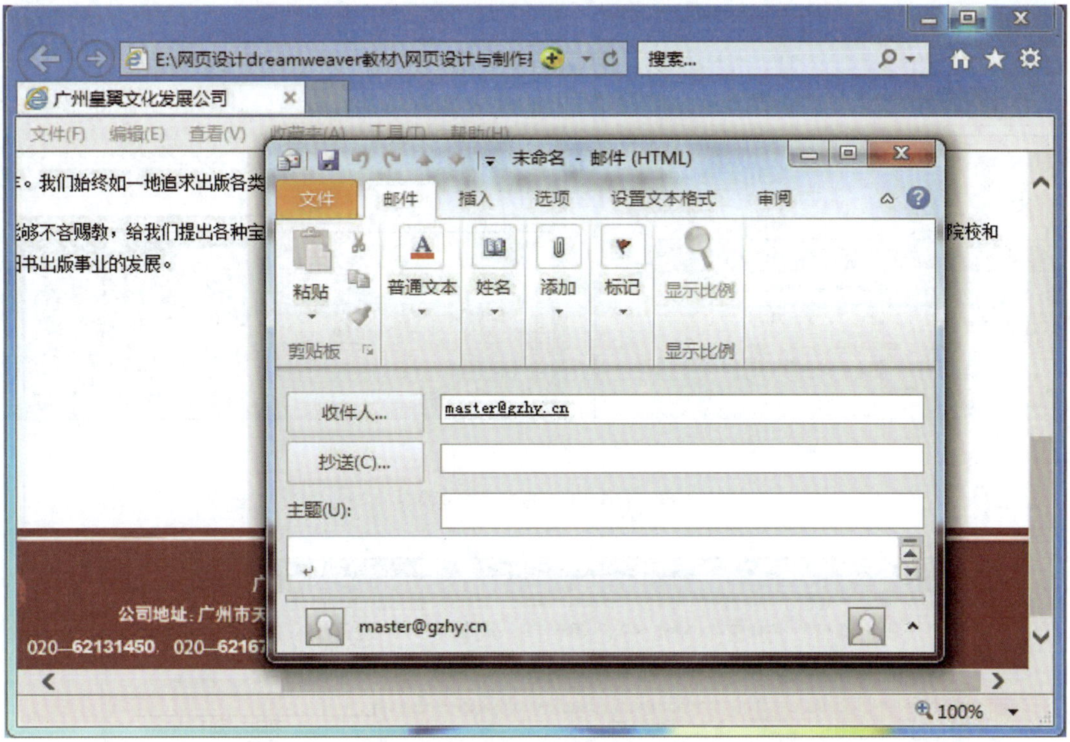

● 图 4—7 预览电子邮件链接效果

四、设置热点链接

很多时候都需要为一张图片的不同部位设置不同的链接，如何为一张图片设置多个链接呢？这就用到了热点链接。热点链接又称为图像映射，就是使用热点工具将一张图片划分成多个区域，并为这些区域分别设置链接，下面介绍具体操作。

步骤 1 打开本项目素材“house”文件夹下的“xishan.html”文档。单击选中要设置链接的图片“banner.jpg”，可看到“属性”面板的左下角出现三个不同形状的热点工具，如图 4—8a 所示。

步骤 2 单击其中的“矩形热点工具”按钮，然后移动鼠标至图片“banner.jpg”上“夕照台”所在区域，单击鼠标左键并拖动，绘制一个矩形区域，如图 4—8b 所示。

步骤 3 单击“确定”按钮，关闭提示框。然后在“属性”面板上的“替换”编辑框中为图像映射输入描述性文本。

步骤 4 单击文档编辑窗口右侧的按钮，显示“文件”面板，然后拖动“属性”面板上“链接”编辑框后的按钮到要链接的文件“index.html”上，如图 4—9 所示。

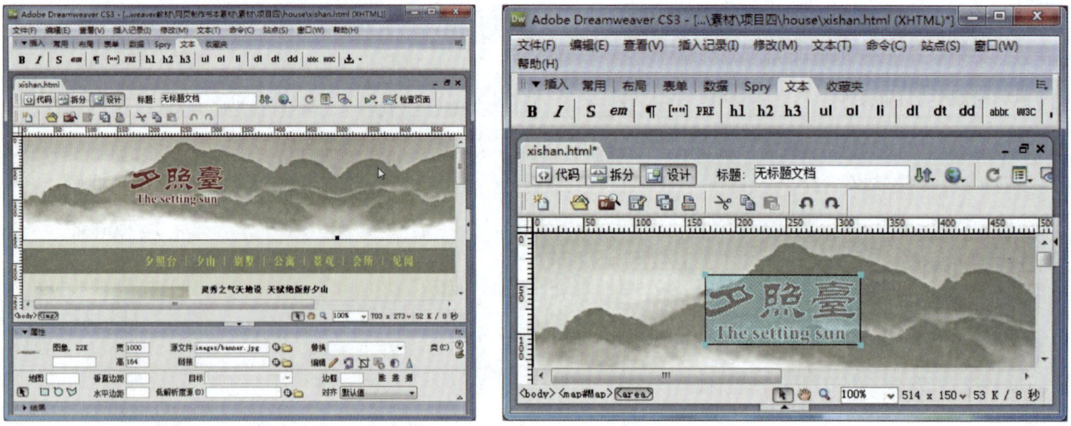

a）　　b）

● 图 4—8　绘制矩形热点

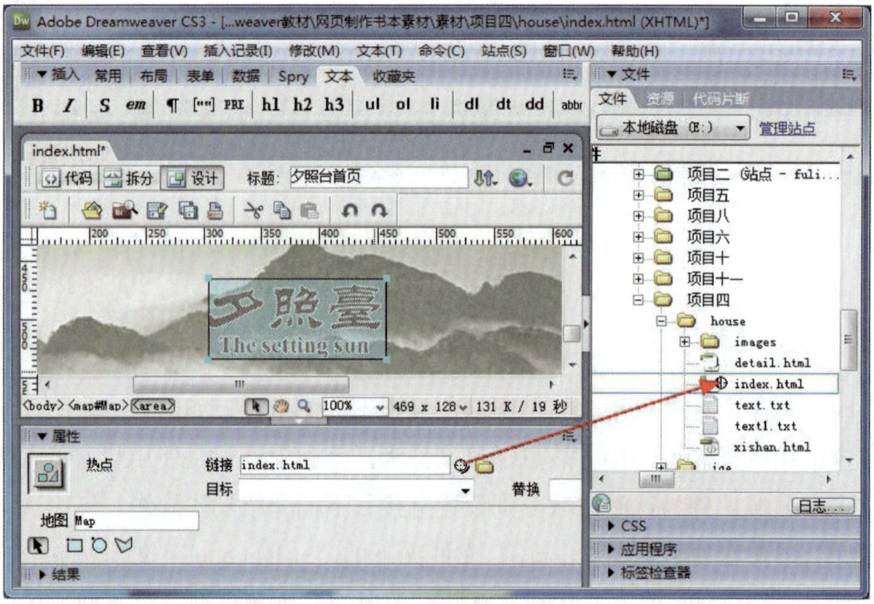

● 图 4—9　设置热点链接

小提示　可以像为普通的文本和图像设置超链接一样，为热点设置各种类型的链接。

步骤 5　在“index.html”中“夕山”所在区域单击鼠标并拖动，绘制一个矩形区域，然后采用同样的方法为该矩形热点区域设置到“xishan.html”的链接。

步骤 6　按 Ctrl+S 组合键保存文档，然后按 F12 键预览。将光标置于文字“夕照台”上方时，光标变为手形（表示此处设置了链接），单击可打开链接的网页，如图

4—10 所示。

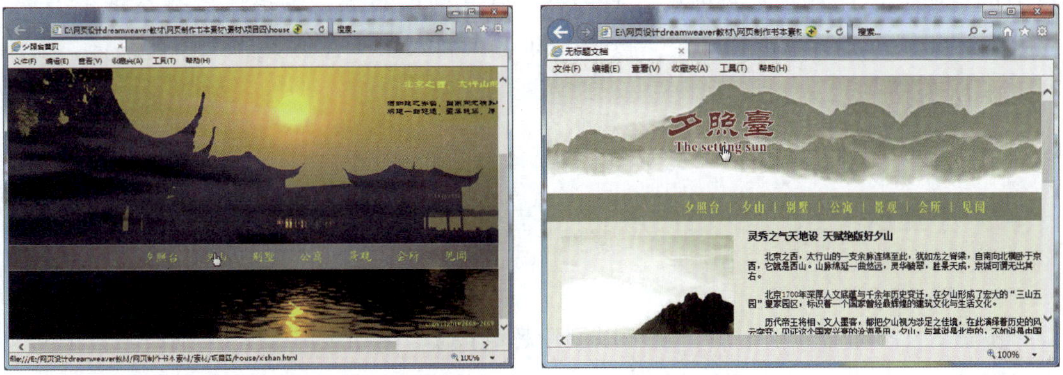

● 图 4—10 预览网页

五、设置命名锚记链接

在浏览网页时，经常会遇到由于网页的内容非常多，浏览器的滚动条变得很长，浏览者无法快速找到所要内容的情况。为解决这个问题，可以通过命名锚记链接为网页添加位于该网页内部的超链接，单击该超链接，就跳转到网页中指定的位置。

设置命名锚记链接，首先要插入命名锚记，然后创建跳转到该命名锚记的链接，具体操作如下。

步骤 1 打开本项目素材“souyi”文件夹下的网页文档“index.html”，在希望插入命名锚记的位置单击以确定插入点，此处为广告条下方“最新商品”所在单元格，如图 4—11a 所示。

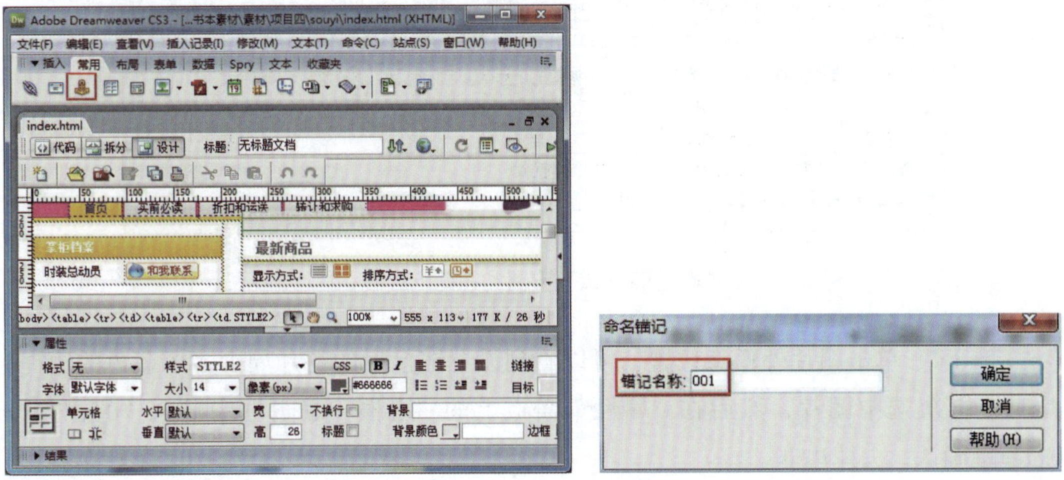

a) b)

● 图 4—11 插入命名锚记

步骤 2　单击“常用”插入栏中的“命名锚记”按钮，或选择“插入记录”→“命名锚记”命令，打开“命名锚记”对话框，在“锚记名称”编辑框中输入锚记名称，此处为“001”，然后单击“确定”按钮，即可在插入点所在位置插入命名锚记，如图 4—11b 所示。

小提示　锚记名称中不能含有空格，且要区分大小写。此外，单击选择命名锚记，可在“属性”面板上“名称”编辑框中修改锚记名称。

步骤 3　添加命名锚记后，就可以创建超链接了。首先选中要链接到命名锚记的文本或图像，此处为网页最下方的圆形按钮图像，然后在“属性”面板上的“链接”编辑框中输入“# 锚记名称”，此处为“#001”，如图 4—12 所示。

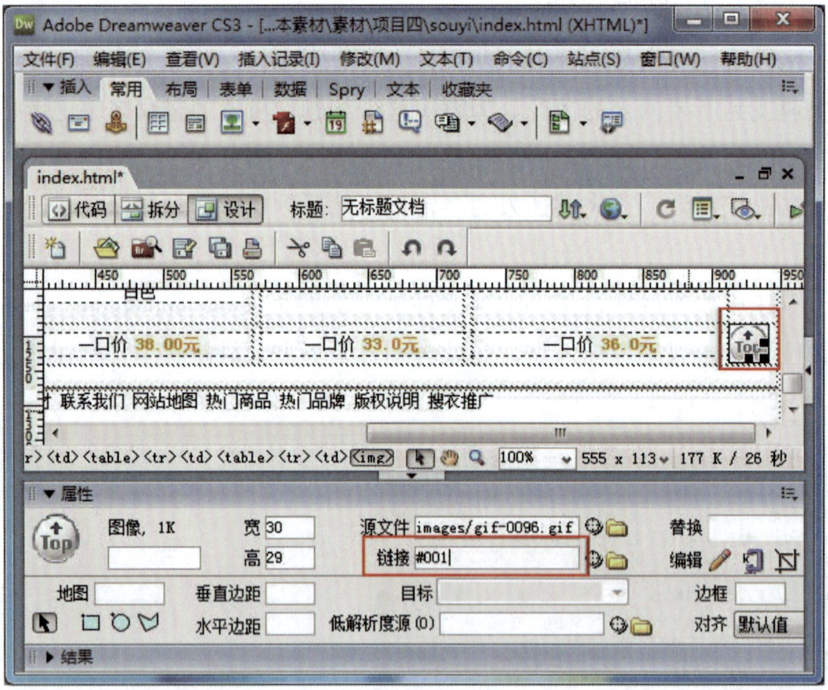

图 4—12　设置命名锚记链接

步骤 4　单击图片外任意位置，可以看到设置链接后的图片周围多了蓝色的边框，此时应再次选中图片，然后在“属性”面板上的“边框”编辑框中输入“0”，并按 Enter 键确认，去掉边框。

步骤 5　保存文档后按 F12 键在浏览器中预览，单击网页下方的按钮，可直接跳转到插入命名锚记的位置，如图 4—13 所示。

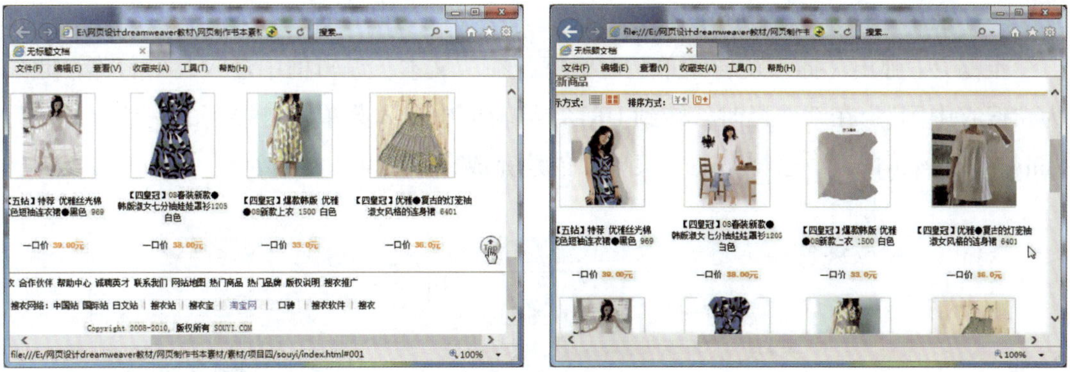

● 图 4—13 预览网页

小提示 命名锚记链接与常规超链接不同的地方，就是在链接的锚记名称前需输入符号“#”，用于表示当前页。

六、设置跳转菜单

跳转菜单相当于一组超链接的集合，在网页中显示为弹出式下拉菜单，如图 4—14 所示。弹出菜单内的链接没有类型上的限制，可以是内部链接，也可以是到其他网站的链接，还可以是电子邮件链接或命名锚记链接。

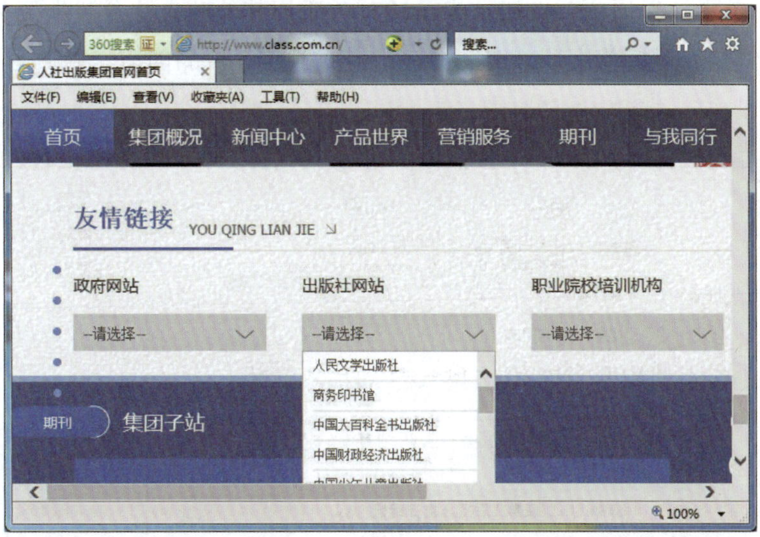

● 图 4—14 跳转菜单

步骤 1 打开本项目素材“souyi”文件夹下的网页文档“index.html”。将插入点置于页面中要插入跳转菜单的位置，此处为广告条上方的空白单元格，然后选择“插入记录”→“表单”→“跳转菜单”命令。

步骤 2 弹出“插入跳转菜单”对话框，在“文本”编辑框中输入菜单名称，此处为“搜衣中国”；在“选择时，转到 URL”编辑框中输入菜单要链接到的网址，此处为“http://www.souyi.cn”，这样第一个菜单项创建完成，如图 4—15 所示。

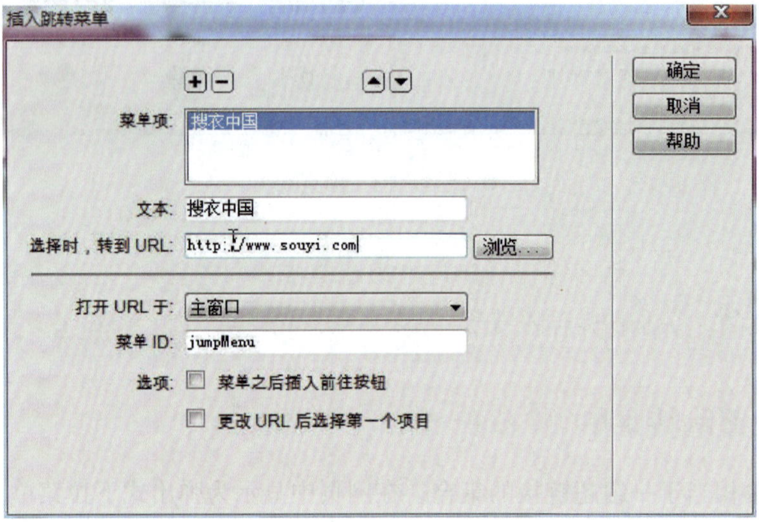

● 图 4—15　设置第 1 个菜单项

步骤 3 单击“添加项”按钮，为跳转菜单添加其他项，并参照步骤 2 的方法设置文本和 URL 链接，最后单击“确定”按钮，完成跳转菜单的创建，如图 4—16 所示。

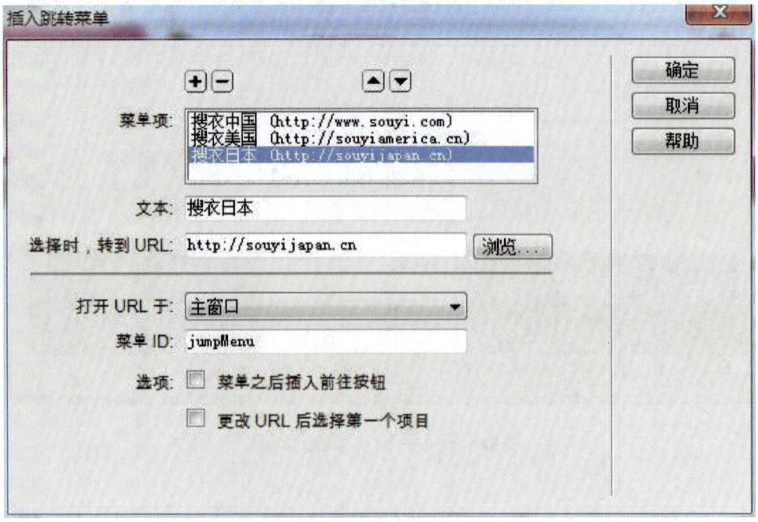

● 图 4—16　添加并设置其他菜单项

“插入跳转菜单”对话框中各设置项的意义如下。

菜单项：列出了所有创建的菜单项。当新建菜单时，只有一项默认的“unnamed1”。

文本：用来设置跳转菜单项的名称。

选择时，转到 URL：用来设置跳转菜单项的链接地址。

打开 URL 于：用来设置跳转菜单项链接目标的打开方式。

菜单 ID：用来设置便于记忆和理解的跳转菜单名称。

菜单之后插入前往按钮：勾选此项时会在跳转菜单的后面添加一个“前往”按钮，当浏览者在下拉菜单中选择了相关项后，必须单击这个按钮，浏览器才会打开链接网页。如果不选择此项，表示单击选择某个菜单项即可直接打开链接文档。

更改 URL 后选择第一个项目：勾选此项时允许使用菜单选择提示。

步骤 4　单击选择文档窗口中的跳转菜单，然后在“属性”面板上的“初始化时选定”编辑框中单击设置初始菜单项（默认为第 1 项），如图 4—17 所示。

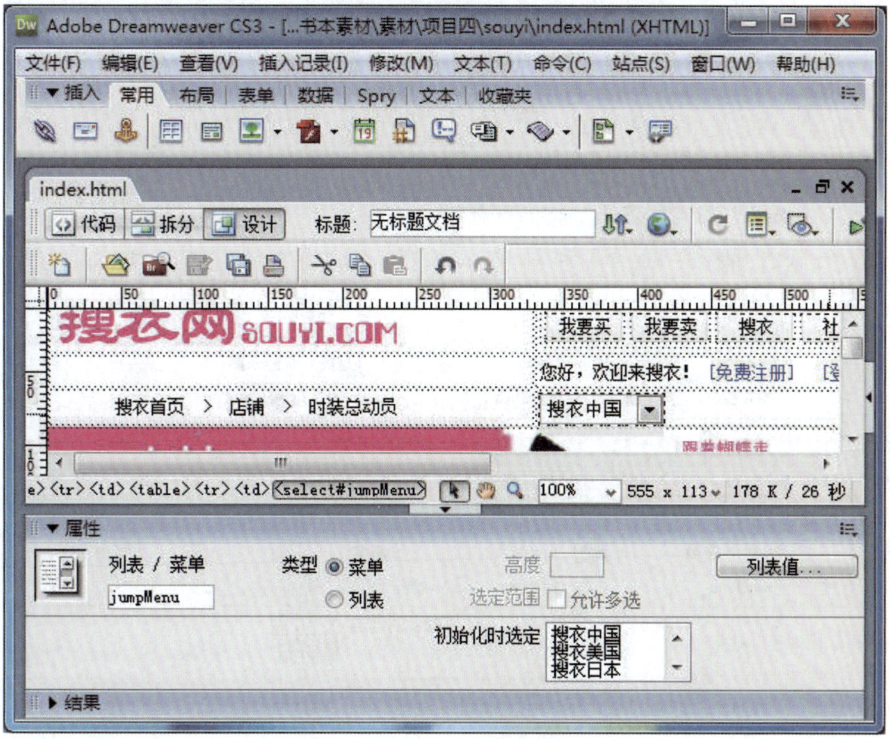

● 图 4—17　设置初始菜单项

步骤 5　要修改跳转菜单，可首先单击选中跳转菜单，然后单击“属性”面板上的“列表值”按钮，此时将打开如图 4—18 所示的“列表值”对话框。通过该对话框可以增加、删除菜单项，调整菜单顺序。增加菜单后，可分别单击该菜单的“项目标签”和

“值”列，然后输入菜单名称和其链接的网址。

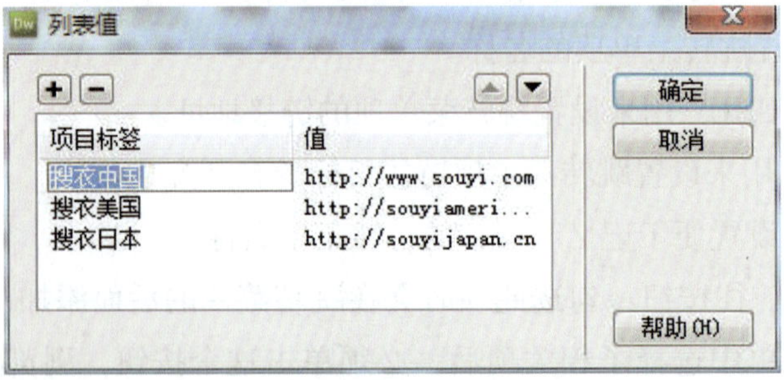

图 4—18 “列表值”对话框

步骤 6 如果在“属性”面板中选中“列表”单选框，然后在“高度”编辑框中设置列表框高度，则跳转菜单将以列表框形式显示，如图 4—19 所示。

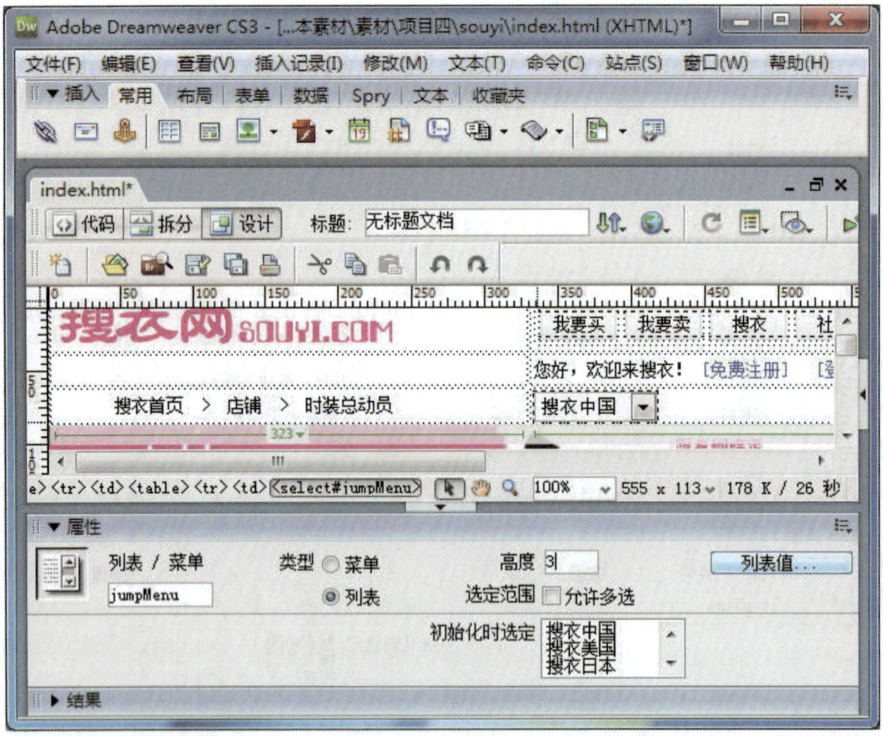

图 4—19 以列表框形式显示的跳转菜单

任务实施

在学习了超链接的用法后，为文化公司网站设置超链接。

一、为首页设置超链接

步骤 1 为方便操作，首先将本项目素材中的“jqe”文件夹拷贝至本地磁盘，然后在 Dreamweaver 中创建站点“jqe”。

步骤 2 双击“文件”面板中的“index.html”文档将其打开。选中导航条左上方的图片“首页”，然后在“属性”面板上的“链接”编辑框中输入网站网址“http://www.gzhy.cn”，如图 4—20 所示。

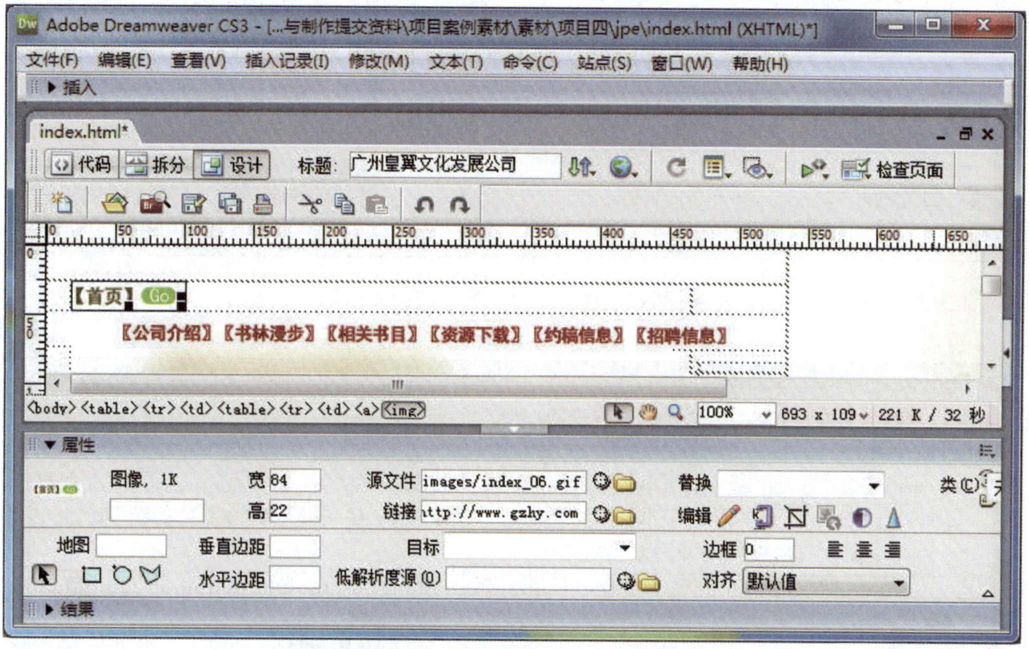

● 图 4—20 设置外部链接

步骤 3 选中导航条所在图片，单击“属性”面板上的“矩形热点工具”，在导航条上“公司介绍”所在区域单击并拖动鼠标绘制一个矩形热点，然后单击左键并拖动“属性”面板上“链接”编辑框后的“指向文件”按钮到“文件”面板中的“intro.html”，如图 4—21 所示。

步骤 4 继续在“书林漫步”所在区域单击左键并拖动鼠标绘制热点，然后为其设置到“books.html”的链接。可参照同样的方法为导航条中的其他区域设置链接。

步骤 5 拖动鼠标选中“新闻动态”栏目中的第一条，为其设置到“list.html”的链接，如图 4—22 所示。

步骤 6 按照同样的方法，为“热销图书”“精品图书”以及“新书列表”设置内部链接。

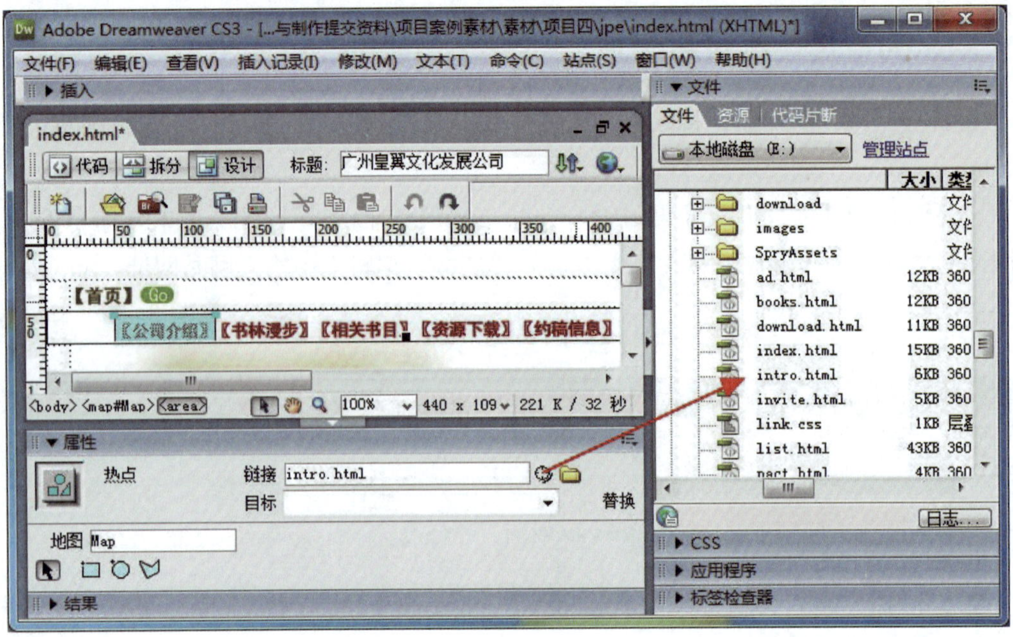

● 图 4—21　为导航条设置内部链接

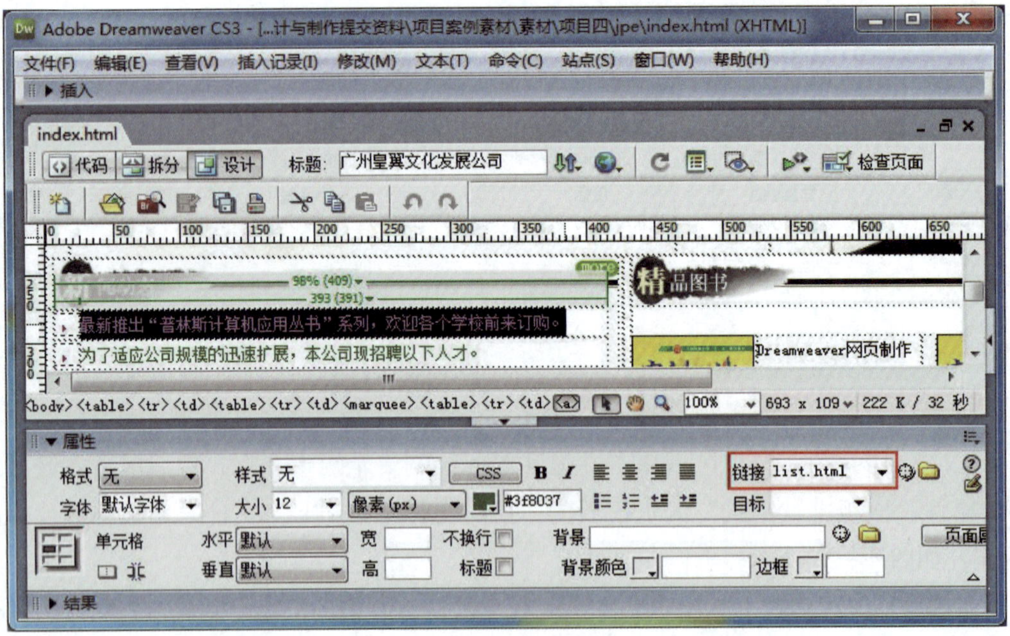

● 图 4—22　为文本设置内部链接

步骤 7　单击左键选中网页最下方的图片，使用"矩形热点工具"在电子邮箱所在区域绘制一个矩形热点，然后在"属性"面板上的"链接"编辑框中输入"mailto: master@gzhy.cn"，如图 4—23 所示。

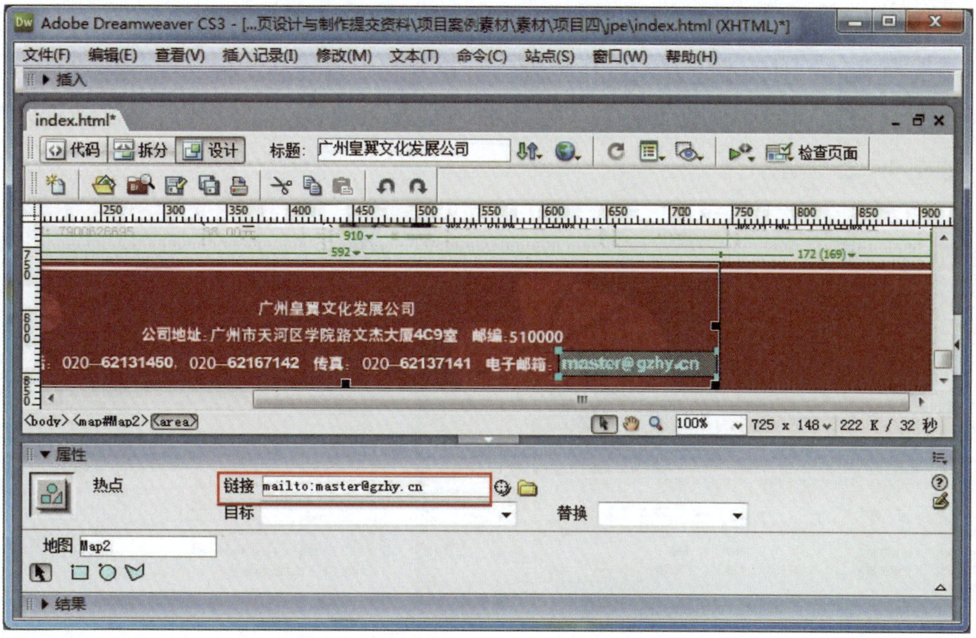

● 图 4—23　设置电子邮件链接

步骤 8　保存文档后按 F12 键预览，单击左键选中导航条中的“相关书目”，在原窗口中打开“相关书目”网页，如图 4—24 所示。

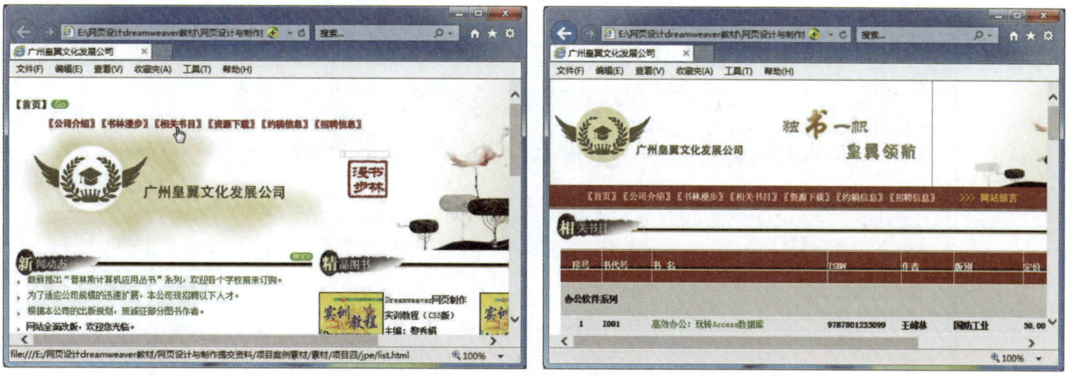

● 图 4—24　预览网页

二、为子页设置下载链接

除“download.html”外，网站中其他子页的设置也都大同小异，此处不再一一介绍。下面为“download.html”设置下载链接。

步骤 1　在文档窗口中打开网页文档“download.html”，参照为首页导航条设置链接的方法为该导航条设置热点链接。

步骤 2 拖动鼠标选中文本“这里”，单击“链接”编辑框后的“浏览文件”按钮，打开“选择文件”对话框，在“查找范围”下拉列表中选择网站根文件下的“download”文件夹，在文件列表中选择要链接到的文件“Dreamweaver.rar”，然后单击“确定”按钮，如图 4—25 所示。

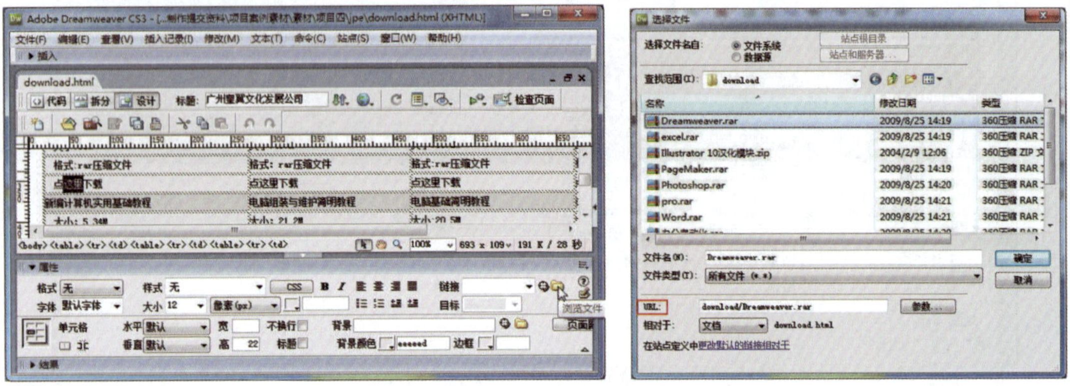

● 图 4—25 设置下载链接

步骤 3 按照同样的方法为网页中的其他对象设置链接。

步骤 4 保存文档后按 F12 键预览，单击刚刚设置的链接，将打开“文件下载”对话框，如图 4—26 所示。

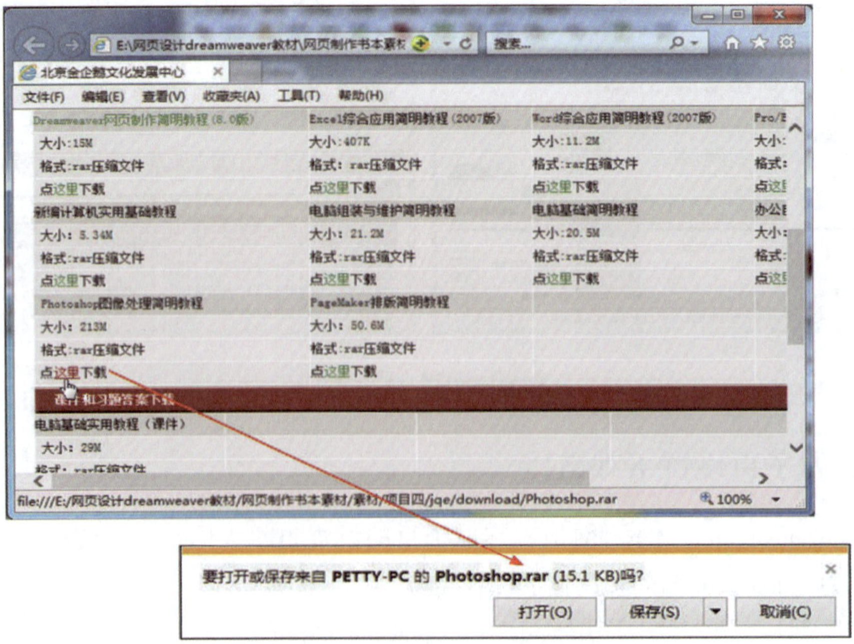

● 图 4—26 打开“文件下载”对话框

步骤 5　单击“保存”按钮，打开“另存为”对话框，选择保存位置并设置文件名后单击“保存”按钮，即可开始下载文件。

任务 2　为首页添加伴随窗口——应用行为

学习目标

◆熟悉“行为”面板

◆熟练掌握各种行为的设置方法

在浏览网页时看到的浮动广告、滚动字幕，以及可以收缩、放大的图像等，都可以通过“行为”实现。

相关知识

一、“行为”面板

“行为”面板是应用行为不可缺少的工具。选择“窗口”→“行为”命令，或按 Shift+F4 组合键，即可打开“行为”面板，如图 4—27 所示，面板中显示了已添加的行为。

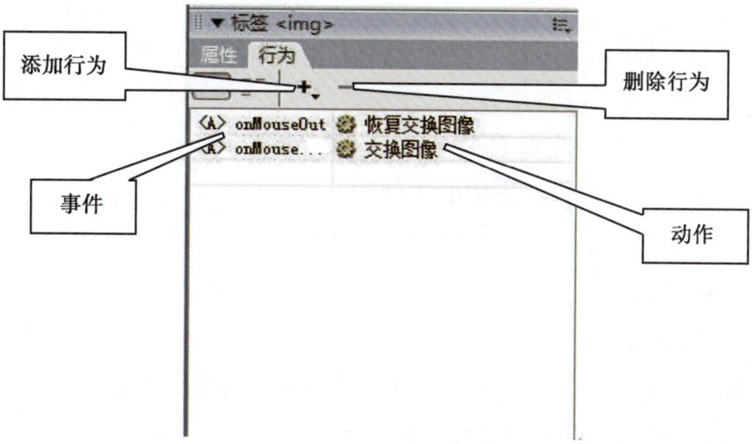

● 图 4—27　“行为”面板

二、应用行为

行为可以应用于 XHTML 标签、图像、链接文本等对象。如果要对某对象应用行为，需要先选中该对象，然后单击“行为”面板上方的“添加行为”按钮，在打开的行为列表中选择动作，并在打开的对话框中设置效果，最后指定设定动作的发生情况，即指定事件，如图 4—28 所示。

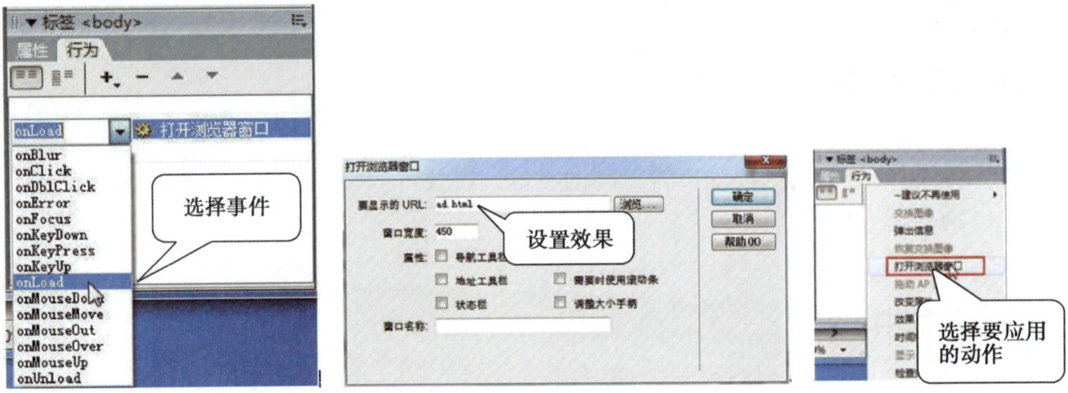

● 图 4—28 应用行为

由以上操作可以看出，每个行为都由两部分组成，即事件和动作。所谓事件是指“发生什么”，如鼠标移到对象上方、离开对象或双击对象等；而动作是指“去做什么”，如打开浏览器窗口、播放声音或弹出信息等。简单来说，就是当发生某个事件的时候去执行某项动作。

下面分别列出了常用事件和动作的名称及其意义。

1. 事件

onAbort：在浏览器中停止加载网页文档时发生的事件。

onMove：移动浏览器窗口时发生的事件。

onLoad：在浏览器中加载完网页时发生的事件。

onClick：鼠标单击对象（如超链接、图片、图片映像、按钮）时发生的事件。

onFocus：对象获得焦点时发生的事件。例如，单击表单中的文本编辑框触发事件。

onMouseDown：单击鼠标左键（不必释放鼠标键）时发生的事件。

onMouseMove：鼠标指针经过对象时发生的事件。

onMouseOut：鼠标指针离开选定对象时发生的事件。

onMouseOver：鼠标指针移至对象上方时发生的事件。

onMouseUp：当按下的鼠标按键被释放时发生的事件。

onReset：表单文档被设定为初始值时发生的事件。

onSubmit：提交表单文档时发生的事件。

onSelect：在文本区域中选定文本内容时发生的事件。

onError：加载网页文档过程中出现错误时发生的事件。

onFinish：（Marquee）字幕结束一个循环时发生的事件。

onStart：（Marquee）字幕开始循环时发生的事件。

2. 动作

检查插件：检查访问者安装的插件，给其发送不同的页面或给出提示。例如，网页中若包含了 Flash 动画，则可以利用该动作检查访问者的浏览器是否安装了 Flash 播放器插件。如果没有安装，则可以给出提示信息。

拖动 AP 元素：利用该动作允许用户拖动 AP 元素。

转到 URL：发生指定的事件时跳转到指定的网页。

跳转菜单：当用户通过选择“插入记录”→“表单”→“跳转菜单”命令创建一个跳转菜单时，Dreamweaver 将创建一个菜单对象，并为其附加行为。在“行为”面板中双击跳转菜单动作可编辑跳转菜单。

打开浏览器窗口：在新窗口中打开网页，并可设置新窗口的宽度和高度等属性。

弹出信息：显示带指定信息的 JavaScript 警告。用户可在文本中嵌入任何有效的 JavaScript 功能，如调用、属性、全局变量或表达式（需用“{}”括起来）。例如，“本页面的 URL 为 {window.10cation}，今天是 {new Date( )}”。

预先载入图像：装入图像，但该图像在页面进入浏览器缓冲区之后不立即显示。它主要用于时间线、行为等，从而防止因下载引起的延迟。

设置导航栏图像：将图像加入到导航条或改变导航条图像显示。

设置状态栏文本：在浏览器左下角的状态栏中显示信息。

显示—隐藏元素：显示、隐藏一个或多个 AP Div 窗口，或者恢复其缺省属性。

交换图像：通过改变 IMG 标记的 SRC 属性改变图像。利用该动作可创建活动按钮或其他图像效果。

恢复交换图像：恢复交换图像至原图。

三、应用“弹出信息”行为

有时候，打开某个网页或单击网页中的某个元素时可以看到弹出信息框。应用“弹出信息”行为可以轻松实现该功能，下面介绍“弹出信息”行为的应用。

步骤 1 首先选择要应用行为的对象，此处为编辑窗口下方状态栏中的“<body>”标签，然后打开“行为”面板，单击“添加行为”按钮，在弹出的行为列表中选择“弹出信息”，如图 4—29 所示。

步骤 2 打开“弹出信息”对话框，在该对话框中输入想要显示的信息，然后单击“确定”按钮，如图 4—30 所示。

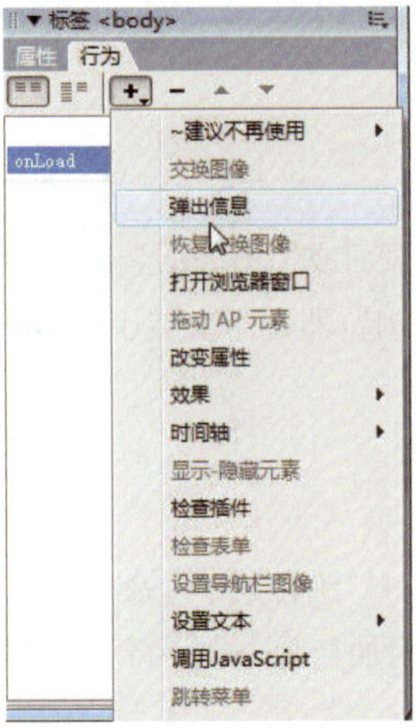

● 图 4—29 选择要应用行为的对象

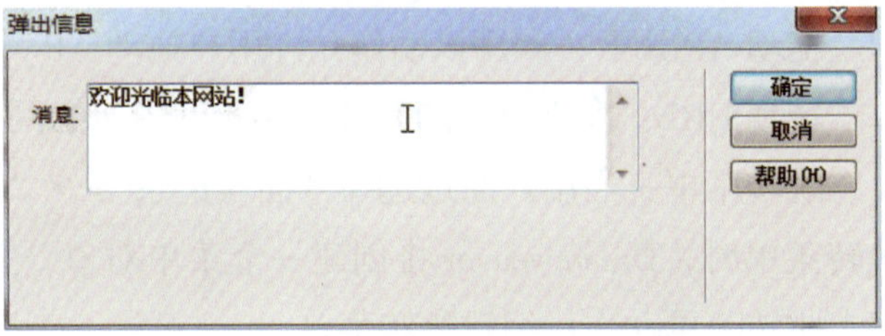

● 图 4—30 设置弹出信息

步骤 3 默认事件为“onLoad”，此处不需要再设置，如图 4—31 所示。如要改变事件，可单击事件右侧，在弹出的下拉列表中进行选择。

步骤 4 保存文档，并按 F12 键在 IE 浏览器中预览文档，系统首先会弹出如图 4—32 所示的对话框。

● 图 4—31 设置事件

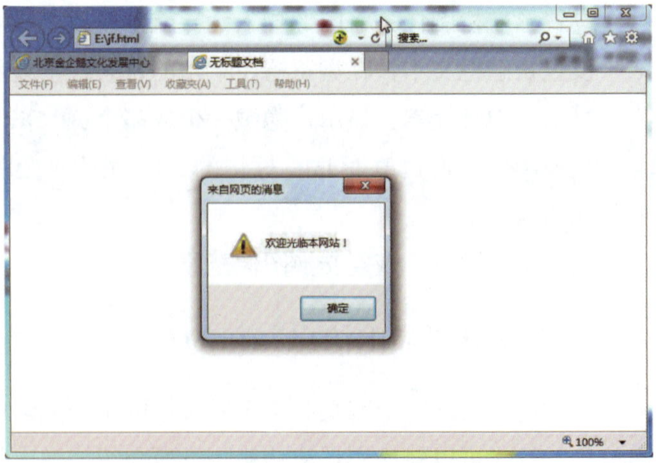

● 图 4—32 预览文档

四、应用“打开浏览器窗口”行为

应用“打开浏览器窗口”行为，可实现单击目标文字或图片打开固定大小窗口的效果。许多站点都使用这种方式弹出重要的通知、广告信息等页面。

步骤 1　打开本项目素材“lily”文件夹中的“haird.html”文档，拖动鼠标选中文本“美白防晒十话十说”，然后在“属性”面板上的“链接”编辑框中输入符号“#”并按 Enter 键，为文本设置空链接，如图 4—33 所示。

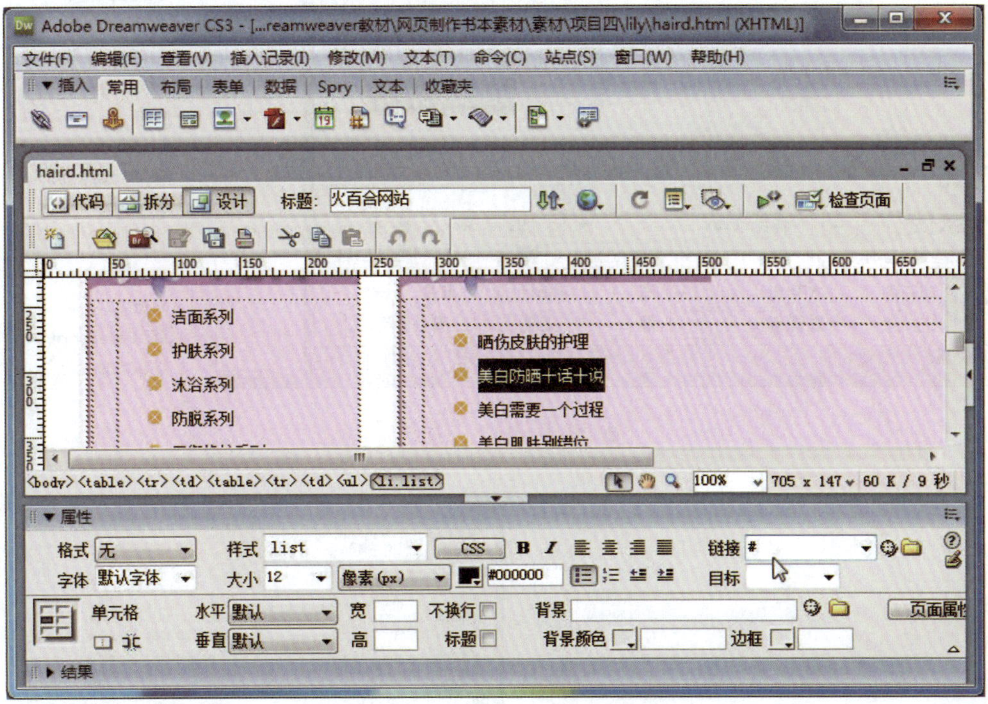

● 图 4—33　为文本设置空链接

> **小提示**　一般对纯文本是不能应用行为的，如果要对其应用行为，首先需要为其设置链接。

步骤 2　打开“行为”面板，单击“添加行为”按钮，在弹出的行为列表中选择“打开浏览器窗口”，如图 4—34 所示。

步骤 3　弹出“打开浏览器窗口”对话框，在该对话框中单击“要显示的 URL”编辑框后的“浏览”按钮，弹出“选择文件”对话框，选择要在窗口中显示的网页，此处为“lily”文件夹中的“ha2.html”网页，然后单击“确定”按钮，如图 4—35 所示。

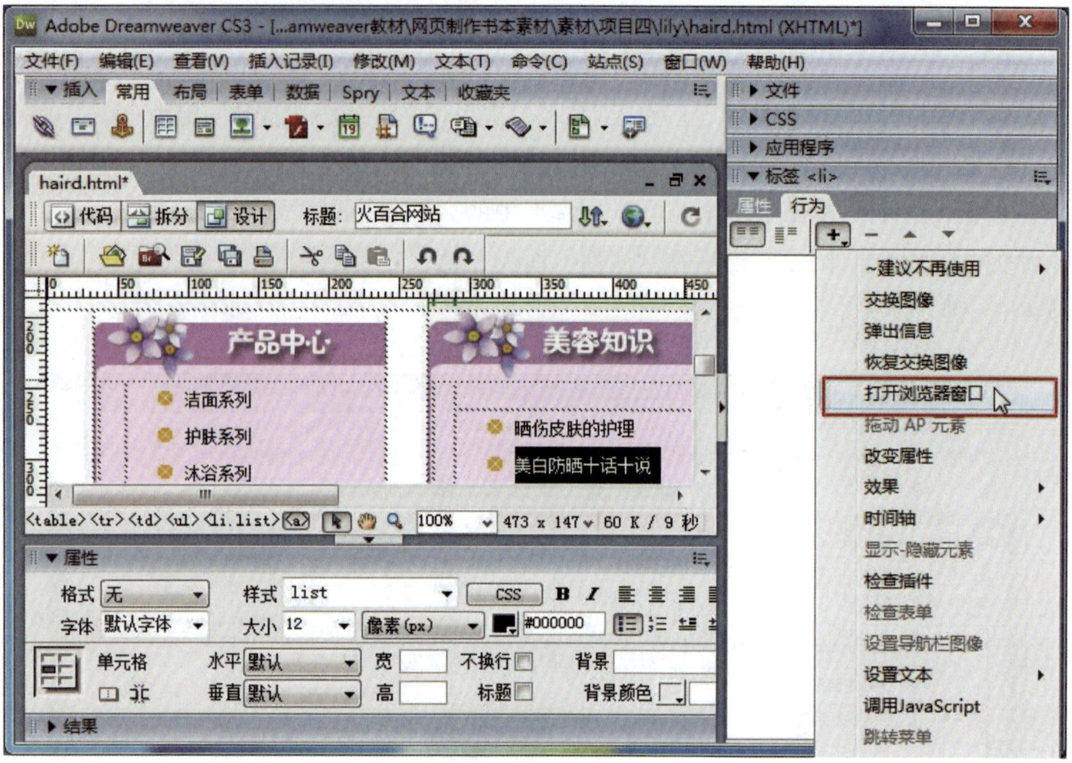

● 图 4—34　添加行为

● 图 4—35　设置要在窗口中显示的网页

步骤 4　回到“打开浏览器窗口”对话框，设置窗口宽度和高度，然后单击“确定”按钮，如图 4—36 所示。

步骤 5　在“行为”面板中，单击“事件”列，在其下拉列表中选择“onClick”，如图 4—37 所示。

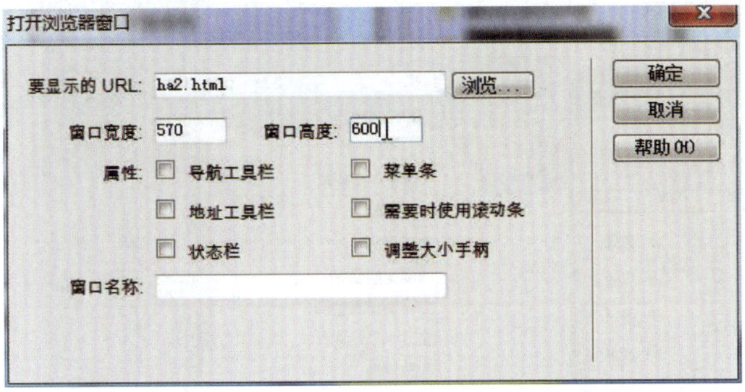

● 图 4—36 设置窗口宽度和高度

● 图 4—37 设置事件

步骤 6 保存文档后按 F12 键预览，单击添加行为的文本，在显示器左下方弹出一个大小为 570 × 600 的窗口，如图 4—38 所示。

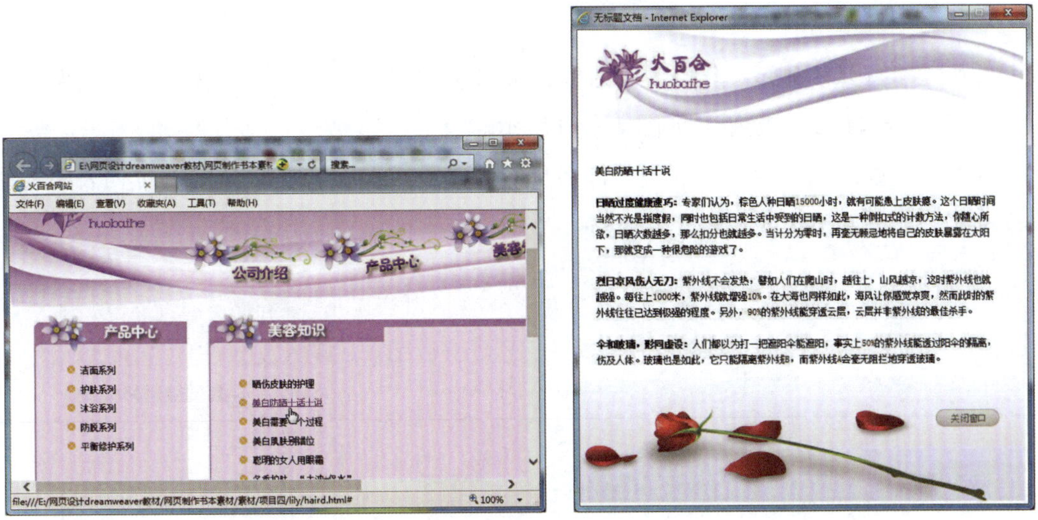

● 图 4—38 预览文档

五、对图像应用“效果”行为

“效果”行为包括增大 / 收缩、挤压、显示 / 渐隐、晃动、滑动、遮帘和高亮颜色。以“显示 / 渐隐”为例，介绍这类行为的应用方法。

步骤 1 继续在上文的文档中操作，首先选择网页左侧的广告图片“left1.gif”，然后单击“行为”面板中的“添加行为”按钮，在弹出的行为列表中选择“效果”→“显示 / 渐隐”命令，如图 4—39 所示。

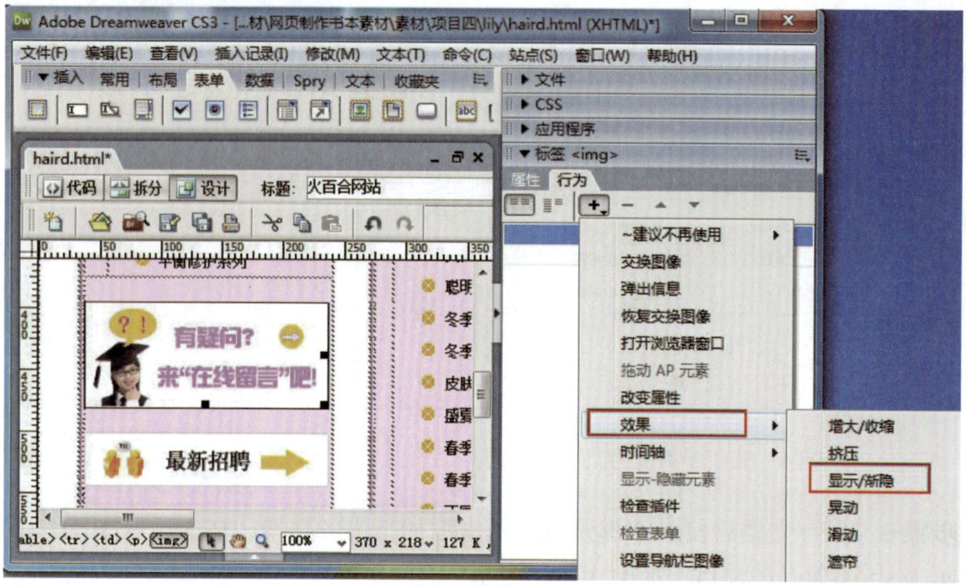

● 图 4—39 选择行为

步骤 2 打开“显示 / 渐隐”对话框，单击选中“切换效果”复选框，其他保持默认，最后单击“确定”按钮，如图 4—40 所示。

步骤 3 单击“行为”面板中事件名称右侧的下拉按钮，在打开的下拉列表中选择“onLoad”，如图 4—41 所示。

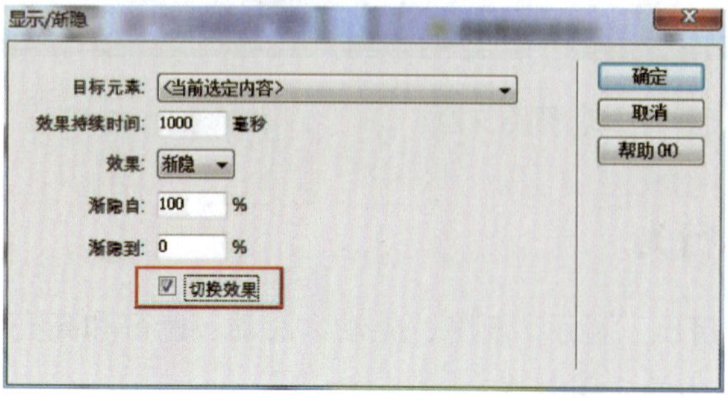

● 图 4—40 “显示 / 渐隐”对话框

● 图 4—41 设置事件

步骤 4 保存文档并按 F12 键预览，可以看到图像不断地由有到无，再由无到有进行变换。

六、应用“显示－隐藏元素”行为

应用“显示－隐藏元素”行为，可以控制 AP Div 的显示和隐藏，通过对 AP Div 反复应用该行为，可以实现下拉菜单效果。

步骤 1 新建文档并定位插入点，然后选择“插入记录”→“布局对象”→“AP Div”命令，插入一个 AP Div，在 AP Div 中插入一个小图片，如图 4—42 所示。

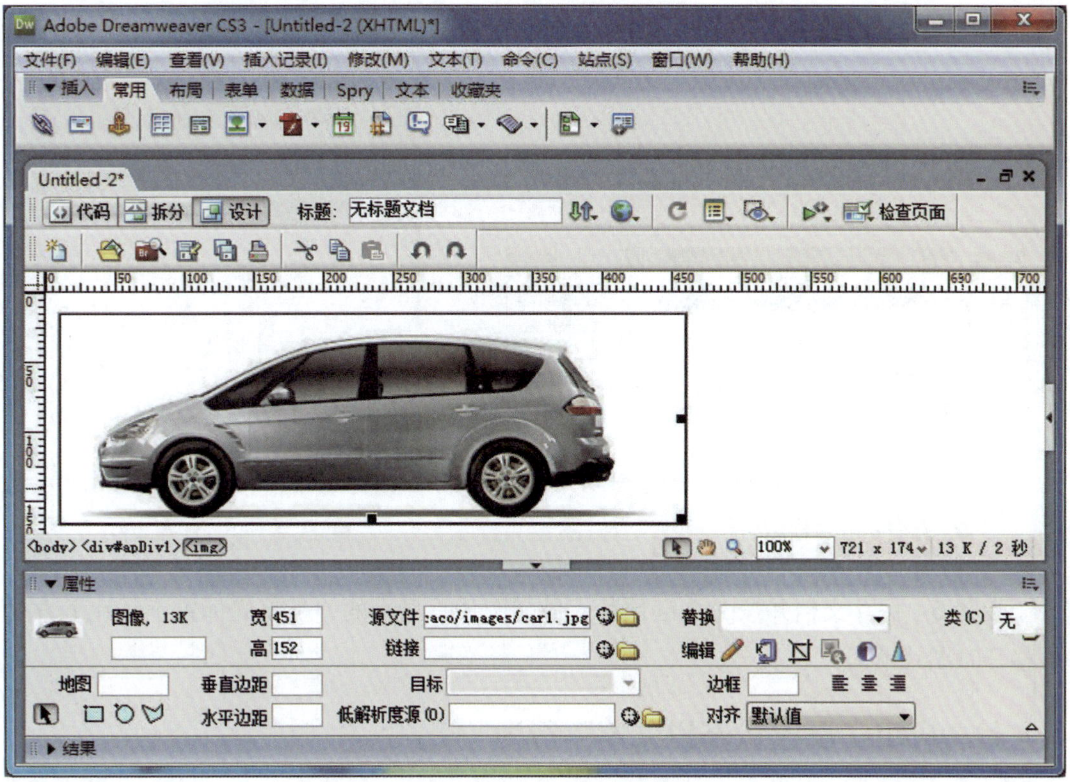

● 图 4—42 插入 AP Div 并在其中插入小图片

小提示 选中 AP Div 后，在“属性”面板上可设置宽、高、背景图像和背景颜色等属性。另外，在不需要精确控制 AP Div 的位置时，可以首先在“布局”插入栏中选择“绘制 AP Div”按钮，然后在文档窗口中单击并拖动鼠标创建一个 AP Div。

步骤 2 单击“行为”面板中的“添加行为”按钮，在弹出的行为列表中选择“显示 - 隐藏元素”，如图 4—43 所示。

步骤 3 打开“显示 - 隐藏元素”对话框，首先在“元素”列表中选择相应元素，此处为刚才插入的 AP Div，然后单击“隐藏”按钮，并单击“确定”按钮，如图 4—44 所示。

步骤 4 在“行为”面板中设置“事件”为“onMouseOut”，如图 4—45 所示。

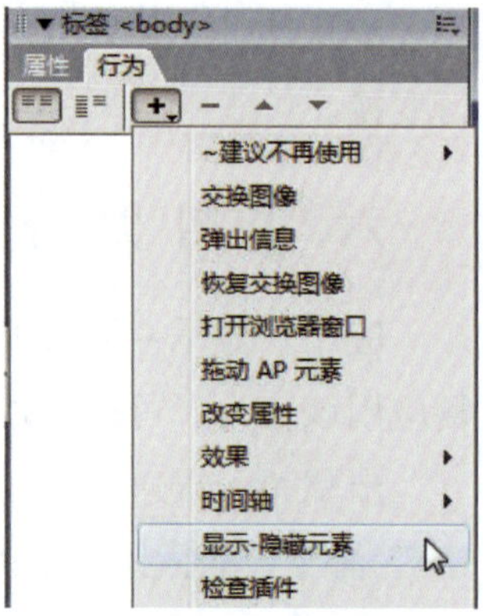

● 图 4—43 添加行为

● 图 4—44 “显示 / 隐藏元素”对话框

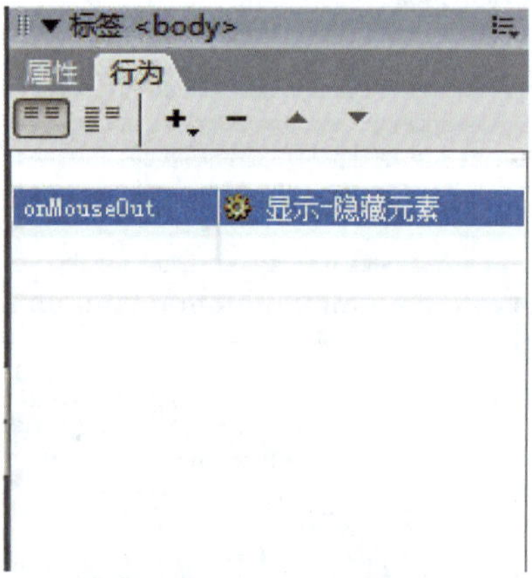

● 图 4—45 设置事件

步骤 5 保存文档并按 F12 键预览，最初图片是显示的，当将光标置于图片上方后再移开时图片就消失了。

七、应用“设置状态栏文本”行为

很多个人网站都设置了状态栏文本，以表明网站所属人的状态。下面介绍如何为网页设置状态栏文本。

步骤 1 单击“<body>”标签选中整个文档。打开“行为”面板，单击“添加行为”按钮，在弹出的行为列表中选择“设置文本”→“设置状态栏文本”，如图 4—46 所示。

步骤 2 打开“设置状态栏文本”对话框，在“消息”编辑框中输入要在状态栏中显示的文本，然后单击“确定”按钮，如图 4—47 所示。

步骤 3 在“事件”下拉列表中选择“onLoad”，表示网页下载完毕后即显示设置的状态栏文本，如图 4—48 所示。

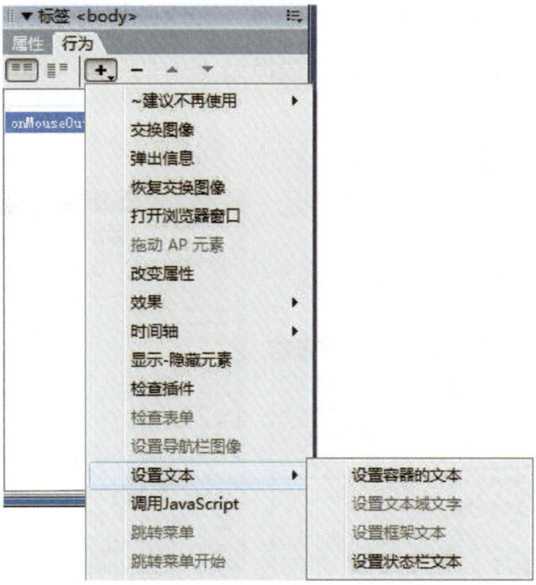

● 图 4—46 添加行为

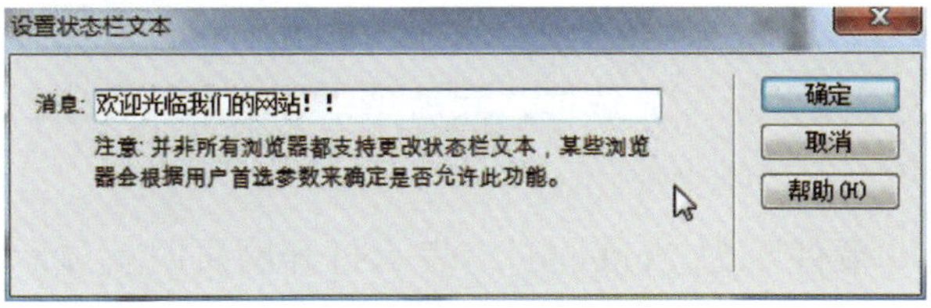

● 图 4—47 “设置状态栏文本”对话框

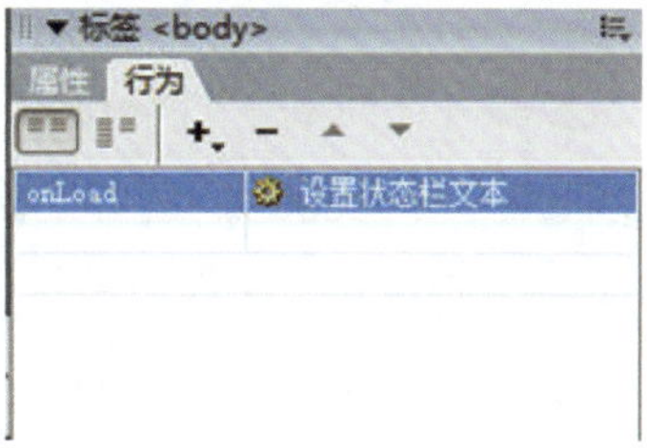

● 图 4—48 设置事件

步骤 4 保存文档并按 F12 键预览，可看到状态栏中的文本。

任务实施

下面为网站首页添加伴随窗口。

步骤 1 在文档编辑窗口中打开“jpe”文件夹中的“index.html”文档，单击选择“标签选择器”中的“<body>”标签。

步骤 2 打开“行为”面板，单击“添加行为”按钮，在弹出的行为列表中选择“打开浏览器窗口”，如图 4—49 所示。

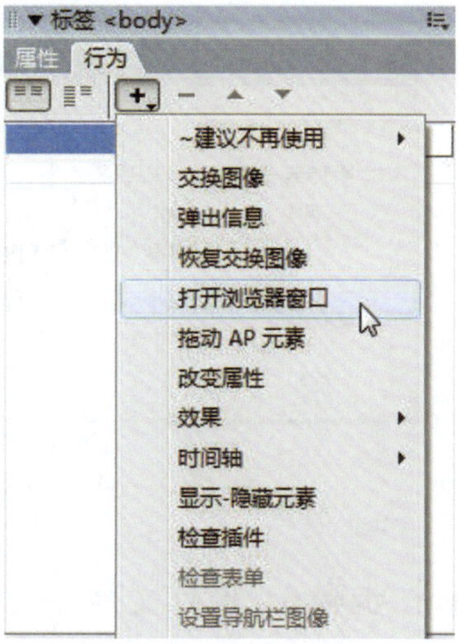

● 图 4—49 添加行为

步骤 3 打开“打开浏览器窗口”对话框，单击“要显示的 URL”编辑框后的“浏览”按钮，打开“选择文件”对话框，选择站点中的“ad.html”文档，然后单击“确定”按钮，如图 4—50 所示。

● 图 4—50 选择要打开的文件

步骤 4 回到“打开浏览器窗口”对话框，设置“窗口宽度”和“窗口高度”分别为“490”和“600”，选择“需要时使用滚动条”复选框，然后单击“确定”按钮，如图 4—51 所示。

步骤 5 在“行为”面板中设置“事件”为“onLoad”，表示打开网页时就显示浏览器窗口，如图 4—52 所示。

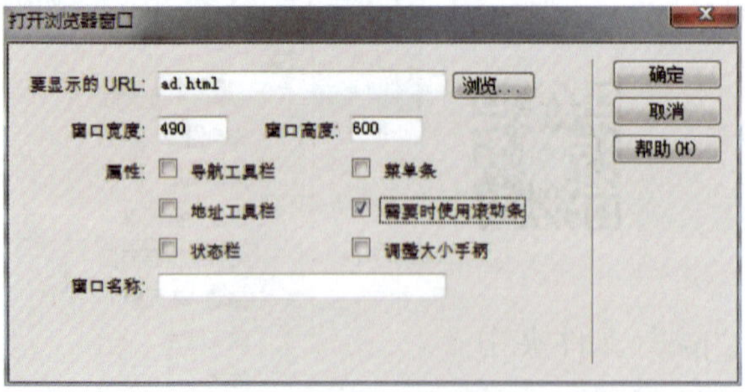

● 图 4—51 设置窗口宽、高

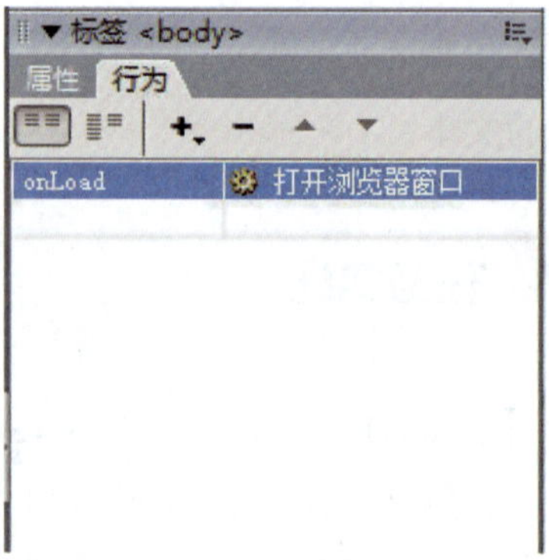

● 图 4—52 设置事件

步骤 6 保存文档并按 F12 键预览，首先看到设置的浏览器窗口，如图 4—53 所示。

● 图 4—53　预览文档

巩固练习

结合任务 1 所学知识，为文化公司网站中的其他子页设置链接。

知识拓展　制作弹出式下拉菜单

有些内容较多的网站经常需要用到弹出式下拉菜单，使用“显示 - 隐藏元素”行为可以实现该功能。扫描二维码，了解弹出式下拉菜单的制作方法。

项目五
制作饰品网站——用表格构建网页布局

项目内容

本项目的工作是为某珠宝饰品公司设计网站，要求如下：

（1）具有产品发布管理系统。通过该系统可以实现产品的展示发布，管理者可以任意添加、修改产品类别和产品列表，可以上传产品图片，通过可视化文章编辑器添加、修改产品说明文字。

（2）具有在线留言系统。留言系统是一种电子便签管理系统，客户可以将他的意见和要求通过电子表单进行提交，提交表单同时发送邮件和信息至系统数据库。

项目分析

要完成上述任务，在网站制作时必须要注意网页的布局，特别是在产品发布系统中，网页布局在网页制作中起着至关重要的作用。只有学会设计网页布局，才能让网页中的元素“各就各位”，制作出高水平的网页。目前来说，构建网页布局最常用的方法是表格。设计网页时，将不同的网页元素放在不同表格和单元格中，让网页变得井然有序。

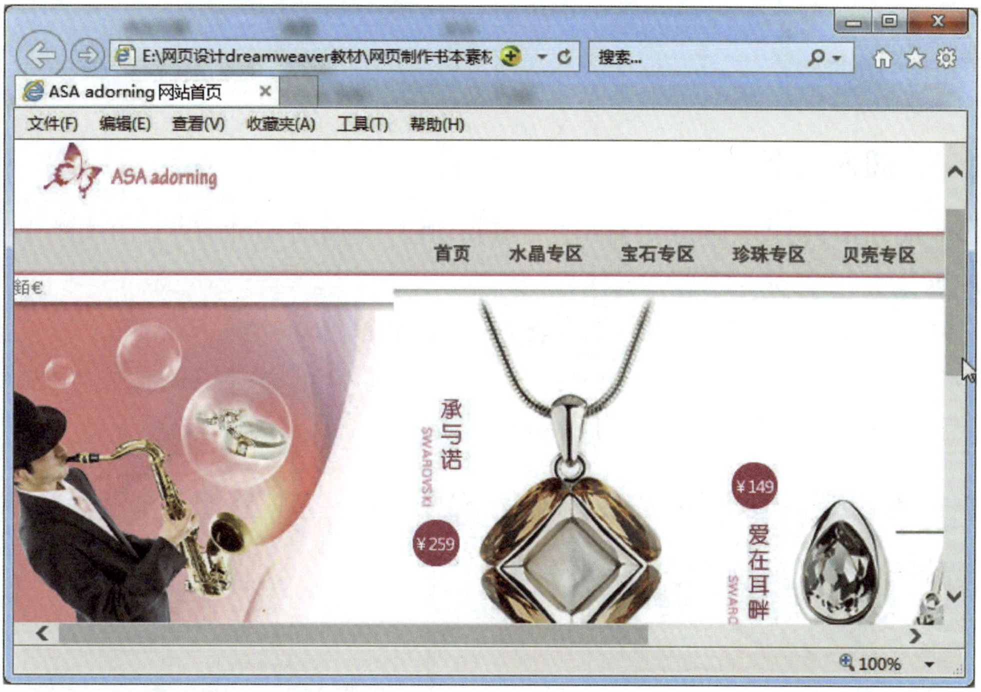

● 项目成果展示

任务 1　布局主页 index. html——表格的基本应用

学习目标

◆熟悉各种表格的操作方法

◆掌握表格的嵌套方法

表格（Table）是由一个或多个单元格构成的集合，表格中横向的多个单元格称为行（在 XHTML 语言中以 <tr> 标签开始，</tr> 标签结束），垂直的多个单元格称为列（以 <td> 标签开始，</td> 标签结束），如图 5—1 所示。行与列的交叉区域称为单元格，网页中的元素就放置在这些单元格中。

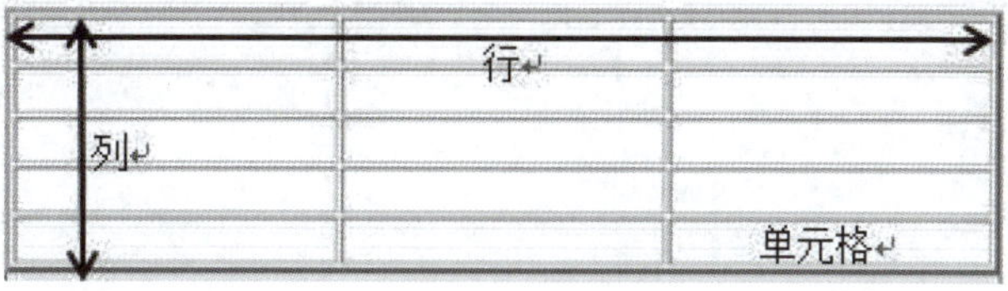

● 图 5—1　表格

相关知识

一、插入表格

Dreamweaver 提供了非常完善的表格编辑功能，首先介绍如何在网页文档中插入表格。

步骤 1　首先在文档页面上要插入表格的位置单击，以确定插入点位置。

步骤 2　单击“常用”插入栏中的“表格”按钮，打开“表格”对话框，设置各项参数后，单击“确定”按钮，即可插入表格，如图 5—2 所示。

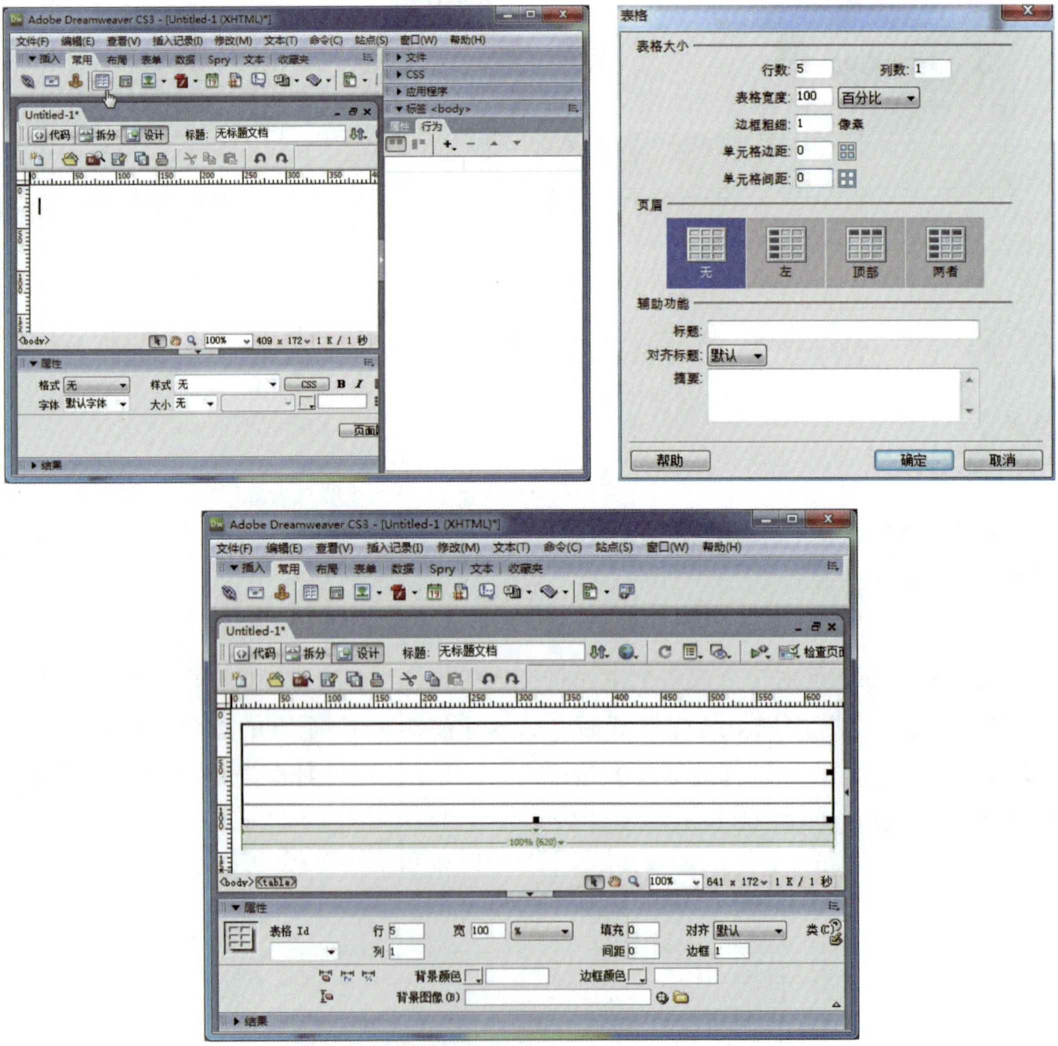

图 5—2　插入表格

“表格”对话框中几个重要选项的意义如下。

表格宽度（Width）：设置表格宽度值，否则，其宽度将随其中的内容而改变。在 Dreamweaver 中，最常使用的单位是像素和百分比。像素使用 0 或大于 0 的整数表示；百分比是相对于浏览器而言的，使用百分数表示。

边框粗细（Border）：指整个表格边框的粗细，标准单位是像素。整个表格外部的边框称为外边框，表格内部单元格周围的边框称为内边框。

单元格边距（Cell padding）：也称为单元格填充，是指单元格内部的文本或图像与单元格边框之间的距离，标准单位是像素。

单元格间距（Cell spacing）：指相邻单元格之间的距离，标准单位是像素。

二、选择表格和单元格

在 Dreamweaver 中选择表格的方法非常简单，只需用鼠标单击表格边框线即可。当表格外框显示为黑色粗实线时，就表示该表格被选中，如图 5—3a 所示。

另外，还可以通过“标签选择器”选择表格。具体做法是：在表格内部任意处单击鼠标，然后在“标签选择器”中单击对应的“<table>”标签，该表格便处于选中状态，如图 5—3b 所示。

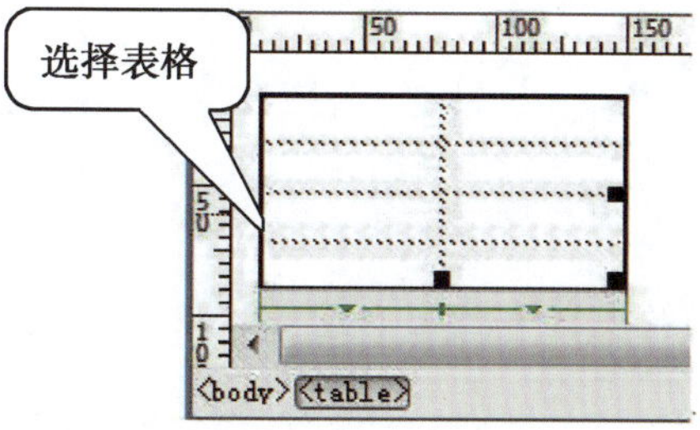

a）

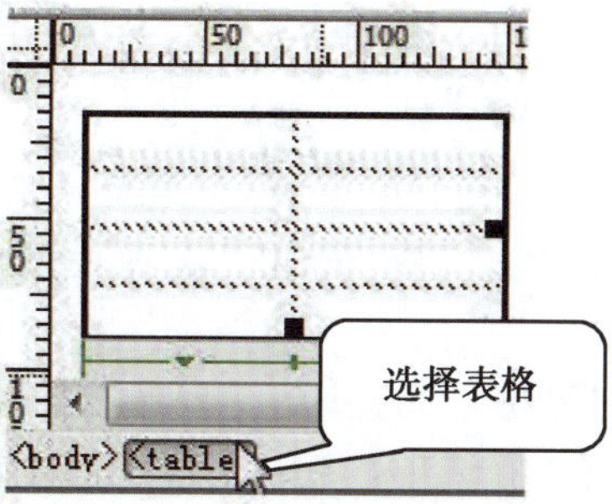

b）

图 5—3 选择表格

要选择某个单元格，可首先将插入点放置在该单元格内，然后按 Ctrl+A 组合键或单击“标签选择器”中对应的“<td>”标签；要选择某行或某列，可将光标置于该行左侧或该列顶部，当光标形状变为黑色箭头时单击鼠标，如图 5—4 所示。

要选择单元格区域。应首先在要选择的单元格区域的左上角单元格中单击，然后按住鼠标左键向右下角单元格方向拖动鼠标，最后松开鼠标左键，如图 5—5 所示。

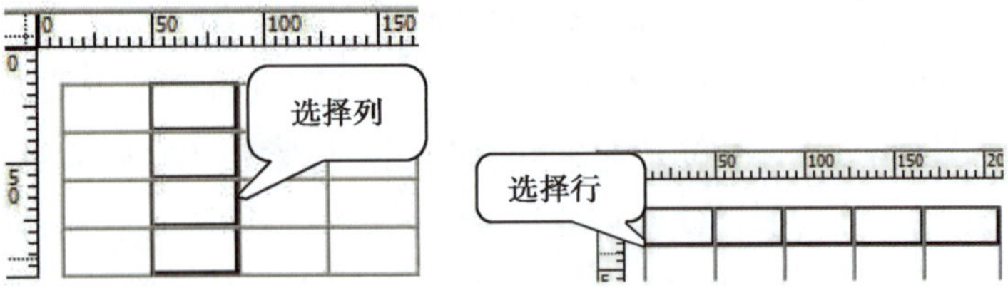

● 图 5—4　选择某行或某列单元格

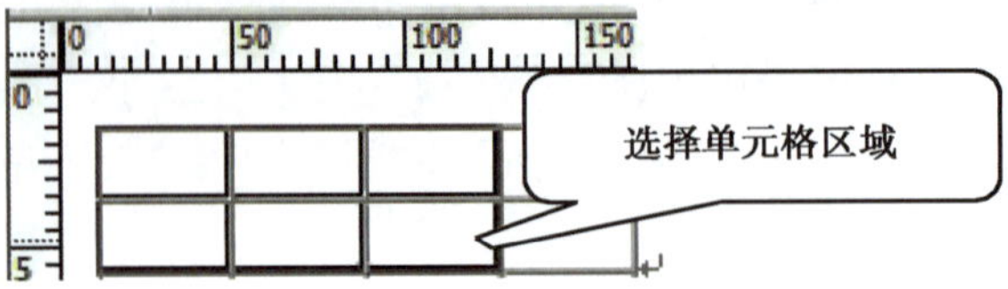

● 图 5—5　选择单元格区域

三、设置表格属性

选中表格后，可利用“属性”面板查看或修改表格的行、列、宽，以及填充、间距、背景图像、背景颜色等属性，如图 5—6 所示。

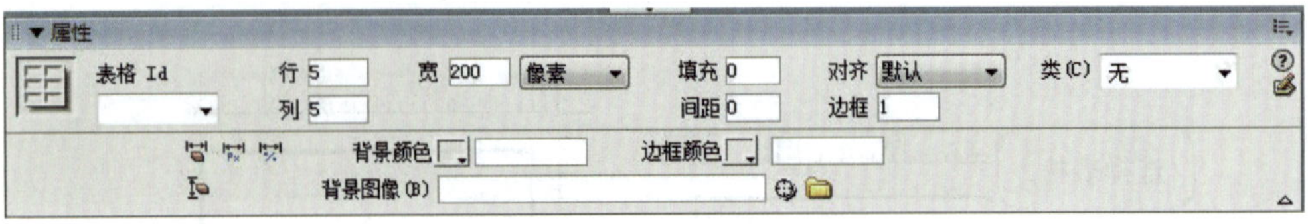

● 图 5—6　表格“属性”面板

表格“属性”面板中各主要选项的意义及设置方法如下。

表格 Id：用来设置表格的 Id，一般不填。

行：显示表格的行数，可通过修改该数值改变表格的行数。

列：显示表格的列数，可通过修改该数值改变表格的列数。

宽：显示表格的宽度值，可通过修改该数值改变表格的宽度。其后的下拉列表框用来设置宽度的单位，有“%”和“像素”两个选项。

小提示　若不需要精确制定表格宽度，可在选中表格后，通过拖动其右侧边框上的黑色控制点改变表格的宽度。

另外，通过拖动表格下方边框上的控制点，可以改变其高度；拖动右下角的控制点可以同时改变表格的高度和宽度。

填充：用来设置单元格内部距单元格边框的距离，单位是像素。

间距：用来设置各个相邻单元格之间的距离，单位是像素。

对齐：用来设置表格的对齐方式。其中有四个选项——“默认”“左对齐”“居中对齐”和“右对齐”。“默认”表示按照浏览器默认的对齐方式对齐，一般为左对齐。

边框：用来设置表格边框的宽度值，单位是像素。在使用表格进行布局时，一般将“边框”设置为 0。这样在浏览网页时才不会显示表格边框。

背景颜色：设置表格的背景颜色，具体方法为单击“背景颜色”按钮，在弹出的调色板中选择想要填充的颜色，如图 5—7 所示。

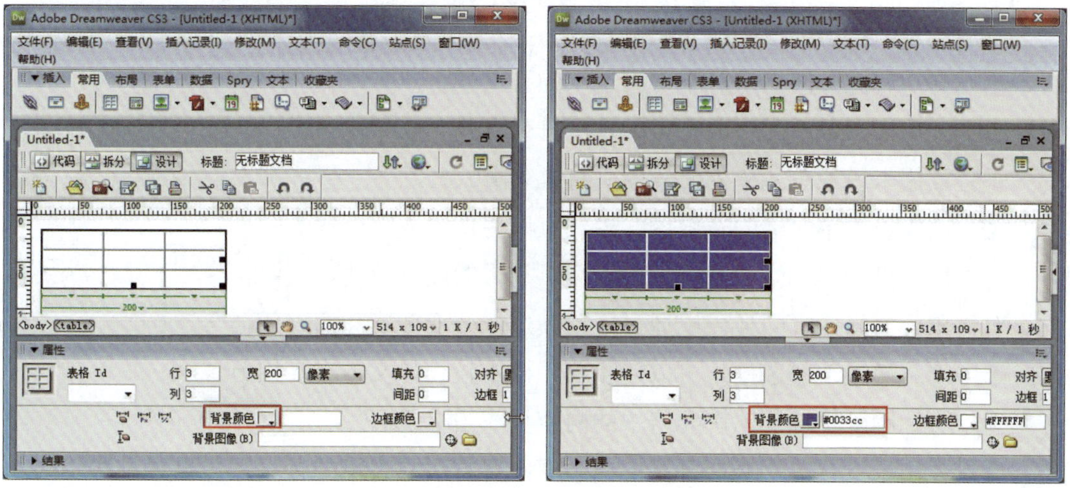

图 5—7 设置表格背景颜色

边框颜色：设置表格边框的颜色，与背景颜色的设置方法相同。需要说明的是，只有在表格边框值不为 0 时，该项功能才起作用。

背景图像：设置表格的背景图像，单击“背景图像”编辑框后的“浏览文件”按钮，在弹出的“选择图像源文件”对话框中选择图像，单击“确定”按钮即可。

小提示 如果希望固定表格的大小，使之不受浏览器大小的影响，应以像素为单位设定表格的大小。反之，如果希望表格大小随浏览器变化而变化，则要以百分比为单位设定表格大小，这里的百分比实际上是相对浏览器而言的。

四、设置单元格属性

在表格的某个单元格中单击选中，“属性”面板中将显示水平、垂直、宽、高等单元格属性，此时可通过“属性”面板设置其属性，如图 5—8 所示。

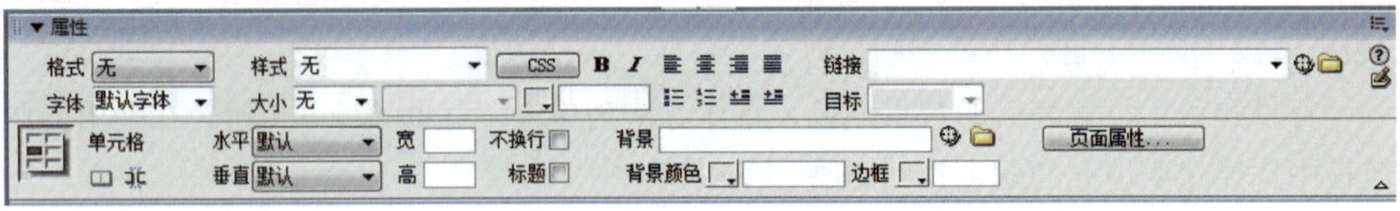

图 5—8 单元格“属性”面板

单元格“属性”面板中几个常用选项的意义如下。

水平：用来设置单元格内元素的水平排列方式。

垂直：用来设置单元格内元素的垂直排列方式。

宽：用来设置单元格的宽度值，单位可以为像素或百分比。

高：用来设置单元格的高度，单位可以为像素或百分比。

对于单元格来说，同样可以通过拖动其边框改变宽度和高度值。

选中“不换行”复选框，可以防止单元格中较长的文本自动换行。

选中“标题”复选框，单元格中的内容将成为标题。

背景：用来设置单元格的背景图像，其设置方法与表格的背景图像设置方法相同。

背景颜色：用来设置单元格的背景颜色。

边框：用来设置单元格的边框颜色。

任务实施

在学习表格的基本知识后，为饰品网站主页构建布局。

一、构建网页整体结构

为便于学习和理解，将主页的布局分为两部分，首先构建网页的整体结构。

步骤 1 将本项目素材“adorning”文件夹拷贝至本地磁盘。

步骤 2 在 Dreamweaver 中创建站点“adorning”，并在其中创建新文档，重命名为“index.html”。

步骤 3 双击“文件”面板中的文档“index.html”，在文档窗口中打开它。然后为其设置页面属性，如图 5—9 所示。

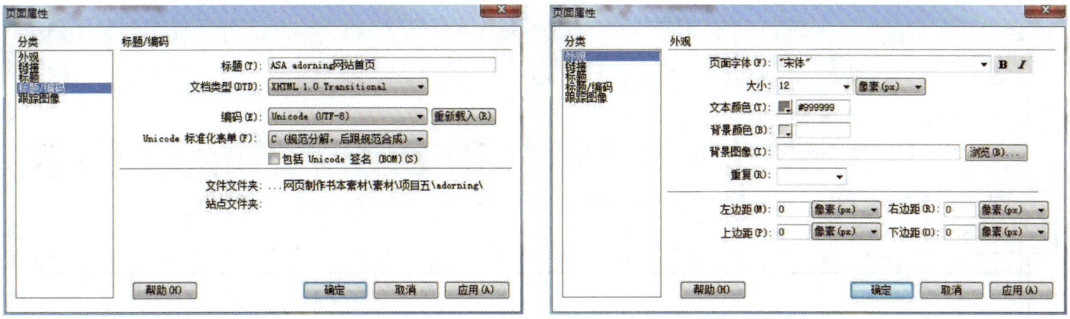

● 图 5—9　设置“页面属性”

步骤 4　在文档窗口中单击确定插入点，然后单击“常用”插入栏中的“表格”按钮，打开“表格”对话框，设置“行数”为 1，“列数”为 3，“表格宽度”为 1 000 px，“边框粗细”“单元格边距”和“单元格间距”均为 0，如图 5—10a 所示。

步骤 5　单击“确定”按钮，插入一个 1 行 3 列的表格，称该表格为表格 1，如图 5—10b 所示。

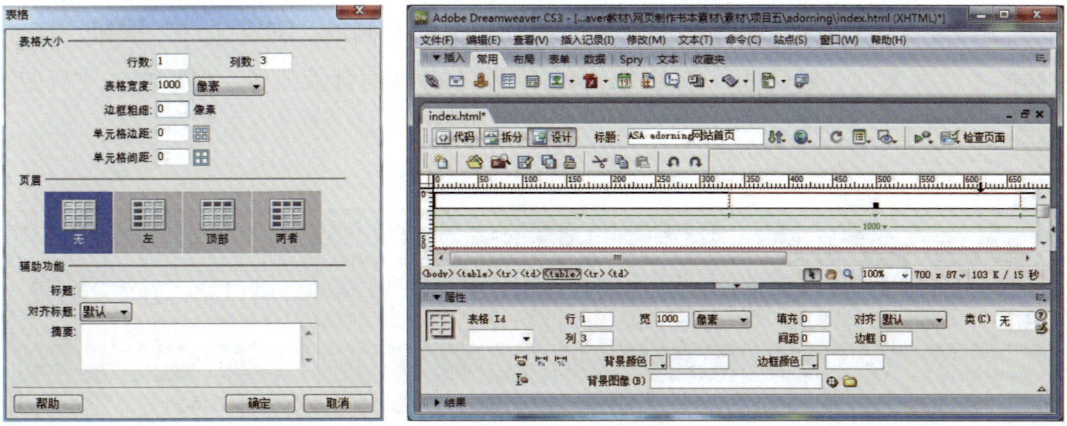

a)　　　　　　　　　　　　　　　　b)

● 图 5—10　插入表格

步骤 6　在表格 1 的第 1 个单元格中插入图片“a_01.gif”，然后在图片右侧的空白区域单击，设置“水平”对齐方式为“左对齐”，如图 5—11 所示。

步骤 7　在表格 1 的第 3 个单元格中插入图片“a_03.gif”，设置其在单元格中的“水平”对齐方式为“右对齐”。

步骤 8　在表格 1 下方单击，插入一个 1 行 2 列，“宽”为 1 000 px，“边框粗细”“单元格边距”和“单元格间距”均为 0 的表格，称该表格为表格 2。

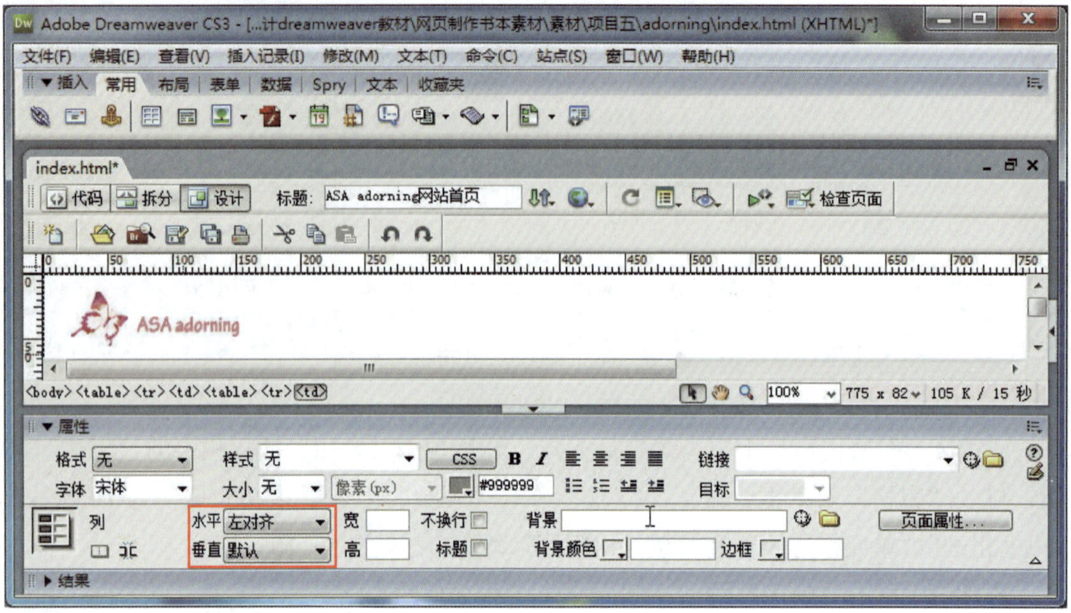

● 图 5—11 插入图片并设置水平左对齐

步骤 9 选中表格 2，单击“背景图像”编辑框右侧的“浏览文件”按钮，打开“选择图像源文件”对话框，选择“a_04.gif”作为表格的背景图像，然后单击“确定”按钮，如图 5—12 所示。

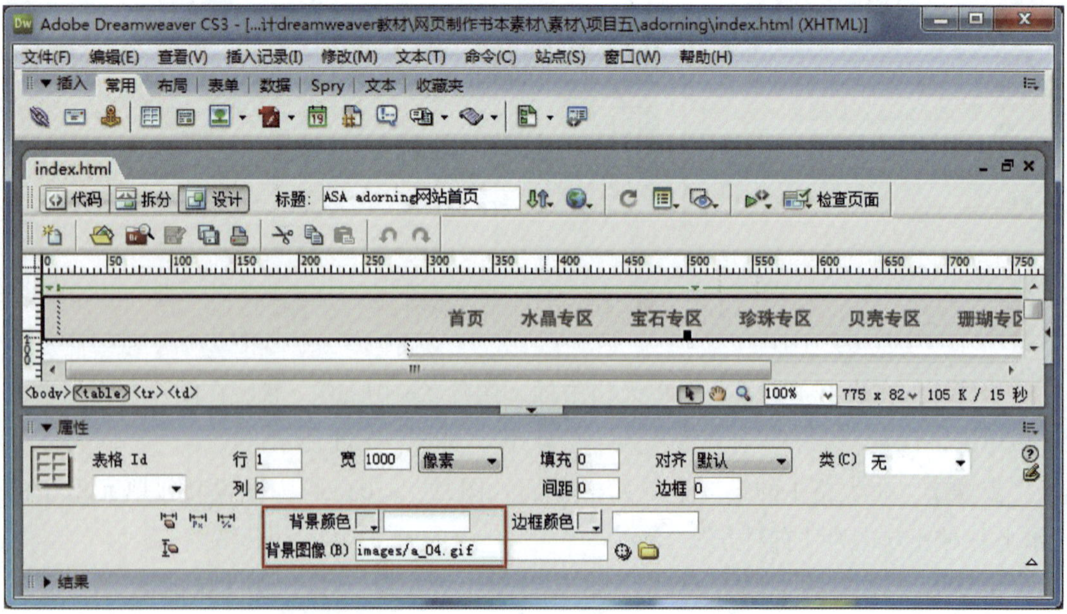

● 图 5—12 插入表格并设置背景图像

步骤 10 在表格 2 的第 2 个单元格中插入图像“a_06.gif”，并设置其“水平”对齐方式为“右对齐”。

步骤 11 在表格 2 下方插入一个 1 行 2 列，“宽”为 1 000 px，“边框粗细”“单元格边距”和“单元格间距”均为 0 的表格，称该表格为表格 3。

步骤 12 在表格 3 的两个单元格中分别插入图片“a_07.gif”和“a_08.gif”，如图 5—13 所示。

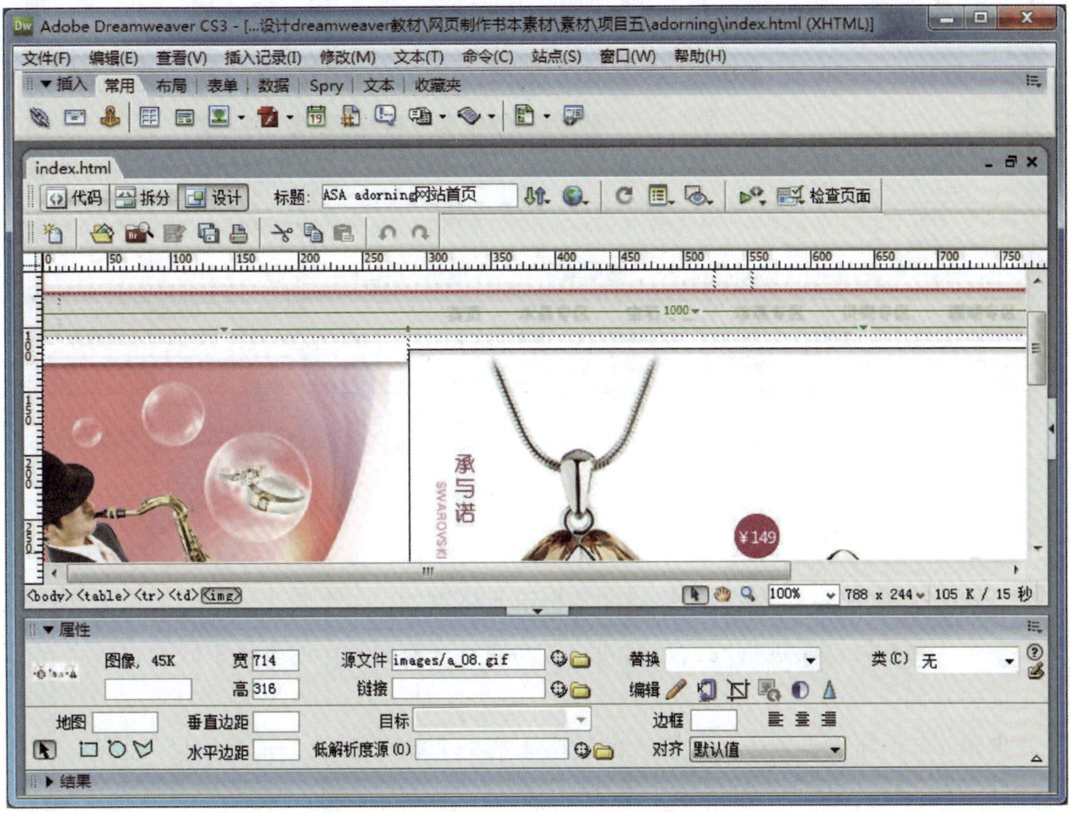

图 5—13 插入表格 3 并在其中插入图片

步骤 13 在表格 3 下方插入一个 1 行 4 列，“宽”为 1 000 px，“边框粗细”“单元格边框”和“单元格间距”为 0 的表格，称该表格为表格 4。

步骤 14 在表格 4 下方插入一个 1 行 1 列，“宽”为 1 000 px，“边框粗细”“单元格边框”和“单元格间距”为 0 的表格，称该表格为表格 5。

步骤 15 在表格 5 的单元格中单击，然后在“属性”面板上“高”编辑框中输入“90”，设置单元格高为 90 px。

步骤 16 设置单元格“背景”为“a_21.gif”，然后在其中输入文本，并设置文本的

“水平”对齐方式为“居中对齐”，如图 5—14 所示。

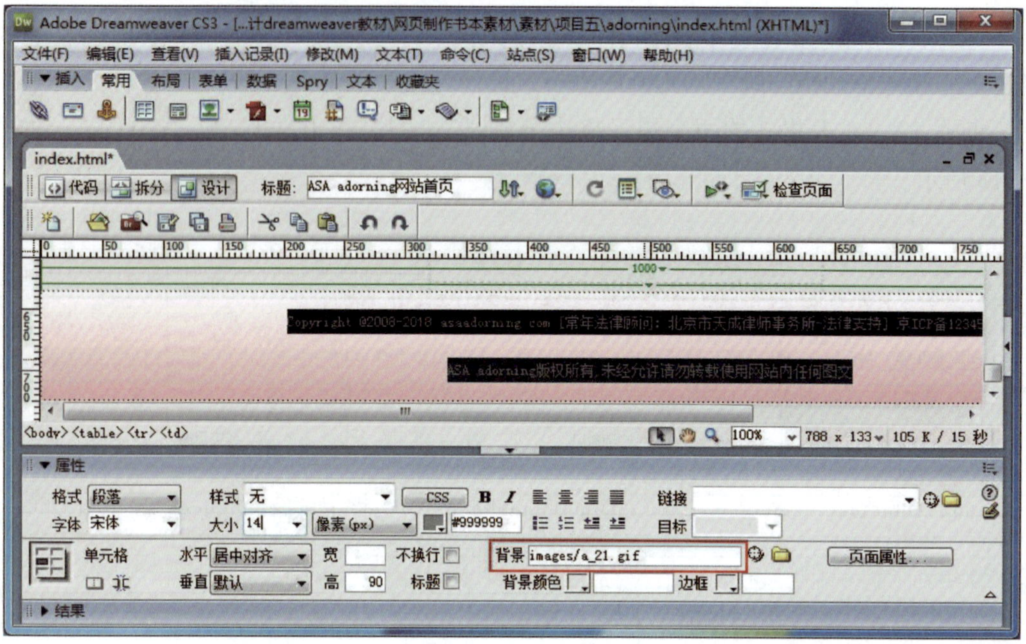

图 5—14 设置单元格背景并输入文本

二、嵌套表格

所谓嵌套表格，就是在一个表格的某个单元格里插入一个新表格。绝大多数网页都是由多个表格相互嵌套进行网页布局的。下面通过在前面制作的表格中嵌套表格完成网站主页的布局。

步骤 1 将插入点置于上文插入的表格 4 第 1 个单元格中，在“属性”面板上设置“垂直”对齐方式为“顶端”，然后在其中插入一个 2 行 1 列，“宽”为 320 px，“边框粗细”“单元格边距”和“单元格间距”均为 0 的表格，称该表格为表格 4—1，如图 5—15a 所示。

步骤 2 在表格 4—1 的第 1 行单元格中插入图片“a_10.gif”，在第 2 行单元格中输入文本，如图 5—15b 所示。

步骤 3 打开“CSS 样式”面板，单击面板下方的“附加外部样式”按钮，打开“链接外部样式表”对话框，单击其中的“浏览”按钮，如图 5—16a 所示。

步骤 4 打开“选择样式表文件”对话框，在“查找范围”下拉列表中选择站点文件夹“adorning”，在站点列表中选择已创建好的样式文件“s1.css”，单击“确定”按钮，如图 5—16b 所示。

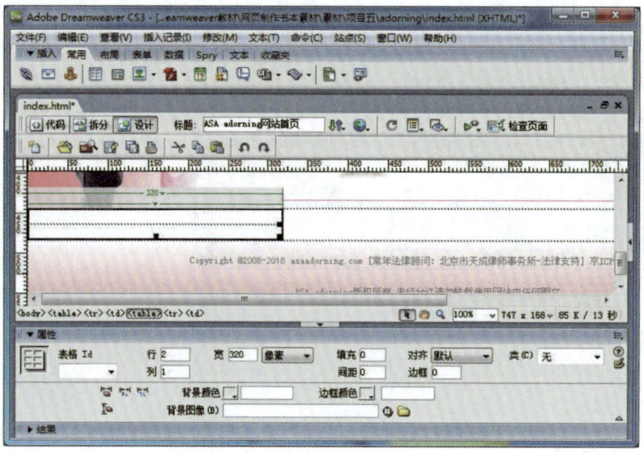

a)

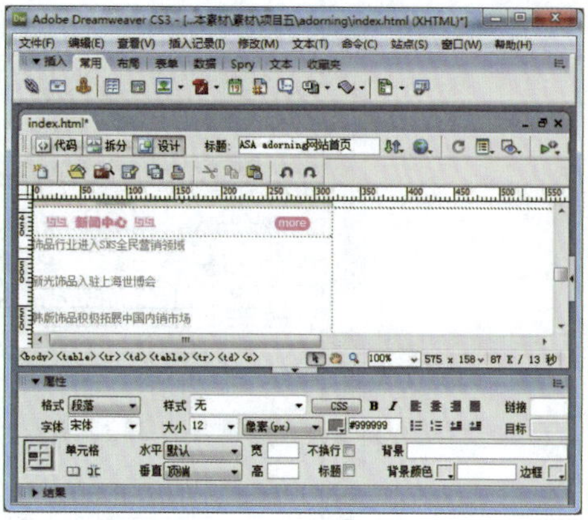

b)

● 图 5—15 嵌套表格并输入表格内容

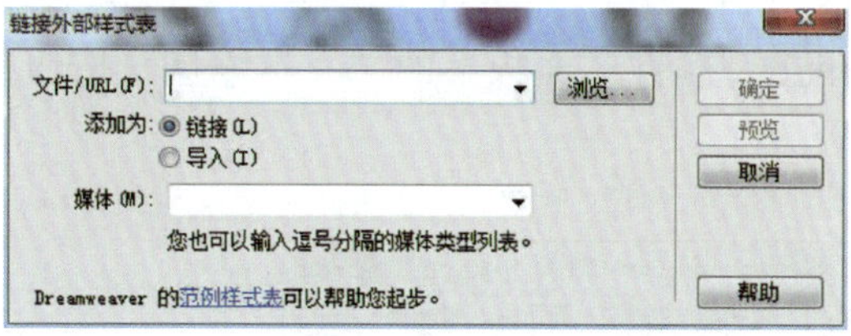

a)

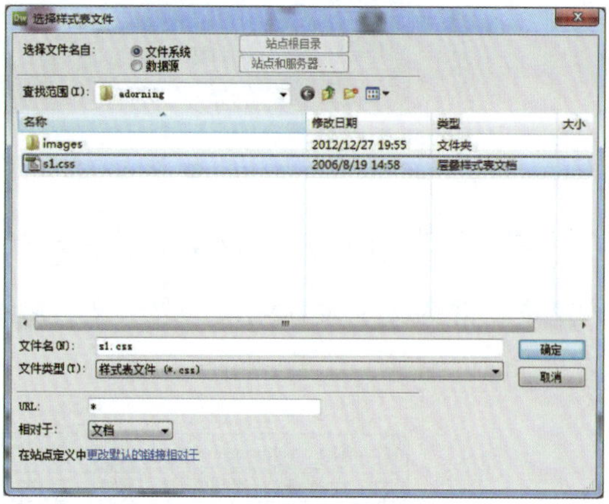

b)

● 图 5—16 链接外部样式

步骤 5 拖动鼠标选中第 2 行单元格中的文本，单击“属性”面板上的“项目列表”按钮，然后在“属性”面板上“样式”下拉列表中选择“x1”，对文本应用列表样式，如图 5—17 所示。

步骤 6 在表格 4 的第 2 个单元格中单击定位插入点，设置“垂直”对齐方式为“顶端”，然后在其中插入一个 2 行 1 列，“宽”为 320 px，“边框粗细”“单元格边距”和“单元格间距”均为 0 的表格，称该表格为表格 4—2。

步骤 7 在表格 4—2 的第 1 个单元格中插入图片“a_11.gif”；在第 2 个单元格中插入图片“a_18.gif”，并设置图片居中对齐。

步骤 8 设置表格 4 的第 3 个单元格“垂直”对齐方式为“顶端”，在其中插入一个 2 行 1 列，“宽”为 330 px，“边框粗细”“单元格边距”和“单元格间距”均为 0 的表格，称该表格为表格 4—3。

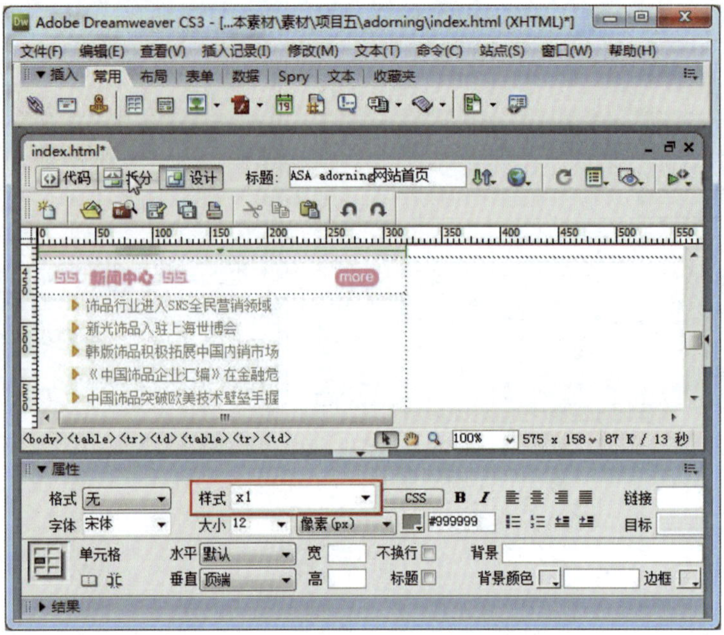

● 图 5—17　对文本应用列表样式

步骤 9　在表格 4—3 的第 1 个单元格中插入图片“a_13.gif”，在第 2 个单元格中输入文本，并为文本设置样式。选中文本后，单击“属性”面板上的“文本缩进”按钮，使文本向内缩进，效果如图 5—18 所示。

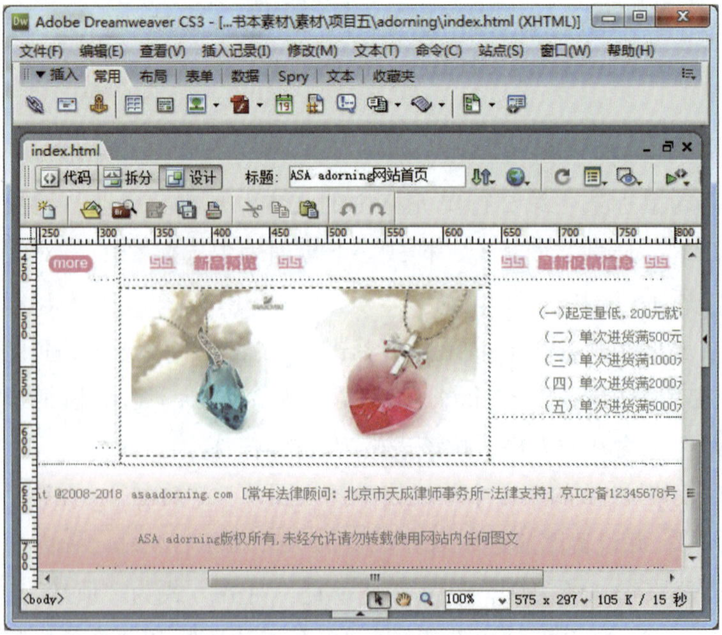

● 图 5—18　嵌套表格并设置内容

步骤 10 按 Ctrl+S 组合键保存文档，并按 F12 键在浏览器中预览，效果如图 5—19 所示。

● 图 5—19 预览文档

巩固练习

结合任务 1 所学知识，构建如图 5—20 所示的网页布局（可参照本项目素材“shipin”文件夹中的“index.html”文档，扫描二维码可查看提示）。

● 图 5—20 网页效果图

任务 2　布局子页——表格的高级应用

学习目标

◆熟悉表格的编辑方法

◆掌握布局表格的使用

除嵌套表格外，还可以通过拆分与合并单元格、在表格中添加或删除行与列，构建更加复杂的网页布局。

相关知识

一、拆分与合并单元格

在网页制作中，经常会用到一些特殊结构的表格，此时就需要拆分或合并单元格。

1. 拆分单元格

拆分单元格就是将一个单元格拆分成多个单元格，具体操作如下。

步骤 1　在要拆分的单元格中单击（此处为第 1 行中间的单元格），然后单击“属性”面板上的“拆分单元格为行或列”按钮，如图 5—21a 所示。

步骤 2　打开“拆分单元格”对话框，在“把单元格拆分”区选择“列”单选框，在“列数”编辑框中输入“3”，单击“确定”按钮，单元格被拆分为 3 列，如图 5—21b、c 所示。

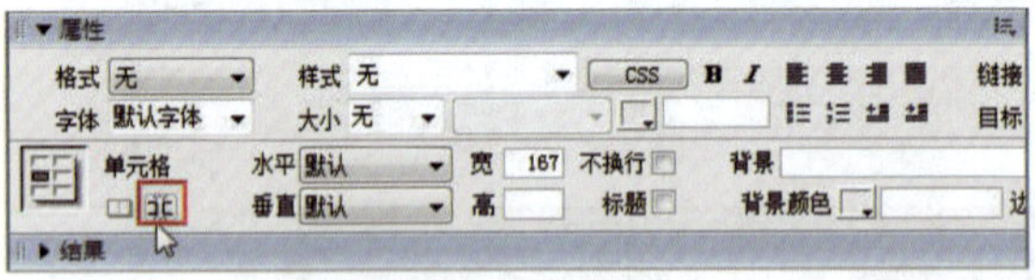

a）

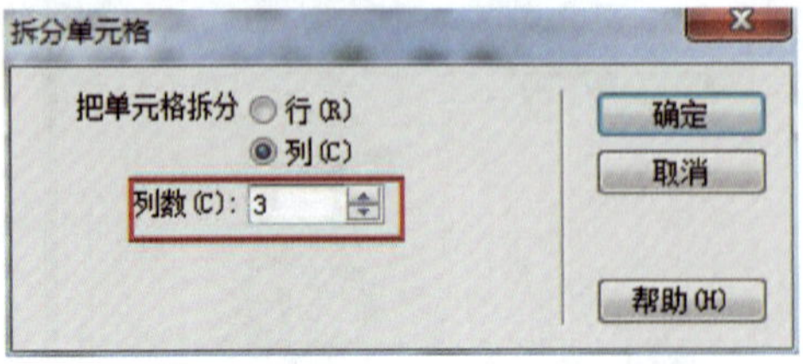

b）

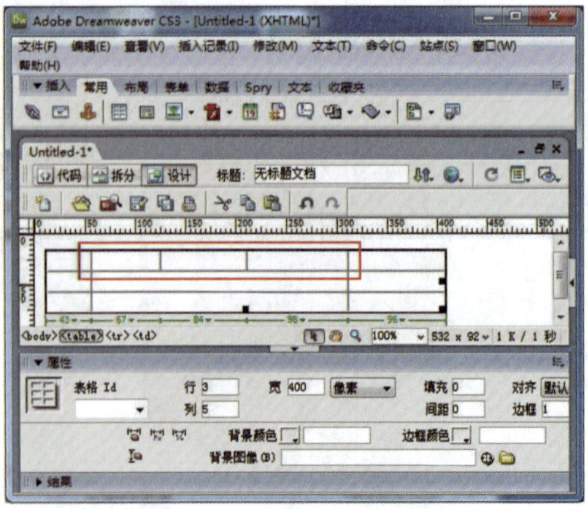

c）

图 5—21　拆分单元格

2. 合并单元格

合并单元格就是将相邻的几个单元格合并成一个单元格。继续在前文的文档中操作，将前文拆分的单元格合并成一个单元格。拖动鼠标选中要合并的连续单元格（此处为第 1 行中间的 3 个单元格），然后单击“属性”面板上的“合并所选单元格，使用跨度”按钮，将 3 个单元格合并为 1 个单元格，如图 5—22 所示。

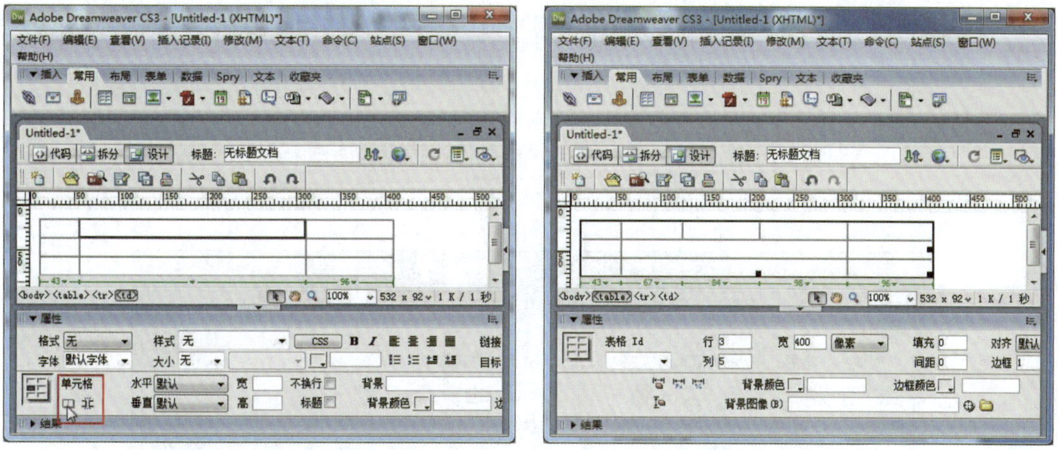

● 图 5—22　合并单元格

二、在表格中添加或删除行与列

在使用表格组织大量信息时，需要在创建好的表格中添加或删除行与列，以增加或减少记录，具体操作如下。

步骤 1　在该单元格中单击鼠标右键，并在弹出的快捷菜单中选择“表格”→“插入行或列”命令，如图 5—23a 所示。

步骤 2　打开“插入行或列”对话框，在“插入”区选择“行”单选框，设置行数为“1”，位置为“所选之下”，最后单击“确定”按钮，如图 5—23b 所示。

步骤 3　此时可以看到，在所选表格下方插入了 1 个新行，并且插入点自动位于新行中，如图 5—24 所示。

步骤 4　如果要删除某行，只需在该行单击鼠标右键，在弹出的快捷菜单中选择“表格”→“删除行”命令即可。

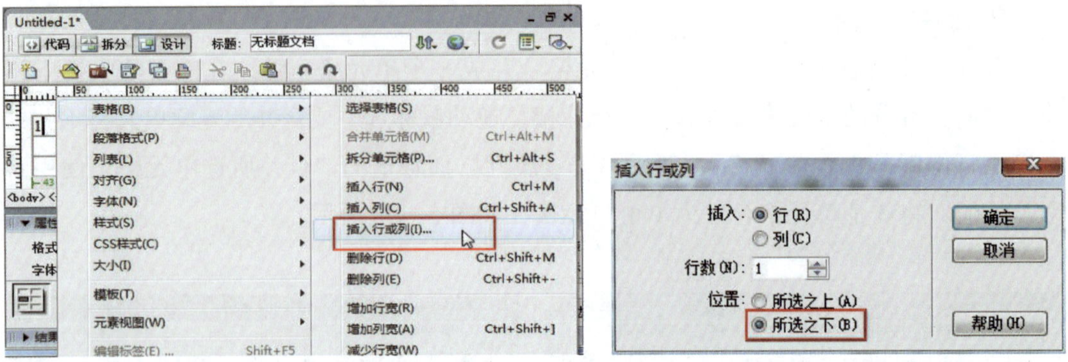

a）　　　　　　　　　　b）

● 图 5—23　打开“插入行或列”对话框

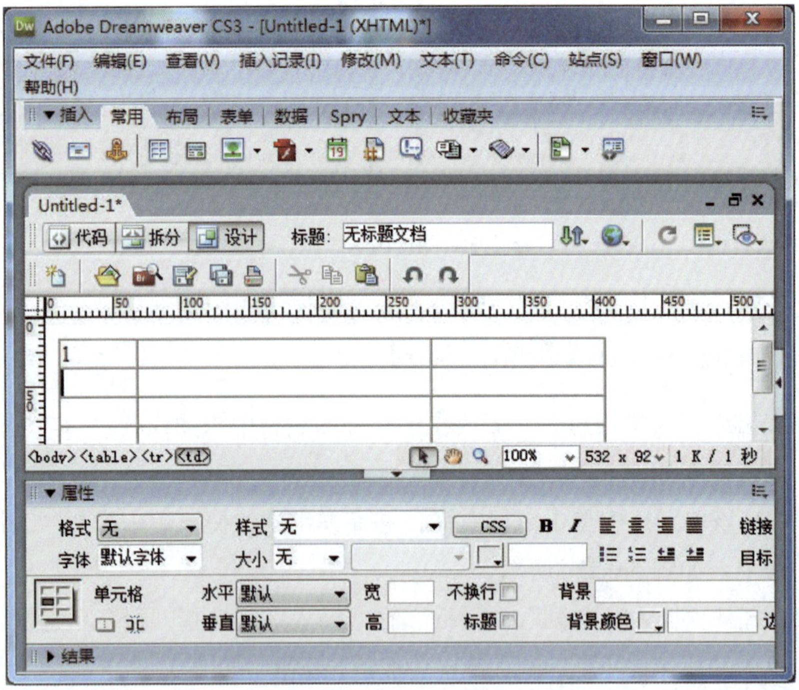

● 图 5—24　插入行

任务实施

在学习了表格的高级应用后，下面为网站子页构建布局。

一、构建网页整体结构

为便于读者学习和理解，将子页的制作分为四部分叙述，下面首先构建子页的整体结构。

步骤 1 首先在站点“adorning”中创建新文档，并重命名为“sub_1.html”，双击该文档在文档编辑窗口中将其打开。

步骤 2 按 Ctrl+J 组合键打开“页面属性”对话框，为其设置页面属性，并参照制作网站首页的方法，制作网页导航条以上的部分（包括导航条），如图 5—25 所示。

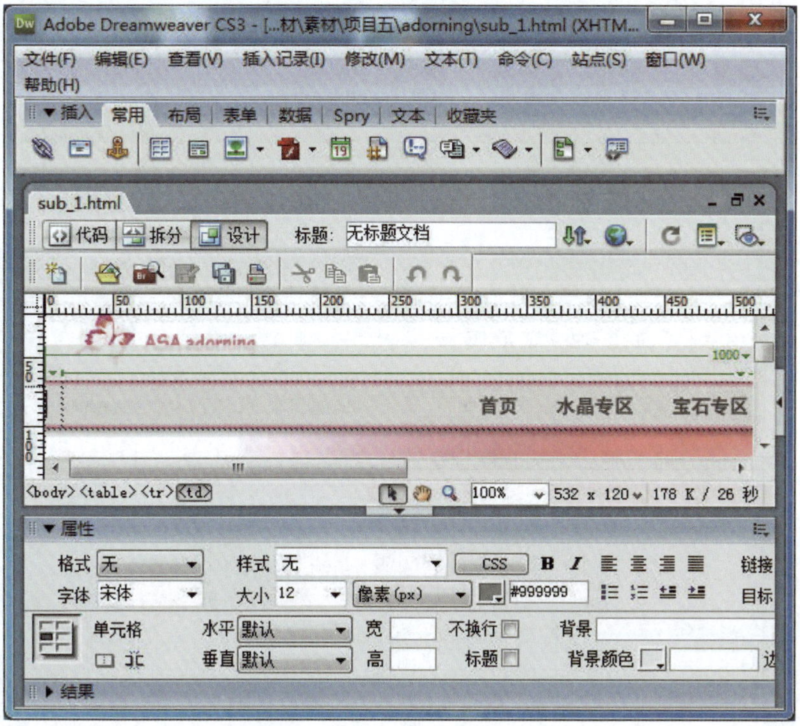

图 5—25 制作网页上部

步骤 3 在导航条下方插入一个 1 行 1 列，“宽”为 1 000 px，“边框粗细”“单元格边距”和“单元格间距”均为 0 的表格，称该表格为表格 3。在表格 3 中插入图片“sub_1_02.gif”，如图 5—26 所示。

步骤 4 在表格 3 下方插入一个 1 行 3 列，“宽”为 1 000 px，“边框粗细”“单元格边距”和“单元格间距”均为 0 的表格，称该表格为表格 4。

步骤 5 将首页中的表格 5 拷贝到子页中表格 4 下方，打开“CSS 样式”面板，将样式文件“s1.css”附加到该文档，如图 5—27 所示。

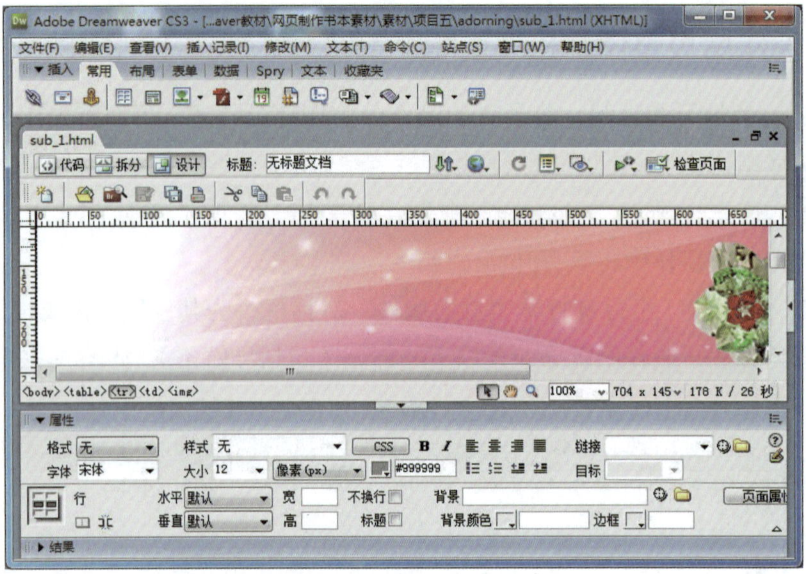

● 图 5—26　插入表格 3 并在其中插入图片

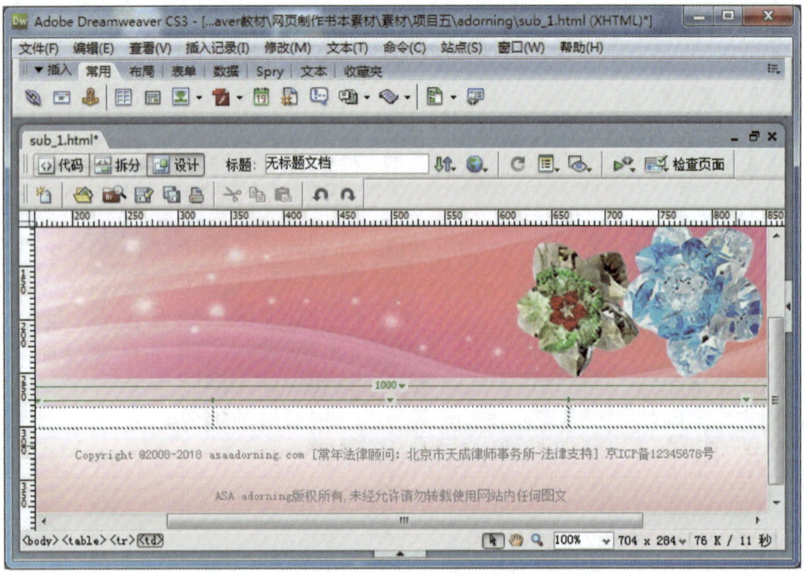

● 图 5—27　拷贝表格并附加样式

二、制作圆角表格

适当地使用圆角表格，可以使整个网页看起来更加柔和、美观。通过制作网站中“登录”模块，介绍圆角表格的制作方法。

步骤 1　将插入点置于表格 4 第 1 个单元格中，在“属性”面板上的“垂直”下拉列表中选择“顶端”，然后在其中插入一个 3 行 1 列，“宽”为 263 px，“边框粗细”“单元格边框”和“单元格间距”均为 0 的表格，如图 5—28 所示。

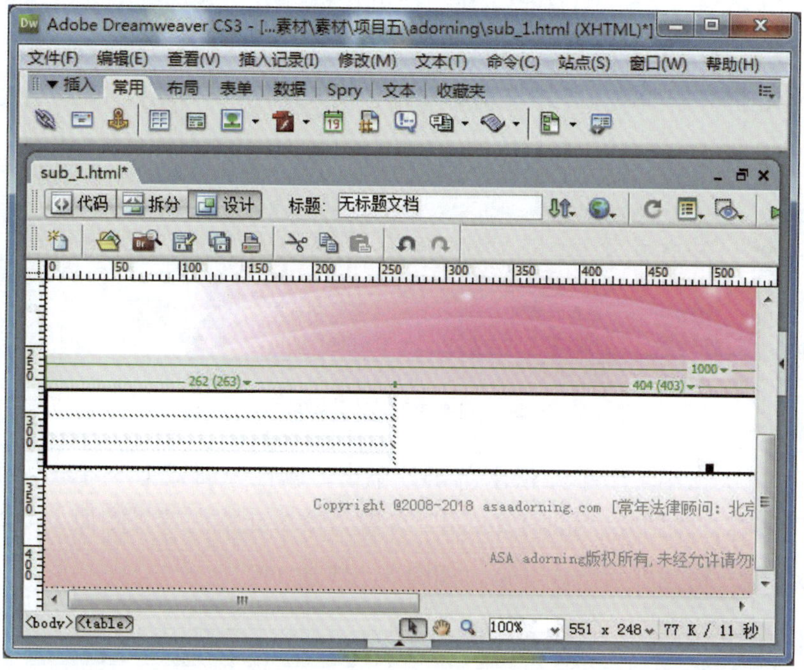

● 图 5—28 插入表格

步骤 2 在嵌套表格的第 1 个单元格中插入图片“sub_1_03.gif”，如图 5—29 所示。

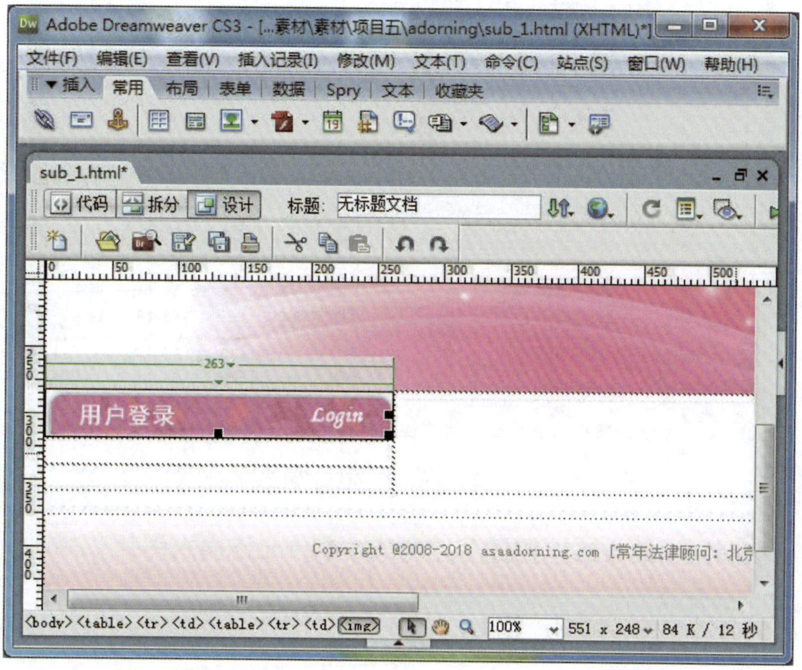

● 图 5—29 插入图片

步骤 3 将插入点置于嵌套表格的第 2 个单元格中，单击“拆分单元格为行或列”按钮，打开“拆分单元格”对话框，在“把单元格拆分”区选择“列”单选框，设置“列数”为“3”，然后单击“确定”按钮。

步骤 4 在拆分后的第 1 个单元格中单击，插入小图片“sub_1_08.gif”，如图 5—30 所示。

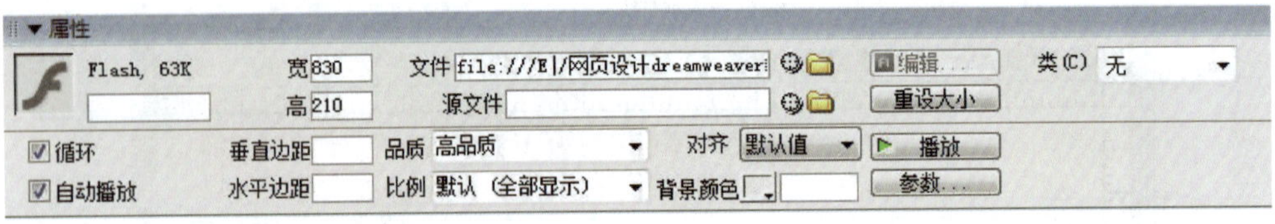

● 图 5—30 插入图片

步骤 5 再次在第 1 个单元格中单击，单击“属性”面板上“背景”编辑框后的“浏览文件”图标，将图片“sub_1_08.gif”设置为该单元格的背景图像，并向左拖动其右侧边框，使单元格宽度与图片等宽，如图 5—31 所示。

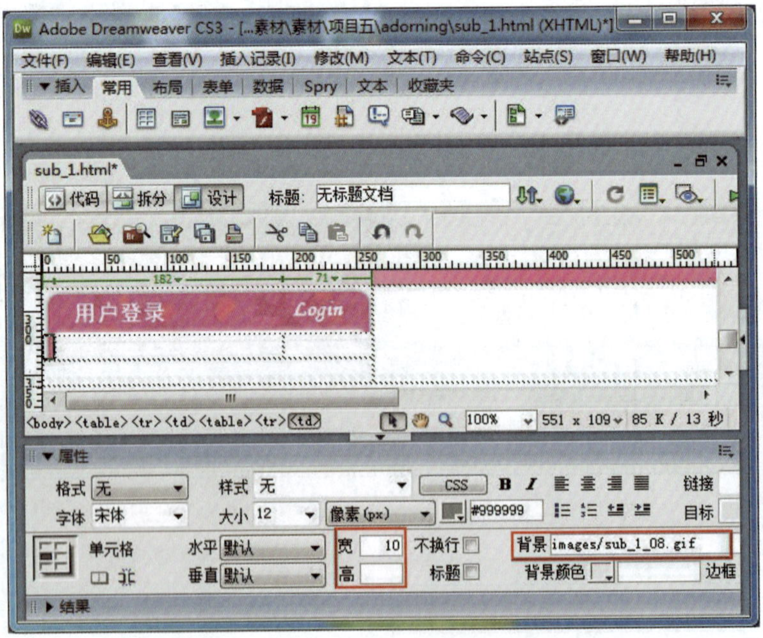

● 图 5—31 设置第 1 个单元格背景和宽度

步骤 6 按照同样的方法，在拆分后的第 3 个单元格插入图片“sub_1_10.gif”，并将其设置为单元格背景。

步骤 7 在拆分后的第 2 个单元格中单击，进一步将其拆分为 3 行。

步骤 8 将拆分后的第 1 行单元格进一步拆分为 3 列，并在第 1 列中输入文本“用户名:”，在第 2 列中插入文本字段，在“属性”面板上设置文本字段的“字符宽度”为“10”，效果如图 5—32 所示。

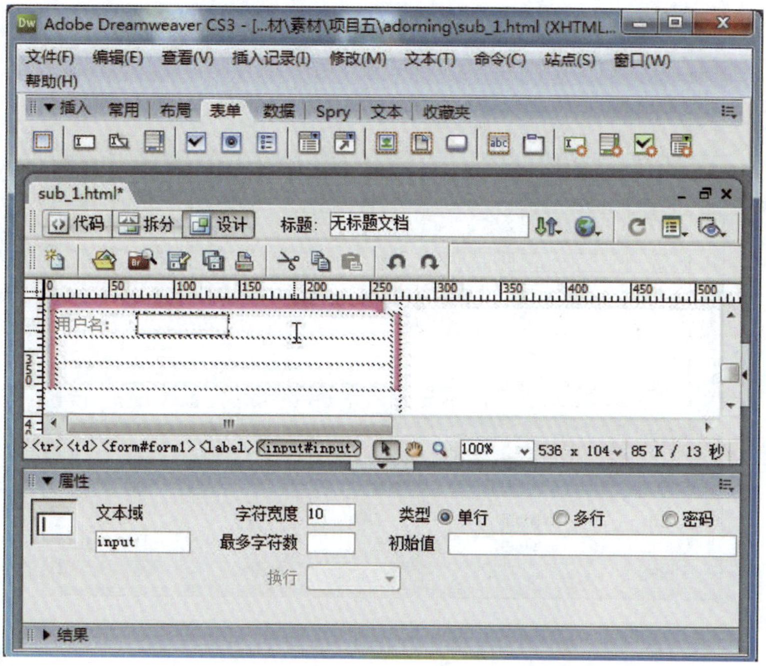

● 图 5—32 输入文本并插入文本字段

步骤 9 按照同样的方法将第 2 行拆分，并输入文本和插入文本字段，如图 5—33 所示。

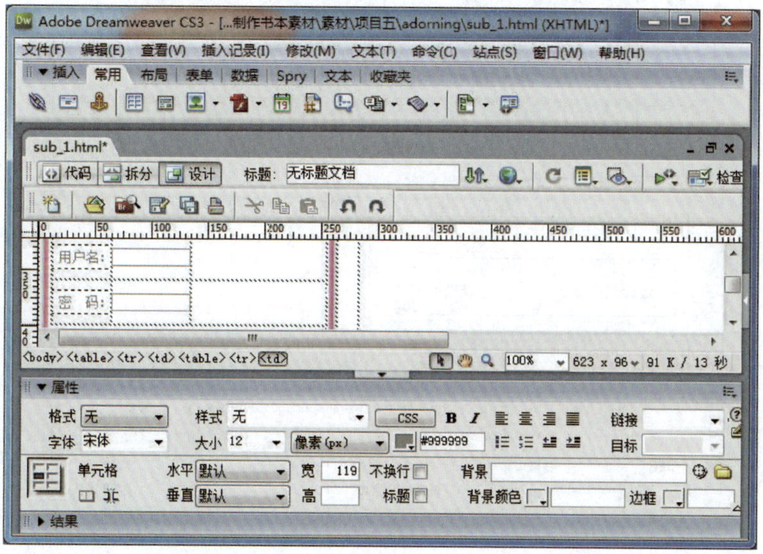

● 图 5—33 拆分单元格并设置内容

步骤 10 将第 3 列的第 1 行和第 2 行两个单元格合并，并在其中插入图片“sub_1_18.gif”，设置图片为“居中对齐”，如图 5—34 所示。

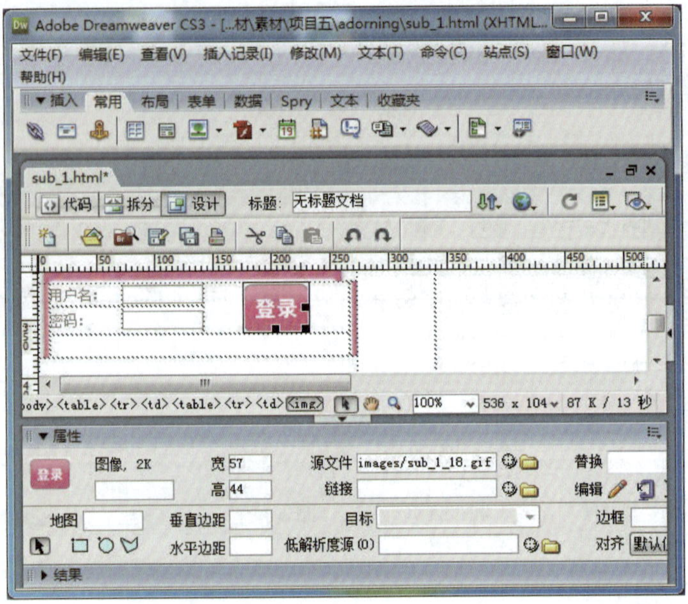

● 图 5—34 合并单元格并插入图片

步骤 11 在第 3 行单元格中单击，并按 Shift+Enter 组合键换行，然后插入图片“sub_1_21.gif”，如图 5—35 所示。

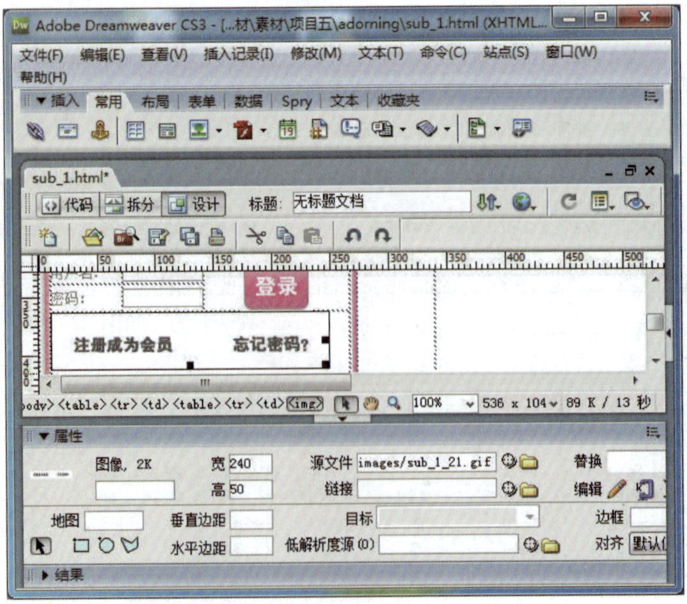

● 图 5—35 在单元格中换行并插入图片

步骤 12　在嵌套表格的最后 1 行单元格中插入图片“sub_1_17.gif”，并设置单元格同图片等高，如图 5—36 所示。

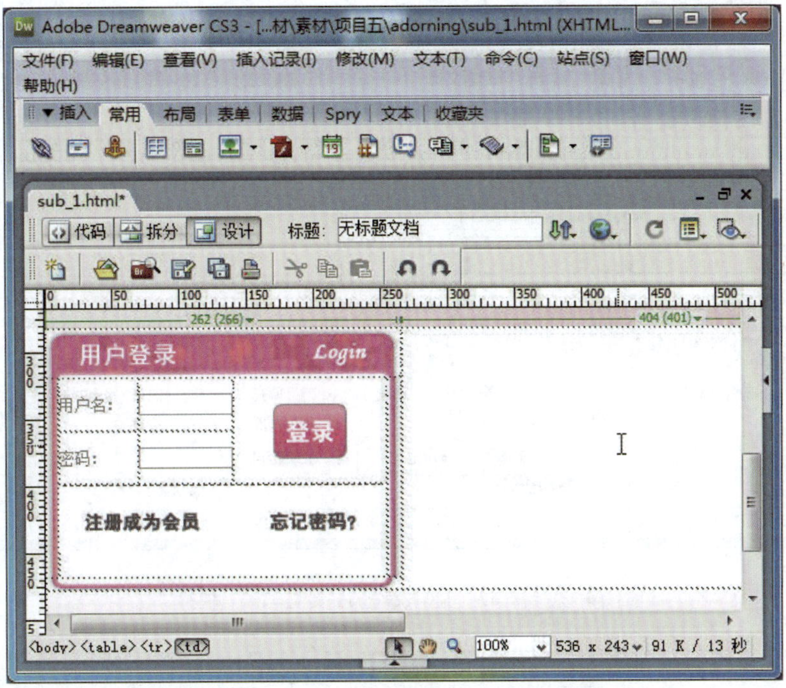

● 图 5—36　在单元格中插入图片并设置高

步骤 13　为使单元格之间的距离更大一些，将文本字段所在两行的“高”分别设置为 40 px，这样圆角表格便制作完成了。

三、制作细线表格

在 Dreamweaver 中制作细线表格的方法有很多，其中最简单、常用的方法是为表格和单元格设置背景颜色。下面通过制作子页中的“商品分类”版块介绍细线表格的制作方法。

步骤 1　在圆角表格下方插入一个 1 行 1 列，宽为 247 px，“边框粗细”和“单元格边距”均为 0，“单元格间距”为 1 的表格。设置该表格背景颜色为粉色“#FCB4B5”，并设置其在单元格中为“居中对齐”，如图 5—37 所示。

步骤 2　将插入点置于表格单元格中，设置其背景颜色为白色，一个简单的细线表格便出现了。

步骤 3　设置细线表格内容，首先在其中插入一个 12 行 1 列，“宽”为 100%，“边框粗细”“单元格边距”和“单元格间距”均为 0 的表格，如图 5—38 所示。

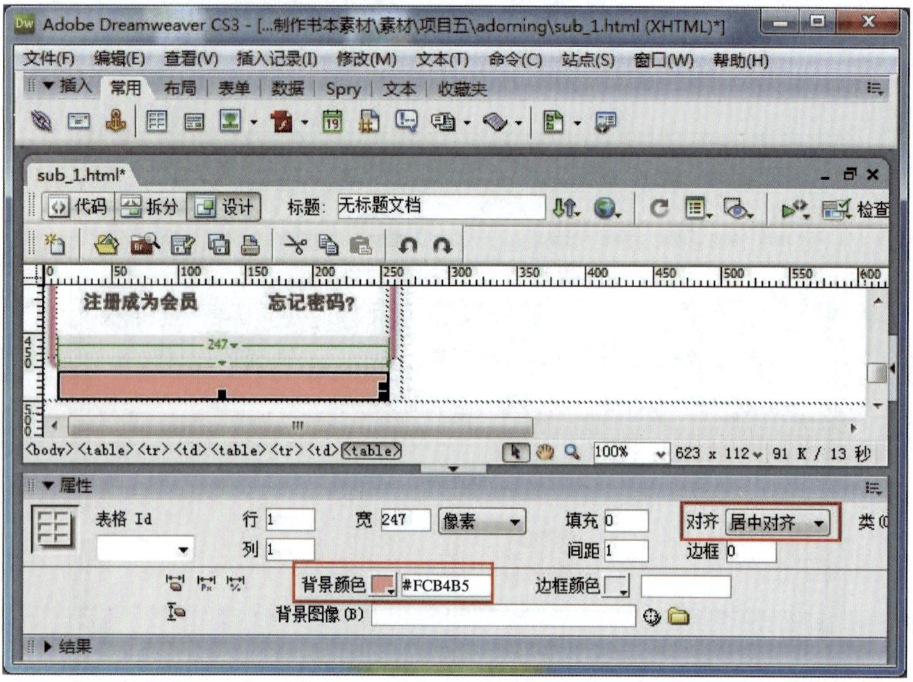

● 图 5—37　插入表格并设置背景颜色

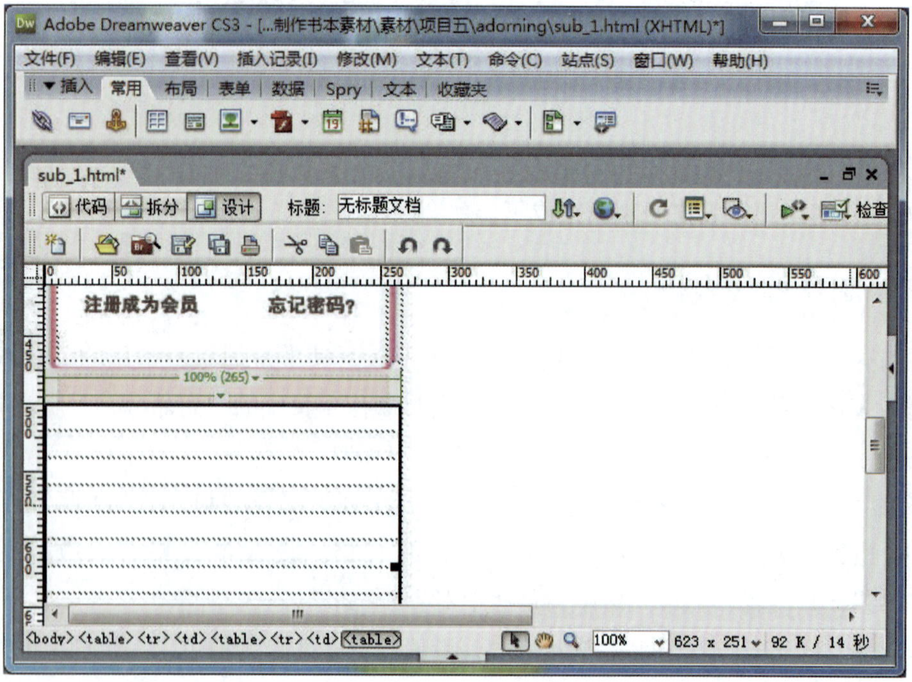

● 图 5—38　插入表格

步骤 4　在刚插入表格的第 1 行插入图片“sub_1_20.gif”，如图 5—39 所示。

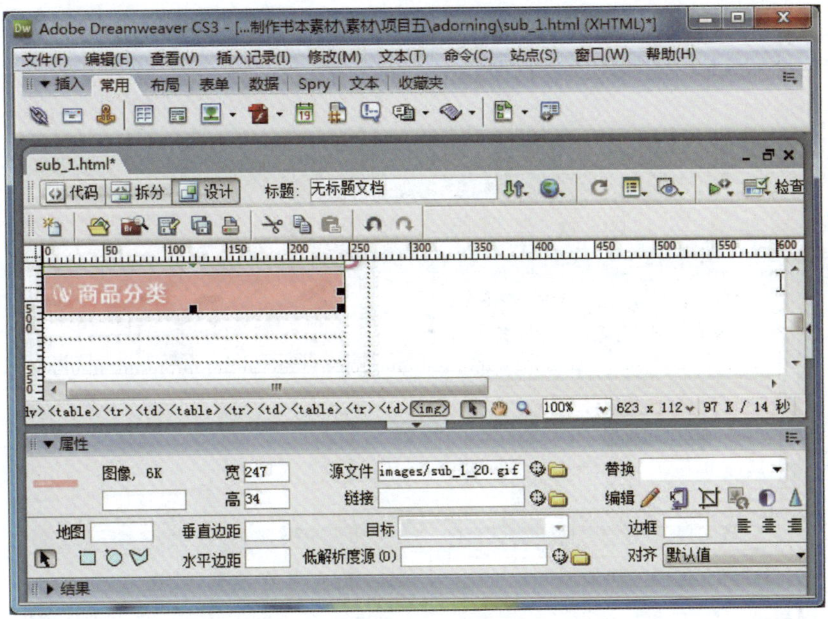

● 图 5—39 在单元格中插入图片

步骤 5 设置表格第 2 行“高”为 25 px，背景图像为“sub_1_25.gif”，如图 5—40 所示。

● 图 5—40 插入图片并设置背景图像

步骤 6 将表格第 2 行拆分为两列，在第 1 列中插入图片 i_pink.gif，并设置为“居中对齐”，在第 2 列中输入文本“珍珠饰品批发类”，并设置加粗，颜色为粉色，此时自动生成样式“STYLE2”，如图 5—41 所示。

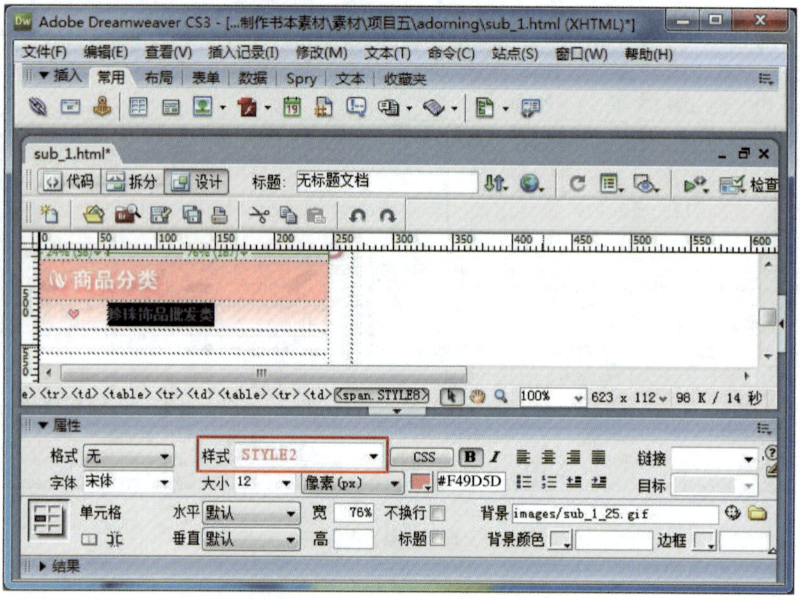

图 5—41　插入图片并输入文本

步骤 7　在第 3 行单元格中输入文本，并设置文本缩进。

步骤 8　按照同样的方式设置下方单元格内容，如图 5—42 所示。

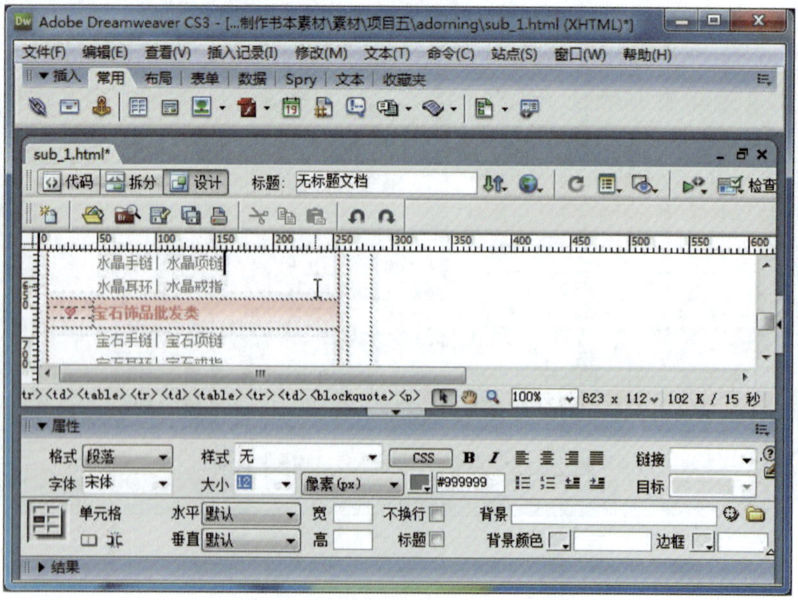

图 5—42　设置单元格内容

四、制作商品展示版块

商品展示版块是网页中商品图片和简介的结合，下面介绍具体操作。

步骤 1 设置表格 4 的第 2 个单元格“宽”为 20 px，然后在第 3 个单元格中单击，并在“属性”面板上“垂直”下拉列表中选择“顶端”，如图 5—43 所示。

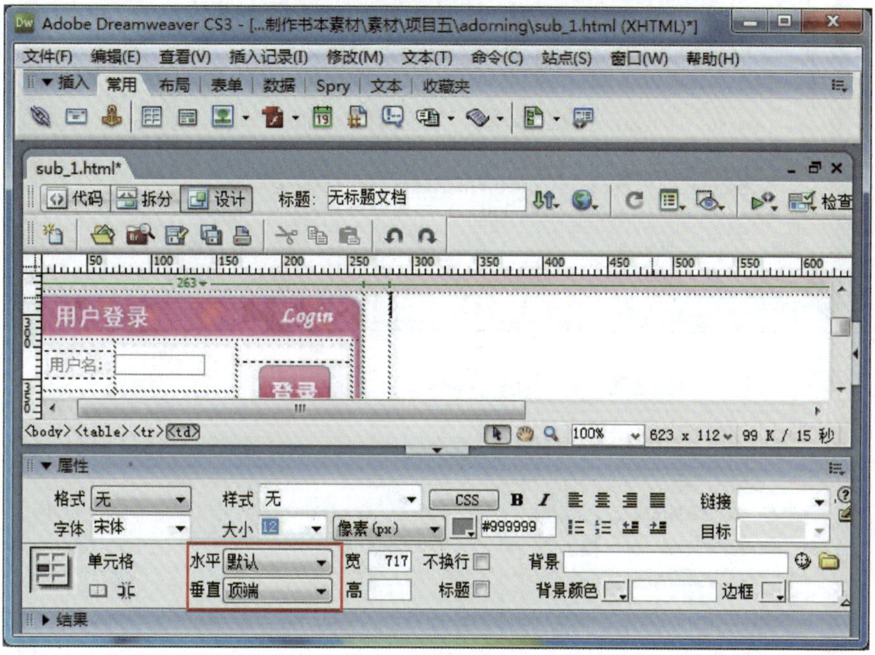

● 图 5—43 设置单元格宽和垂直对齐方式

步骤 2 在表格 4 的第 3 个单元格中插入一个 1 行 1 列，宽为 100%，“边框粗细”“单元格边距”和“单元格间距”均为 0 的表格，称该表格为表格 4—1。设置表格 4—1 背景图像为“sub_1_06.gif”，并在其中插入图片“sub_1_05.gif”，如图 5—44 所示。

步骤 3 在表格 4—1 下方插入一个 9 行 4 列，宽为 100%，“边框粗细”“单元格边距”和“单元格间距”均为 0 表格，称该表格为表格 4—2。

步骤 4 自上向下拖动鼠标，选中所有单元格，然后单击“属性”面板上的“居中对齐”按钮，使所有单元格中的内容在单元格中居中对齐。

步骤 5 拖动鼠标选择表格 4—2 第 1 行中的所有单元格，在“属性”面板上的“宽”编辑框中输入“25%”，使 4 个单元格平均分配表格宽度，如图 5—45 所示。

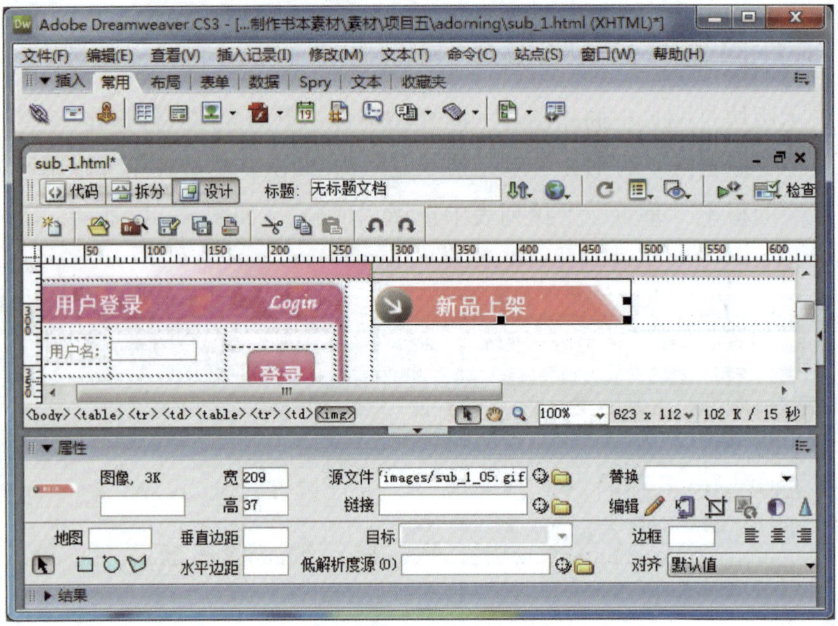

● 图 5—44　插入表格并设置其内容

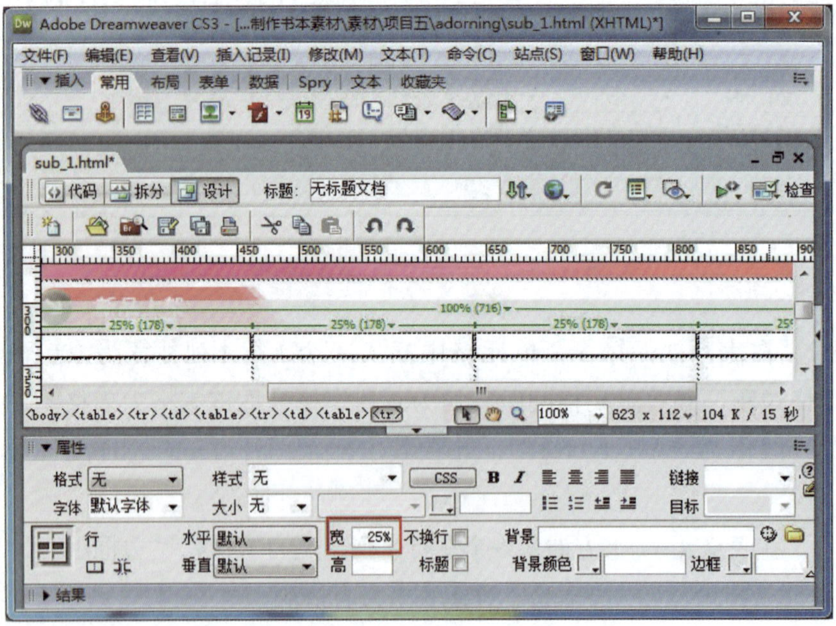

● 图 5—45　设置单元格宽

步骤 6　在表格 4—2 第 2 行第 1 列单元格中插入产品图片“s1.jpg”，并在“属性”面板上的“类”下拉列表中选择已创建的样式“image”；在第 3 行第 1 列单元格中输入文本并设置样式，如图 5—46 所示。

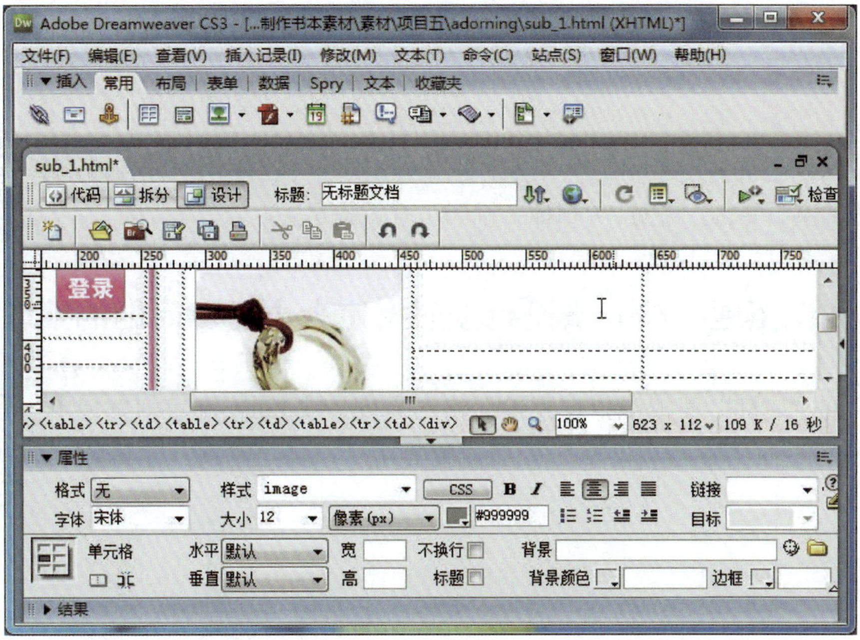

● 图 5—46 在单元格中插入图片和输入文本

步骤 7 按照同样的方法，在其他单元格中插入图片和输入文本，至此网站子页制作完成，最终效果如图 5—47 所示。

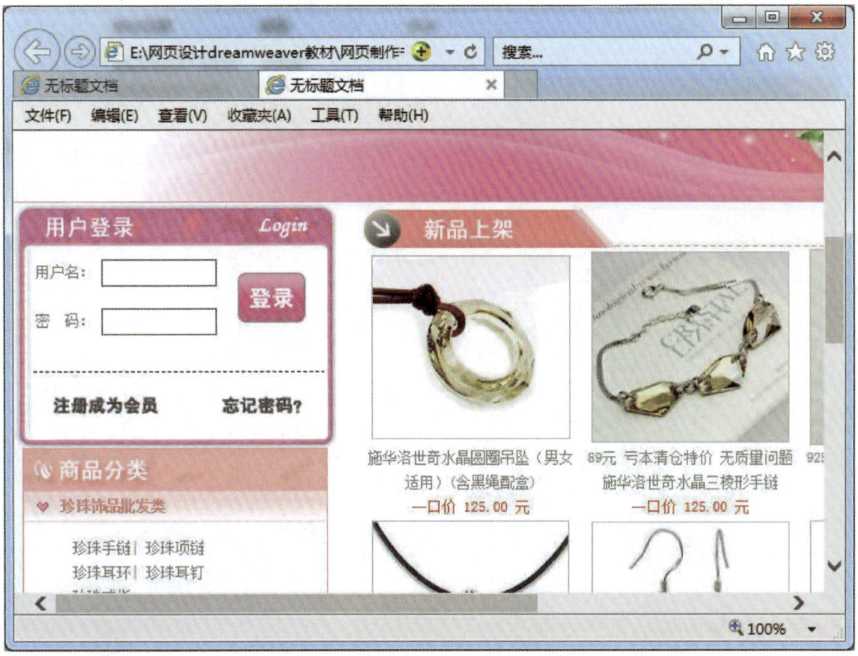

● 图 5—47 子页效果

巩固练习

结合任务 2 所学知识，参照网站子页“sub_1.html”的创建过程，构建网站中的“宝石专区”子页。（扫描二维码可查看提示）

知识拓展　单元格没有按照指定大小显示问题的处理

有时在“属性”面板中指定了单元格的高度，按 Enter 键后却发现单元格并没有按照指定的高度显示。如何解决呢？扫描二维码，了解相关知识。

项目六
制作电影网站——建立框架网页

项目内容

本项目的工作是为某影视传媒公司设计网站。网站主要为用户提供免费的高清电影在线观看和下载服务。网站的首页要求有良好的审美、布局和制作感。在技术方面，公司提出的要求有：

（1）首页的显示空间分割为几个区域，每个区域可以显示不同的信息。

（2）在实现区域之间显示信息时不会互相干扰。

项目分析

根据客户的要求，制作公司首页需要应用框架技术。利用框架技术制作网站首页可以把浏览器的显示空间分割为几个区域，每个区域可以分别显示不同的页面，而且替换窗口中的内容时，各个窗口之间没有影响。使用框架的优点在于可以把不同层次的网页中不改变的内容放在一个框架中，把不断改变的内容放在另一个框架中。把框架技术运用到电影网站导航和文档浏览中，能方便访问者浏览网页，减少下载页面所需的时间。

● 项目成果展示

任务　制作电影网站首页——框架网页入门

学习目标

◆理解框架网页的基本概念

◆掌握创建框架的基本方法

◆区分框架与框架集，并掌握框架集的保存和属性设置

除表格外，框架也是一种重要的网页布局工具，与使用表格布局网页不同的是，框架布局通常适合页面中一个区域发生变化，而其他区域不发生变化的网页，如网站后台管理界面和一些论坛网页。

相关知识

一、框架和框架集

在框架网页中，浏览器窗口被划分成了若干区域，每个区域称为一个框架。每个框架可显示不同文档的内容，彼此之间互不干扰。

框架网页由框架集定义，框架集是特殊的 HTML 文件，它定义一组框架的布局和属性，包括框架的数目、大小和位置，以及在每个框架中初始显示的页面 URL。

框架集文件本身不包含要在浏览器中显示的 HTML 内容，只是向浏览器提供如何显示一组框架，以及在这些框架中应显示哪些文档的信息。

要在浏览器中查看一组框架，需要输入框架及文件的 URL，浏览器随后打开要显示在这些框架中的相应文档。

使用框架最常见的情况是，一个框架显示包含导航控件的文档，另一个框架显示含有主要内容的文档。例如，图 6—1 显示了一个由两个框架组成的框架网页：一个较窄的框架位于左侧，其中包含导航条；一个大框架占据了页面的其余部分，包含网页的主要内容。

● 图 6—1　由两个框架组成的框架网页

当访问者浏览站点时，单击左侧框架中的某一超链接，或者展开或收缩其中的栏目，或者更改左侧框架的内容。

二、框架构造

如图 6—1 所示的网页至少由三个单独的网页文档组成：两个框架区域中显示的两个网页文档和把这两个文档显示在一个界面上的框架集文档。在 Dreamweaver 中设计使用框架集的网页时，必须全部保存这三个文件，框架集网页才能在浏览器中正常显示。框架集文档定义了当前在浏览器中显示的网页文档的构造和各个框架的特征（如框架大小、边框颜色等），图 6—2 显示了该框架集文档的结构。

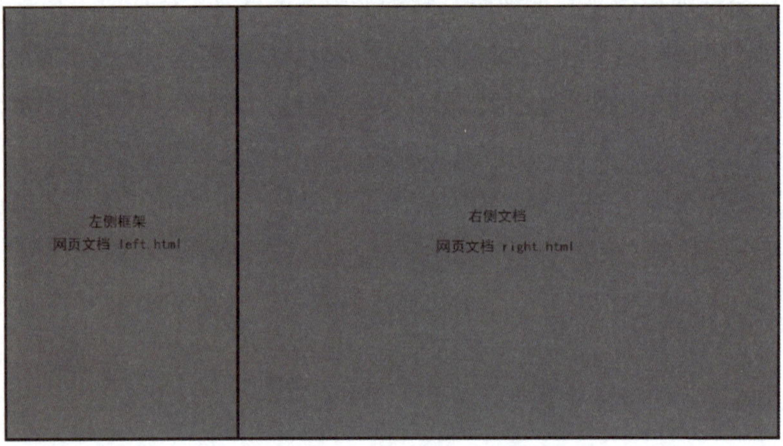

图 6—2　框架集文档结构

在制作框架集文档时，每个框架都有自己的名称。一个界面被分成多个框架，如果没有框架名称，则不能确定要在哪个框架中打开所链接的网页文档。为方便记忆和理解，可自行设置框架名称，方法为：选择框架后，在“属性”面板上的“框架名称”编辑框中直接输入（一般在创建框架时会自动指定框架名称）。

三、制作并保存框架集文档

在 Dreamweaver 中创建框架集的方法有很多，可以选择“文件”→“新建”命令，打开“新建文档”对话框，然后在左侧的“文档类型”列表中选择“示例中的页”，在“示例文件夹”列表中选择“框架集”，最后在“示例页”列表中选择框架类型并单击“创建”按钮，如图 6—3 所示；也可以通过选择“修改”→“框架集”菜单下的子菜单，将普通页面拆分为框架集；另外，还可以单击“布局”插入栏中的“框架”按钮，在普通页面中插入预定义的框架集。下面以第二种方法为例，介绍制作框架集的方法。

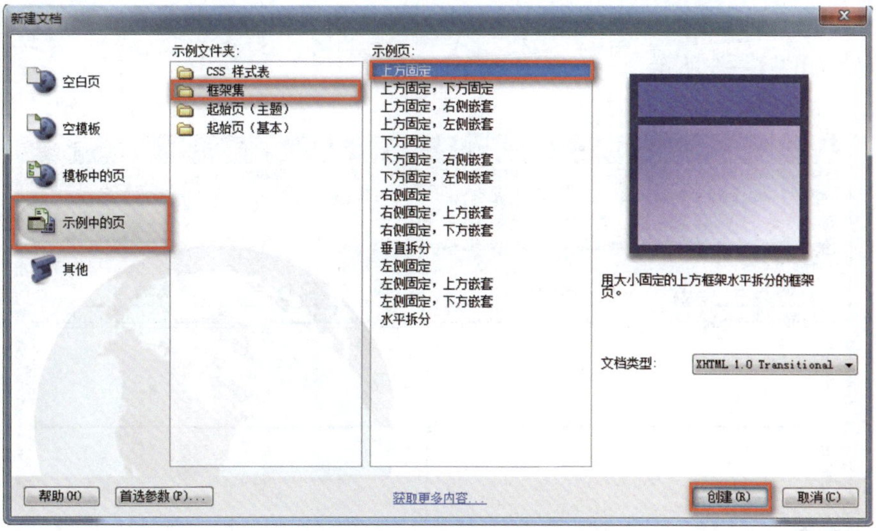

● 图 6—3 创建框架集文档

步骤 1 启动 Dreamweaver 后，选择“文件”→“新建”命令，创建一个普通的 HTML 文档。

步骤 2 创建上下结构的框架，将插入点置于父档窗口中，选择“修改”→“框架集”→“拆分上框架”命令，网页文档被拆分为上下两个框架，如图 6—4 所示。

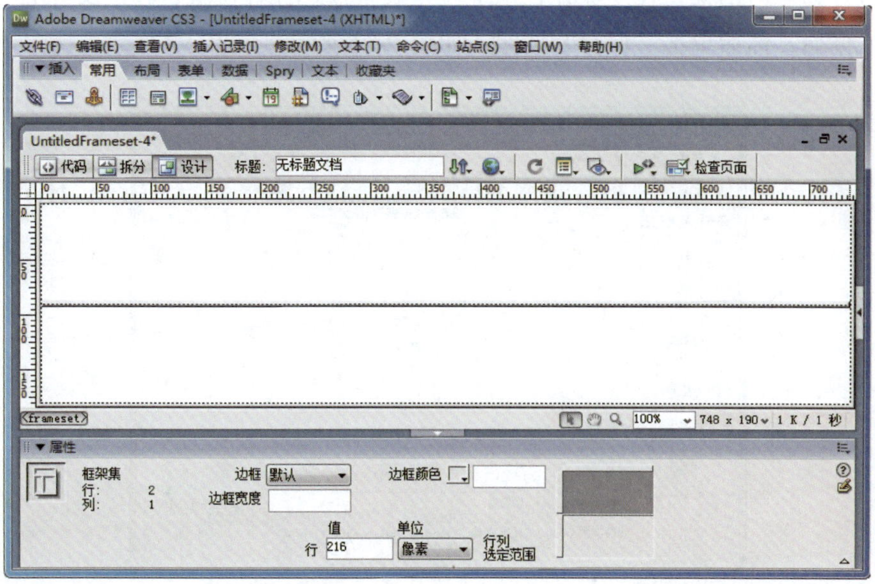

● 图 6—4 拆分上下框架

步骤 3 把拆分框架的下面部分再次拆分为左右两个框架，将插入点置于下方框架中，然后选择“修改”→“框架集”→“拆分左框架”命令，下面的框架被拆分为左右两个框架，如图 6—5 所示。

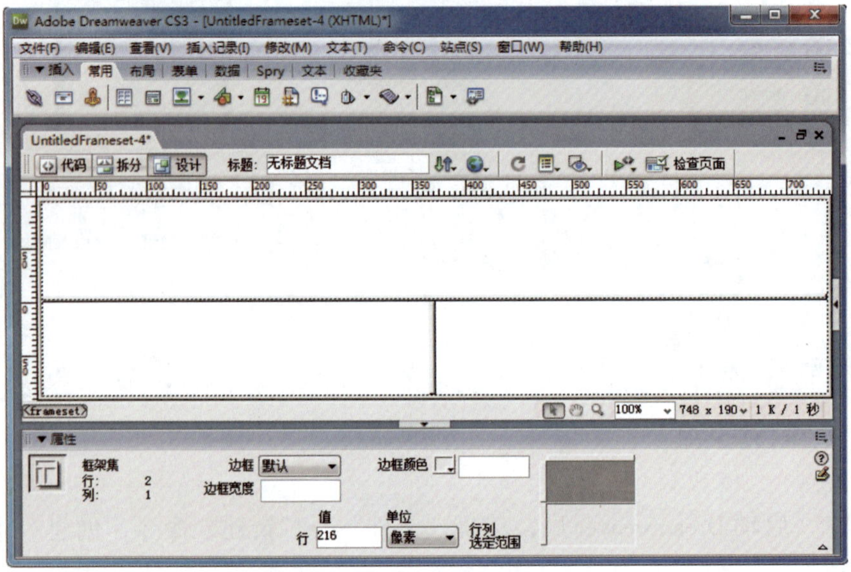

● 图 6—5　拆分左右框架

步骤 4　保存包含整个框架的框架集文档，选择“文件”→“保存框架页”命令，打开“另存为”对话框，在“保存在”下拉列表中选择保存位置，在“文件名”编辑框中输入文件名，然后单击“保存”按钮，如图 6—6 所示。

● 图 6—6　保存框架集

步骤 5 保存各个框架中的网页文档，将插入点置于最上面的框架区域中，选择“文件”→“保存框架”命令，将其保存为“top.html”。

步骤 6 按同样方法将下方两个文档依次保存为“left.html”和“right.html”。

四、设置框架集属性

在制作框架时，Dreamweaver 默认以工作界面为基准将框架二等分，但在实际的网页制作中，需要根据布局精确地指定每个框架的大小。下面以前面制作的框架集为例，介绍如何设置框架集属性（包括指定框架大小和边框）。

步骤 1 单击上下框架边界线可选中框架集，此时“属性”面板上将显示框架集属性，在“行”编辑框中输入“100”（单位默认为像素），然后按 Enter 键，则上方框架变为设置的高度。

步骤 2 为调整左侧框架宽，单击左右框架分界线，然后在“属性”面板上的“行”编辑框中输入“160”（单位默认为像素），并按 Enter 键，则左侧框架变成设置的宽度。

步骤 3 如果想为框架设定边框，可在单击框架分界线后，在“边框”下拉列表中选择“是”，然后在“边框宽度”编辑框中输入宽度值（此处为“2”），单击“边框颜色”按钮设置边框颜色（此处为黑色），如图 6—7 所示。

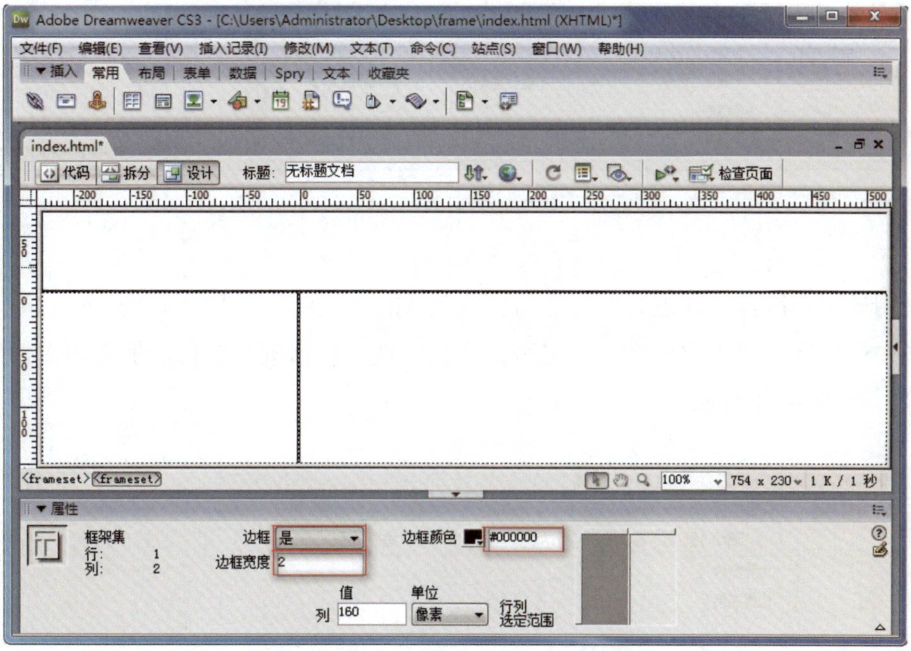

● 图 6—7 设置边框宽度和颜色

五、设置框架属性

设置框架属性，首先选中框架。选择框架的方法有两种，一种是在“框架”面板中选择，还有一种是使用鼠标和键盘选择，在此基础上进行设置。

选择“窗口”→“框架”命令，可打开“框架”面板。利用“框架”面板选择框架时，直接在面板中相应区域单击即可，如图 6—8 所示。

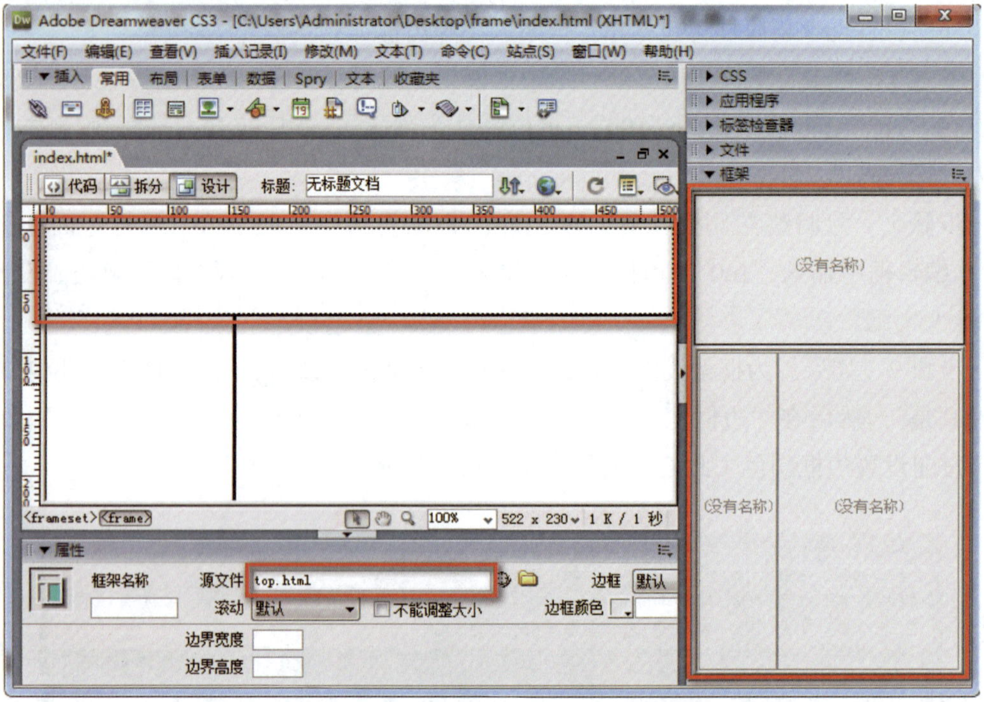

● 图 6—8 利用“框架”面板选择框架

使用鼠标和键盘选择框架的方法为：按住 Alt 键，然后在要选择的框架内单击。

选中框架后，利用“属性”面板可设置其属性，包括框架名称、框架源文件、框架边框等，如图 6—9 所示。

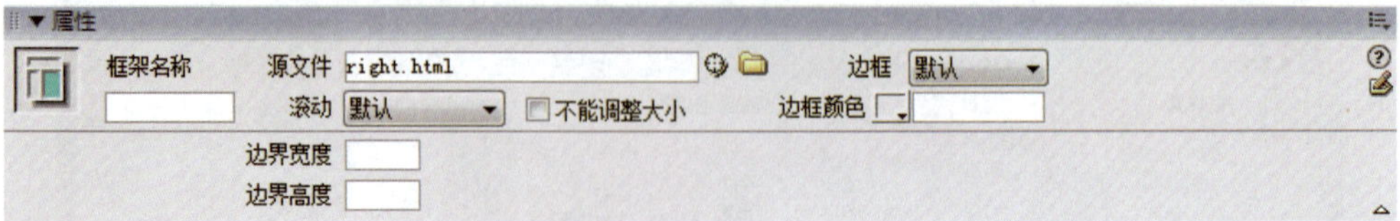

● 图 6—9 框架“属性”面板

小提示 框架名称只能包含字母、下划线等，且开头必须是字母，不能出现连字符、句点及空格，不能使用 JavaScript 的保留关键字。

框架“属性”面板中各项参数的意义如下。

框架名称：命名选取的框架，方便被程序引用或作为链接的目标框架。

源文件：显示当前框架中网页文档的保存路径。可以在相应框架中使用图像或文档制作网页文档后保存，也可以指定已经存在的其他网页文档。

边框：设定是否显示框架边界线，默认为“显示”。

滚动：设置框架滚动条的属性，“是”表示无论框架文档中的内容是否超出框架大小，都显示滚动条；“否”表示不管框架内容是否超出框架大小，都不显示滚动条；“自动”表示当框架内容超出框架大小时，出现框架滚动条，否则不出现框架滚动条；“默认”表示采用浏览器默认的方式。

不能调整大小：选中该复选框表示不能在浏览器中拖动框架边框改变框架大小。

边框颜色：设置框架边框的颜色。

边界宽度：设置框架内容距左右边框的距离。

边界高度：设置框架内容距上下边框的距离。

任务实施

学习了框架的相关知识后，下面完成使用框架技术的电影网站的制作。

一、制作网站首页

该网站首页由上下框架组成，当单击上方框架导航栏中的链接时，将在下方框架中显示链接的网页文档。

步骤 1 将本项目素材中的“Big movie”文件夹拷贝至本地磁盘，然后在 Dreamweaver 中定义站点“Big movie”。

步骤 2 新建文档，将插入点置于文档窗口中，然后单击“布局”插入栏中的“框架”按钮，在下拉列表中选择“顶部框架”，如图 6—10 所示。

步骤 3 选择“文件”→“保存框架页”命令，将框架页保存为“index.html”。

步骤 4 单击上下框架分界线，在“属性”面板上“行”编辑框中输入“260”，设置上方框架高为 260 px，如图 6—11 所示。

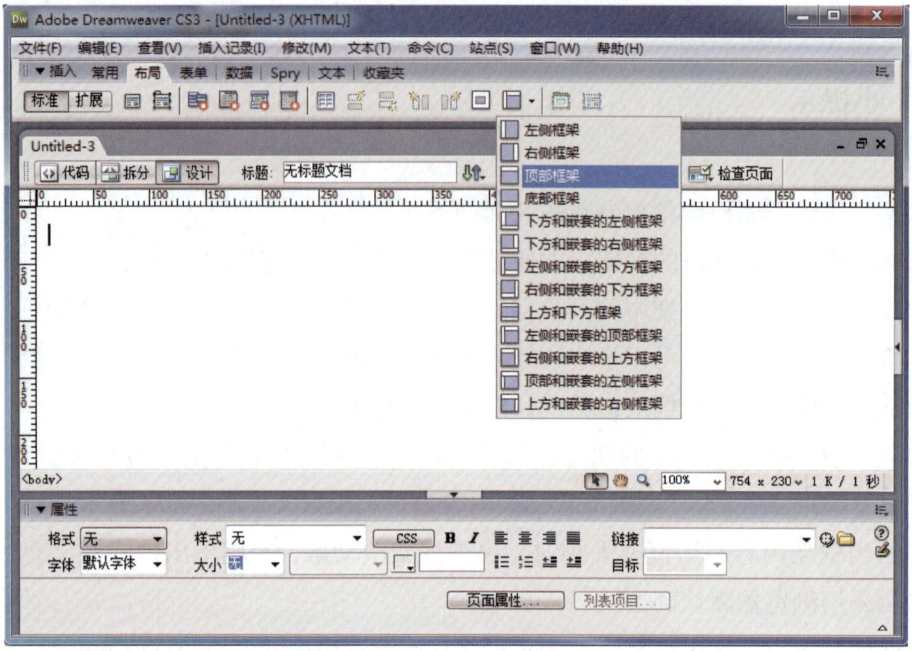

● 图 6—10　插入顶部框架

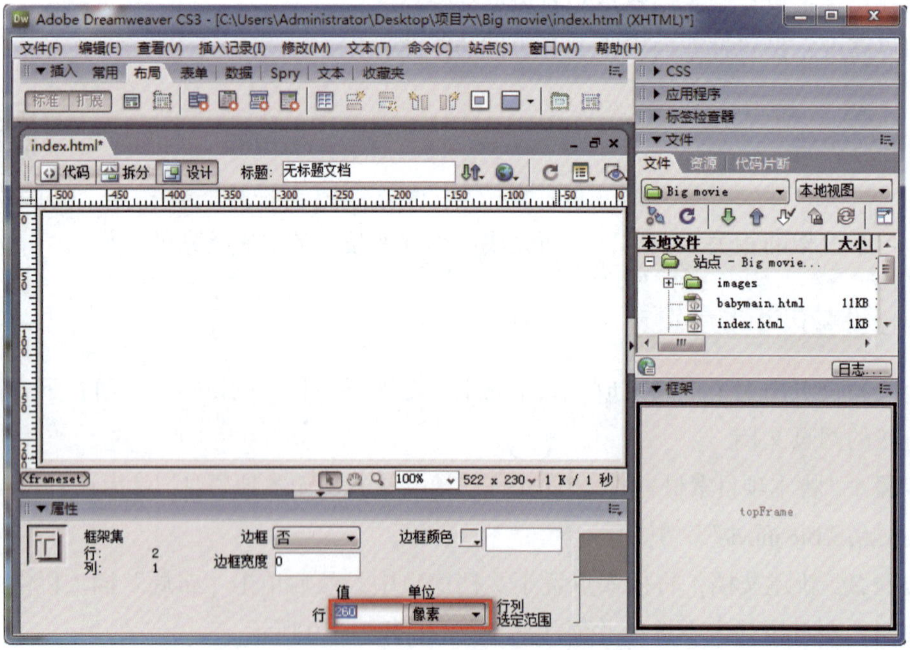

● 图 6—11　设置框架大小

步骤 5　按住 Alt 键的同时在顶部框架内单击，以选择顶部框架。然后单击“属性”面板上“源文件”编辑框后的“浏览文件”按钮，如图 6—12 所示。

● 图6—12 选择框架后单击“浏览文件”按钮

步骤6 打开“选择HTML文件”对话框，在“查找范围”下拉列表中选择网站根文件夹，在文件夹列表中选择网页文档“top.html”，然后单击“确定”按钮，如图6—13所示。

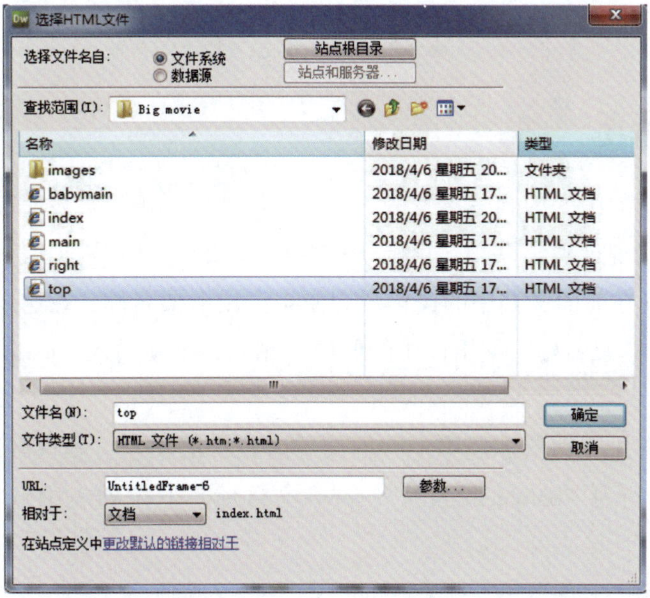

● 图6—13 选择源文件

步骤 7　按照同样的方法，设置下方框架源文件为“main.html”，此时将弹出提示框，单击“否”按钮即可。

步骤 8　选择“文件”→“保存全部”命令，保存所有文档，然后按 F12 键预览文档，如图 6—14 所示。

图 6—14　预览文档

二、设置链接

本例中上方框架中的内容是不变的，仅下方框架中的内容会发生改变，下面介绍如何通过设置链接实现这种效果。

步骤 1　继续在前面文档中的操作。为便于记住框架名称，在选中下方框架后，将“属性”面板上“框架名称”编辑框中的原内容删除，重新输入“main”作为框架名称，如图 6—15 所示。

步骤 2　单击并拖动鼠标选中上方框架导航栏中的文本“影视区”，在“属性”面板上设置链接文档为“babymain.html”，并在“目标”下拉列表中选择“main”，如图 6—16 所示。

步骤 3　选择“文件”→“保存全部”命令，保存所有文档，然后按 F12 键预览，单击导航条中文本“影视区”，在下方框架中将会打开文档“babymain.html”。

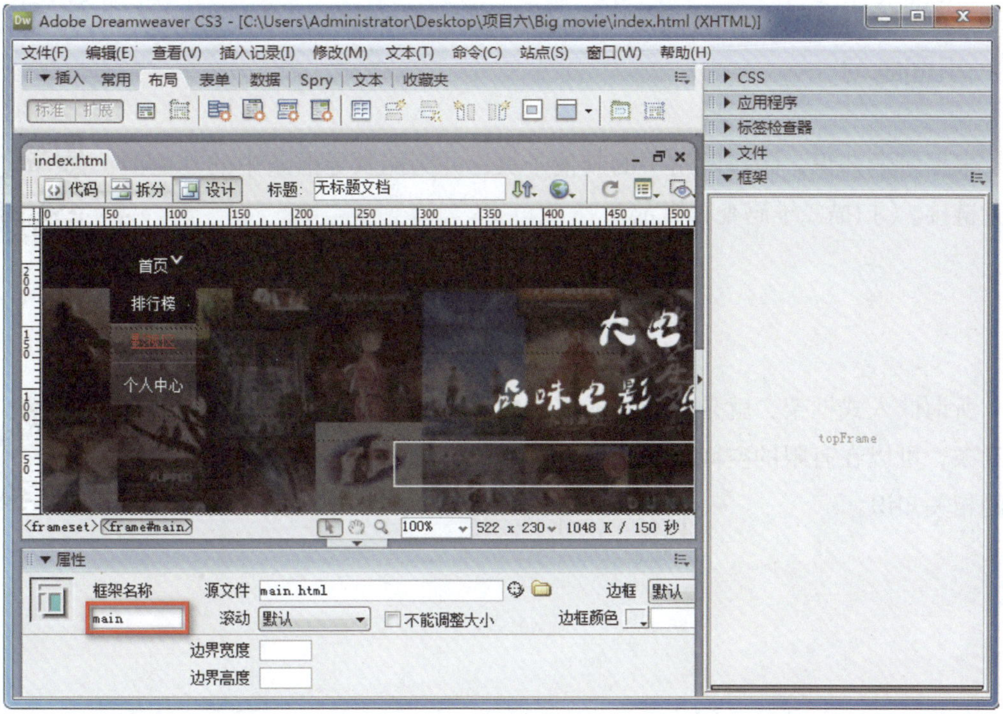

● 图6—15　设置下方框架名称

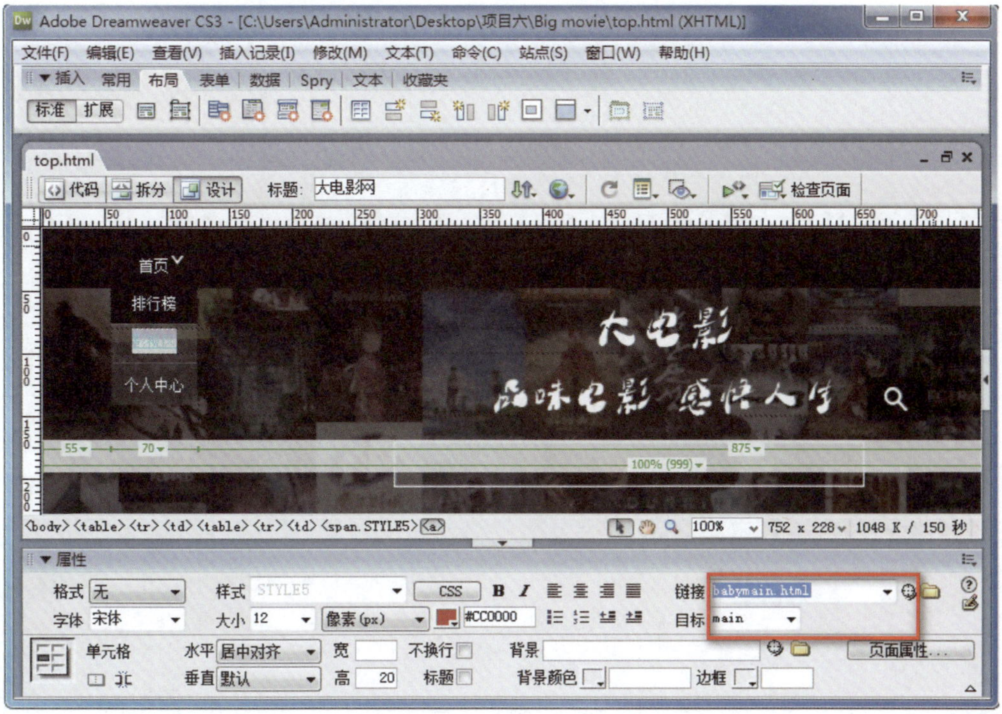

● 图6—16　设置链接文档

巩固练习

根据所学知识，制作网站中的其他子页，并为网页导航条中的其他项设置链接。（扫描二维码查看提示）

知识拓展　嵌入式框架

所谓嵌入式框架，就是在网页的表格中嵌入一个框架。该框架可以有滚动条，可以在有限的空间里放无限的内容。扫描二维码，了解嵌入式框架的相关知识。

项目七

制作美容网站——应用样式表

项目内容

本项目的工作内容是为某美容公司建立公司网站，该美容公司主要有基础护理系列、美白保湿系列、控油除痘系列、面膜护理系列等几大类产品；针对的消费者主要是中高端的时尚年轻人。网站的功能需求有：达到品牌宣传效果、实现在线订单功能、提供会员后台服务。

具体的制作要求是：

（1）整体风格高雅、年轻、时尚，色调淡雅、飘逸。

（2）能体现出公司健康、安全、有效的理念。

（3）提供首页和 1 张二级页面。

（4）在线订单及会员页面达到基本要求即可。

（5）美工要求较高，网页设计强调时尚感。

项目分析

该美容网站的首要任务是产品宣传，公司产品有若干个系列，产品的种类也较多，在网站中宣传这些产品肯定涉及大量图片和文字的编辑，而且风格必须统一，这就需要在制作时采用样式表（Cascading Style Sheets，CSS）技术。

该美容网站需要有在线订单和会员服务功能，这必然需要网站便于维护和升级。如果想要网页美观、大方，并且方便升级、便于维护，也需要使用样式表。

该网站对美工的要求较高，除可以利用专业的图形图像编辑软件进行处理以外，在 Dreamweaver 中可以利用样式表的高级应用来对图片进行处理。

● 项目成果展示

任务 1　为网站首页设置样式——样式表的基本应用

学习目标

◆理解并熟悉样式的类型

◆熟悉样式的创建方法

样式表是一个非常灵活的工具，使用它可以将所有文档的样式保存在一个样式文件中。当需要给大量网页定义同样的样式时，只要将样式文件链接到各个网页即可，而不必再把繁杂的样式编写在每个文档结构中。

相关知识

一、熟悉“CSS 样式”面板

在 Dreamweaver 中，可以借助“CSS 样式”面板来新建、删除、编辑和应用样式，以及附加外部样式表等。选择“窗口”→“CSS 样式”命令，可打开“CSS 样式”面板，如图 7—1 所示。

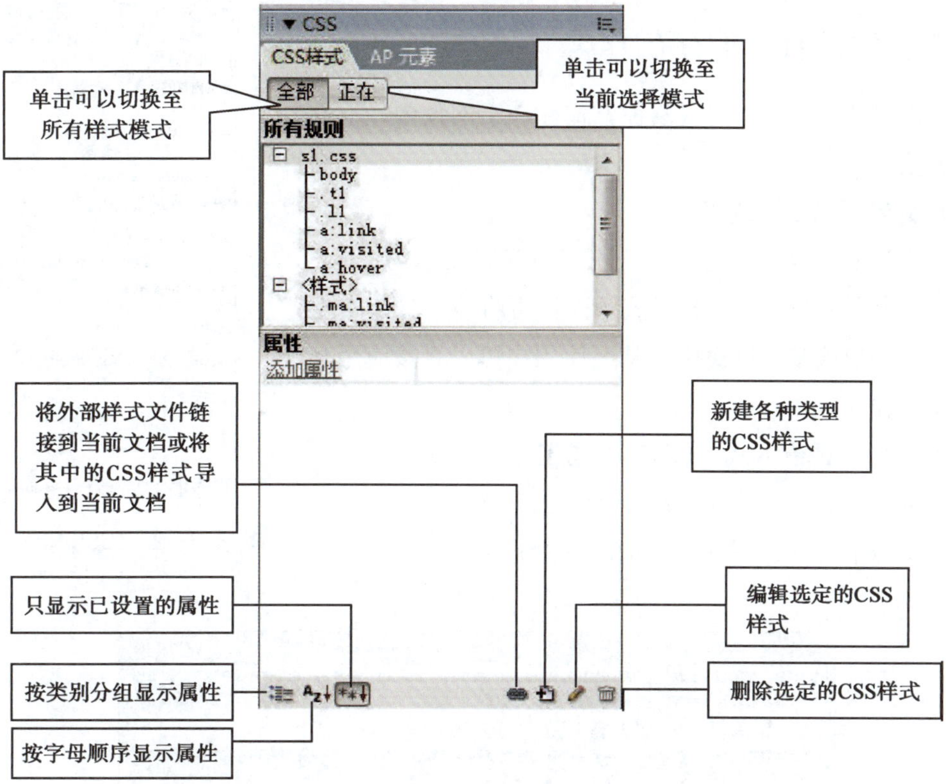

● 图 7—1 “CSS 样式”面板（所有样式模式）

由图 7—1 可见，在“CSS 样式”面板中，可以直观地查看整个文档中定义的所有样式，也可以直接快速更改当前所选样式的属性。

“CSS 样式”面板的“全部”选项卡包含两个窗格。其中，上面的“所有规则”窗格显示了当前文档中定义的样式和链接到当前文档的样式文件中定义的样式。使用下方的“属性”窗格可以快速编辑“所有规则”窗格中所选样式的属性。

通过单击面板左下角的 3 个按钮，可控制属性的显示方式，其中，“类别”视图表示按类别分组显示属性（如“字体”“背景”“区块”“边框”等），并且已设置的属性位于每个类别的顶部；“列表”视图表示按字母顺序显示属性，并且已设置的属性排在顶部；单击 **↓ 按钮可只显示已设置的属性。此外，在类别视图和列表视图模式下，已设置的属性将以蓝色显示。要修改属性，可直接单击选择属性，然后进行修改。

按下“正在”按钮，“CSS 样式”面板显示三个窗格，如图 7—2 所示。上面是当前所选内容的 CSS 属性摘要，中间显示了所选属性位于哪个样式中，下面显示了 CSS 样式属性。

二、CSS 样式的存在方式

CSS 样式以外部和内嵌两种方式存在于网页中，下面分别介绍。

1. 外部 CSS 样式表

为增强 CSS 样式的通用性，可以创建扩展名为“css”的样式表文件。利用“CSS 样式”面板可将该文件链接至站点中的一个或多个网页中，从而使用户可以直接应用其中定义的样式。

2. 内部（或嵌入式）CSS 样式表

内部 CSS 样式表是一系列包含在 HTML 文档 head 部分 style 标签内的 CSS 样式，如图 7—3 所示。

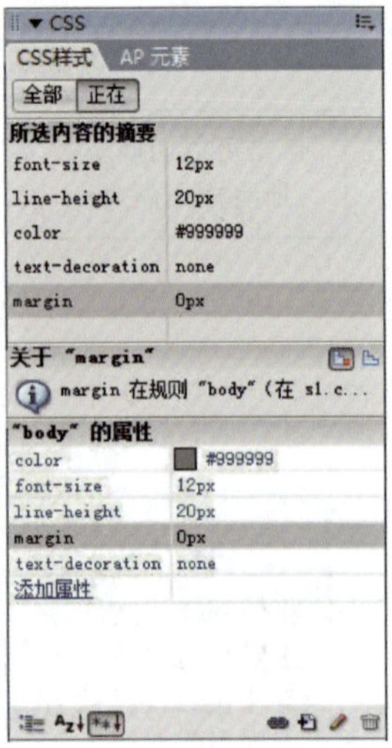

● 图 7—2 “CSS 样式”面板（当前选择模式）

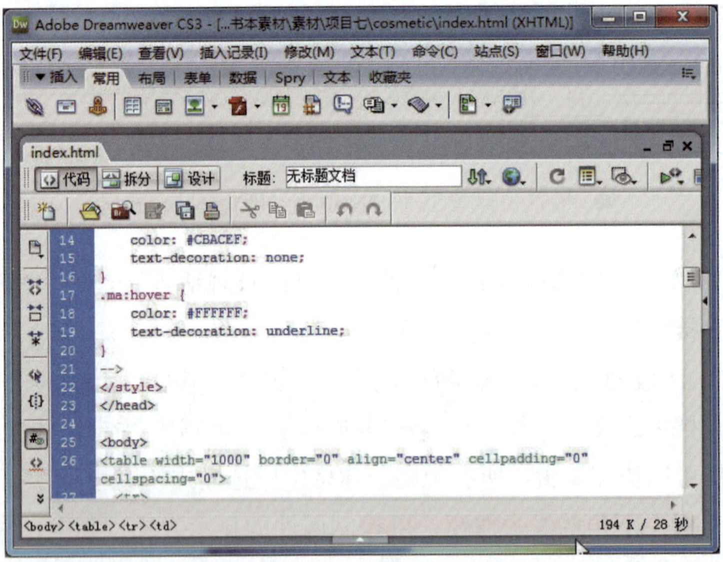

● 图 7—3 内部 CSS 样式表

小提示

与 HTML 文件一样，CSS 样式表文件也是一个文本文件，既可以直接使用 Dreamweaver 来创建，也可以使用“记事本”等文本编辑器来编写。

在制作网站时，通常会将常用的样式保存在外部样式表文件中，而将个别对象用到的样式嵌套在相应的网页文档中，从而省去很多重复的工作，提高网站的制作和维护效率。

三、CSS 样式的分类

根据应用对象的不同，CSS 样式可分为以下三类。

1. 类样式

类样式又称自定义样式，是唯一可应用于文档中任何对象的 CSS 样式，主要用于定义一些特殊的样式。例如，可为网页中的列表项定义样式。

对于类样式而言，当修改了所选文本的字体、大小、颜色等属性后，Dreamweaver 会自动创建相应的内部样式。此外，也可以使用“CSS 样式”面板来直接创建类样式和其他两种样式。

2. 标签样式

标签样式用来重定义 HTML 标签的样式。例如，定义 table 标签样式后，网页中所有表格都将自动应用该样式。又如，一旦定义了 body 样式，则网页将自动按照定义的 body 样式更新。

3. 选择器样式

选择器样式又称高级样式，主要用来定义链接文本的样式，也可用来重定义特定标签组合的样式。例如，每当 h2 标题出现在表格单元格内时都会生成 tdh2 标签组合。因此，如果定义了 tdh2 标签组合样式，则它将影响文档中的全部 tdh2 标签组合。

选择器样式还可重定义包含特定 id 属性的所有标签的格式。例如，# myStyle 样式将应用于所有包含属性 id="myStyle" 的标签。

四、创建样式的一般步骤

在 Dreamweaver 中，可按照以下方法来创建 CSS 样式。

步骤 1 在“CSS 样式”面板中单击“新建 CSS 规则”按钮，打开“新建 CSS 规则”对话框，如图 7—4 所示。

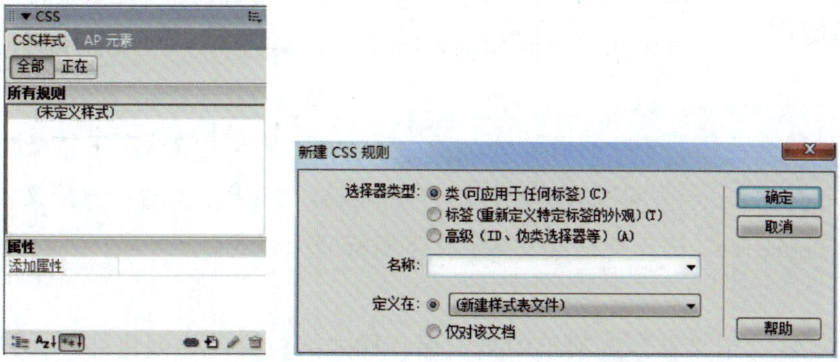

● 图 7—4 打开“新建 CSS 规则”对话框

步骤 2　在“选择器类型”区选择要创建的 CSS 类型，其中：

要创建可作为 class 属性应用于任何对象的样式，应选择“类（可应用于任何标签）”，然后在“名称”编辑框中输入样式名称。

如果要定义标签样式，应选择“标签”，然后在“标签”下拉列表中选择一个标签，如图 7—5 所示。

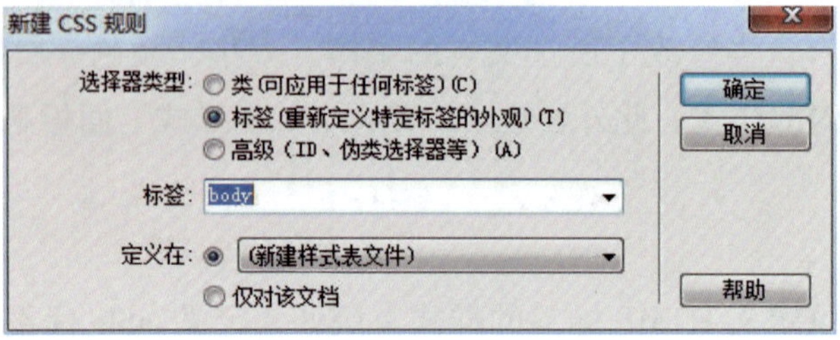

● 图 7—5　选择标签

如果要定义链接或标签组合样式，应选择“高级”，然后在“选择器”编辑框中输入一个或多个 HTML 标签，或在“选择器”下拉列表中选择一个标签（包括 a:link 和 a:visited、a:hover、a:active），如图 7—6 所示。

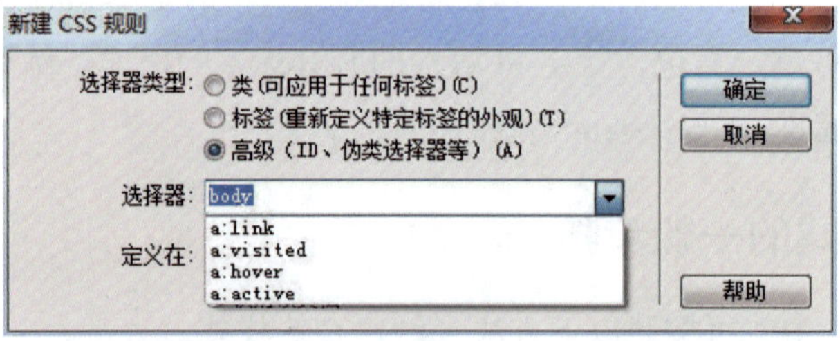

● 图 7—6　选择“选择器”类别

小提示　类名称必须以句点开头，并且可以包含任何字母和数字组合（如“.myhe1”）。如果没有输入开头的句点，Dreamweaver 将自动输入。

“选择器”下拉列表中共有 4 个选项：“a:link”表示正常状态下链接文本的样式，“a:visited”表示访问过的链接样式，“a:hover”表示鼠标放在链接文本上方时的样式，“a:active”表示在链接文本上按下鼠标时的样式。

步骤 3　在“定义在”选项组中指定保存样式的位置。要创建外部样式表，可在“定义在”下拉列表中选择“新建样式表文件”；要将新建样式保存在当前站点中的现有样式表文件中，可在“定义在”下拉列表中选择样式表文件；要在当前文档中嵌入样式，可选择“仅对该文档”单选框。

步骤 4　单击“确定”按钮。如果在步骤 3 中选择了“新建样式表文件”选项，系统将首先打开图 7—7 所示的“保存样式表文件为”对话框。用户可利用该对话框设置样式表文件的保存位置和名称。单击“保存”按钮，系统将打开如图 7—8 所示的“××× 的 CSS 规则定义”对话框。

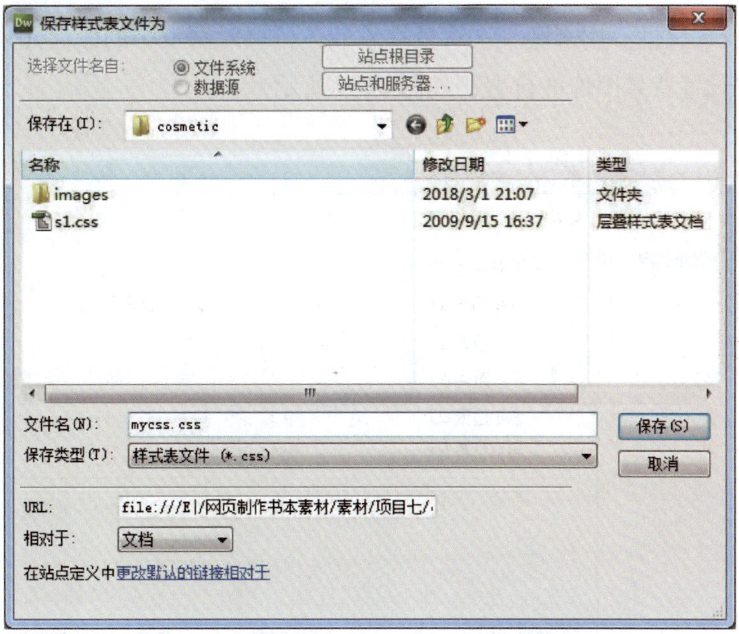

● 图 7—7　“保存样式表文件为”对话框

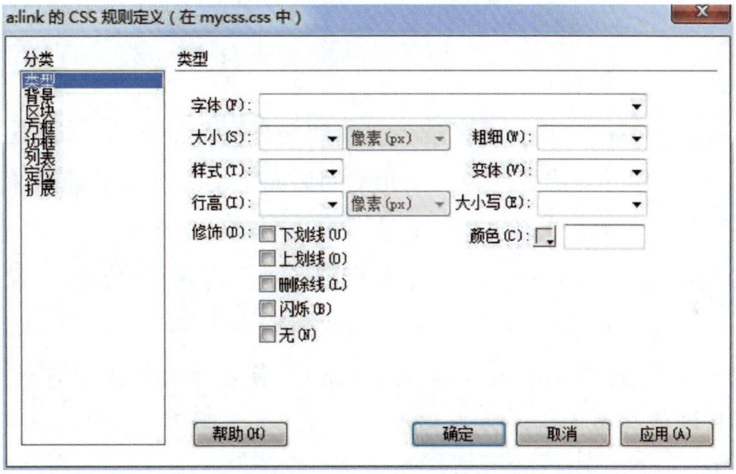

● 图 7—8　“×××CSS 规则定义”对话框

如果在步骤 3 中选择了“仅对该文档”选项，则 Dreamweaver 将直接打开图 7—8 所示的“× × × 的 CSS 规则定义”对话框。

步骤 5 在“CSS 规则定义”对话框左侧的“分类”列表区选择不同分类，可设置样式的不同属性。最后单击“确定”按钮即可。

下面结合 CSS 样式的主要用途，简要介绍 CSS 样式的主要属性。

（1）“类型”属性。用来定义字体、大小、粗细、样式、行高、大小写、颜色等，主要针对网页中的文本。

（2）“背景”属性。用来定义“背景”属性，可以对网页中的任何元素应用“背景”属性，还可以设置背景图像的位置，如图 7—9 所示。

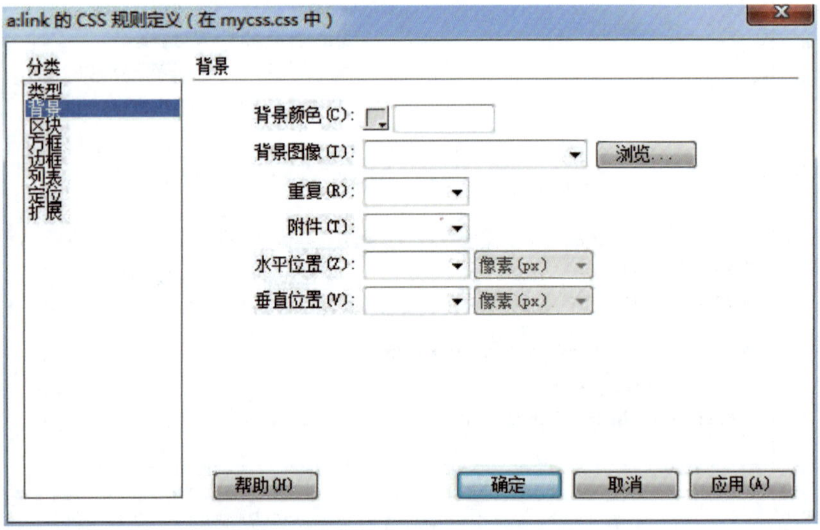

图 7—9 “背景”属性

其中部分选项的意义如下。

重复（background-repeat）：确定是否以及如何重复背景图像。“不重复”表示在元素开始处显示一次图像；“重复”表示在元素的后面水平和垂直平铺图像；“横向重复”和“纵向重复”分别表示在水平方向和垂直方向上平铺背景图像。

附件（background-attachment）：确定背景图像是固定在它的原始位置还是随内容一起滚动。

水平位置和垂直位置（background-position）：指定背景图像相对于元素的初始位置，可以使背景图像与页面中心垂直和水平对齐。如果附件属性为“固定”，则所设定的位置是相对于“文档”窗口而不是元素。

（3）“区块”属性。用来定义文字的排列方式，包括单词间距、字母间距、垂直对齐方式、文本对齐方式、首行文字缩进和空格处理方式等。

（4）“方框”属性。用来定义元素在页面上的放置方式，如元素的高度和宽度，元素内容与边框之间的间距，以及元素边框与另一元素之间的间距等。

（5）“边框”属性。用来定义元素周围的边框，如边框宽度、边框颜色和样式等，可以利用该属性定义带有特殊边线的表格或图像。

（6）“列表”属性。用来定义列表样式，如项目符号类型（可选择系统内置项目符号或将某个图像作为项目符号）、项目文字缩进程度等。

（7）“定位”属性。用于设置“APDiv”定位属性，项目八中将作详细介绍。

（8）“扩展”属性。对样式所控制的对象应用特殊效果，如可以为图片设置阴影或不透明度等。

任务实施

在学习了样式的基本知识后，下面为美容网站首页定义样式。该网站首页和一个子页已制作好，只需直接设置样式即可。该首页样式的设置分五部分来完成。

一、设置“body”样式

所谓“body”样式，就是为“body”标签设置样式，也就是前面所讲的标签样式，这是最常用的一种样式。

步骤 1 在开始操作之前将本项目素材中的“cosmetic”文件夹拷贝至本地磁盘，并在 Dreamweaver 中定义站点“cosmetic”。打开其中的“index.html”文档，单击“CSS 样式”面板下方的“新建 CSS 规则”按钮，打开“新建 CSS 规则”对话框。

步骤 2 在“选择器类型”区选择“标签”，在“标签”下拉列表中选择“body”，在“定义在”列表区选择“新建样式表文件”，然后单击“确定”按钮，如图 7—10 所示。

步骤 3 打开“保存样式表文件为”对话框，在“保存在”下拉列表中选择网站根文件夹，在“文件名”编辑框中输入文件名“s1”，然后单击“保存”按钮，如图 7—11 所示。

步骤 4 打开“body 的 CSS 规则定义”对话框，在“分类”列表中选择“类型”，在“大小”下拉列表中选择“12”，在“行高”编辑框中输入“20”，在“修饰”选项区中选择“无”复选框，设置颜色为灰色“#999999”，如图 7—12 所示。

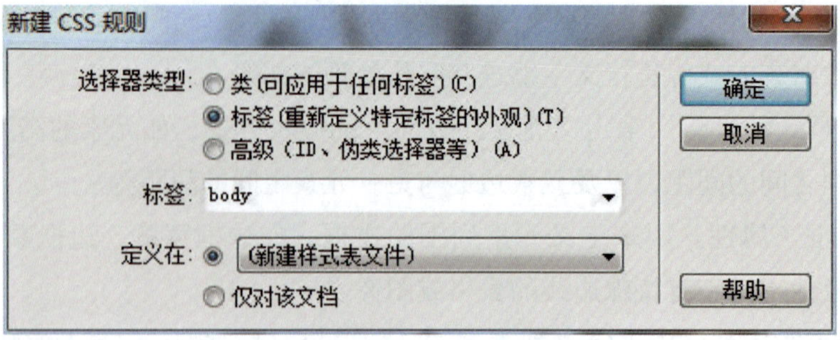

● 图 7—10 “新建 CSS 规则”对话框

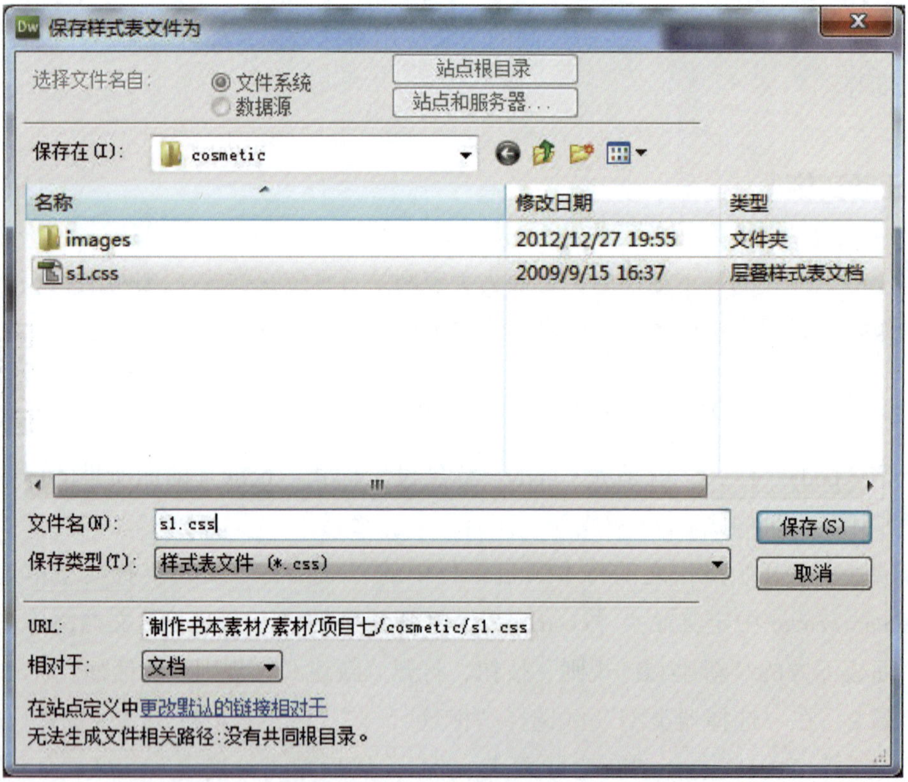

● 图 7—11 保存样式表文件

步骤 5 在左侧的“分类”列表中选择“方框”，在“边界”区域“上”编辑框中输入“0”，则下方的所有值都变为“0”，如图 7—13 所示。

步骤 6 在“body 的 CSS 规则定义”对话框中单击“确定”按钮，则“CSS 样式”面板中生成“body”样式，如图 7—14 所示，并且网站主页已自动套用刚设置的样式。

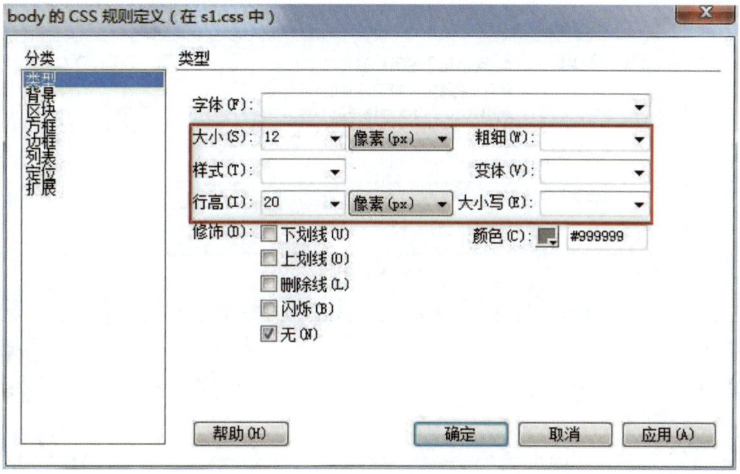

● 图 7—12　设置“类型”属性

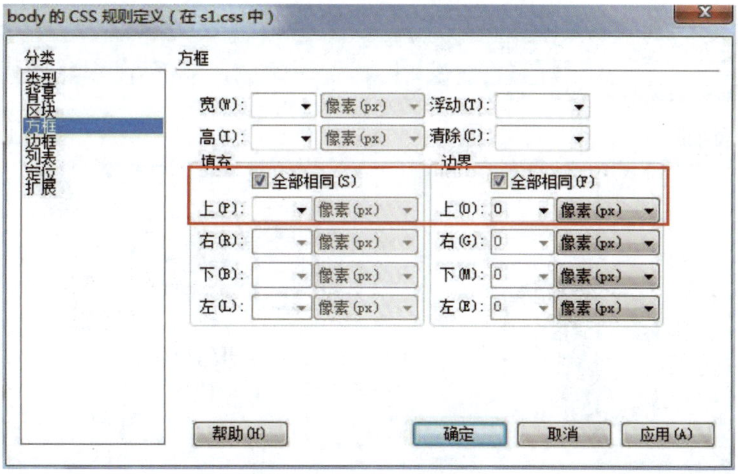

● 图 7—13　设置“方框”属性

如果要复制或移动已创建的 CSS 样式到其他样式文件或网页文档中，可右键单击该样式，在弹出的快捷菜单中选择“复制”或“移动 CSS 规则”命令，此时将弹出“复制 CSS 规则”或“移至外部样式表”对话框，如图 7—15 所示。根据需要设置对话框中各项后，单击“确定”按钮可完成复制或移动 CSS 样式的操作。

步骤 7　保存网页文档和样式表文件，并按 F12 键预览，可看到网页四周的空白不见了，并且文本也变为设置的样式，如图 7—16 所示。

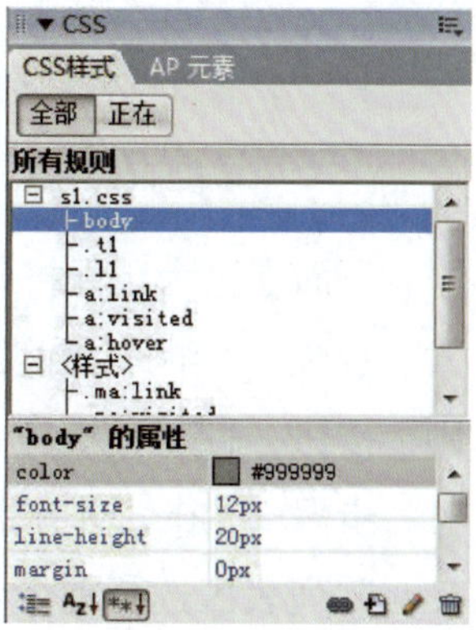

● 图 7—14　生成样式

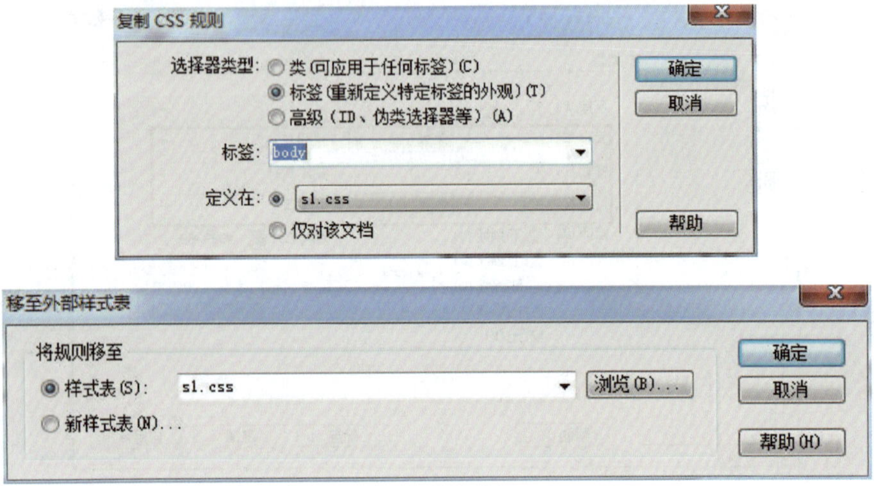

● 图 7—15 “复制 CSS 规则”和“移至外部样式表”对话框

● 图 7—16 预览网页

二、设置边框样式

下面通过为单元格设置边框样式，来为各栏目制作分界线，具体操作如下。

步骤 1 继续在前面的文档中操作，单击“CSS 样式”面板下方的“新建 CSS 规则”按钮，打开“新建 CSS 规则”对话框。

步骤 2 在“选择器类型”区选择“类”，在“名称”编辑框中输入“t1”，在“定义在”列表区选择前面创建的样式文件“s1.css”，然后单击“确定”按钮，如图 7—17 所示。

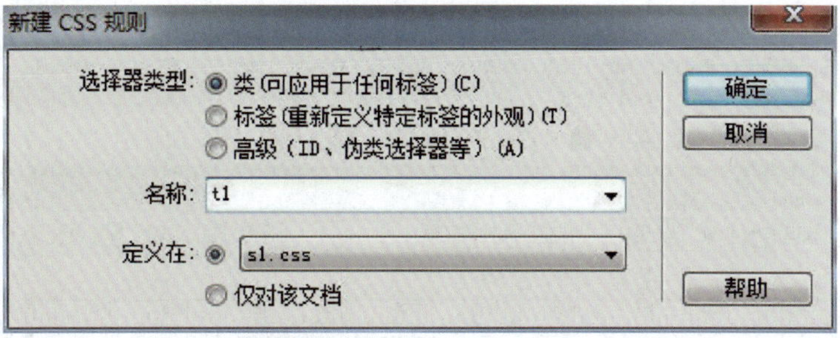

● 图 7—17　创建类样式

步骤 3　打开“.t1 的 CSS 规则定义”对话框，在“分类”列表中选择“边框”，取消选择“样式”“宽度”和“颜色”列表区的“全部相同”复选框，在“样式”列表区“上”下拉列表中选择“实线”，在“宽度”列表区“上”编辑框中输入 1，在“颜色”列表区“上”编辑框中设置颜色为白色“#FFFFFF”，然后单击“确定”按钮，如图 7—18 所示。

● 图 7—18　设置边框样式

步骤 4　在“巴掌小脸专题”所在图片上单击，按键盘上的右方向键，将插入点置于单元格中，然后在“属性”面板上“样式”下拉列表中选择“t1”，设置单元格样式为“t1”，如图 7—19 所示。

步骤 5　按照同样的方法，设置下方几个单元格样式。

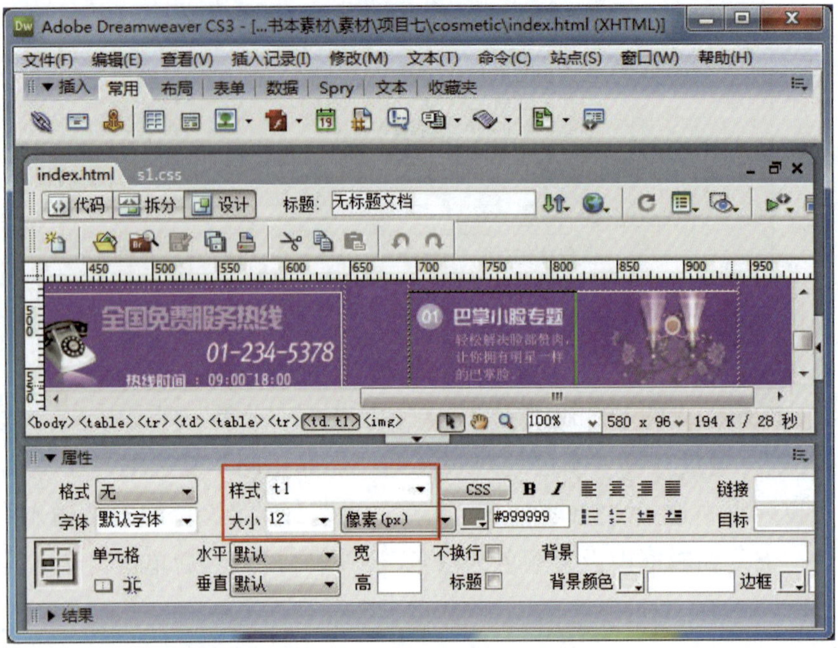

● 图 7—19 设置单元格样式

步骤 6 保存网页文档和样式文件，并按 F12 键预览，效果如图 7—20 所示。

● 图 7—20 预览文档

三、设置列表样式

下面完成网页中列表文本样式的设置，具体操作如下。

步骤 1 继续在前面的文档中操作，单击“CSS 样式”面板下方的“新建 CSS 规则”按钮，打开“新建 CSS 规则”对话框。

步骤 2 在“选择器类型”区选择“类”，在“名称”编辑框中输入“l1”，在“定义在”列表区选择前面创建的样式文件“s1.css”，然后单击“确定”按钮。

步骤 3 打开“.l1 的 CSS 规则定义”对话框，设置“大小”为 12 px，“行高”为 20 px，“修饰”为“无”，颜色为白色“#FFFFFF”。

步骤 4 在“分类”列表区选择“列表”选项，然后单击“项目符号图像”编辑框右侧的“浏览”按钮，打开“选择图像源文件”对话框，在“查找范围”下拉列表中选择图像文件所在文件夹，在文件列表中选择图像文件，然后单击“确定”按钮，如图 7—21 所示。

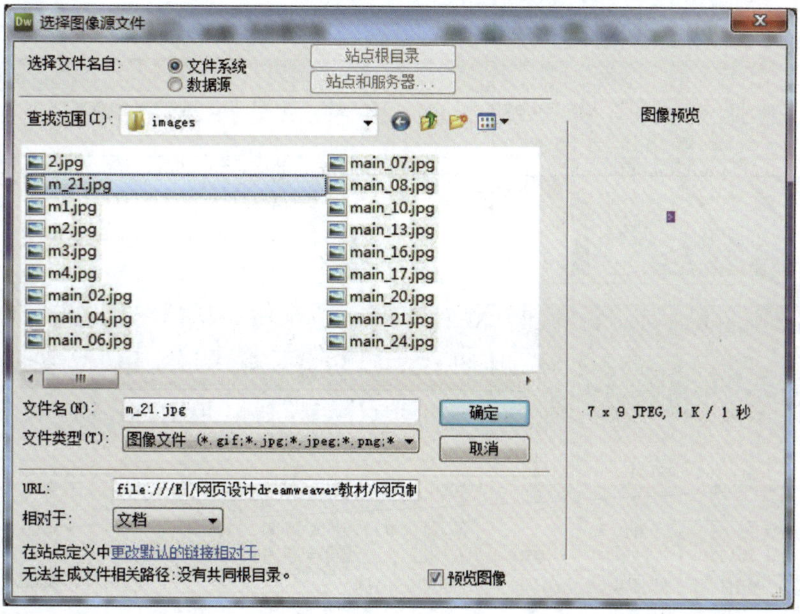

图 7—21 选择项目符号图像

步骤 5 回到“.l1 的 CSS 规则定义”对话框，在“位置”下拉列表中选择“外”，然后单击“确定”按钮，如图 7—22 所示。

步骤 6 首先将“公告信息”中的内容分段，然后选中分段后的内容，并单击“属性”面板上的“项目列表”按钮，将文本设置为项目列表形式，如图 7—23 所示。

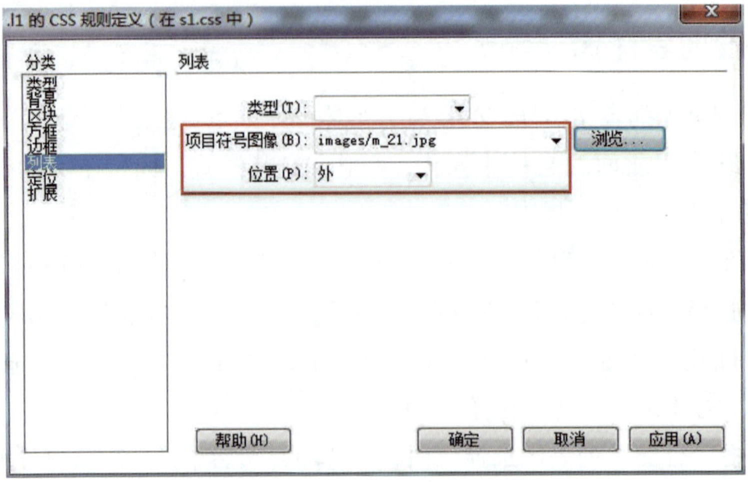

● 图 7—22　设置“列表”属性

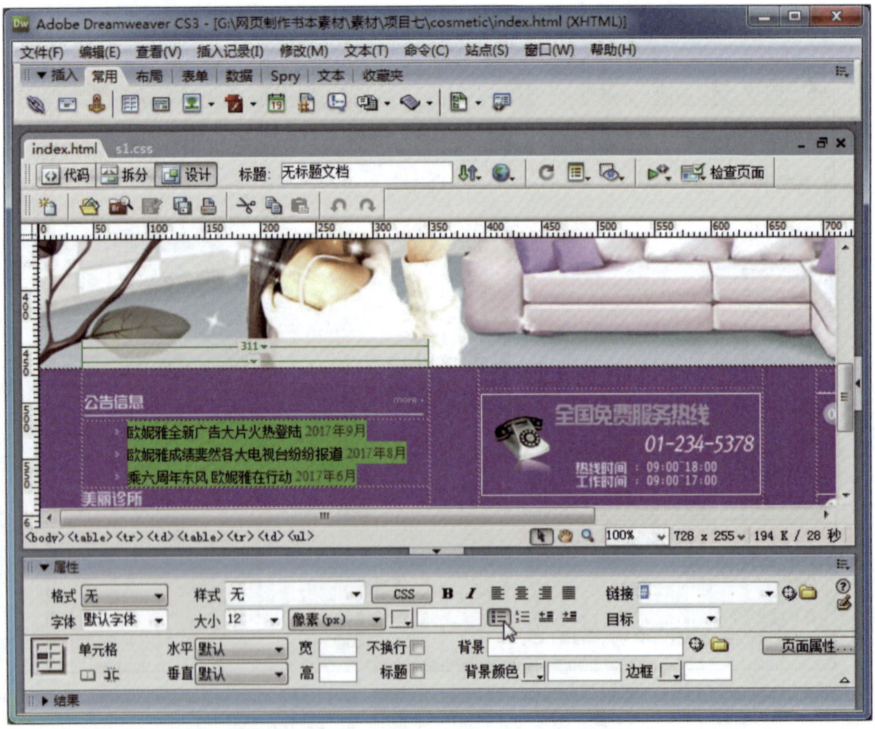

● 图 7—23　将文本设置为项目列表

步骤 7　选中应用项目列表的内容，在“属性”面板上的“样式”下拉列表中选择“l1”，对项目列表应用前面设置的样式，如图 7—24 所示。

步骤 8　保存网页文档和样式文件，并按 F12 键预览，效果如图 7—25 所示。

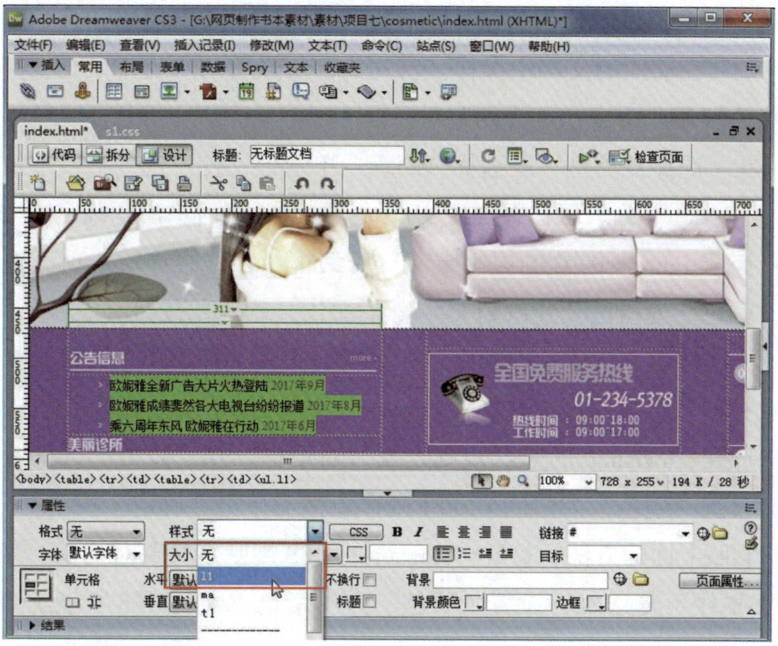

● 图 7—24　对项目列表应用样式

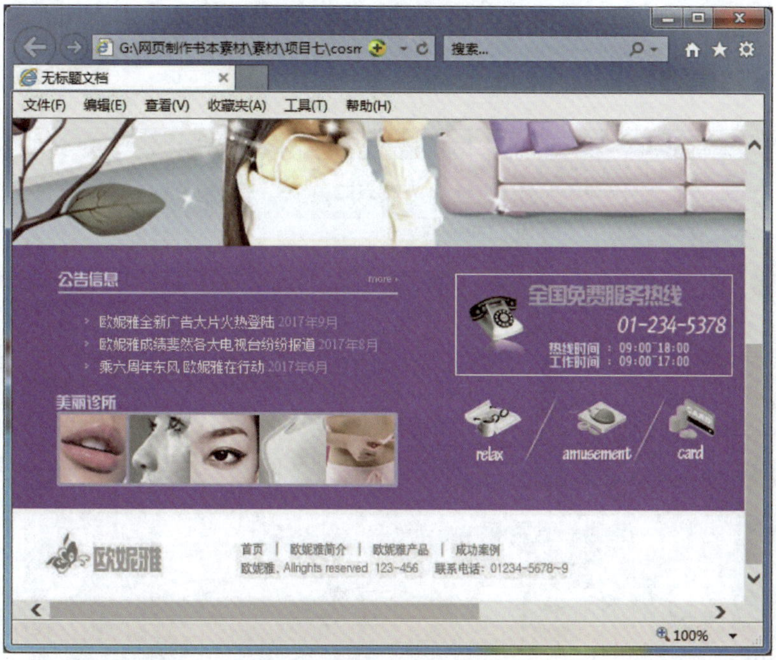

● 图 7—25　预览文档

四、设置链接样式

默认情况下，网页中的链接文本为蓝色且有下划线，这里需要设置文本在默认状态下为白色，而在鼠标经过时为浅紫色。

步骤 1 继续在前面的文档中操作。首先为前面设置的项目文字中日期左侧的文本设置链接，然后打开“新建 CSS 规则”对话框。

步骤 2 在“选择器类型”区选择“高级”单选框，在“选择器”下拉列表中选择“a:link”，在“定义在”列表区选择样式文件“s1.css”，然后单击“确定”按钮。

步骤 3 打开“a:link 的 CSS 规则定义”对话框，在“修饰”选项区选择“无”复选框，设置“颜色”为白色“#FFFFFF”，然后单击“确定”按钮。

步骤 4 再次打开“新建 CSS 规则”对话框，在“选择器类型”区选择“高级”单选框，在“选择器”下拉列表中选择“a:visited”，其余同上，然后单击“确定”按钮。

步骤 5 打开“a:visited 的 CSS 规则定义”对话框，在“修饰”选项区选择“下划线”复选框，设置“颜色”为白色“#FFFFFF”，然后单击“确定”按钮。

步骤 6 参照上面的方法，打开“a:hover 的 CSS 规则定义”对话框。在“修饰”选项区选择“下划线”复选框，设置“颜色”为浅紫色“#E1CCE8”，然后单击“确定”按钮。

步骤 7 回到网页文档，可以看到链接文本自动套用了刚才设置的样式。保存网页文档和样式文件，并按 F12 键预览文档，当将光标置于链接文本上方时，文本颜色变为浅紫色，如图 7—26 所示。

图 7—26 预览文档

五、设置第 2 种链接样式

为将文本右侧的日期与文本区分开来，可为日期设置不同于文本的链接样式。下面为日期设置链接样式。

步骤 1 继续在前面的文档中操作，依次为项目文字中右侧的日期设置链接。打开“新建 CSS 规则”对话框，在“选择器类型”区选择“高级”单选框；在“选择器”下拉列表中选择“a:link”，并在其左侧输入“.m”；在“定义在”列表区选择“仅对该文档”，然后单击“确定”按钮。

步骤 2 打开“.ma:link 的 CSS 规则定义”对话框，在“修饰”选项区选择“无”复选框，设置颜色为浅紫色“#CBACEF”，然后单击“确定”按钮。

步骤 3 按照同样的方法，打开“.ma:visited 的 CSS 规则定义”对话框，在“修饰”选项区选择“无”复选框，设置颜色为浅紫色“#CBACEF”，然后单击“确定”按钮。

步骤 4 按照同样的方法，打开“.ma:hover 的 CSS 规则定义”对话框，在“修饰”选项区选择“下划线”复选框，设置颜色为白色“#FFFFFF”，然后单击“确定”按钮。

步骤 5 拖动鼠标选中第 1 行中的日期，然后在“属性”面板上的“样式”下拉列表中选择“ma”，如图 7—27 所示。

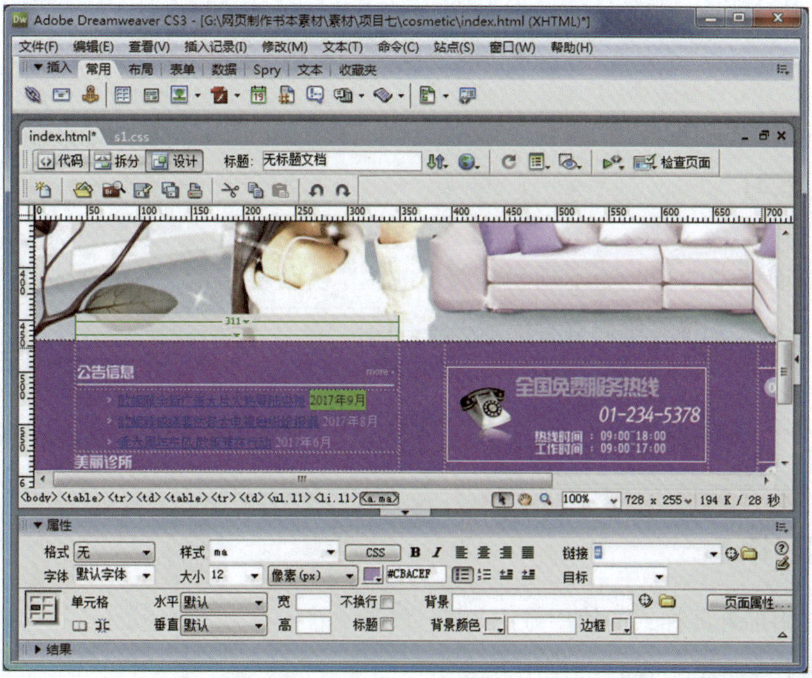

● 图 7—27 为日期设置样式

步骤 6 参照上面的方法，为下面两行中的日期设置同样的样式。最后保存文档和样式文件，并按 F12 键在浏览器中预览文档，如图 7—28 所示。

● 图 7—28 预览文档

巩固练习

根据前面所学知识，为本项目素材"dress"文件夹下的"index.html"文档设置样式。（扫描二维码查看提示）

任务 2 为网站子页设置样式——样式表的高级应用

学习目标

◆掌握附加外部样式的使用方法

◆理解并掌握 CSS 滤镜的使用方法

任务 1 介绍了样式表的基本应用，本任务主要介绍将定义好的样式文件链接至网站中其他网页的方法，以及 CSS 滤镜的应用方法。

相关知识

一、附加外部样式

如果网站中多个网页文档用到了同一个样式，可以将该样式保存在外部样式文件中，然后将样式文件链接至各个网页文档，就可以对各文档应用该样式了。

步骤 1 在 Dreamweaver 中打开本项目素材“lily”文件夹下的“pro1_b.html”文档。

步骤 2 单击“CSS 样式”面板下方的“附加样式表”按钮，打开“链接外部样式表”对话框，单击“文件 /URL”编辑框后的“浏览”按钮，如图 7—29 所示。

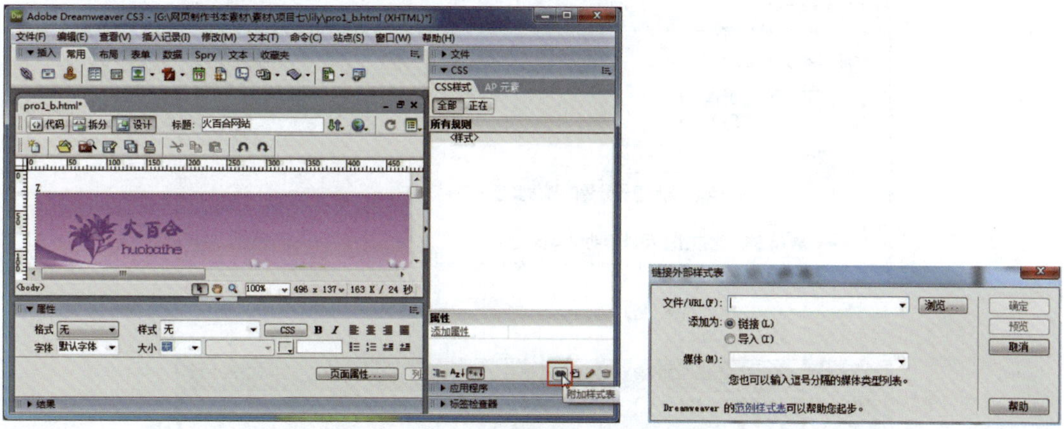

● 图 7—29 打开“链接外部样式表”对话框

步骤 3 打开“选择样式表文件”对话框，在“查找范围”下拉列表中选择样式文件所在文件夹（此处为“lily”站点下的“style”文件夹），在文件列表中单击选择样式文件（此处为“s2”），然后单击“确定”按钮，如图 7—30 所示。

步骤 4 回到“链接外部样式表”对话框，在“添加为”列表区选择“链接”单选框，然后单击“确定”按钮，如图 7—31 所示。

步骤 5 在“CSS 样式”面板中可看到刚才链接的样式。切换至代码视图，可看到链接样式的代码，如图 7—32 所示。

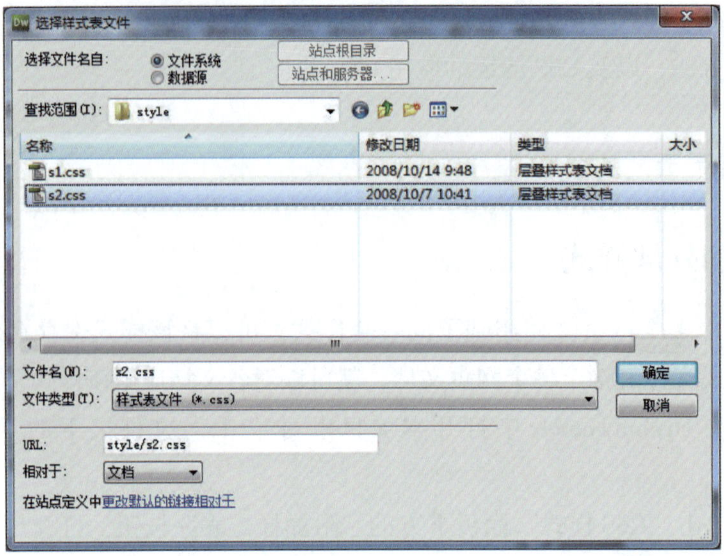

● 图 7—30　选择样式文件

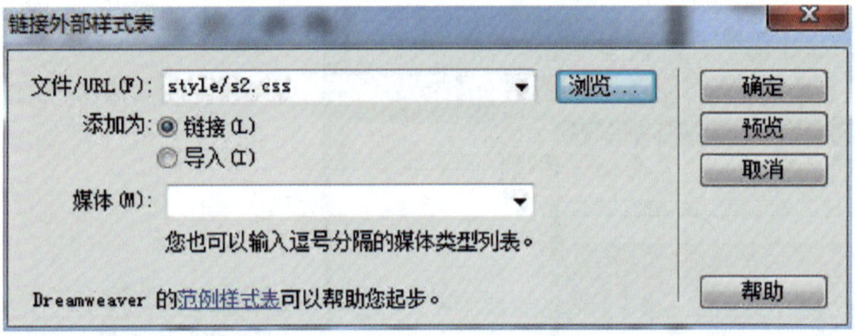

● 图 7—31　设置添加形式

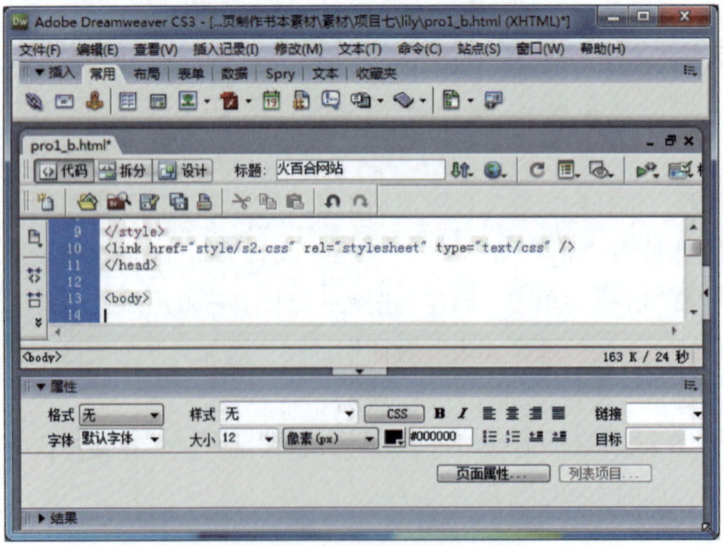

● 图 7—32　查看链接样式的代码

> **小提示** 选中“链接”单选框可在网页文档和样式表文件之间建立关联，以后修改样式表文件时，所有与之链接的网页都会自动更新。

步骤 6 保存文档并按 F12 键预览网页，可以看到网页中的文本自动套用了“s2. css”中的样式，如图 7—33 所示。

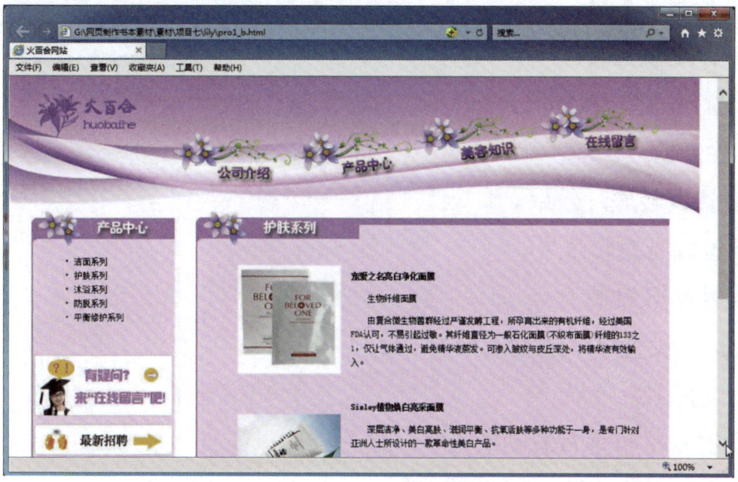

● 图 7—33 预览网页

二、CSS 滤镜

应用 CSS 滤镜可为图像设置渐变、透明、阴影等效果。在“××× 的 CSS 规则定义”对话框左侧的“分类”列表中选择“扩展”选项，右侧的“过滤器”下拉列表中为用户提供了多种滤镜效果，如图 7—34 所示。

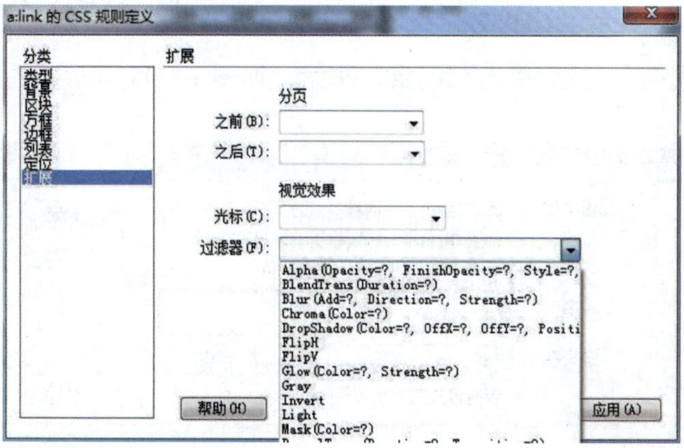

● 图 7—34 “过滤器”下拉列表

各滤镜及其可实现的效果如下。

Alpha：设置图像透明效果。

BlendTrans：设置混合过渡效果。

Blur：设置模糊效果。

Chroma：将指定的颜色设置成透明。

DropShadow：设置投影阴影。

FlipH：进行水平翻转。

FlipV：进行垂直翻转。

Glow：设置发光效果。

Gray：产生灰阶。

Invert：设置反转底片效果。

Light：设置灯光投影效果。

Mask：设置遮罩效果。

RevealTrans：设置显示过渡效果。

Shadow：设置阴影效果。

Wave：设置水平与垂直波动效果。

Xray：设置 X 光照效果。

小提示 CSS 滤镜并不是对所有的对象都可以应用，它只适用于 HTML 控件对象，如图像、表格和按钮等。

下面以 Alpha 滤镜为例，介绍 CSS 滤镜的应用方法。

步骤 1 新建并保存文档，然后在文档中插入一张图像。

步骤 2 新建 CSS 样式，设置“选择器类型”为“类”，“名称”为“alpha”，“定义在”为“仅对该文档”，然后单击“确定”按钮，如图 7—35 所示。

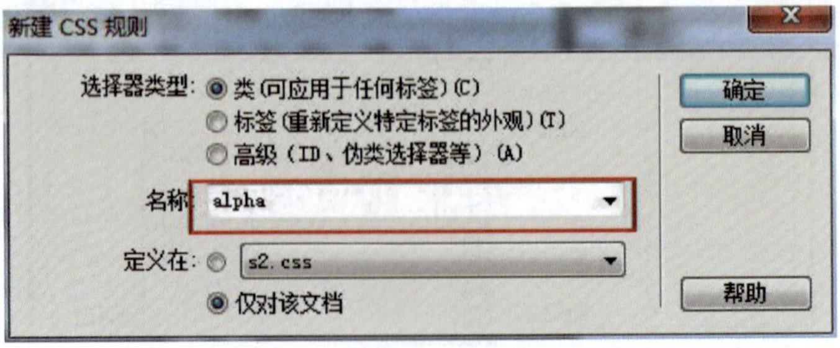

图 7—35 新建 CSS 样式

步骤 3　打开“.alpha 的 CSS 规则定义”对话框，在左侧“分类”列表中选择“扩展”，在“过滤器”下拉列表中选择“Alpha”，并设置后面括号中的参数为 Opacity=20，之后单击“确定”按钮，如图 7—36 所示。

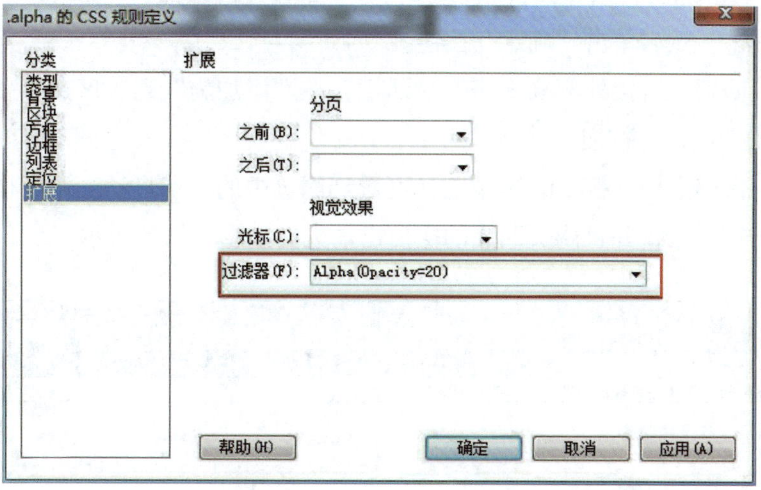

● 图 7—36　选择过滤器

小提示　括号内的 Opacity 代表透明度值，从 0～100，0 代表完全透明，100 代表不透明。FinishOpacity 用于在设置渐变透明效果时指定结束的透明度值。StartX 和 StartY 代表透明效果开始的 X 和 Y 坐标。FinishX 和 FinishY 代表透明效果结束的 X 和 Y 坐标。

步骤 4　选中前面插入的图像，在“属性”面板上的“类”下拉列表中选择“alpha”。保存文档后预览。

任务实施

学习了附加外部样式的方法后，就可以非常方便地为网站中的其他页面设置样式了。下面为网站子页设置样式，该子页样式的设置分四部分来完成。

一、设置“body”样式

子页的“body”样式与首页一致，所以只要将前面创建的样式文件链接至该页即可。

步骤 1 在 Dreamweaver 中打开“cosmetic”站点中的网页文档“sub_1.html”，单击“CSS 样式”面板下方的“附加样式表”按钮，打开“链接外部样式表”对话框。

步骤 2 单击“文件 /URL”编辑框后的“浏览”按钮，打开“选择样式表文件”对话框，在“查找范围”下拉列表中选择任务 1 中创建的站点“cosmetic”，在文件列表中选择“s1.css”，然后单击“确定”按钮。

步骤 3 回到“链接外部样式表”对话框，在“添加为”列表区选择“链接”单选钮，然后单击“确定”按钮。

步骤 4 保存文档并按 F12 键预览，可看到网页中的文本自动套用了样式表文件中设置的“body”样式，并且网页四周的空白已消失，如图 7—37 所示。

● 图 7—37 预览文档

二、设置图片样式

使用 CSS 滤镜中的“Shadow”属性来给图像添加阴影。

步骤 1 继续在前面已打开的文档“sub_1.html”中操作。打开“新建 CSS 规则”对话框，在“选择器类型”区选择“类”，在“名称”编辑框中输入“images”，在“定义在”区选择“仅对该文档”，然后单击“确定”按钮。

步骤 2 打开“.images 的 CSS 规则定义”对话框，在左侧的“分类”列表中选择“扩展”，在“过滤器”下拉列表中选择“Shadow（color=?，Direction=?）”。

步骤 3 设置“Color=BBBBBB”，表示阴影的颜色为浅灰色；“Direction=135”，表示阴影倾斜的角度为 135°，最后单击“确定”按钮。

步骤 4　在“CSS 样式”面板中可看到生成名为“images”的样式。单击要应用该样式的图像，状态栏中显示标签的层次结构，单击“div”左侧的“td”标签，选中图像所在单元格，并在“属性”面板上的“样式”下拉列表中选择“images”，如图 7—38 所示。

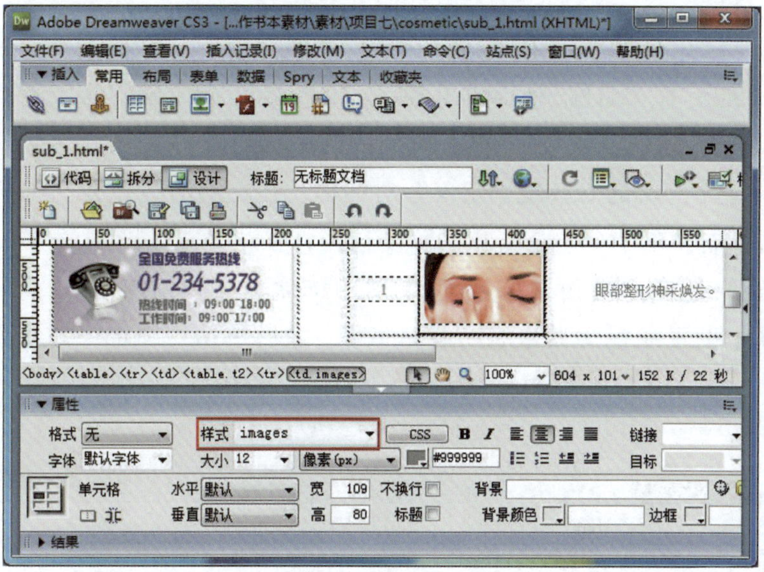

● 图 7—38　应用样式

步骤 5　采用同样的方法对其他图像应用“images”样式，最后保存文档并预览，可看到在应用了样式的图像右下方出现阴影，如图 7—39 所示。

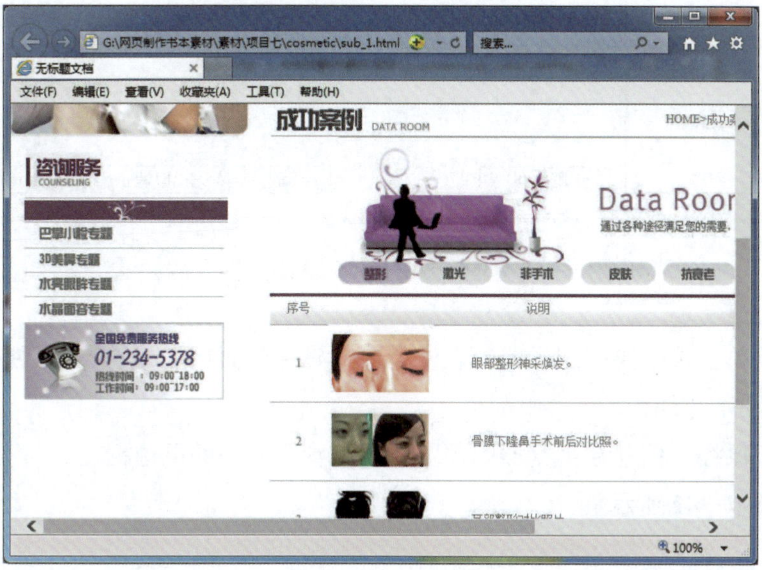

● 图 7—39　预览文档

三、设置表格边框样式

下面通过为表格下边框设置样式，来使网站子页“案例展示”区域上下呼应，形成更好的页面效果。

步骤 1 继续在前面的文档中操作，打开“新建 CSS 规则”对话框，在“选择器类型”区选择“类”，在“名称”编辑框中输入“t2”，在“定义在”区域选择“仅对该文档”，然后单击确定按钮。

步骤 2 打开“.t2 的 CSS 规则定义”对话框，在左侧的“分类”列表中选择“边框”，取消选择右侧的 3 个“全部相同”复选框，在“样式”区域的“下”下拉列表框中选择“实线”，在“宽度”区域的“下”编辑框中输入“3”，在“颜色”区域的“下”编辑框中设置颜色为紫红色“#833565”，之后单击“确定”按钮，如图 7—40 所示。

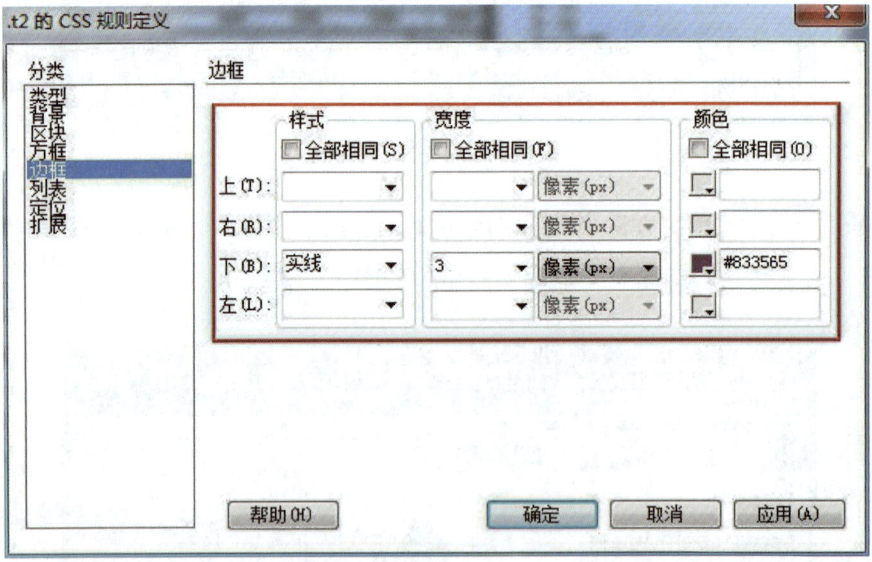

● 图 7—40　设置“.t2 的 CSS 规则定义”对话框

步骤 3 单击选中要应用样式的表格，在“属性”面板上的“类”下拉列表中选择“t2”，如图 7—41 所示。

步骤 4 保存文档并在浏览器中预览，可以看到表格的下边框变为与上方图像一样的效果，如图 7—42 所示。

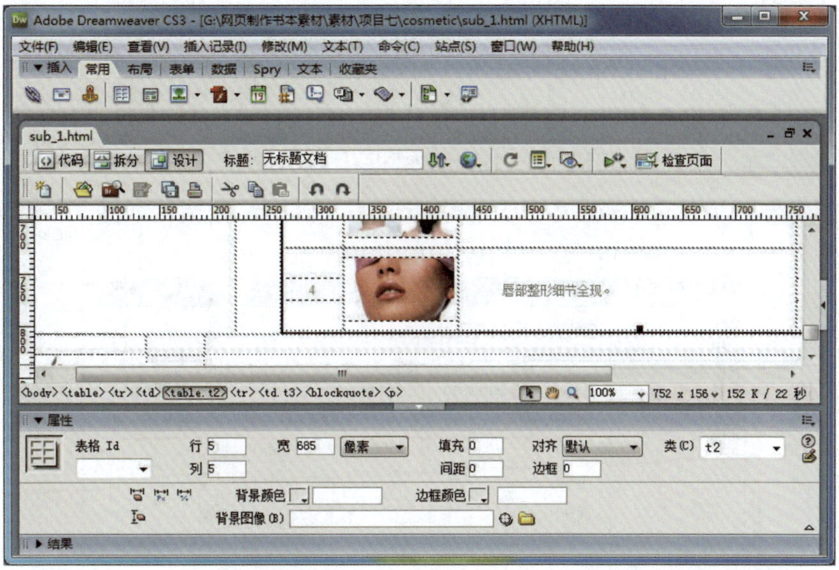

● 图 7—41　对表格应用样式

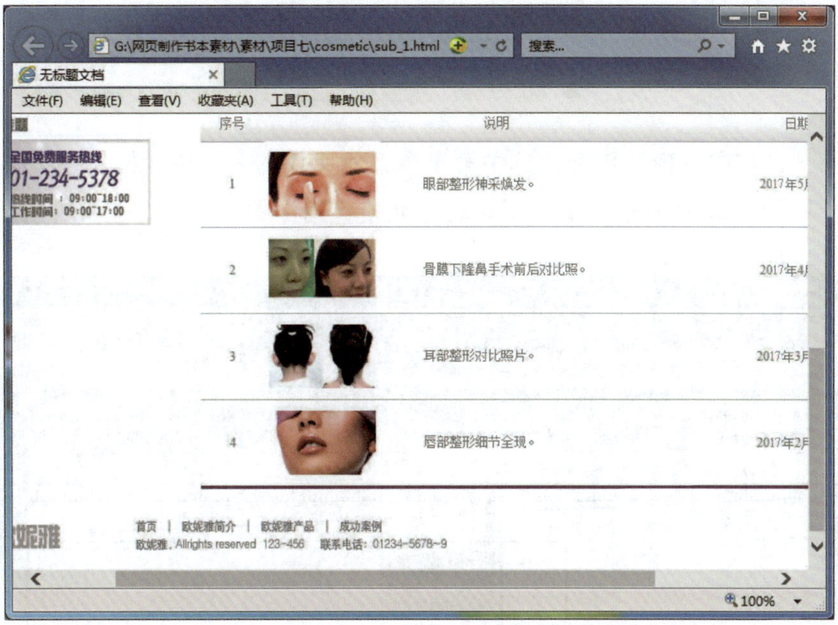

● 图 7—42　预览文档

四、设置单元格边框样式

下面通过设置单元格的上边框样式，来为网站子页中展示的案例设置分界线。

步骤 1　继续在前面的文档中操作，打开“新建 CSS 规则”对话框，在“选择器类型”区选择“类”，在“名称”编辑框中输入“t3”，在“定义在”区选择“仅对该文档”，然后单击“确定”按钮。

步骤 2 打开“.t3 的 CSS 规则定义”对话框，在左侧的“分类”列表中选择“边框”，取消选择右侧的 3 个“全部相同”复选框，在“样式”区域的“上”下拉列表中选择“实线”，在“宽度”区域的“上”编辑框中输入“1”，在“颜色”区域的“上”编辑框中设置颜色为灰色“#CCCCCC”，之后单击“确定”按钮，如图 7—43 所示。

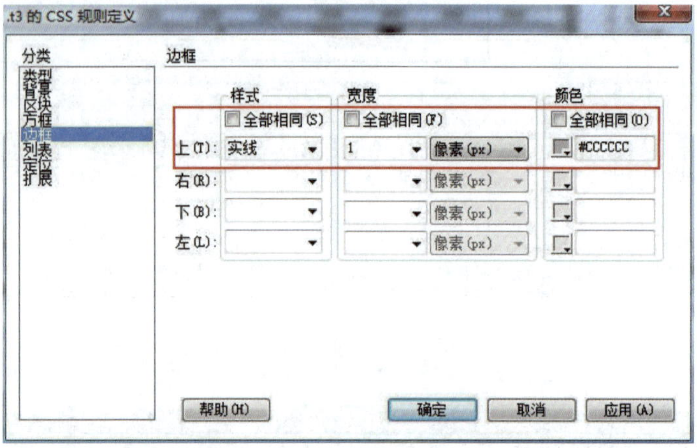

● 图 7—43　设置上边框样式

步骤 3 自左向右拖动鼠标，选中第 1 个案例所在的一行单元格，在“属性”面板上“样式”下拉列表中选择“t3”，对该行单元格应用样式，如图 7—44 所示。

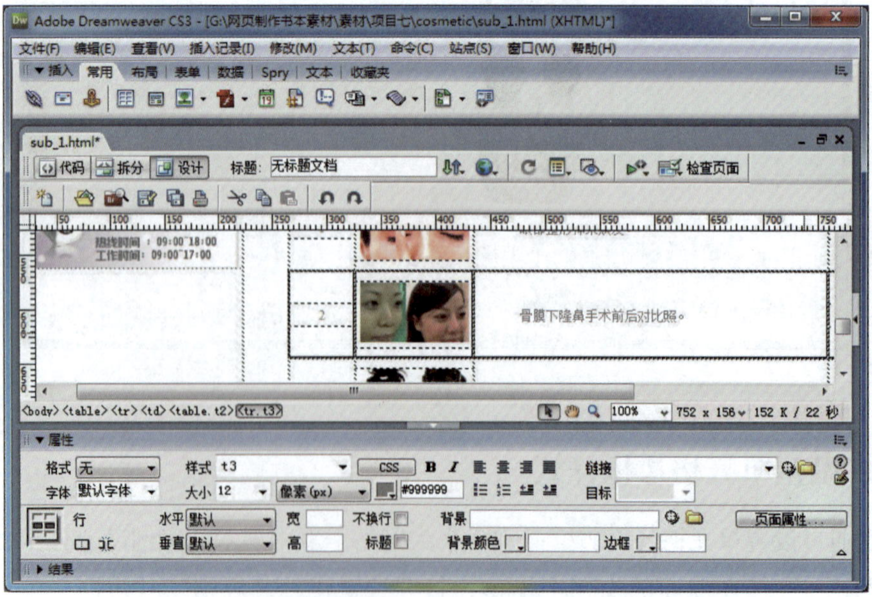

● 图 7—44　应用样式

步骤 4 按照同样的方法，对下方的其他单元格应用样式，最后保存文档并在浏览器中预览，效果如图 7—45 所示。

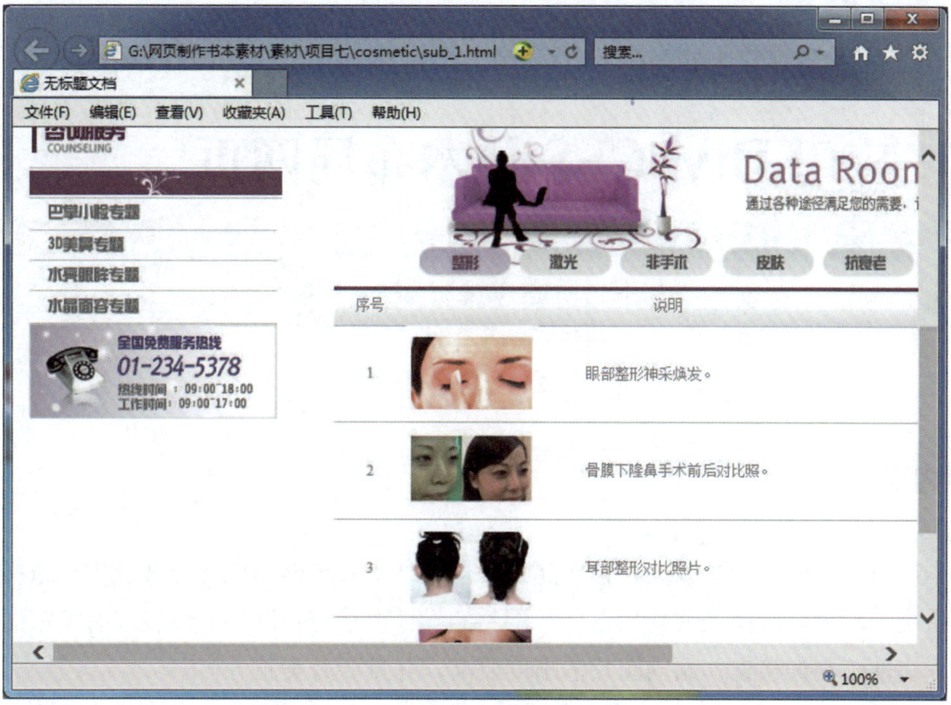

● 图 7—45 预览网页

巩固练习

根据前面所学知识，为本项目素材“cosmetic”网站中的子页“sub_2.html”设置样式。（扫描二维码查看提示）

项目八
制作茶文化网站
——应用 Div+CSS 技术布局网页

项目内容

本项目的工作是为某茶文化公司建设公司网站，要求网站能充分展现中华茶文化的悠久历史，加大对中国茶文化的宣传。网站的设计要求有：网站涉及较多有关茶的各类资讯，应便于查询检索；站内图片清晰度要高，并且要有美感。

项目分析

按照公司提出的要求，经过分析，要完成好本次任务，应该采用近年来流行的Div+CSS 技术来布局网页。在网页设计领域，应用 Web 标准的呼声越来越高。简单来说，要使网站符合 Web 标准，就要使用 Div+CSS 技术来布局网页。本项目通过使用Div+CSS 技术构建茶文化网站，介绍 Div+CSS 技术在实际网页制作中的应用。

● 项目成果展示

任务　制作网站首页和子页——使用 Div+CSS 技术制作网页

学习目标

◆了解 Web 标准的含义、构成，认识 Div

◆熟练掌握使用 Div+CSS 技术构建网页的方法

相关知识

一、Web 标准的含义

Web 标准是由 W3C 和其他标准化组织制定的一套规范，包括 XHTML、JavaScript

及 CSS 等一系列标准，其目的在于创建一个统一的用于 Web 表现层的技术标准，以便于通过不同浏览器或终端设备（计算机、手机等）向最终用户展示信息内容。

从狭义上讲，Web 标准就是采用 Div+CSS 代码进行网站建设，现在 Div+CSS 俨然成了标准化的代名词。但实际上，采用 Div+CSS 代码制作的网站并不一定符合 Web 标准，这与对 Div+CSS 代码应用的熟练程度有很大关系。

二、Web 标准的构成

目前来说，Web 标准由结构（Structure）、表现（Presentation）和行为（Behavior）三部分组成。

1. 结构

结构技术用于对网页中用到的信息（文本、图像、动画等）进行分类和整理，目前用于结构化设计的 Web 标准技术主要是 XHTML。

2. 表现

表现技术用于对已被结构化的信息进行显示上的控制，包括位置、颜色、字体、大小等形式控制。目前用于表现设计的 Web 标准技术就是 CSS。W3C 创建 CSS 的目的是用 CSS 来控制整个网页的布局，与 XHTML 所实现的结构完全分离。简单来说就是表现与内容完全分离，使站点的维护更加容易。这也正是 Div+CSS 布局的一大特点。

3. 行为

行为是指对整个文档的一个模型定义和交互行为的编写。目前用于行为设计的 Web 标准技术主要有以下两个。

DOM（Document Object Model）：文档对象模型，相当于浏览器与内容结构之间的一个接口。它定义了访问和处理 HTML 文档的标准方法，把网页和脚本以及其他的编程语言联系起来。

ECMAScript（JavaScript 的扩展脚本语言）：由 CMA（Computer Manufacturers Association）制定的脚本语言（JavaScript），用于实现网页对象的交互操作。

三、认识 Div

Div 全称 Division，意为“区分”。Div 的使用方法与其他标签一样。如果单独使用 Div 而不加 CSS，则它在网页中的效果和段落标记“<p></p>”相似。

Div 是用来为 XHTML 文档中的块内容设置结构和背景属性的元素。它相当于一个容器，由起始标签 <Div> 和结束标签 </Div> 之间的所有内容来构成这个块。在它里面可以内嵌表格（table）、文本（text）等其他 XHTML 代码。其中所包含的元素特性由 Div 标签的属性来控制，或使用样式表格式化这个块来控制。

XHTML 中可以作为容器的标签有很多，相比之下，Div 除了可以作为容器，还具有一个特有的优点，即不带有任何原始属性。例如，p 标签为段落属性，使用它作为容器就会导致放入 p 标签的内容与前后段落之间出现一个空行的间隔，而用 Div 就不会出现这种情况，图 8—1a 所示为使用 Div 作为容器的效果，图 8—1b 所示为使用 p 标签作为容器的效果。可以很明显地看出，p 标签内的内容与上下行之间产生一个空行的间距。

a）

b）

● 图 8—1　使用 Div 标签和 p 标签的区别

四、Div+CSS 布局的优点和缺点

1. 优点

（1）CSS 的优势体现在它简洁的代码上。对于一个大型网站来说，可以节省大量带宽。而简洁的代码使得有效关键字在网页总代码中所占的比例提高，因此使用 Div+CSS 制作的符合 Web 标准的网站具有容易被搜索引擎搜索到的优势。

（2）使用 Div+CSS 技术制作的网站改版更加方便简单，很多问题只需要改变 CSS 而不需要改动程序。

（3）可以一次设计，多处发布。设计的作品不仅可以用于 Web 浏览器，还可以发布在其他设备或软件上，如 PowerPoint。

（4）可以更好、更轻松地控制网页布局。

（5）将设计部分剥离出来，放在一个单独的样式表文件中，可以减少网页无效的可能性。

（6）布局灵活性大。相比较而言，传统的表格布局只能遵循 table、tr、td 的格式，而 Div 可以遵循 div、ul（无序列表）、li（列表内容）格式，也可以遵循 ol（有序列表）、li 格式，还可以遵循 ul、li……格式，不过最好有序书写。

（7）如果对 JavaScript 比较精通，可以不必写 ID，使用 class 即可。当客户端程序员写完程序后需要调整时，可以再利用它的 ID 进行控制。

（8）代码更简洁。在使用表格布局时，往往会生成很多垃圾代码，修饰性的样式和布局代码混合在一起，很不直观。

（9）以前一些必须通过图片转换才能实现的功能，现在只用 CSS 就可以轻松实现，从而加快了网页的下载速度。

2. 缺点

对于 CSS 的高度依赖，使得网页设计变得比较复杂。相对于表格布局来说，Div+CSS 对代码的要求更高一些，如果对代码没有一定的了解，在工作中会遇到不少障碍。在使用 Dreamweaver 等软件制作网页时，为保证不出错，往往需要不断地对照代码。这在一定程度上影响了 Div+CSS 这种布局方式的普及。

CSS 文件异常将会影响整个网站的正常显示。采用 Div+CSS 技术制作的网站，其设计元素通常都放置在几个外部样式文件中。这些文件可能相当复杂，甚至比较庞大。如果 CSS 文件调用出现异常，那么将影响整个网站的使用效果。

对于用 Div+CSS 技术制作的网站，非常容易出现浏览器兼容性问题。使用表格制作的网站在 IE4.0 之后的版本中几乎不存在浏览器兼容性问题，但用 Div+CSS 技术设计的网站，在 IE 浏览器里正常显示的页面到了火狐浏览器里却可能面目全非。Div+CSS 技术还有待于各浏览器厂商的进一步支持。

Div+CSS 技术对搜索引擎的优化效果，取决于网页设计者的专业水平而不是 Div+CSS 技术本身。Div+CSS 技术并不能保证网页对搜索引擎的优化，甚至不能保证一定比使用表格有更简洁的代码设计。搜索引擎对于网页的收录和排序也不是以是否采用 CSS 来衡量的。这就是为什么很多使用传统表格布局的网站在搜索结果中的排序更靠前，而使用 CSS 及 Web 标准制作的网站排名靠后的原因。因为对于搜索引擎而言，网站结构、内容、相关网站链接等因素始终是网站优化的最重要指标。

五、绝对定位与相对定位

熟练应用 Div+CSS 技术布局，需要掌握绝对定位与相对定位的应用。

1. 绝对定位

绝对定位在 CSS 中的写法是“position:absolute;”。其表达的意思是参照浏览器的左上角，配合 top、right、bottom、left（上、右、下、左）值来定位元素，如下 CSS 代码：

```
#lay{
position:absolute;
left:5px;
top:5px; }
```

它表示应用 #lay 样式的对象为绝对定位模式，它将始终保持距离浏览器窗口左边框 5px、上边框 5px，如图 8—2 所示。

小提示　一个对象如果设置了“position:absolute;”，它将从本质上与其他对象分离开来，它的定位不会影响其他对象，也不会被其他对象影响。从某种意义上来说，使用了绝对定位之后，对象会像 AP Div 一样浮在网页之上。

2. 相对定位

相对定位在 CSS 中的写法是“position:relative;”。其表达的意思是以父级（它所在的容器）的坐标原点为坐标原点。无父级则以 body 的坐标原点为坐标原点，配合上、右、下、左（TRBL）进行定位，当父级内有 padding 等 CSS 属性时，当前级的坐标原点则参照父级内容区的坐标原点进行定位，如图 8—3 所示。

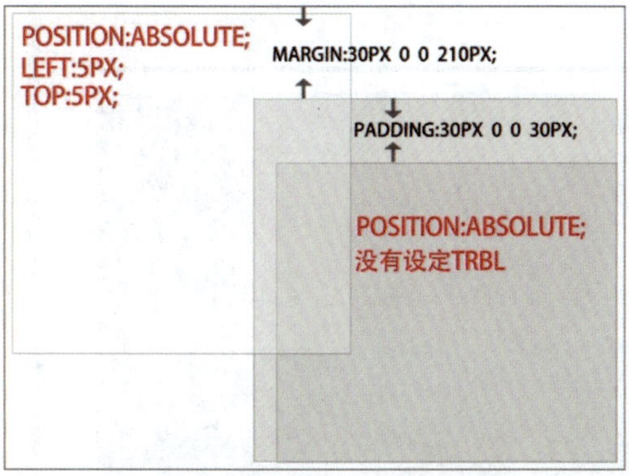

● 图 8—2　绝对定位

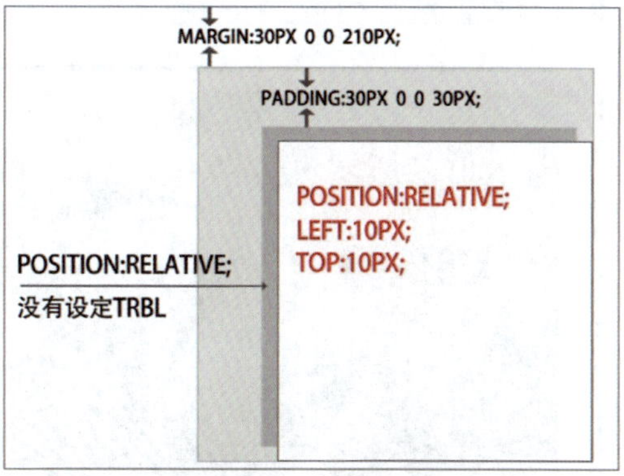

● 图 8—3　相对定位

有时还要使用“z.index”属性来设定容器的上下关系，数值范围是自然数，数值越大，容器位置越靠上。但是需要注意的是，父子关系是无法用“z.index”属性来设定上下关系的，一定是子级在上，父级在下。

六、浮动定位

浮动定位在 CSS 中用“float”属性来表示。当“float”值为“Bone”时，表示对象不浮动；为“left”时，表示对象向左浮动；为“right”时，表示对象向右浮动。

浮动定位是 Div+CSS 布局中非常强大的功能，也是理解 Div+CSS 布局的关键问题。在 CSS 中，包括 Div 在内的任何元素都可以以浮动的方式定位。

浮动是一种非常先进的布局方式，可以改变网页中对象的前后流动顺序，这样使得内容的排版变得简单且具有良好的可伸缩性。例如，在左右分栏的布局中，左栏宽度为 200 px，如果使用相对方式布局，使右栏显示在距浏览器左侧边框 200 px 的位置，这样右栏可以贴着左栏显示。一旦左栏的宽度发生变化，如由 200 px 变为 300 px，则右栏就需要重新定位。

如果使用浮动定位方式，为 Div 中的所有列都加上“float:left”属性，那么它们会挨个向左排列。如果让一个元素浮动，它会往右或者往左浮动直至遇到容器的边缘。如果向同一方向再浮动一个元素，它会浮动直至碰到前一个浮动元素的边缘。如果浮动更多的元素，它们将一个挨一个排列，但不久就会空间不足，当该行已经无法容纳更多的浮动元素，则下一个浮动元素会换行继续排列。浮动定位使得网页中的大部分内容都可以由浏览器来自动调试它们之间的关系。如图 8—4 所示，网站便运用这个原理成功构建了其看似非常复杂的主体部分。

图 8—4 UX Magazine 网站

应该为所有使用“float”属性的元素设定宽度值（除非是图像元素，因其具有隐含的宽度），如果不设定宽度，结果将是不可预知的。

七、插入 Div 标签

Div 标签与表格、图像等网页对象的插入方法类似，所不同的是，在插入 Div 标签的同时可以为其设置样式。

步骤 1　首先在文档页面上要插入 Div 标签的位置单击，以确定插入点位置。

步骤 2　单击“常用”插入栏或“布局”插入栏中的“插入 Div 标签”按钮，打开“插入 Div 标签”对话框。设置各项参数后，单击“确定”按钮，即可在插入点所在位置插入 Div 标签，如图 8—5 所示。

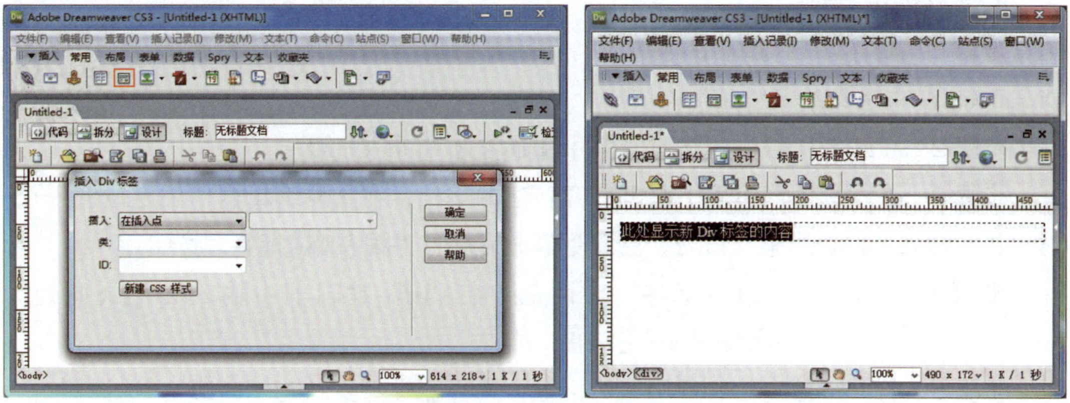

● 图 8—5　插入 Div 标签

“插入 Div 标签”对话框中各设置项的意义如下。

插入：“插入”下拉列表中的内容会根据插入点所在位置而发生变化，通过在其下拉列表中选择不同选项，可以更精确地定位插入点位置。

类：选择要应用于 Div 标签的类样式，如果要新建针对该 Div 标签的类样式，可在“类”编辑框中输入样式名，然后单击“新建 CSS 样式”按钮定义类样式。

ID：如果要新建针对该 Div 标签的 ID 样式，可在“ID”编辑框中输入样式名，然后单击“新建 CSS 样式”按钮定义 ID 样式。

小提示　“布局”插入栏中“插入 Div 标签”按钮右侧是“绘制 AP Div”按钮，单击该按钮后可在文档窗口中任意处单击并拖动鼠标来绘制 AP Div。AP Div 可以游离在网页文档之上，使用它可制作漂浮在页面上的广告效果。

另外，利用 AP Div 的显示和隐藏功能可以控制网页和网页元素的可见与不可见性，在项目四的知识拓展中曾利用该功能制作了弹出菜单效果。

当将 Div 标签的定位方式设置为绝对定位时，它将与 AP Div 具有同样的功能。

任务实施

一、制作网站首页

为便于理解，网站首页的制作将分为四部分，包括上部、中部、下部和 body 样式。

1. 制作网页上部

步骤 1 将本项目素材中的“tea”文件夹拷贝至本地磁盘，然后在 Dreamweaver 中定义站点“tea”。

步骤 2 在站点“tea”中新建文档并重命名为“index.html”。

步骤 3 在“文件”面板中双击打开新建的文档，在文档编辑窗口中定位插入点，然后将“插入”栏切换至“布局”栏，并单击其中的“插入 Div 标签”按钮。

步骤 4 打开“插入 Div 标签”对话框，在“ID”编辑框中输入 ID 名（此处为“top”），然后单击“新建 CSS 样式”按钮。

步骤 5 打开“新建 CSS 规则”对话框，选择器类型默认为“高级”，选择器名为“#top”，在“定义在”列表区选择“新建样式表文件”，然后单击“确定”按钮。

步骤 6 打开“保存样式表文件为”对话框，在“保存在”下拉列表中选择网站根文件夹，在文件名编辑框中输入文件名（此处为“s1”），然后单击“保存”按钮。

步骤 7 打开“#top 的 CSS 规则定义”对话框，在左侧的“分类”列表中选择“方框”，设置“宽”为 1 000 px，然后单击“确定”按钮，如图 8—6 所示。

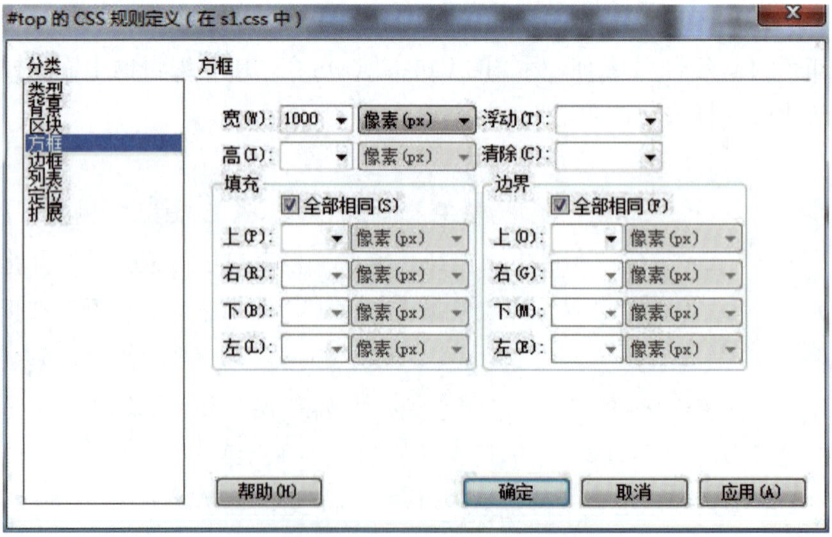

图 8—6 设置“方框”属性

步骤 8　回到“插入 Div 标签”对话框，单击“确定”按钮，插入 Div 标签。切换至“常用”插入栏，单击“图像”按钮，如图 8—7 所示。

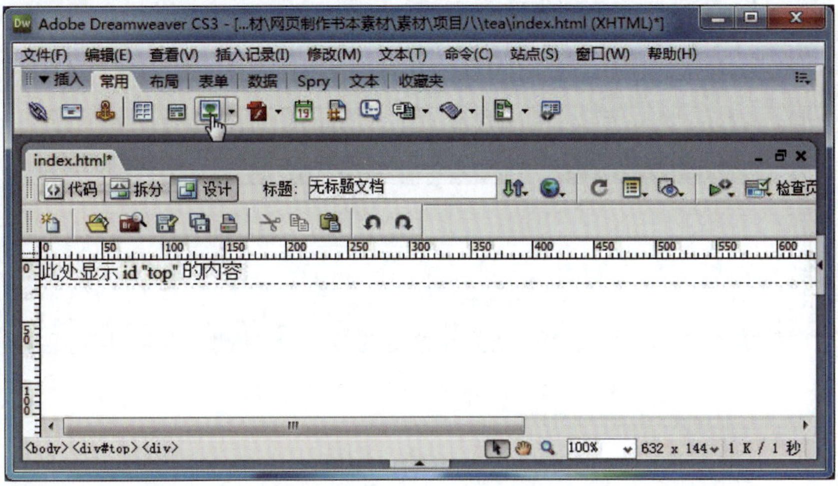

● 图 8—7　单击“图像”按钮

步骤 9　打开“选择图像源文件”对话框，在“查找范围”下拉列表中选择图像所在文件夹（此处为网站根文件夹下的“images”文件夹），在文件列表中选择图像文件“main_01.jpg”，然后单击“确定”按钮，如图 8—8 所示。

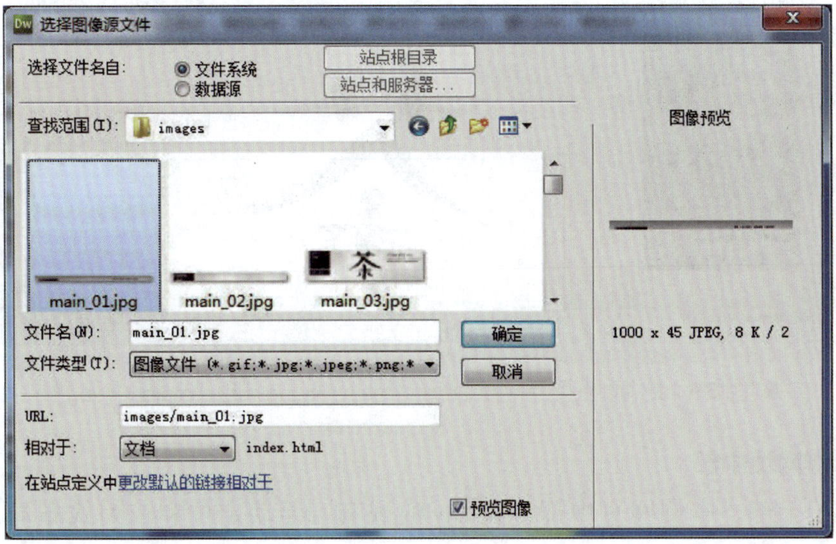

● 图 8—8　选择图像源文件

步骤 10　插入图像，并将其上方的文本删除，效果如图 8—9 所示。

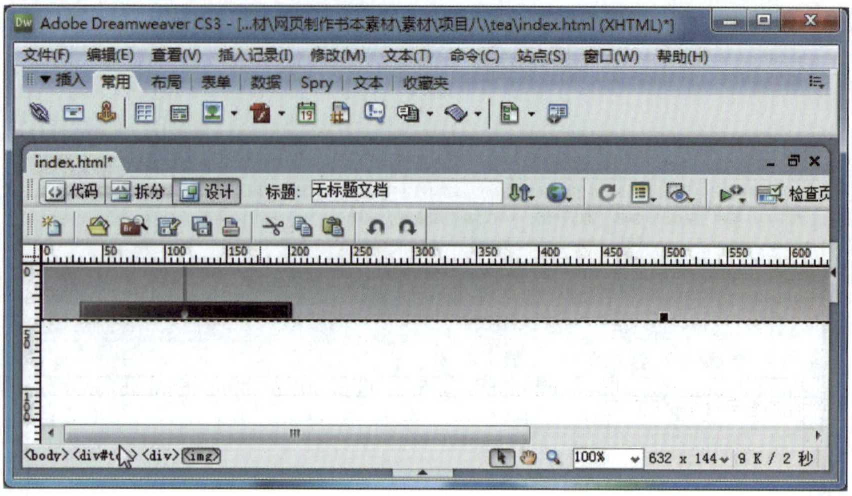

● 图 8—9 插入图像“main_01.jpg”

步骤 11 单击图像，然后按向右方向键，将插入点置于图像后，参照前面的方法插入图像文件“main_02.jpg”“main_03.jpg”和“main_04.jpg”，如图 8—10 所示。

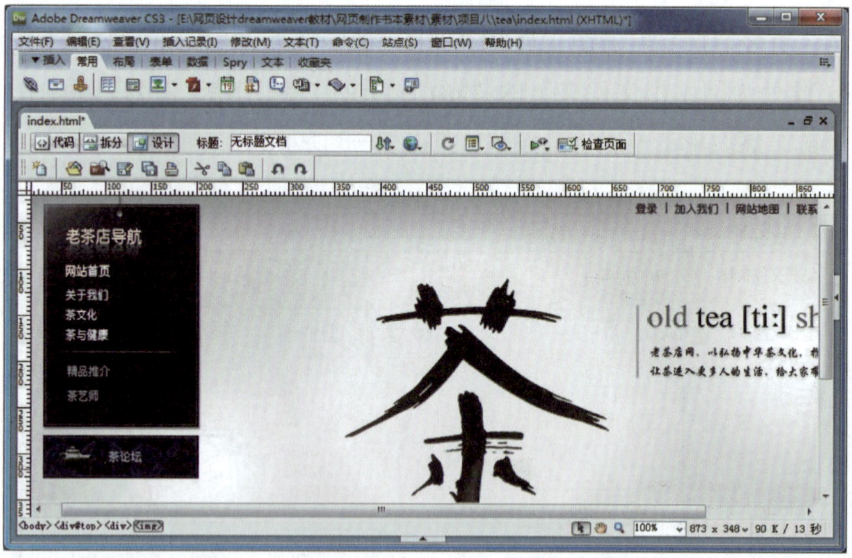

● 图 8—10 插入“main_02.jpg”“main_03.jpg”和“main_04.jpg”

2. 制作网页中部

相对于上部，本例网页中部涉及 Div 的嵌套、浮动定位和三列式布局，要复杂得多。

步骤 1 接着上面的操作，为确保 Div 位置的准确性，单击“文档”工具栏中的“拆分”按钮，在文档窗口上方打开代码视图，对照代码进行后面的操作。

步骤 2 首先将插入点定位在前面插入的 ID 为 top 的 Div 内，然后单击“标签选择器”中的“div#top”，选中整个 Div，如图 8—11 所示。

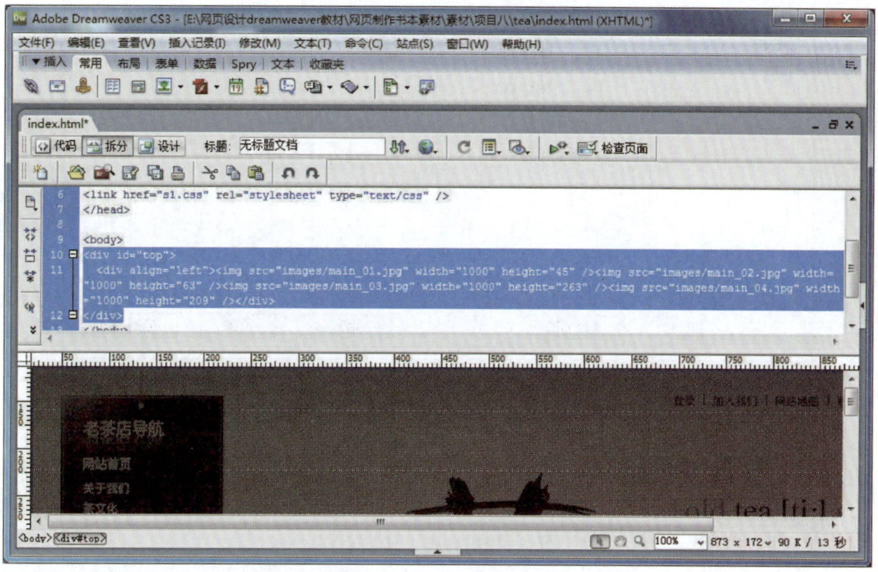

● 图 8—11 选中 Div

步骤 3 按键盘上的向右方向键，将插入点置于 Div 后，然后单击“布局”插入栏中的“插入 Div 标签”按钮，如图 8—12 所示。

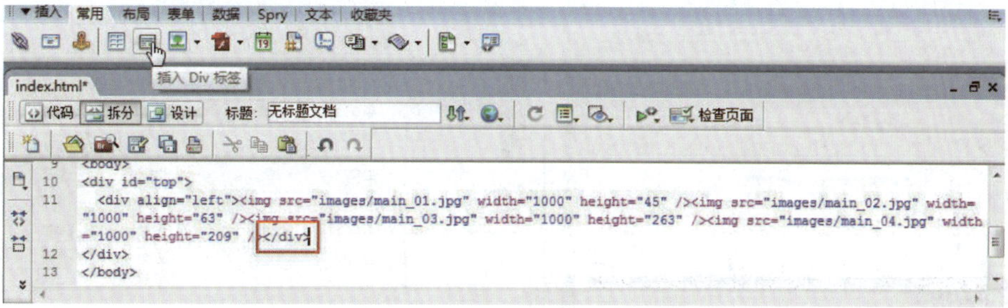

● 图 8—12 单击“插入 Div 标签”按钮

步骤 4 打开“插入 Div 标签”对话框，在“ID”编辑框中输入 ID 名“content”，然后单击“新建 CSS 样式”按钮。

步骤 5 打开“新建 CSS 规则”对话框，“选择器类型”默认为“高级”，选择器名为“#content”，在“定义在”列表区选择“s1.css”，然后单击“确定”按钮。

步骤 6 打开“#content 的 CSS 规则定义”对话框，在“分类”列表中选择“背景”，然后设置背景颜色为白色“#FFFFFF”，如图 8—13 所示。

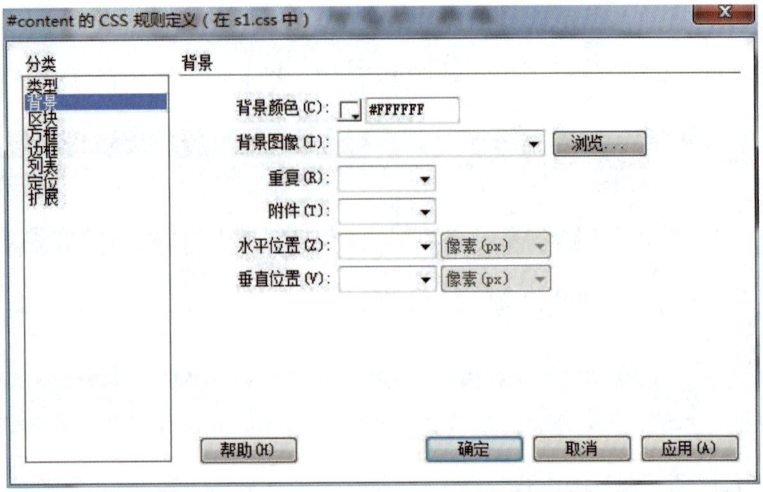

● 图 8—13　设置“背景”属性

步骤 7　在“分类”列表中选择“方框”，设置“宽”为 1 000 px，“高”为 140 px，然后单击“确定”按钮，插入 ID 为“content”的 Div。

步骤 8　参照前面的方法，对照代码将插入点置于 Div 内，在其中嵌套一个 ID 为“news”的 Div，并打开“#news 的 CSS 规则定义”对话框，如图 8—14a 所示。

步骤 9　在“分类”列表中选择“方框”，设置“宽”为 362 px，“浮动”为左对齐，然后单击“确定”按钮，如图 8—14b 所示。

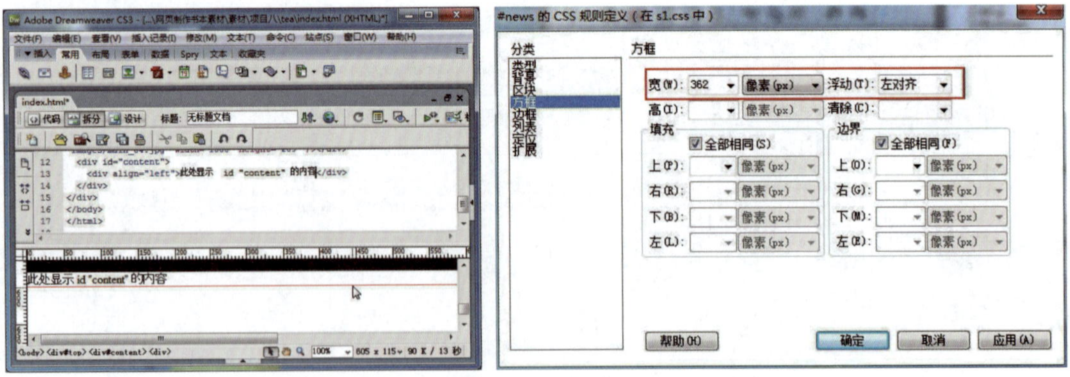

a)　　　　　　　　　　　　b)

● 图 8—14　打开并设置“#news 的 CSS 规则定义”对话框

> **小提示**　此处的“浮动”就是前面所讲的浮动定位，打开“s1.css”文件，可见其代码，如图 8—15 所示。

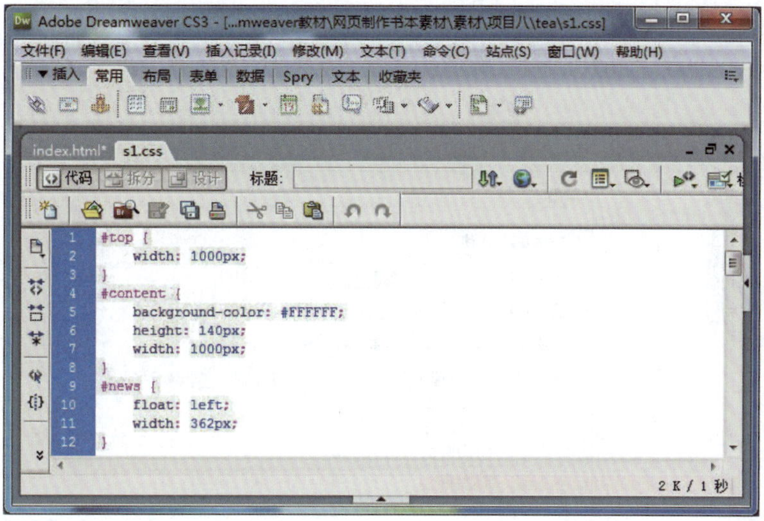

● 图 8—15　样式代码

步骤 10　在 ID 为“news”的 Div 中插入图像“main_05.jpg”，并将其中的文本删除，如图 8—16 所示。

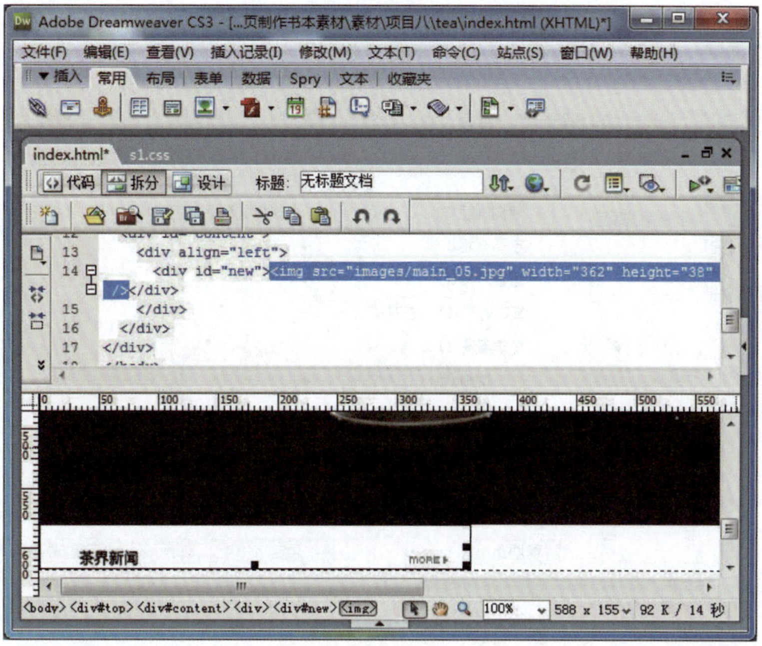

● 图 8—16　插入图像

步骤 11　对照代码将插入点置于图片后方，然后单击“插入 Div 标签”按钮，在 ID 为“news”的 Div 中嵌套一个 ID 为“newscontent”的 Div，并打开“#newscontent 的

CSS 规则定义”对话框。设置“字体”为宋体，“大小”为 12 px，“行高”为 20 px，颜色为灰色“#999999”，如图 8—17 所示。

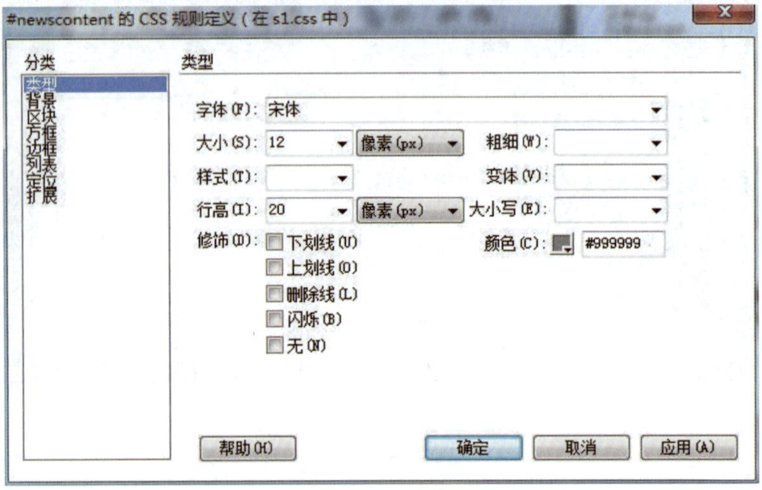

● 图 8—17 设置“类型”属性

步骤 12 在“分类”列表中选择“区块”，然后在“文本对齐”下拉列表中选择“左对齐”，如图 8—18 所示。

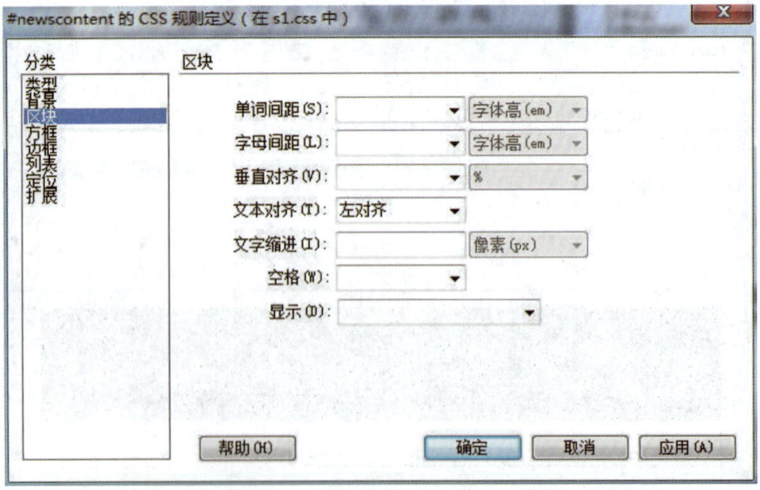

● 图 8—18 设置“区块”属性

步骤 13 在“分类”列表中选择“方框”，然后设置“宽”为 362 px。

步骤 14 在“分类”列表中选择“列表”，然后设置“类型”为“方块”，“位置”为“外”，最后单击“确定”按钮，如图 8—19 所示。

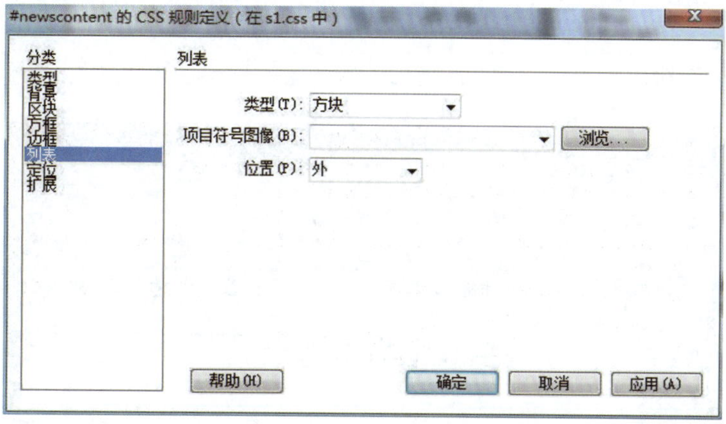

● 图 8—19 设置“列表”属性

步骤 15 将 ID 为“newscontent”的 Div 中文本删除后输入新文本，并将这些文本分为不同的段落。之后选中文本，单击“属性”面板上的“项目列表”按钮，Div 中的文本将应用前面设置的列表样式，如图 8—20 所示。

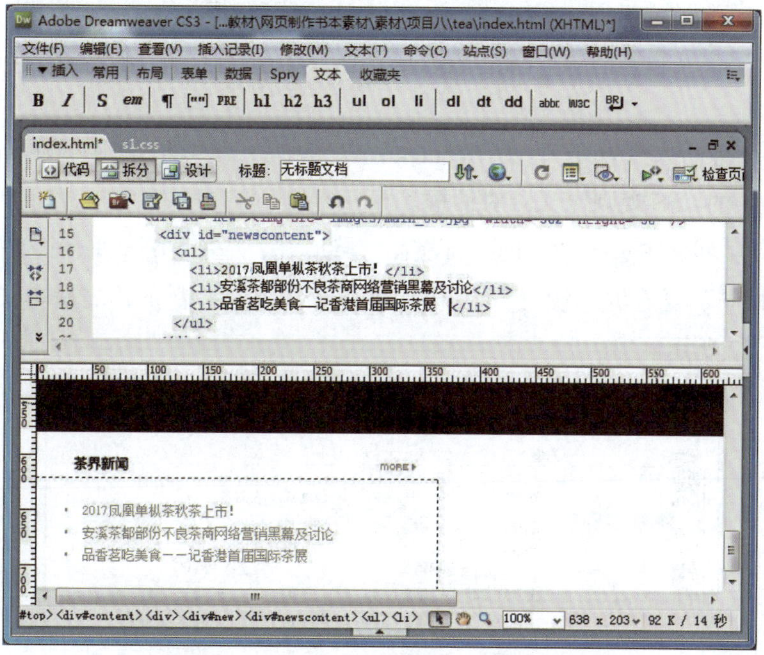

● 图 8—20 输入文本并设置项目列表

步骤 16 对照代码将插入点置于 ID 为“news”的 Div 后，继续在 ID 为“content”的 Div 中嵌套一个 ID 为“center”的 Div，并打开“# center 的 CSS 规则定义”对话框。在“分类”列表中选择“方框”，设置“宽”为 315 px，“浮动”为左对齐。

步骤 17 在 ID 为“center”的 Div 中插入图像“main_06.jpg”，并将其中的文本删除，如图 8—21 所示。

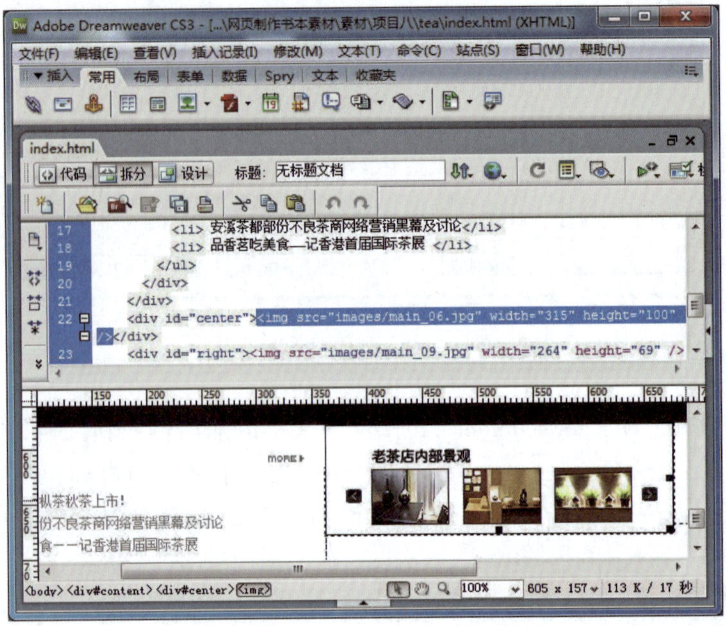

● 图 8—21 在 Div 内插入图像

步骤 18 将插入点置于 ID 为“center”的 Div 后，继续嵌套 ID 为“right”的 Div，并打开“#right 的 CSS 规则定义”对话框。

在“分类”列表中选择“方框”，设置“浮动”为“左对齐”，取消选择“填充”区域的“全部相同”复选框，设置“上”为 22 px，“左”为 19 px，之后单击“确定”按钮，如图 8—22 所示。

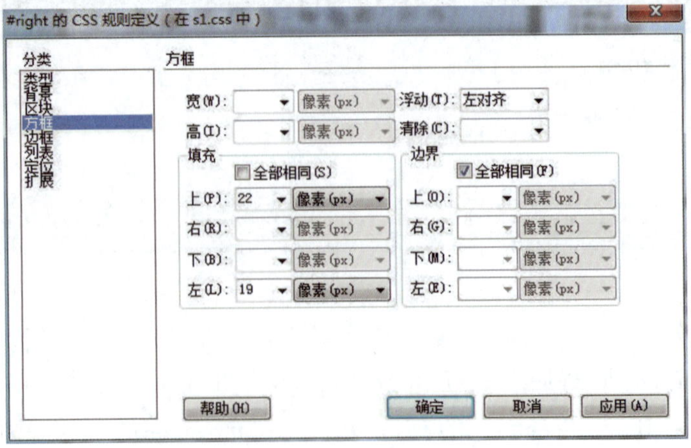

● 图 8—22 设置“方框”属性

步骤 19 在 ID 为“right”的 Div 中插入图像“main_09.jpg”，这样网页中部就制作完成了，如图 8—23 所示。

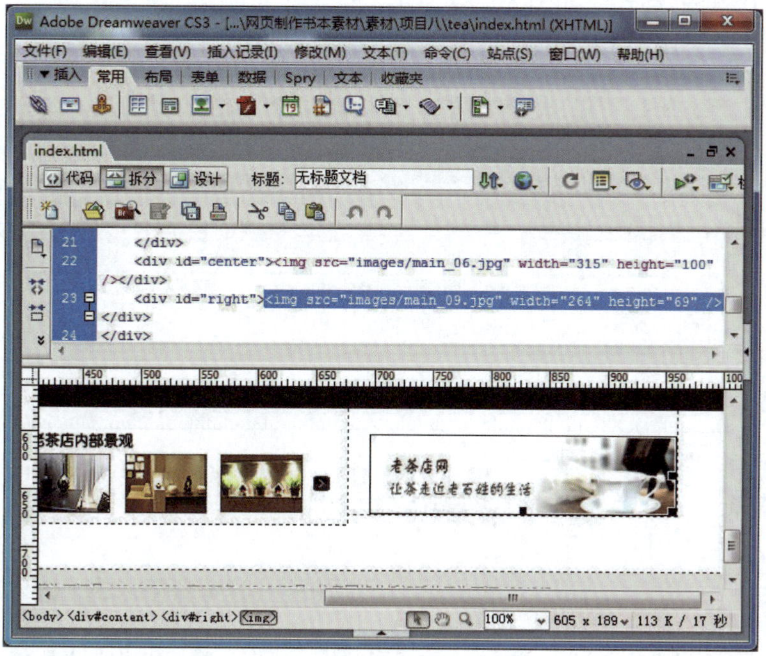

● 图 8—23 插入图像

小提示 在 Div+CSS 布局中，对象的宽度不仅由“width”值来决定，一个对象的真实宽度是由对象本身的宽、对象的左右外边距、左右边框，以及内边框这些属性相加而成的。

3. 制作网页下部

网页下部的制作只需要插入一个 Div，并在其中输入文本即可，相对来说要简单很多。

步骤 1 接着上面的操作，对照代码将插入点置于 ID 为“content”的 Div 后，插入 ID 为“bottom”的 Div，并打开“#bottom 的 CSS 规则定义”对话框，设置“大小”为 12 px，“颜色”为灰色“#999999”。

步骤 2 在“分类”列表中选择“背景”，设置“背景颜色”为浅灰色“#EEEEEE”。

步骤 3 在“分类”列表中选择“区块”，然后在“文本对齐”下拉列表中选择“居中”。

步骤 4 在“分类”列表中选择“方框”，然后设置“宽”为 1 000 px，“高”为 30 px，取消选择“填充”区的“全部相同”复选框，设置“上”为 10 px，最后单击

“确定”按钮。

步骤 5 将 ID 为“bottom”的 Div 中的原有文本删除，重新输入新文本，可见其自动套用了前面设置的样式，如图 8—24 所示。

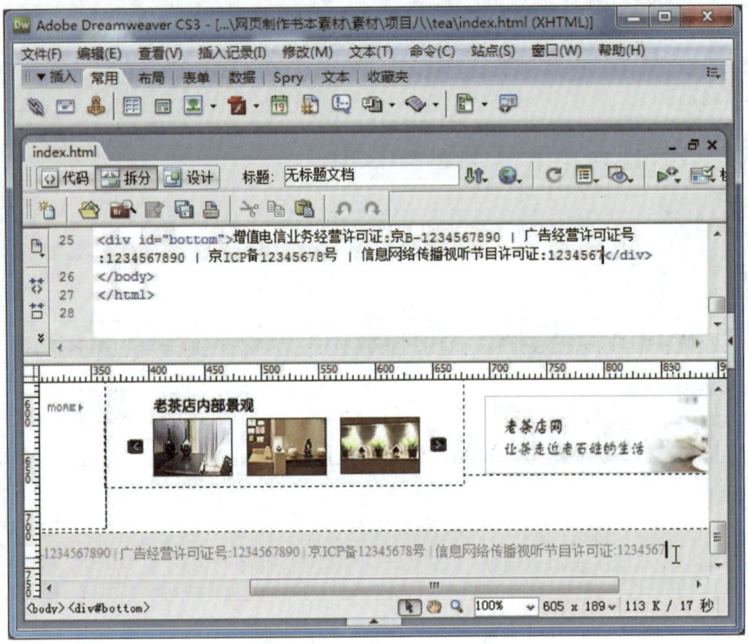

● 图 8—24 输入文本

步骤 6 分别保存网页文档和样式文件，然后在浏览器中预览文档，可以看到网页四周均有空白，且下方出现了滚动条，如图 8—25 所示。

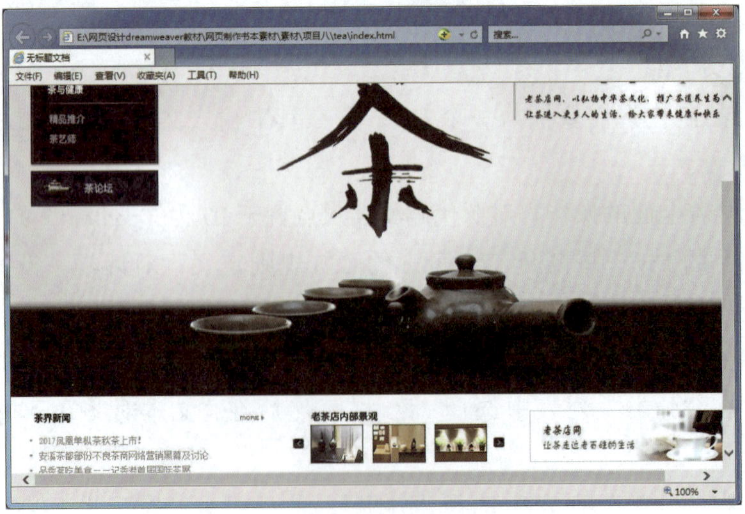

● 图 8—25 预览网页

4. 设置“body”样式

下面通过设置“body”样式来解决网页四周的空白和滚动条问题。

步骤 1　单击“CSS 样式”面板下方的“新建 CSS 规则”按钮，打开“新建 CSS”对话框，在“选择器类型”区选择“标签”，在“标签”下拉列表中选择“body”，在“定义在”列表区选择“s1.css”，然后单击“确定”按钮，如图 8—26 所示。

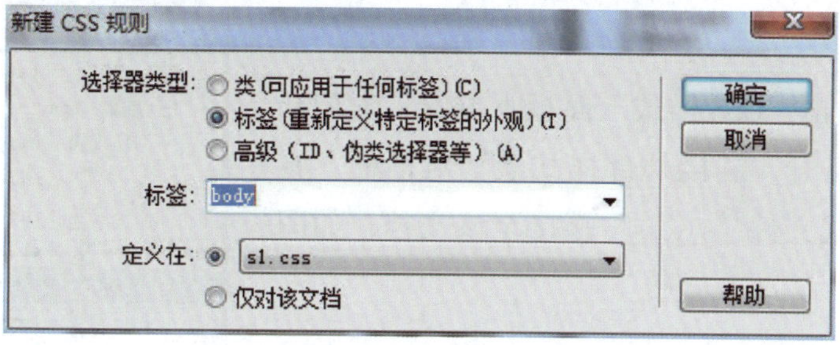

● 图 8—26　“新建 CSS 规则”对话框

步骤 2　打开“body 的 CSS 规则定义”对话框，在左侧的“分类”列表中选择“区块”，然后在“文本对齐”下拉列表中选择“居中”，以使所有内容居中对齐。

步骤 3　在左侧的“分类”列表中选择“方框”，设置“边界”值为 0，然后单击“确定”按钮。

步骤 4　分别保存网页文档和样式文件，然后在浏览器中预览文档，可以看到网页左侧和上方的空白，以及下方的滚动条均已消失，如图 8—27 所示。

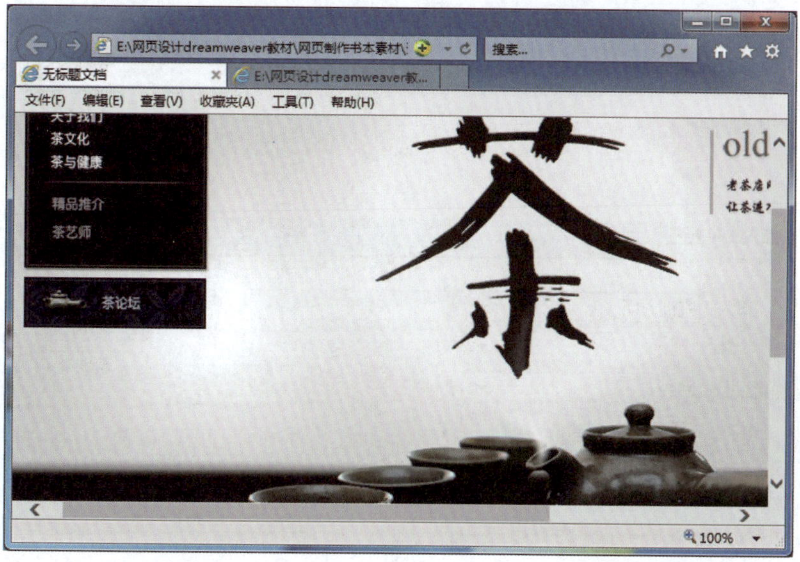

● 图 8—27　预览文件

二、制作网站子页

1. 制作网页上部

步骤 1　在站点“tea”中新建文档并重命名为“sub_1.html”，如图 8—28 所示。双击新文档，在文档编辑窗口中将其打开。

步骤 2　单击“CSS 样式”面板下方的“附加样式表”按钮，打开“链接外部样式表”对话框，将上节创建的样式文件“s1.css”链接至该文档，如图 8—29 所示。

步骤 3　在文档窗口中定位插入点，然后单击“布局”插入栏中的“插入 Div 标签”按钮，打开“插入 Div 标签”对话框，在“ID”编辑框中输入“stop”，然后单击“新建 CSS 样式”按钮，如图 8—30 所示。

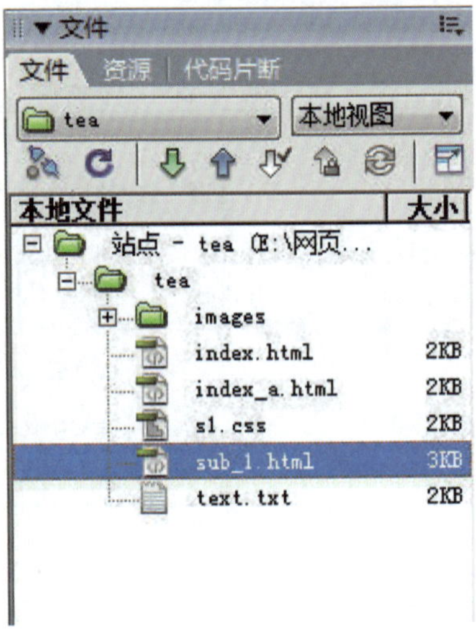

图 8—28　新建文档并重命名

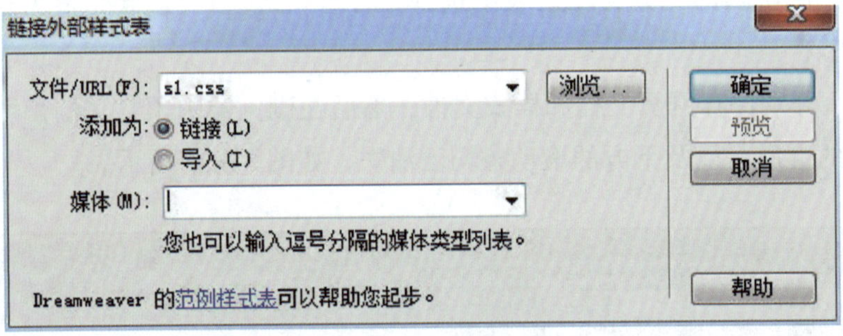

图 8—29　链接外部样式文件

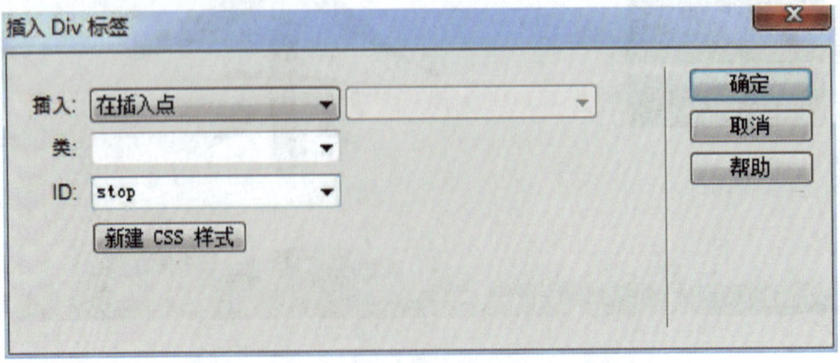

图 8—30　“插入 Div 标签”对话框

步骤 4 打开“#stop 的 CSS 规则定义”对话框，在“分类”列表中选择“方框”，设置“宽”为 1 000 px，然后单击“确定”按钮，插入 ID 为“stop”的 Div。

步骤 5 将插入的 Div 中的文本删除后插入图像“sub_01_01.jpg”，如图 8—31 所示。

● 图 8—31 插入图像

2. 制作网页中部

网页中部制作的要点是图文混排，也就是网页右下方装饰性图像位置的安排。

步骤 1 切换至“拆分”视图，参照前面的方法，在 ID 为“stop”的 Div 后定位插入点，单击“插入 Div 标签”按钮，插入 ID 为“scontent”的 Div，并打开“#scontent 的 CSS 规则定义”对话框，在“分类”列表中选择“背景”，设置背景颜色为白色“#FFFFFF”。

步骤 2 在左侧的“分类”列表中选择“方框”，设置“宽”为 1 000 px，然后单击“确定”按钮。

步骤 3 对照代码，将插入点定位在 ID 为“scontent”的 Div 中，单击“插入 Div 标签”按钮，插入 ID 为“sleft”的 Div，打开“#sleft 的 CSS 规则定义”对话框，在左侧的“分类”列表中选择“方框”，设置“宽”为 204 px，“浮动”为“左对齐”，“填充”为 0，最后单击“确定”按钮。

步骤 4 在 ID 为“sleft”的 Div 中插入图像“sub_01_02.jpg”，并将其中的文本删除，如图 8—32 所示。

步骤 5 选择插入的图像后按向右方向键，然后再按 Enter 键，接着依次插入图像“sub_01_09.jpg”和“sub_01_10.jpg”，如图 8—33 所示。

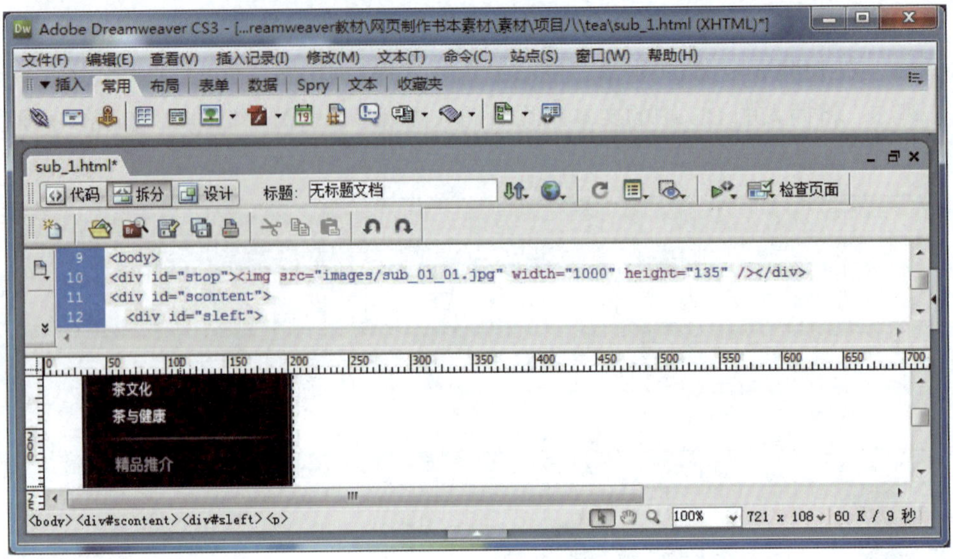

● 图 8—32　插入图像

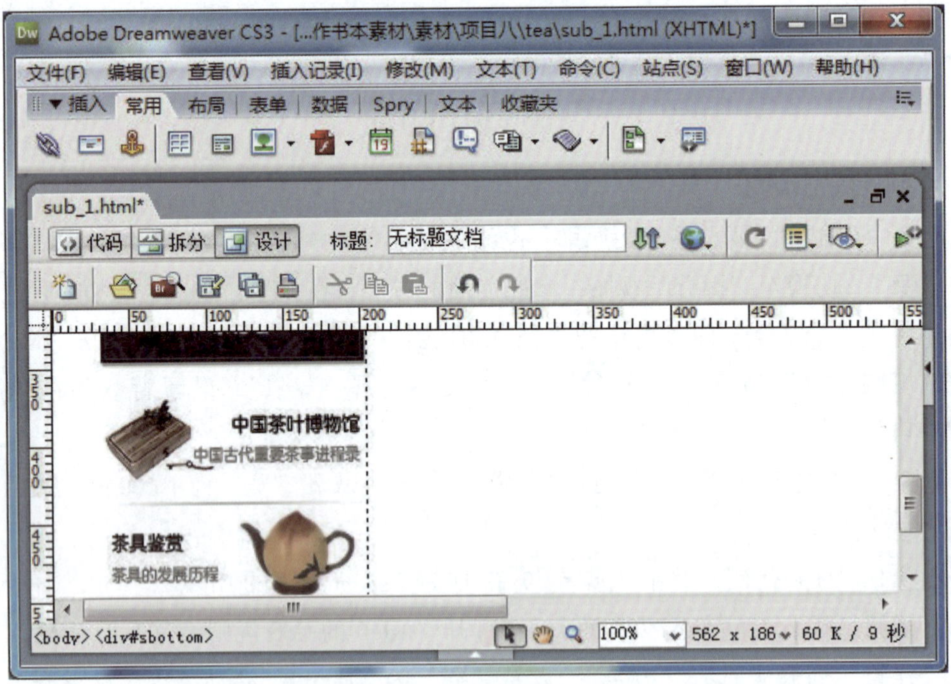

● 图 8—33　继续插入图像

小提示　此处按 Enter 键的目的，是使上方的图像与下方的两个图像之间有一定空隙。

步骤 6 将插入点定位在 ID 为“sleft”的 Div 之后，继续在 ID 为“scontent”的 Div 中嵌套 ID 为“stitle”的 Div，并打开“#stitle 的 CSS 规则定义”对话框。在“分类”列表中选择“区块”，然后在“文本对齐”下拉列表中选择“左对齐”。

步骤 7 在“分类”列表中选择“方框”，设置“宽”为 796 px，“浮动”为左对齐，取消“填充”区域的“全部相同”复选框，设置“上”为 30 px，然后单击“确定”按钮。

步骤 8 在 ID 为“stitle”的 Div 中插入图像“sub_01_04.jpg”，并删除其中的文本，如图 8—34 所示。

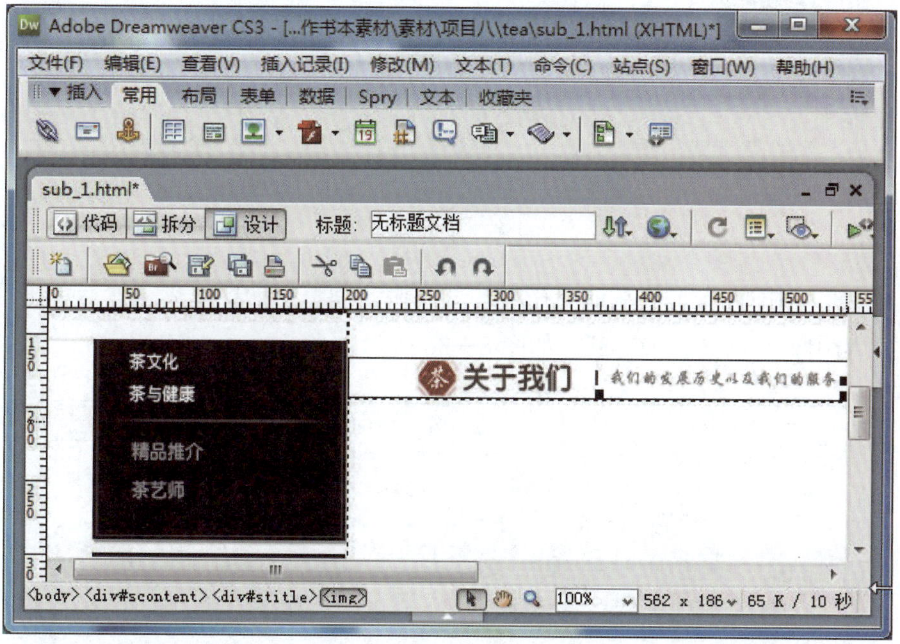

● 图 8—34 插入图像

步骤 9 将插入点定位在 ID 为“stitle”的 Div 之后，继续在 ID 为“scontent”的 Div 中嵌套 ID 为“smain”的 Div，并打开“#smain 的 CSS 规则定义”对话框，设置“大小”为 12 px，“行高”为 20 px，颜色为灰色“#999999”。

步骤 10 在左侧的“分类”列表中选择“区块”，设置“文本对齐”为左对齐。

步骤 11 在“分类”列表中选择“方框”，设置“宽”为 726 px，“浮动”为左对齐，取消“填充”区的“全部相同”复选框，然后设置“上”“右”“下”值为 20 px，“左”为 50 px，最后单击“确定”按钮。

步骤 12 打开网站根文件夹中的“text.txt”文档，将其中的文本拷贝至新插入的 Div 中，文本自动套用前面设置的样式，如图 8—35 所示。

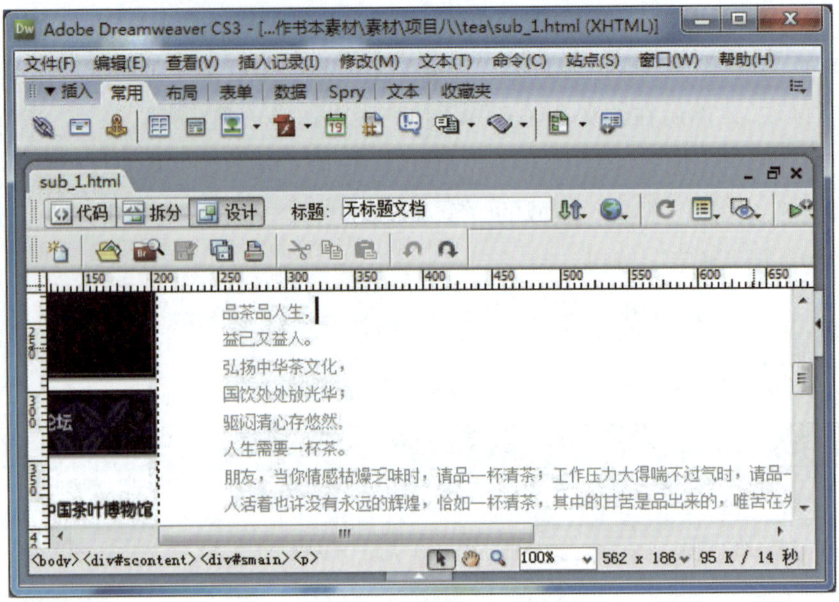

● 图 8—35 拷贝文本

步骤 13 将插入点定位在前面拷贝的文本中“创汇第四”之后，然后单击“图像”按钮，插入图像“sub_01_07.jpg”，如图 8—36 所示。

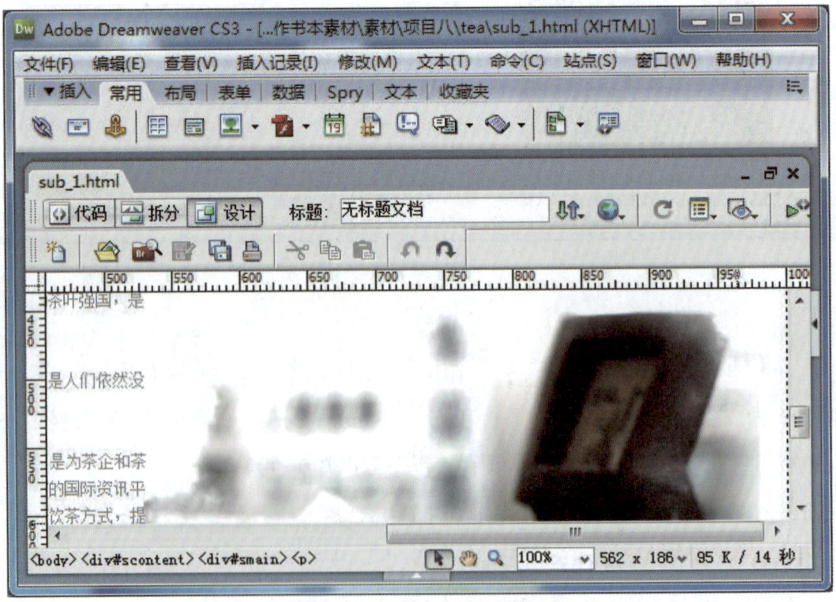

● 图 8—36 插入图像

步骤 14 选中图像，单击“CSS 样式”面板下方的“新建 CSS 规则”按钮，打开“新建 CSS 规则”对话框，在“选择器类型”区选择“高级”，“选择器”编辑框中默认为“#scontent #smain img”，“定义在”默认为“s1.css”，单击“确定”按钮。

步骤 15　打开“#scontent #smain img 的 CSS 规则定义”对话框，在“分类”列表中选择“方框”，然后设置“浮动”为“右对齐”，最后单击“确定”按钮，则图像自动位于文本的右下角，如图 8—37 所示。

图 8—37　设置图像位置

小提示　如果不知道图像应该放在哪些文字之后才能在设置浮动后使其位于文本右下角，可以打开“拆分”视图，在代码中移动图像代码，然后在设计视图中观看效果，这样多试几次，便能找到合适的位置。

3. 制作网页下部

步骤 1　将插入点定位在 ID 为“scontent”的 Div 之后，插入 ID 为“sbottom”的 Div，并打开“#sbottom 的 CSS 规则定义”对话框，设置“大小”为 12 px，“颜色”为灰色“#999999”。

步骤 2　在“分类”列表中选择“背景”，设置“背景颜色”为浅灰色“#EEEEEE”。

步骤 3　在“分类”列表中选择“区块”，设置“文本对齐”为“居中”。

步骤 4　在“分类”列表中选择“方框”，设置“宽”为 1 000 px，“高”为 30 px，“清除”为“两者”，取消选择“填充”区的“全部相同”复选框，设置“上”为 10 px，然后单击“确定”按钮。

小提示 浮动元素之后的元素会自动围绕该浮动元素。如果不希望这样，可以为这些元素应用“clear”属性，即图 8—67 中设置的“清除”。

步骤 5 将 ID 为“sbottom”的 Div 中文本删除，重新输入文本，该 Div 自动套用了前面设置的样式，如图 8—38 所示。

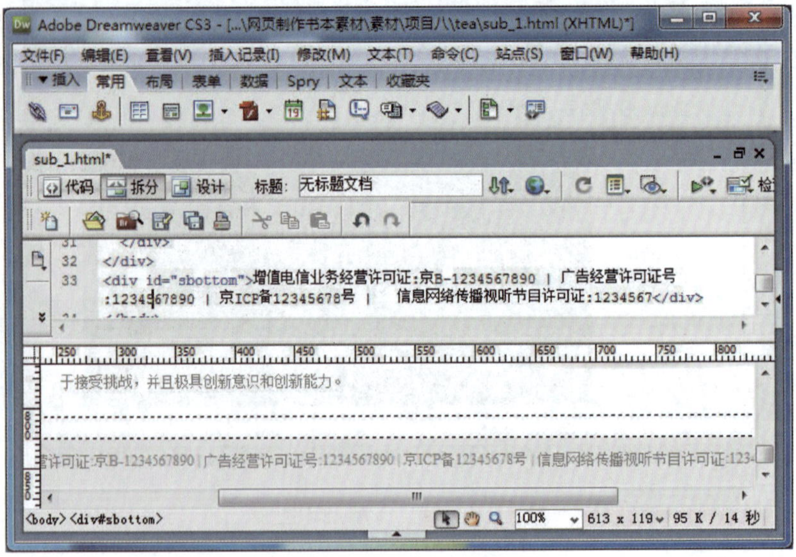

● 图 8—38 输入文本

步骤 6 分别保存文档和样式文件，然后在浏览器中预览，效果如图 8—39 所示。

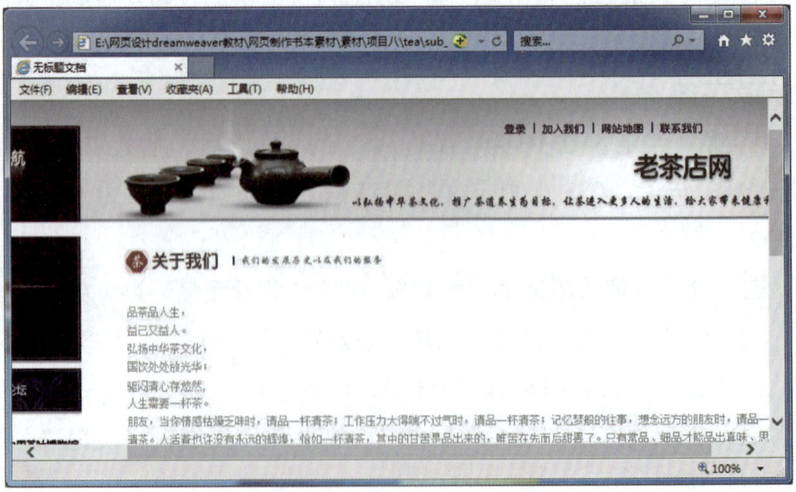

● 图 8—39 预览文档

巩固练习

根据前面所学知识，打开本项目素材“tea”文件夹中的“index_a.html”文档，在其基础上应用绝对定位方式制作网站首页的中部。（扫描二维码查看提示）

知识拓展　Div+CSS 技术使用技巧

Div+CSS 技术因其独特的优势，已成为一种流行的网页布局方式。扫描二维码，了解 Div+CSS 技术的一些常见使用技巧。

项目九
制作个人网站——应用模板和库

项目内容

个人网站是提供记录、交流、分享功能，展现自我及个性的属于自己的空间和平台，通过个人网站能够和朋友进行交流、学习。本项目的工作内容就是制作两个主题分别为个人介绍和家庭生活的个人网站。网站的设计要求如下：

（1）导航要尽量清晰明了、布局合理、层次分明，页面链接层次不要太深，尽量让用户用最短的时间找到需要的资料。

（2）风格要统一。保持统一的风格，有助于加深访问者对个人网站的印象。

（3）色彩要和谐、重点要突出。在网页设计中，要讲究和谐、均衡和重点突出的原则。

（4）动态效果不宜过多。

项目分析

根据个人网站的制作要求可以看出，在制作中，同一栏目下的网页一般都使用相同的布局方式和页面元素。如果一页一页地做，会浪费很多时间。为避免重复操作，可以使用 Dreamweaver 提供的“模板”功能和“库”功能，将相同结构的网页制作成模板，将相同的页面元素（如导航栏、注册信息等）制作成库项目并重复使用。

E:\网页设计dreamweaver教材\网页制作书2
搜索...
无标题文档
文件(F) 编辑(E) 查看(V) 收藏夹(A) 工具(T) 帮助(H)
关于我 网页素材 网页教程 好听的音乐 留言板
梦幻花园
昵称：懒猫
性别：女
年龄：20
生日：1997年3月23日
身高：165cm（标准身高哦！）
喜欢的明星：周杰伦、胡歌、鹿晗……
喜欢做的事情：看书、看电影、上网、旅游……
口味：不喜欢甜的、腻的东西
性格：内外兼有
格言：知足常乐，相信自己
居住地：广东广州
职业：网站美工兼编辑
100%

E:\网页设计dreamweaver教材\网页制作书2
搜索...
无标题文档
文件(F) 编辑(E) 查看(V) 收藏夹(A) 工具(T) 帮助(H)
幸福一家
海洋馆拍的海象
效果不是很好，反光
珊瑚
五颜六色的，特漂亮
这叫什么鱼来的
也是海洋馆的
可爱的海豚在表演节目
它的速度快得惊人
冲与冲爸的较量
难分高下
100%

● 项目成果展示

任务 1　创建“梦幻花园”首页——应用模板

学习目标

◆掌握创建和保存模板的方法

◆熟悉利用模板创建网页的方法

模板是一种特殊类型的文档，用于制作网页中“相同”的部分。用户可基于模板创建文档，从而使创建的文档继承模板的页面布局。基于模板创建的文档与模板保持链接关系（除非以后分离该文档），修改模板后，所有基于该模板的文档都可以自动更新。

相关知识

一、创建并保存模板文档

创建模板文档的方法有两种。一种是新建空白模板文档，然后像制作普通网页一样制作和编辑模板内容；另一种是将普通网页另存为模板。这里讲解如何将普通网页另存为模板。

步骤 1　将本项目素材中的“gp”文件夹拷贝至本地磁盘，然后在 Dreamweaver 中创建站点“gp”。打开准备作为模板的网页（此处为“gp”站点中的“invite.html”文档），然后选择“文件”→“另存为模板”命令。

小提示　要新建空白模板文档，可选择“文件”→“新建”命令，打开“新建文档”对话框，在左侧的文档类型列表中选择“空模板”，在“模板类型”列表中选择“html 模板”，然后单击“创建”按钮即可。

步骤 2　打开“另存模板”对话框，在“站点”下拉列表中选择要保存到的站点，在“另存为”编辑框中命名模板，然后单击“保存”按钮，如图 9—1a 所示。

步骤 3　弹出提示框，询问是否更新链接，一般情况下都应单击“是”按钮，如图 9—1b 所示。

a） b）

● 图 9—1 将现有网页另存为模板

小提示 默认情况下，Dreamweaver 将模板文档保存在站点根目录下的 Templates 文件夹中，使用扩展名“.dwt”。如果在创建模板文档时站点中还没有 Templates 文件夹，Dreamweaver 将在保存新建模板时自动创建该文件夹。由于文档的位置发生了变化，所以模板中的链接需要更新。

不要将模板文档移动到 Templates 文件夹之外，或将任何非模板文件放在 Templates 文件夹中，以免导致将来无法使用模板等一系列问题。

步骤 4 编辑模板。模板的编辑和普通网页的编辑基本一致，可根据需要进行具体设计。

步骤 5 完成编辑后设置可编辑区域。选择想要设置为可编辑区域的内容，或将插入点放在想要插入可编辑区域的位置，如图 9—2 所示。

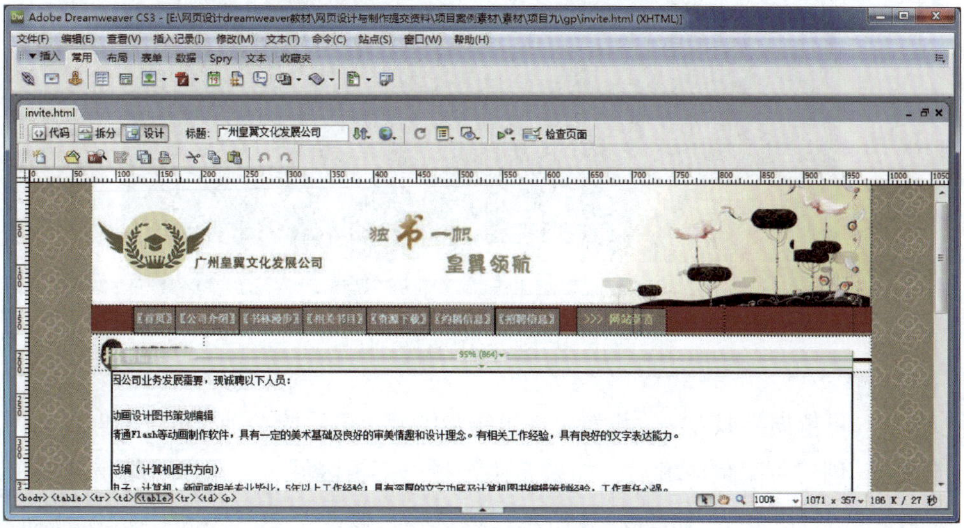

● 图 9—2 选择表格

小提示 模板文档一般分为可编辑区域和不可编辑区域。模板文档中设定为可编辑区域的部分可以在基于模板的文档中像一般构成要素一样进行修改；而设定为不可编辑区域的部分，则不能在基于模板的文档中进行修改。

步骤 6 选择“插入记录”→“模板对象”→“可编辑区域”命令，打开“新建可编辑区域”对话框，在“名称”编辑框中输入可编辑区域的名称，然后单击“确定”按钮，创建可编辑区域，如图 9—3 所示。

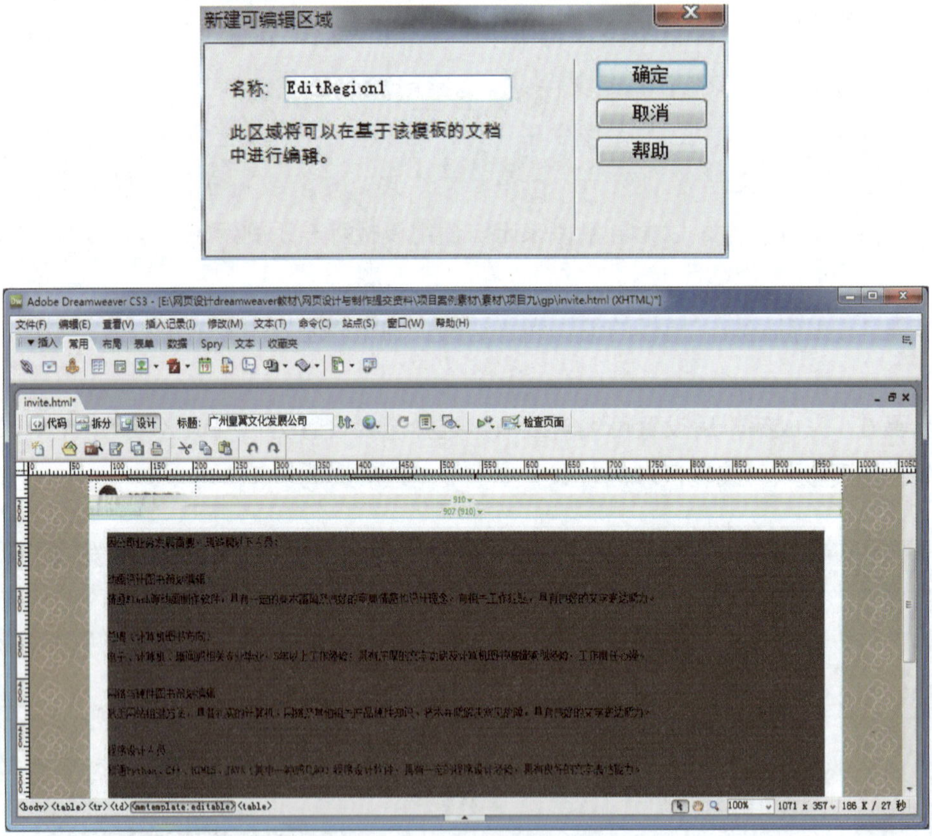

图 9—3 创建可编辑区域

步骤 7 可依据类似方法，设置其他可编辑区域，最后按 Ctrl+S 组合键保存文档。

步骤 8 创建可编辑区域后，如果希望选择可编辑区域，可单击可编辑区域左上角的可编辑区域名称标签，如图 9—4 所示；或选择“修改”→“模板”命令，然后从该子菜单底部的列表中选择可编辑区域名称。

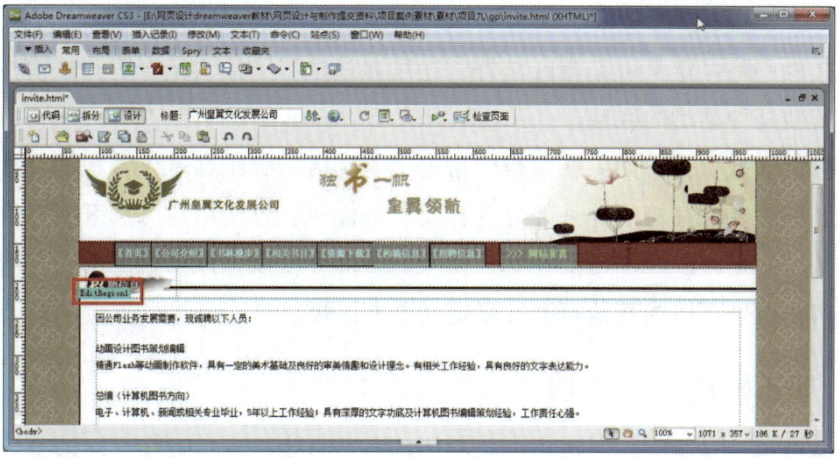

● 图 9—4 选择可编辑区域

步骤 9 如果已经将模板中的一个区域标记为可编辑，而现在想要再次锁定它（使其在基于模板的文档中不可编辑），可使用“删除模板标记”命令。具体方法是在选中可编辑区域后，选择“修改”→“模板”→“删除模板标记”命令。

步骤 10 要重新命名可编辑区域，只需单击可编辑区域左上角的可编辑区域名称标签，然后在“属性”面板的“名称”编辑框中修改即可，如图 9—5 所示。

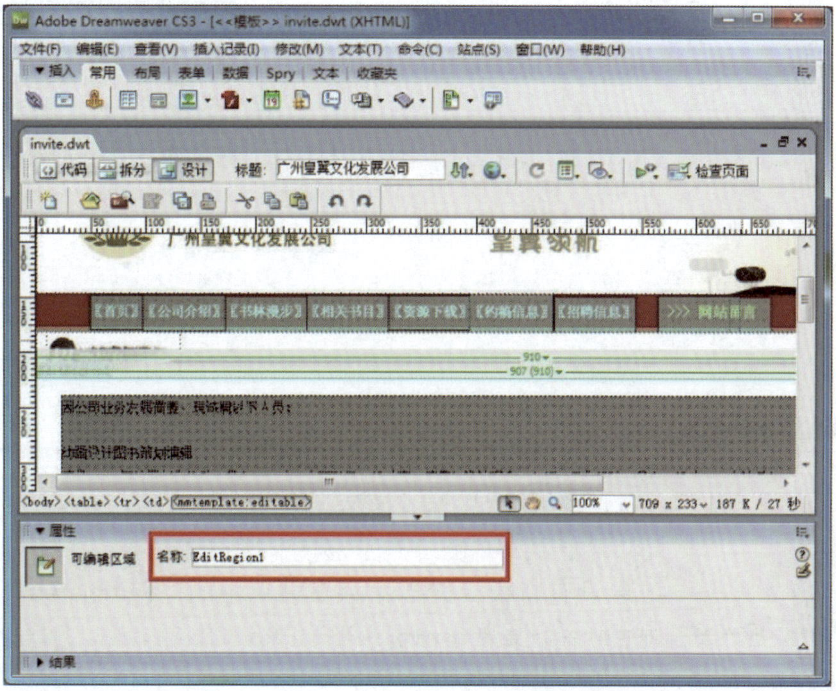

● 图 9—5 重命名可编辑区域

步骤 11 编辑完后，选择“文件”→“保存”命令，或按 Ctrl+S 组合键保存文档。

模板文档中除可定义可编辑区域外，还可通过选择“插入记录”→“模板对象”命令，定义其他几种类型的区域。

其中可选区域是指，如果在模板中指定了这类区域，则在基于模板的文档中可显示或隐藏该区域。要为文档中的某部分内容设置条件时，可使用“可选区域”。

重复区域则是可以根据需要在基于模板的页面中复制任意次数的部分。重复区域通常用于表格，但也可以为其他页面元素定义重复区域。

二、基于模板创建文档

创建模板后，就可以在该模板的基础上创建网页文档了，具体方法如下。

步骤 1 选择“文件”→“新建”命令，打开“新建文档”对话框。

步骤 2 如图 9—6 所示，在左侧的“文档类型”列表中选择“模板中的页”，在“站点”列表中选择模板所在站点（此处为“gp”），在“站点‘gp’的模板”列表中选择模板名称（此处为“invite”），然后单击“创建”按钮。

● 图 9—6 基于模板创建文档

小提示 如果没有将模板文档保存在站点中的“Templates”文件夹中，则无法在这里选择模板。

步骤 3 根据需要修改文档的可编辑区域或编辑文档，最后将文档保存即可。

小提示 若要编辑文档中的锁定区域，可首先选择“修改”→“模板”→“从模板中分离”命令，将文档与模板断开（这样该文档就变成了普通网页），然后再进行编辑。

另外，除上面的方法外，也可在“资源”面板中右击模板，然后从弹出的快捷菜单中选择“从模板新建”选项，来创建基于模板的文档，如图 9—7 所示。

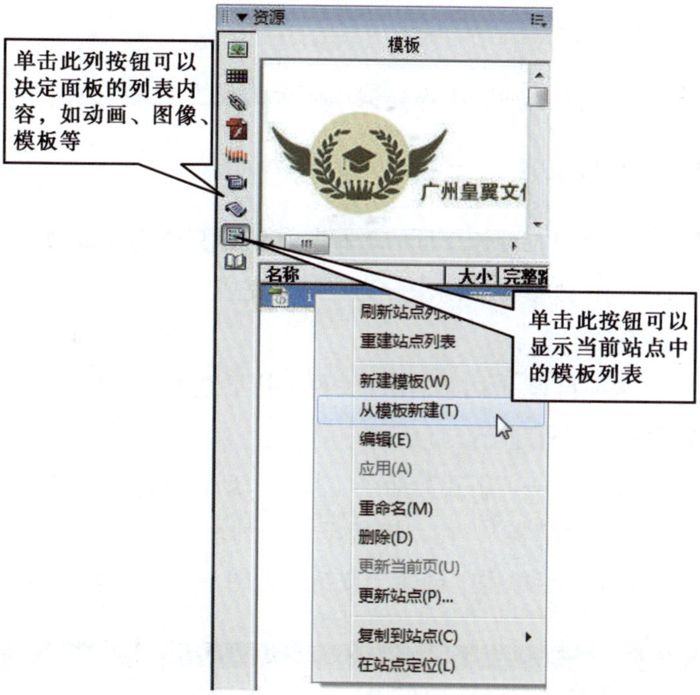

● 图 9—7 “资源”面板

步骤 4 在基于模板创建文档后，如果又更改了模板，在保存时系统将打开图 9—8 所示的“更新模板文件”对话框，其中列出了基于该模板创建的文档列表。单击“更新”按钮，将打开“更新页面”对话框，其中显示了页面更新情况。更新结束后，单击“关闭”按钮即可。

小提示 如果不再需要使用某个模板，可以将其删除，方法为：在“文件”面板中选中要删除的模板文件，此时将打开提示对话框，在其中单击“是”，如图 9—9 所示。

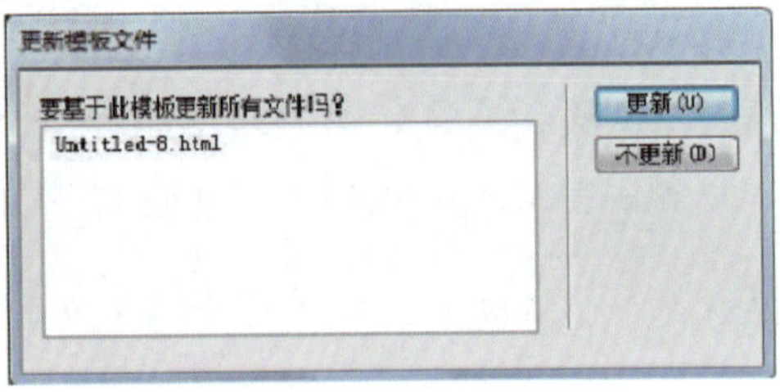

● 图 9—8 “更新模板文件”对话框

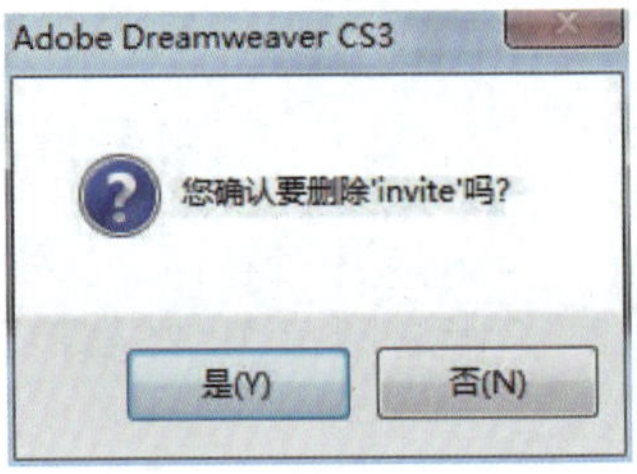

● 图 9—9 删除模板对话框

任务实施

在学习了模板的相关知识后，下面完成用模板实现的个人网站的制作。

一、创建网站模板

该个人网站中所有网页都使用了同一个模板，所以只要将模板做出，网页的制作就简单了。为便于理解，将该模板的制作分为三部分完成。

1. 创建并保存模板文档

步骤 1 首先将本项目素材中的“p1”文件夹拷贝至本地磁盘，然后在 Dreamweaver 中新建站点“p1”。

步骤 2 选择“文件”→“新建”命令，打开“新建文档”对话框，在左侧的“文档类型”列表中选择“空模板”，在“模板类型”列表中选择“HTML 模板”，在“布局”列表中选择“无”，最后单击“创建”按钮，如图 9—10 所示。

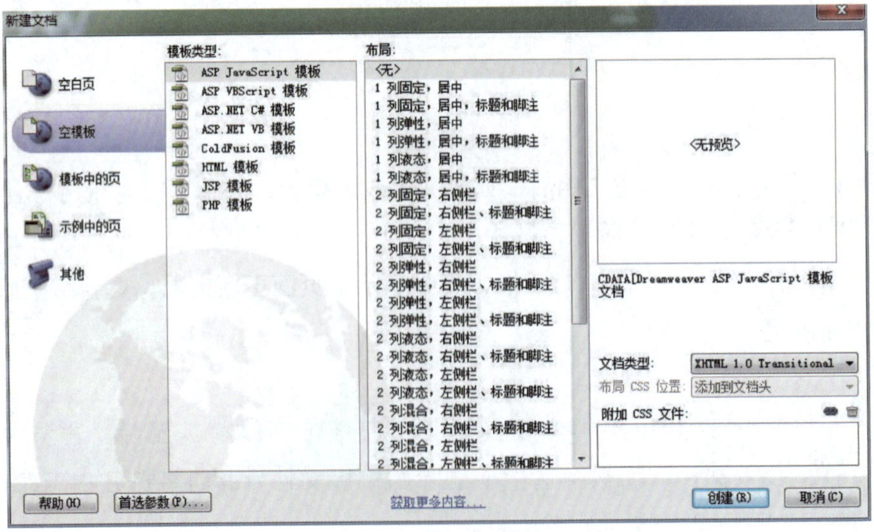

● 图 9—10 “新建文档”对话框

步骤 3　按 Ctrl+S 组合键保存模板页，弹出提示框，提示“此模板不含有任何可编辑区域。你想继续吗？”，单击“确定”按钮即可，如图 9—11 所示。

步骤 4　弹出“另存模板”对话框，在“站点”下拉列表中选择保存站点（此处为“p1”），在“描述”编辑框中输入描述性文本（此处为“个人网站”），在“另存为”编辑框中输入模板文件名（此处为“m1”），然后单击“保存”按钮，如图 9—12 所示。

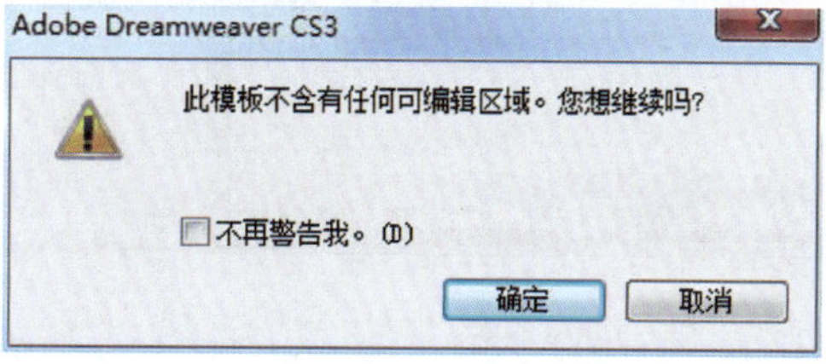

● 图 9—11　提示框

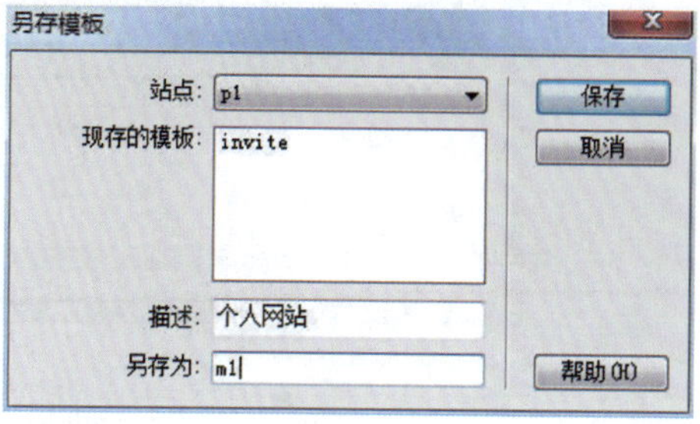

● 图 9—12　“另存模板”对话框

步骤 5　打开“CSS 样式”面板，将“p1”站点中的样式文件“s1.css”链接至模板文档，如图 9—13 所示。

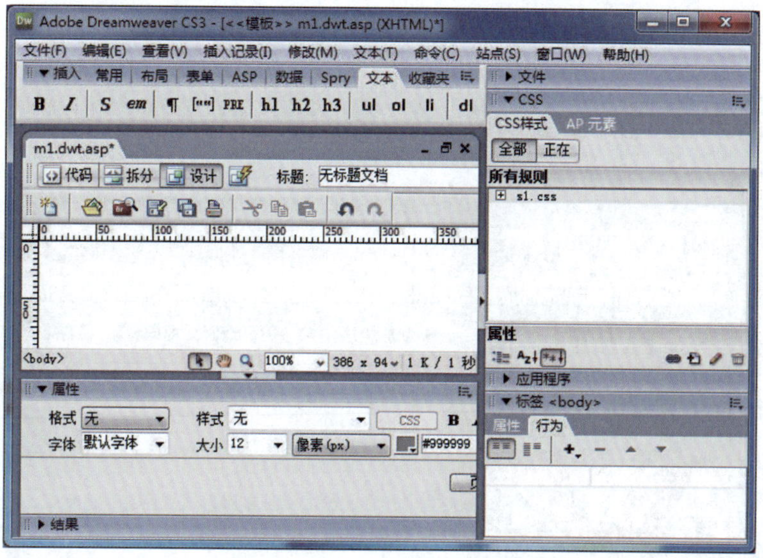

● 图 9—13　链接样式文件

2. 设置模板内容

此处的模板内容主要指文档中不可编辑区域部分的内容。

步骤 1　将插入点置于文档窗口中，插入一个 1 行 3 列，宽为 1 000 px，边框、间距和边距均为 0 的表格（称为表格 1），然后在各单元格中分别插入图像“personal1_01.

jpg”“personal1_02.jpg”和“personal1_03.jpg”，如图 9—14 所示。

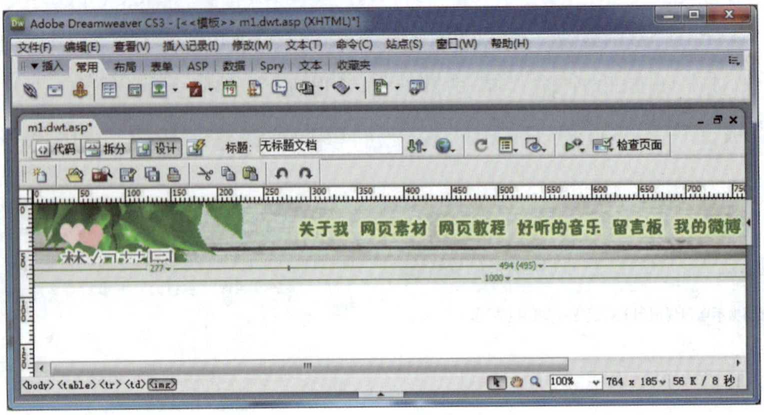

● 图 9—14 插入表格 1 并在其中插入图像

步骤 2 在表格 1 下方插入一个 6 行 2 列，宽为 1 000 px，边框、间距和边距均为 0 的表格（称为表格 2），在左侧的各个单元格中分别插入图像“personal1_04.jpg”和“personal1_08.jpg” ~ “personal1_12.jpg”。

步骤 3 将表格 2 右侧的 6 个单元格合并为一个单元格，并将插入点置于合并后的单元格中，在“属性”面板上的“垂直”下拉列表中选择“顶端”，如图 9—15 所示。

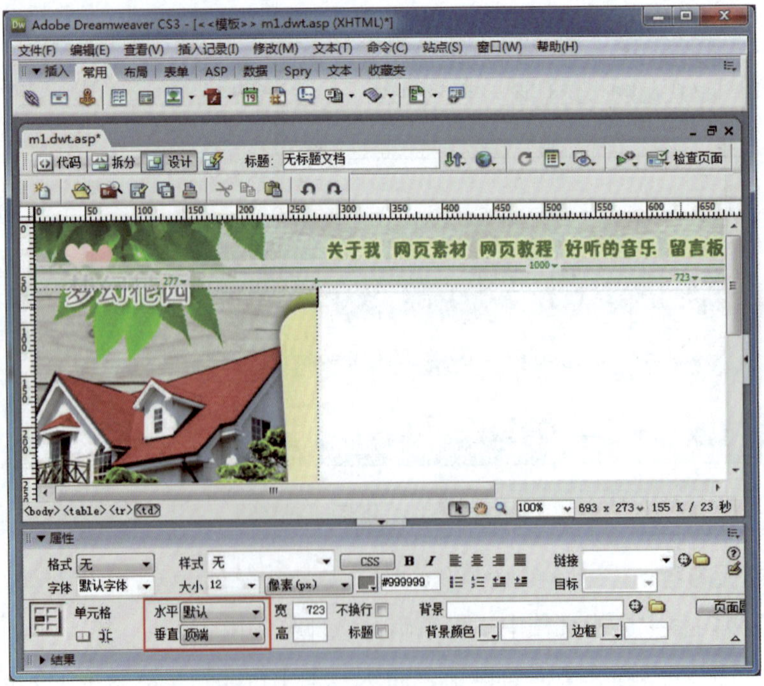

● 图 9—15 合并单元格并设置垂直方式

步骤 4　在合并后的单元格中嵌套一个 3 行 2 列，宽为 723 px，边框、间距和边距均为 0 的表格。将第 1 行的两个单元格合并，并在其中插入图像“personal1_05.jpg”，如图 9—16 所示。

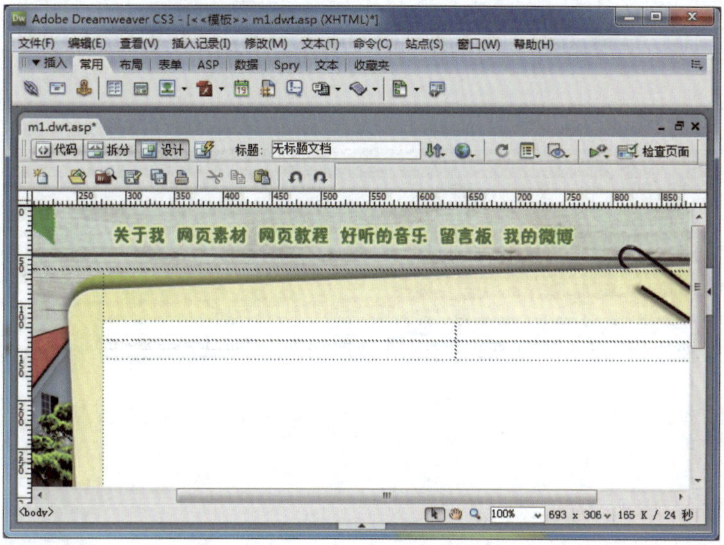

● 图 9—16　制作嵌套表格并插入图像

步骤 5　将插入点置于嵌套表格第 2 行第 1 列单元格中，设置其宽为 603 px，高为 378 px，并在“属性”面板上的“垂直”下拉列表中选择“顶端”，“背景图像”为“personal1_06.jpg”，如图 9—17 所示。

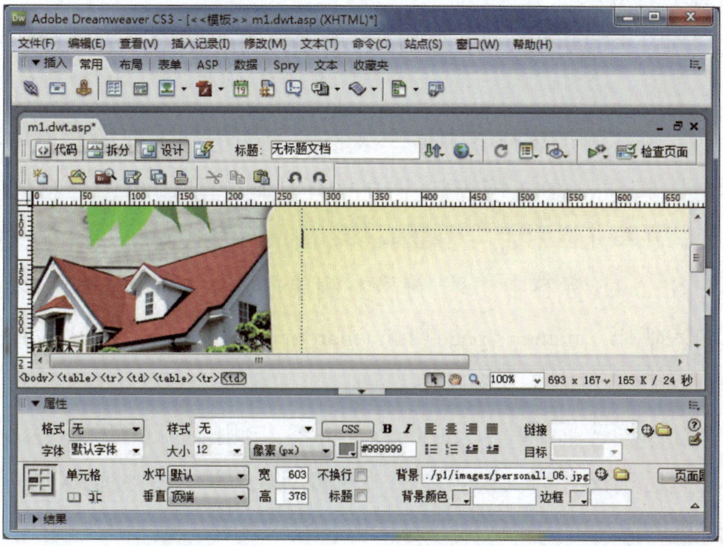

● 图 9—17　设置单元格属性

步骤 6 将嵌套表格第 2 行第 2 列和第 3 行第 2 列的两个单元格合并，并在合并后的单元格中插入图像“personal1_07.jpg”；同样在第 3 行第 1 列单元格中插入图像“personal1_13.jpg”。

步骤 7 在表格 2 下方插入一个 1 行 3 列，宽为 1 000 px 的表格，并分别在各个单元格中插入图像“personal1_14.jpg”“personal1_15.jpg”和“personal1_16.jpg”，如图 9—18 所示。

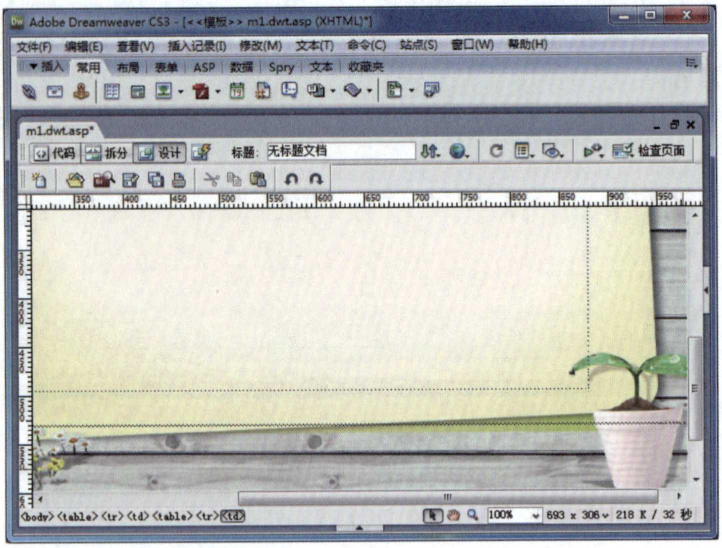

● 图 9—18 插入表格并在其中插入图像

3. 设置可编辑区域

此处要制作的可编辑区域不同于以往的类型，需要使用嵌入式框架来实现。

步骤 1 将插入点置于表格 2 中嵌套表格的第 2 行第 1 列单元格中，单击文档工具栏中的“拆分”按钮，在文档窗口上方打开代码视图，单击“布局”插入栏中的“IFRAME”按钮，在单元格中插入“<iframe></iframe>”代码，如图 9—19 所示。

步骤 2 在 <iframe> 标签中“>”符号左侧单击，按一下空格键，然后应用快速标签编辑器依次输入代码“name= "page" frameborder= "0" width= "603" height= "350"”，如图 9—20 所示。

步骤 3 单击标签选择器中“<iframe>”标签左侧的“<td>”标签，选中嵌入式框架所在单元格，然后选择“插入记录”→“模板对象”→“可编辑区域”命令。

步骤 4 打开“新建可编辑区域”对话框，在“名称”编辑框中输入“EditRegion1”，之后单击“确定”按钮，创建可编辑区域。

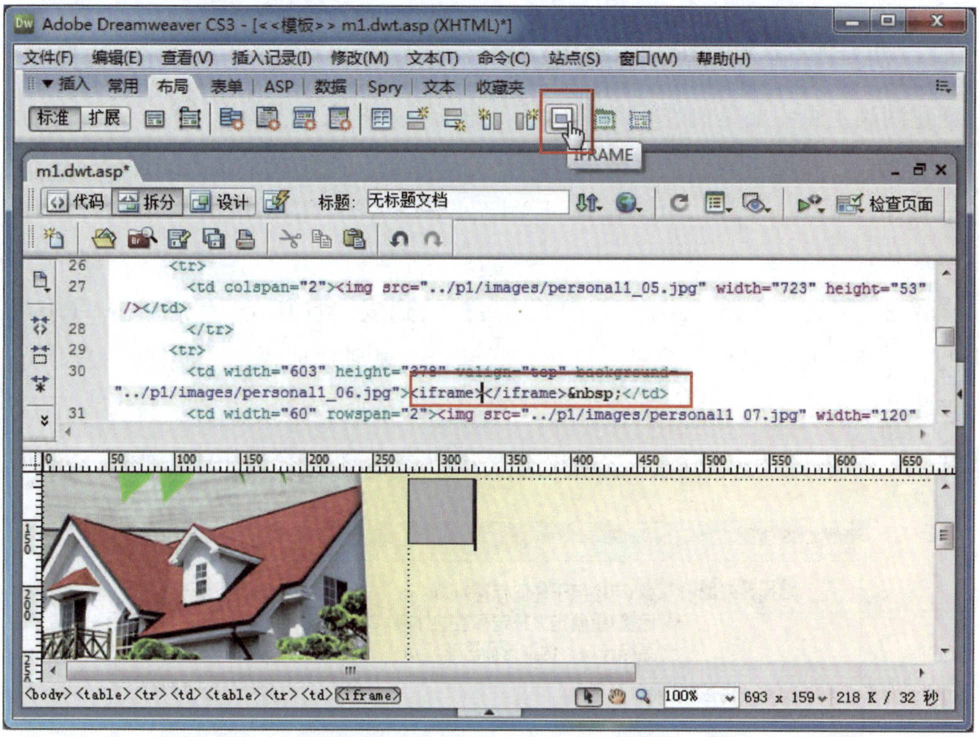

● 图 9—19　插入嵌入式框架代码

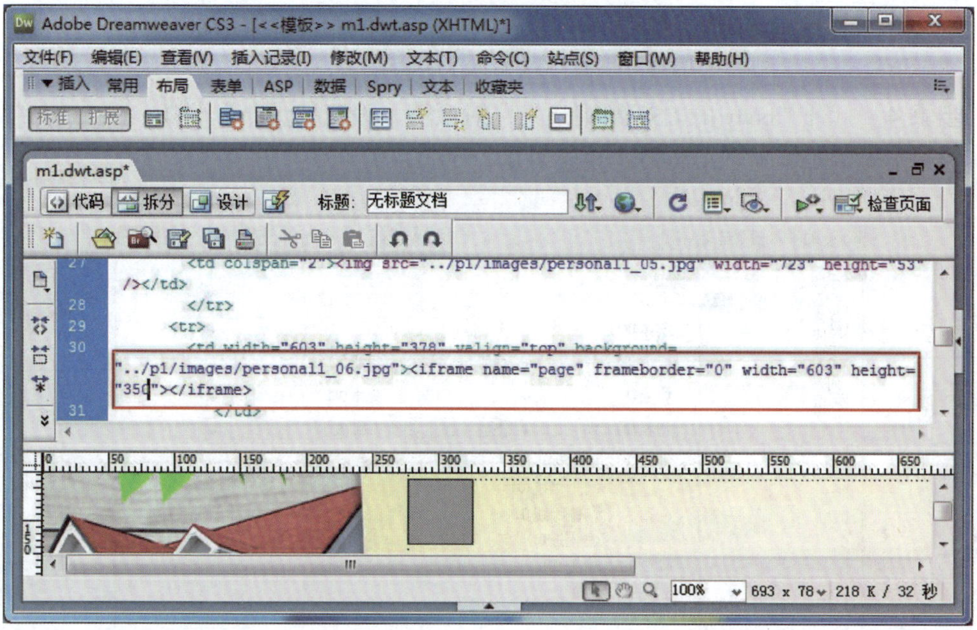

● 图 9—20　输入代码

步骤 5　按 Ctrl+S 组合键保存文档，便完成了网站模板的创建。

二、应用模板创建网站主页

创建网站主页主要是制作可编辑区域（此处就是嵌入式框架）中的内容。下面首先制作一个网页，然后将其设置为嵌入式框架的起始页，便完成了主页的创建。

步骤 1 在站点“p1”中新建网页文档，重命名为“intro.html”，然后在文档编辑窗口中打开它。

步骤 2 将文本文档“text.txt”中的内容拷贝到该文档窗口，然后单击“CSS 样式”面板上的“新建 CSS 规则”按钮，打开“新建 CSS 规则”对话框，如图 9—21 所示。

步骤 3 在图 9—21 中，在“选择器类型”区选择“标签”，在“标签”下拉列表中选择“body”，在“定义在”列表区选择“仅对该文档”，然后单击“确定”按钮。

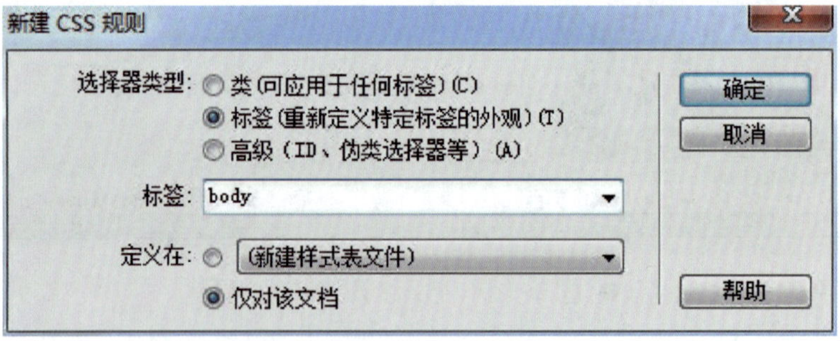

● 图 9—21 “新建 CSS 规则”对话框

步骤 4 打开“body 的 CSS 规则定义”对话框，设置“大小”为 12 px，“行高”为 20 px，“颜色”为灰色“#999999”，如图 9—22 所示。

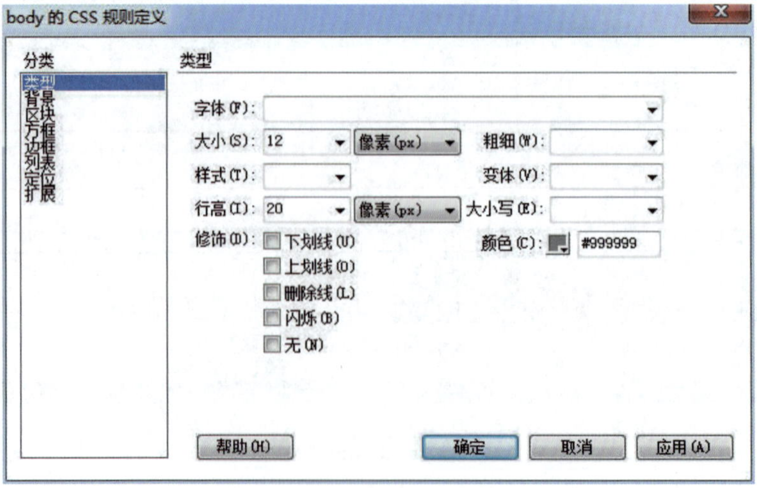

● 图 9—22 设置“类型”属性

步骤 5　在“分类”列表中选择“背景”，设置“背景图像”为“personal1_06.jpg”，在“重复”下拉列表中选择“不重复”，在“附件”下拉列表中选择“固定”，如图 9—23 所示。

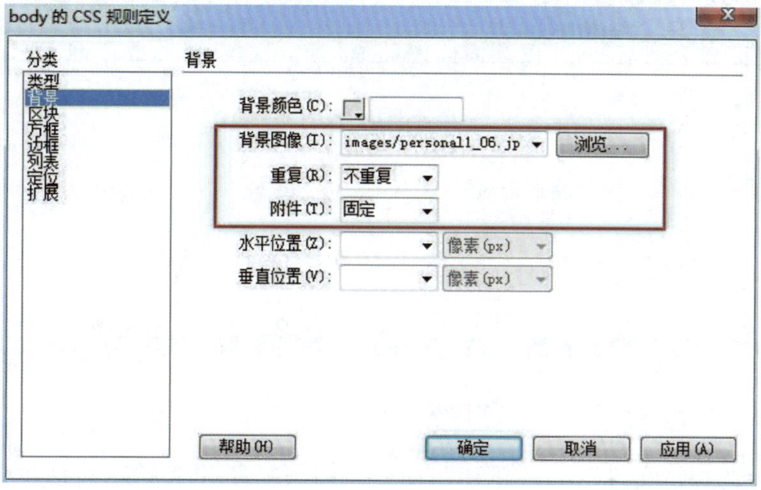

● 图 9—23　设置“背景”属性

步骤 6　在“分类”列表中选择“方框”，取消选择“边界”区的“全部相同”复选框，设置“上”为 40 px，“右”和“下”均为 0 px，“左”为 60 px，然后单击“确定”按钮，如图 9—24 所示。

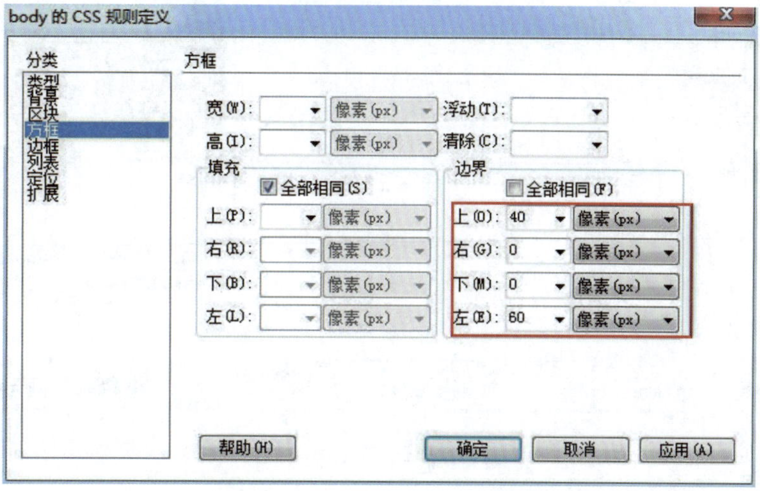

● 图 9—24　设置“方框”属性

步骤 7　按 Ctrl+S 组合键保存文档，此时的文档效果如图 9—25 所示。

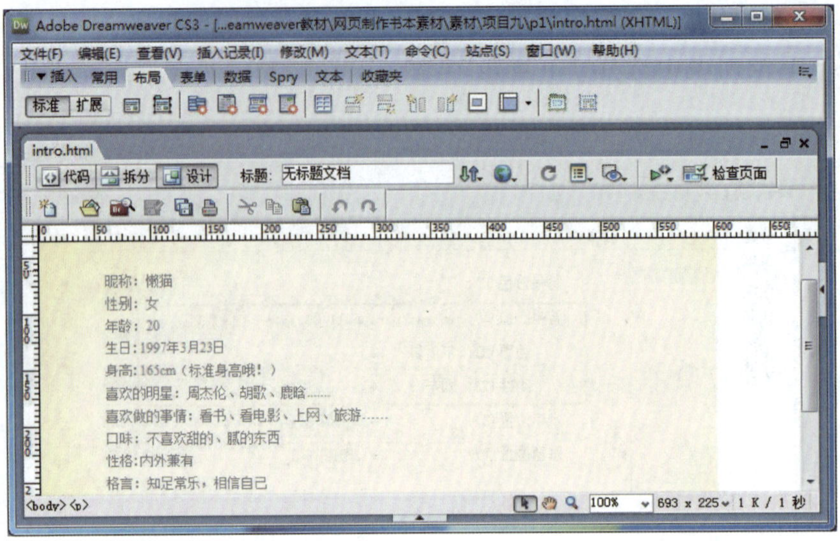

● 图 9—25　文档效果

步骤 8　选择“文件”→“新建”命令，打开“新建文档”对话框，在左侧的“文档类型”列表中选择“模板中的页”，在“站点”列表中选择“p1”，在“站点 p1 的模板”列表中选择“m1”，然后单击“创建”按钮，如图 9—26 所示。

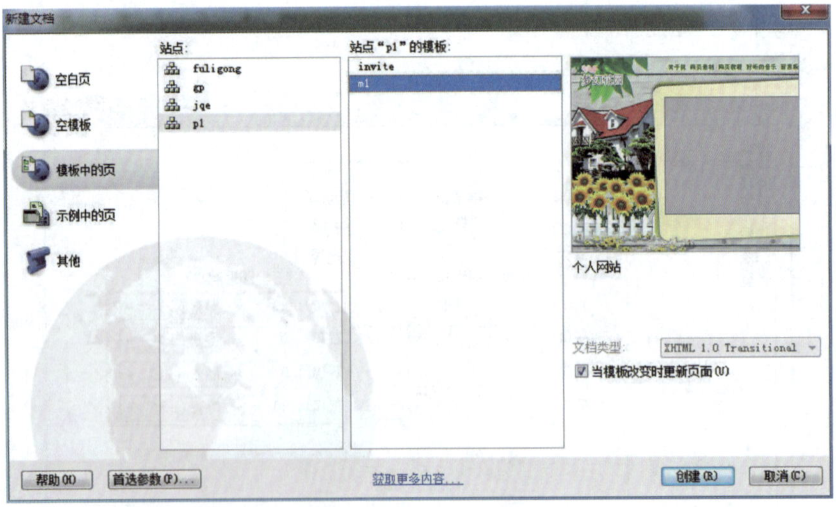

● 图 9—26　新建文档

步骤 9　将新建文档保存为“index.html”，并在文档窗口上方打开代码视图，在<iframe>标签内部单击，按空格键打开快速标签编辑器，选择“src”，然后单击“浏览”图标，如图 9—27a 所示。

步骤 10　打开“选择文件”对话框，选择前面创建的文档“intro.html”，然后单击“确定”按钮，如图 9—27b 所示。

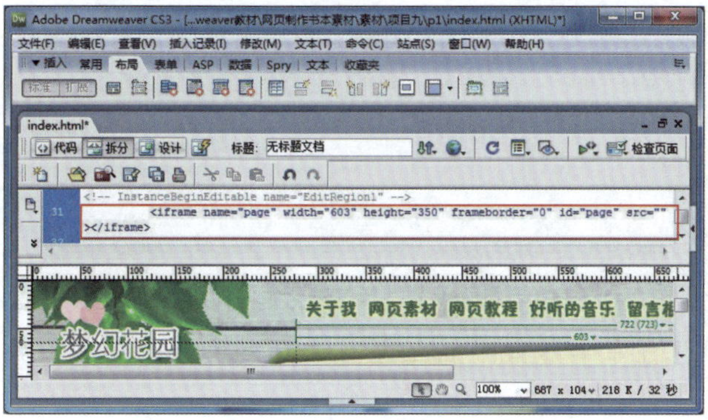

a）

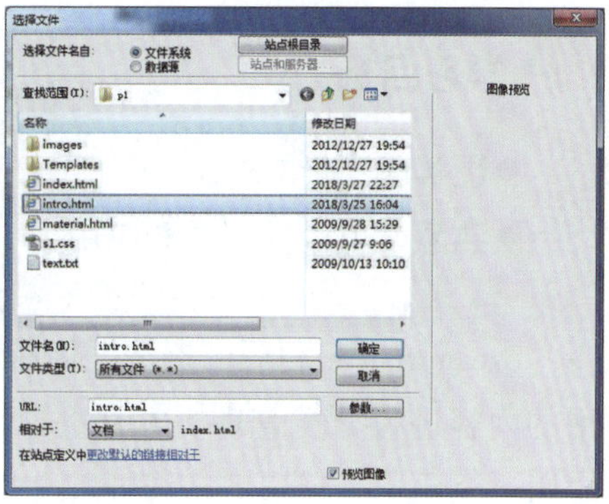

b）

● 图 9—27　设置 iframe 原始文件

步骤 11　保存文档“index.html”，之后按 F12 键预览，如图 9—28 所示。

● 图 9—28　预览文档

巩固练习

根据前面所学知识，应用模板制作网站中的其他子页。（扫描二维码查看提示）

任务 2　创建“幸福一家”网页——应用库项目

学习目标

◆理解库项目的概念

◆熟悉库项目的创建和应用

Dreamweaver 利用“资源”面板将图像、颜色、链接地址、视频、动画等站点中使用的内容进行分类管理。本任务以网页制作中最常用的库项目为例来讲解这些资源的应用。

相关知识

一、库项目的概念

库项目是一种特殊类型的 Dreamweaver 文件，当前网页中的任意页面元素均可定义为库项目，如图像、表格、文本、声音和 Flash 影片等。当需要使用某库项目时，直接将其从“资源”模板中拖到网页中就可以了。

创建库项目的好处是可以在多个页面中重复使用它们，当更改某个库项目的内容时，所有应用该库项目的页面都可以同时更新。例如，假定某公司建立一个大型站点，公司想让其广告语出现在站点的每个页面上，但是还没有最后确定广告语。此时就可以创建一个包含该广告语的库项目并在每个页面上插入，当公司提供该广告语的最终版本时，便可更改该库项目并自动更新每一个使用它的页面。

网页中只是保存了指向图像、动画等文件的路径，以后通过置换图像也可以更新网页，但相比之下，使用库项目更为便捷。例如，将一幅广告图像创建为库项目，则图像及其尺寸、链接、目标等属性均被包含在库项目中。以后修改广告时，只要修改一次库项目及其属性，就可以自动更新全部使用该库项目的网页。但是，如果不将广告图像创建为库项目，尽管可以通过置换图像来更新网页，但是还必须分别在各网页为其设置链接等属性。

二、创建库项目

创建库项目的方法非常简单。首先选中对象，然后选择“修改”→“库”→“增加对象到库”命令，即将所选对象创建为库项目。下面为具体操作步骤。

步骤 1　在 Dreamweaver 中打开本项目素材“gp”文件夹下的“index.html”文档。

步骤 2　单击选中“用户登录”栏目所在表格，选择“修改”→“库”→“增加对象到库”命令，打开提示框，单击“确定”按钮，如图 9—29 所示。

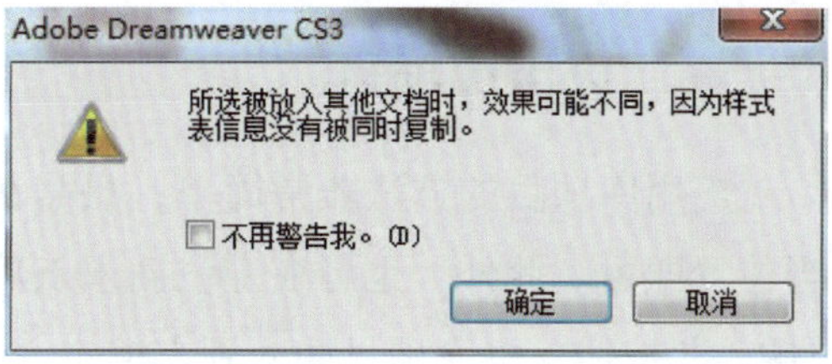

● 图 9—29　提示框

步骤 3　打开“资源”面板，刚选中的对象出现在“资源”面板中，且其名称处于可编辑状态。将默认名删除，重新输入新名称（此处为“login”）并按 Enter 键确认，如图 9—30 所示。

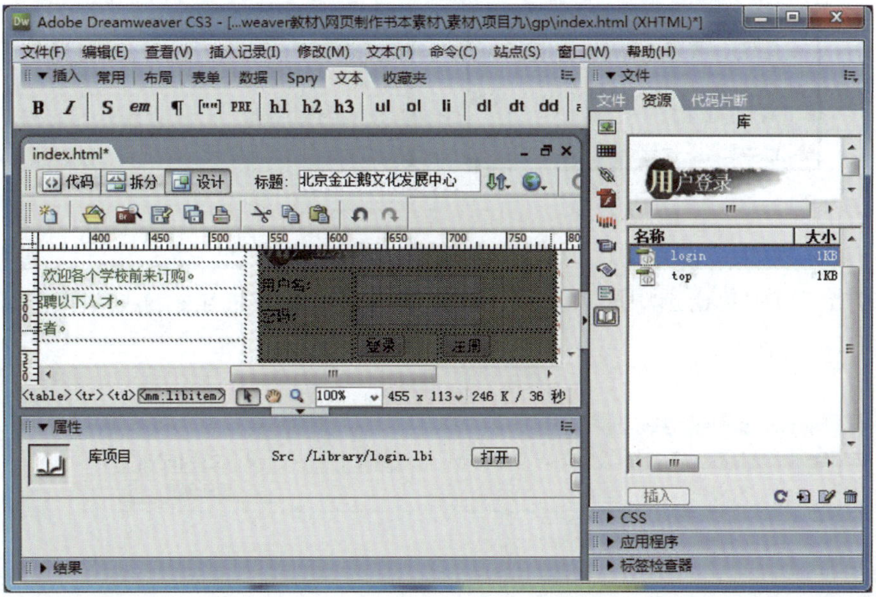

● 图 9—30　创建并重命名库项目

小提示

将所选对象设置成库项目后，所选对象本身也将成为库文件。无法在应用库项目的网页中对库项目进行任何编辑，包括调整尺寸、设置链接等。

也可在“资源”面板中单击“库”按钮，然后将希望保存为库项目的对象拖入“资源”面板来创建库项目。

每个库项目都被单独保存在一个文件中，文件的扩展名为“.lbi”。通常情况下，库项目被放置在站点文件夹中的“Library”文件夹中，同模板文件一样，库项目的位置也是不能随便移动的。

三、应用库项目

应用库项目的方法非常简单，只需在“资源”面板的库窗口中将其拖入到文档的适当位置即可。此外，也可在定位插入点后，选中库中的项目并单击“资源”面板底部的“插入”按钮，将库项目插入到文档中。

对于普通对象，在单击选中该对象后，对象四周会出现一组控制点。但是，如果单击库项目，该对象将变成半透明，而不是在四周出现控制点，如图 9—31 所示。可以据此判定该对象是否为库项目。

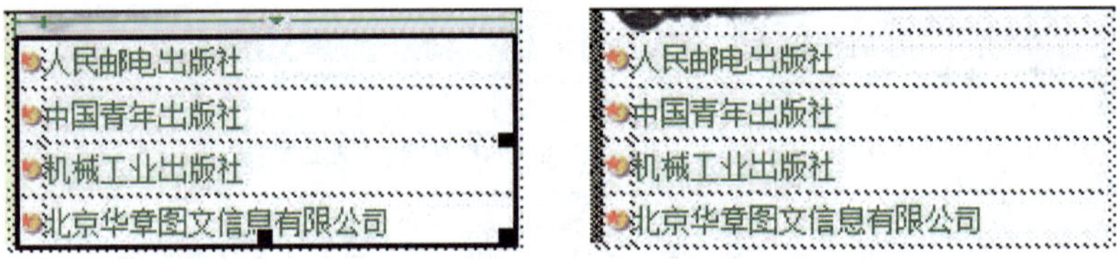

● 图 9—31 普通对象与库项目选中状态对比

在文档窗口中单击选中库项目后，网页编辑窗口下方将显示库项目的“属性”面板，如图 9—32 所示。

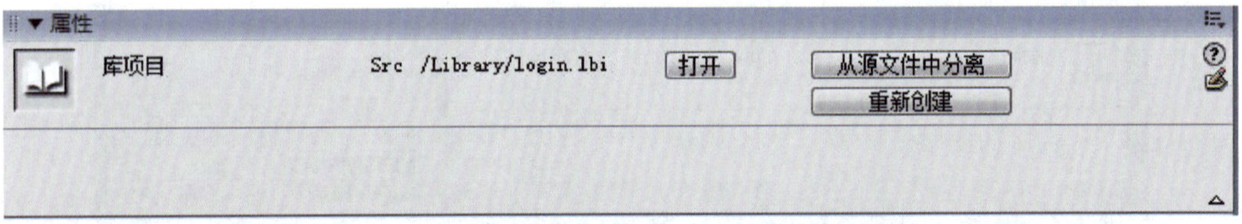

● 图 9—32 库项目的“属性”面板

该“属性”面板中各设置项的意义如下。

Src：显示库项目源文件的名称和在站点中的存放位置。

打开：打开库项目源文件进行编辑。

从源文件中分离：断开所选库项目与其源文件之间的链接，使库项目成为普通对象。

重新创建：用当前选定的内容改写原库项目，使用此选项可以在丢失或意外删除原始库项目时重新创建库项目。

四、编辑库项目

要编辑库项目，可在“资源”面板中双击库项目，Dreamweaver 会在文档编辑窗口中打开该库项目，如图 9—33 所示。

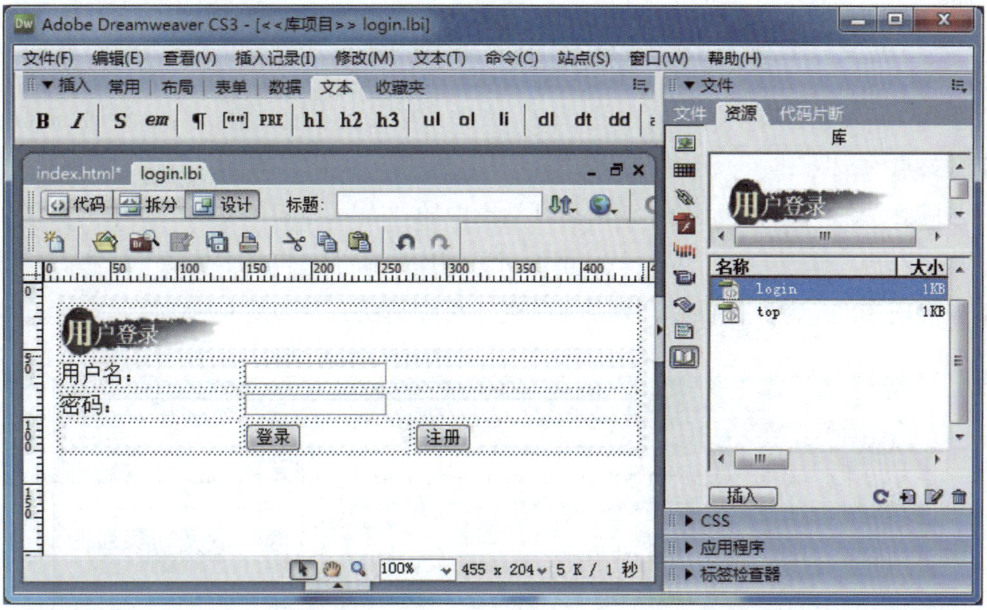

● 图 9—33 打开库项目

可以在该文档窗口中对库项目进行编辑。对库项目进行编辑后保存时，系统会自动打开“更新库项目”对话框，询问用户是否更新使用了库项目的网页，如图 9—34a 所示。一般情况下，应单击“更新”按钮，接下来系统将显示“更新页面”对话框，其中显示了更新情况，如图 9—34b 所示，单击“关闭”按钮关闭即可。

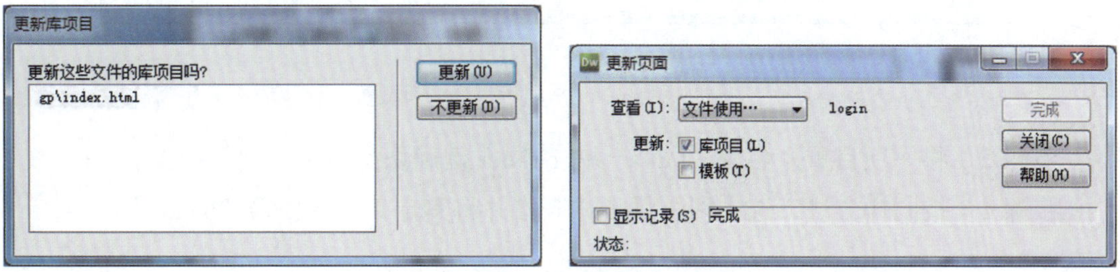

a） b）

● 图 9—34 修改库项目后更新使用了库项目的网页

任务实施

在学习了库项目的相关知识后，下面完成使用库项目的个人网站制作——幸福一家。

一、定义“top”和“bottom”库项目

步骤 1 首先将本项目素材中的“p2”文件夹拷贝至本地磁盘，然后在 Dreamweaver 中新建站点“p2”。

步骤 2 在“文件”面板中双击打开站点中的“index.html”文档。选中网页最上方的表格，选择“修改”→“库”→“增加对象到库”命令，打开“资源”面板，刚选中的对象出现在“资源”面板中，且其名称处于可编辑状态，如图 9—35 所示。

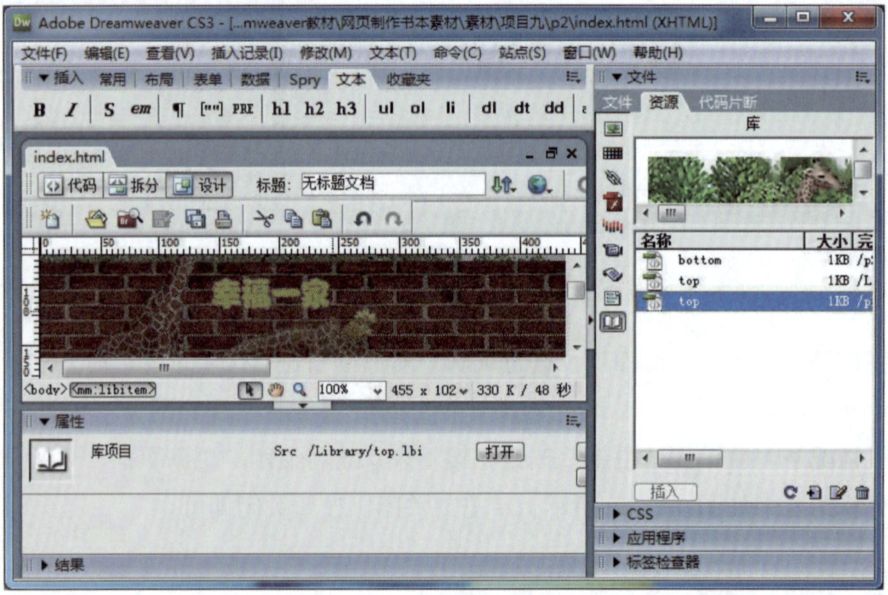

● 图 9—35 创建库项目

步骤 3 将库项目重命名为“top”，并按 Enter 键确认。

步骤 4 按同样方法，选中网页最下方表格并将其定义为库项目“bottom”。

二、应用库项目创建“心情日记”网页

步骤 1 在站点“p2”中新建文档，命名为“sub1.html”，在文档编辑窗口中打开。

步骤 2 打开“CSS 样式”面板，单击面板下方的“附加样式表”按钮，将站点中已有的样式文件“s1.css”链接至文档“sub1.html”，如图 9—36 所示。

步骤 3 将插入点置于文档窗口中，打开“资源”面板，选择“top”库项目，然后单击“插入”按钮，在文档窗口中插入库项目。

步骤 4 将插入点置于“top”库项目下方，按 Shift+Enter 组合键换行，然后插入一个 1 行 2 列，宽 1 000 px，边框、间距和边距均为 0 的表格（称为表格 1）。

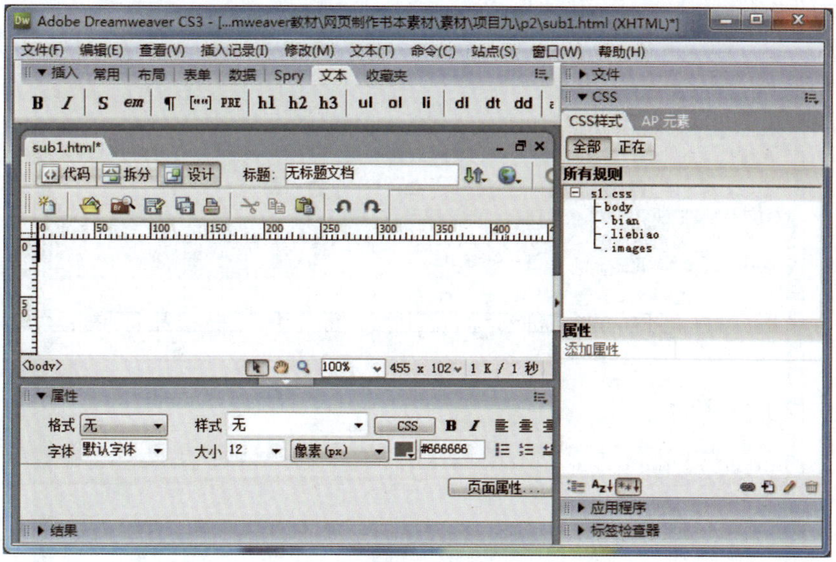

● 图 9—36　新建文档并附加样式

步骤 5　将插入点置于表格 1 中左侧的单元格中，设置其宽为 280 px，之后在其中嵌套一个 1 行 1 列，宽 270 px，边框、间距和边距均为 0 的表格（称为表格 1—1），在“属性”面板上的“对齐”下拉列表中选择“居中对齐”，在“类”下拉列表中选择“bian”，如图 9—37 所示。

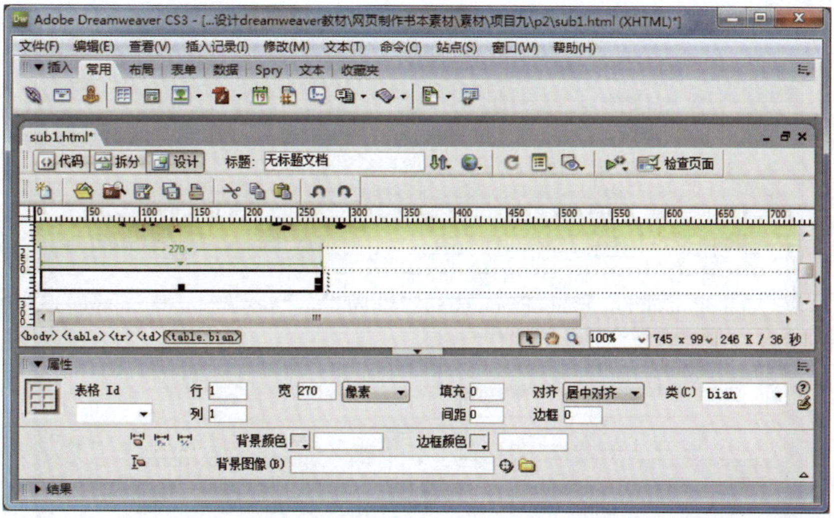

● 图 9—37　在表格 1 中嵌套表格

步骤 6　将插入点置于表格 1—1 中，嵌套一个 1 行 1 列，宽 270 px，边框和边距均为 0，间距为 2 的表格（称为表格 1—1—1），在其中插入图像“p2_29.jpg”，并设置背景图像为“p2_12.jpg”，如图 9—38 所示。

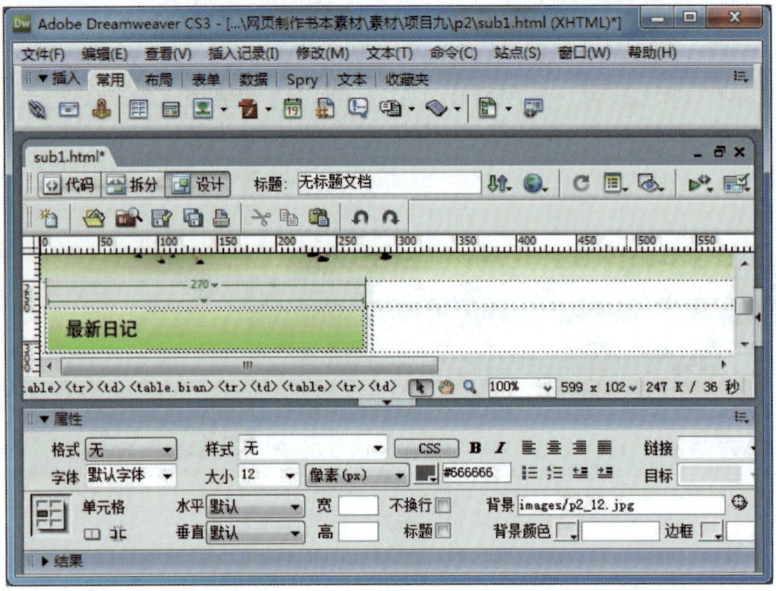

● 图 9—38 嵌套表格并设置属性

步骤 7 将插入点置于表格 1—1—1 右侧，插入一个 1 行 1 列，宽 270 px，边框、边距和间距均为 0 的表格（称为表格 1—1—2）。在其中输入文本并应用样式“liebiao”，如图 9—39 所示。

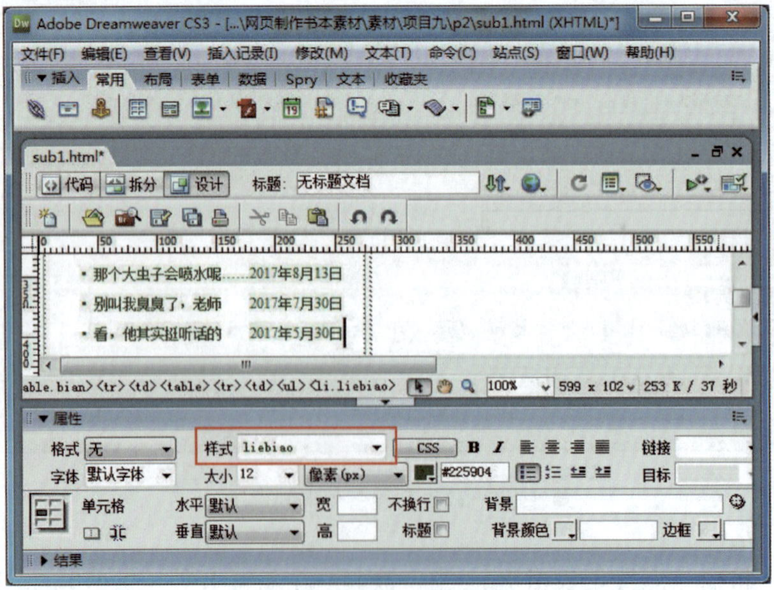

● 图 9—39 插入表格并设置内容

步骤 8　按照同样的方法制作下面的“最新素材”和“最新模板”版块。

步骤 9　将插入点置于表格 1 右侧的单元格中，在“属性”面板上的“垂直”下拉列表中选择“顶端”，并单击“文本缩进”按钮，然后插入图像“car.gif”，如图 9—40 所示。

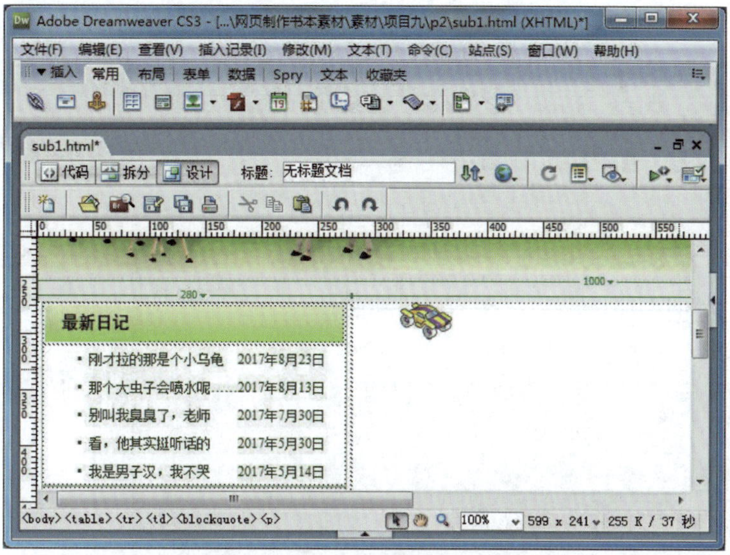

● 图 9—40　设置单元格属性并插入图像

步骤 10　打开文本文档“diary1.txt”，将其中的文本复制并粘贴至小图像后面，如图 9—41 所示。

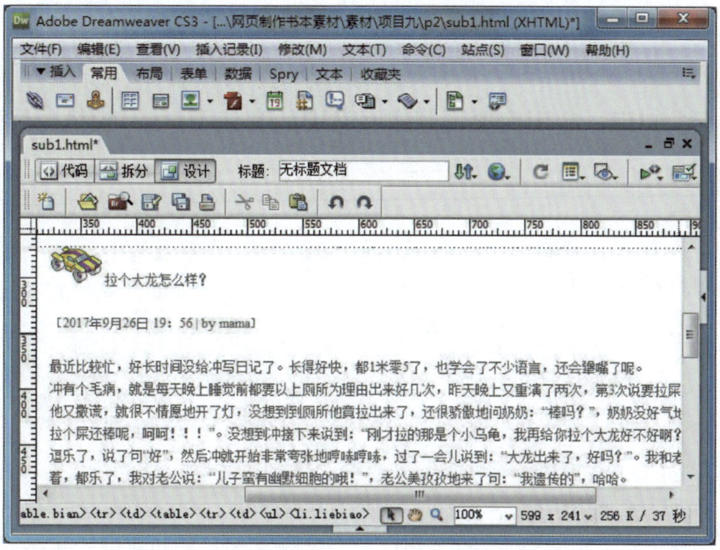

● 图 9—41　粘贴文本

步骤 11 将插入点置于文本最后一行末尾，按 Enter 键换行，然后再次插入图像“car.gif”。打开文本文档“diary2.txt”，将其中的文本复制并粘贴至小图像后面。

步骤 12 将插入点置于表格 1 后方，打开“资源”面板并选择库项目“bottom”，然后单击“插入”按钮将其插入网页最下方，此时便完成了网页的创建，如图 9—42 所示。

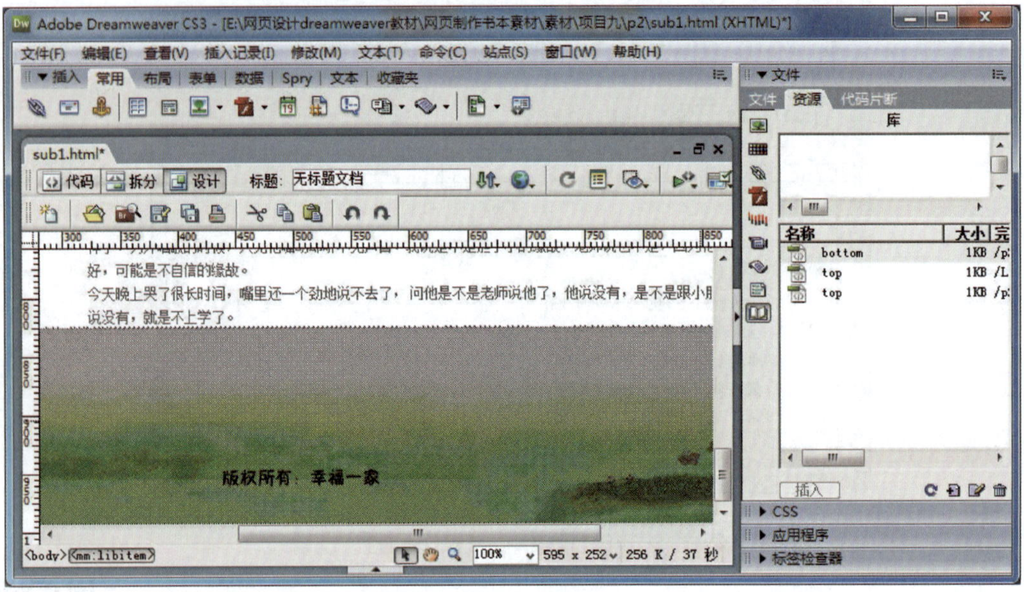

图 9—42 插入库项目

巩固练习

根据前面所学知识，应用库项目制作网站中的其他子页。（扫描二维码查看提示）

项目十

制作留言板——动态网页入门

项目内容

本项目的内容是制作一个网页留言反馈系统。留言反馈系统是主要用来在 Web 网站收集客户意见的系统工具。系统的功能要求如下：

（1）可显示客户反馈信息和管理员的回复信息。

（2）可记录客户的名称、邮件、主页等信息。

（3）支持多用户。

项目分析

留言反馈系统用于从网上获取客户反馈信息，是所有网站必备的工具，采用基于微软 NT 服务器的 ASP 语言、主要应用微软 ACCESS 数据库技术编写而成，属于动态网页。与静态网页相比，动态网页的学习难度相对要大一些，不仅要掌握网页制作知识，还要掌握数据库及编程方面的知识。

● 项目成果展示

任务 1　创建动态网页测试环境

学习目标

◆理解动态网页的工作原理

◆熟悉 IIS 的安装方法

动态网页比普通的静态网页具有更加复杂的结构。在制作动态网页之前，需要先架设好服务器，以便于网页测试。本任务以“book”网站为例，来说明创建动态网页测试环境以及测试动态网页的方法。

相关知识

一、动态网页的工作原理

动态网页一般使用“HTML+ 数据库 +ASP”“HTML+ 数据库 +PHP”或“HTML+ 数据库 +JSP”等技术来实现。目前中小型网站较常用的是“HTML+ 数据库 +ASP”技术。

当浏览者通过浏览器向服务器发出请求时，如果请求的是一个静态网页，那么这个请求到达服务器后，服务器会在本地硬盘上寻找相关网页，然后返回；如果请求的是一个动态网页，服务器在接到请求后，会接着传送给安装在这个机器上的应用程序服务器。应用程序服务器会理解并解释这些代码的含义，并将解释后的内容返回到客户端，用户看到的仍然是一个单纯的静态 HTML 网页。这说明，即使是动态网站，在客户端也是看不到动态网页代码的，这在一定程度上起到了保护代码的作用。

小提示　应用程序服务器是通过解析特定程序制作 HTML 文档的软件。举例来说，就像翻译公司把外文翻译成中文一样，应用程序服务器可以把网页程序代码解析为 HTML 语言代码。翻译公司可以分为英语翻译公司、日语翻译公司和德语翻译公司等，同样地，应用程序服务器也可以分为不同的种类，像 ASP、JSP、PHP 等。在安装 IIS 时还要安装网页服务器和 ASP 应用程序服务器。

IIS 是 Internet Information Services 的缩写，意为互联网信息服务，是由微软公司提供的基于运行 Windows 的互联网基本服务。IIS 是一种 Web（网页）服务组件，其中包括 Web 服务器、FTP 服务器、NNTP 服务器和 SMTP 服务器，分别用于网页浏览、文件传输、新闻服务和邮件发送等方面，它使在网络（包括互联网和局域网）上发布信息变得更加便捷。

应用程序服务器解释的内容都是从数据库来的，所以在服务器端除了要安装 ASP 应用处理程序外，还要安装一个数据库管理程序，这些将在任务 2 中做详细介绍。

二、安装 IIS

要制作动态网页，首先需要有一个测试服务器。在 Windows 7 操作系统下，只要安装了 IIS，就可以将自己的计算机设置为测试服务器。在安装 Windows 7 时，默认状态下是不会安装 IIS 的，所以需要单独安装。

步骤 1　点击“开始”按钮，在弹出的菜单中选择“控制面板”。

步骤 2　打开“控制面板”窗口，双击“默认程序”图标，如图 10—1 所示。

步骤 3　打开“默认程序”对话框，单击“程序和功能”，如图 10—2 所示。

步骤 4　在打开的窗口中选择“打开或关闭 Windows 功能”，如图 10—3 所示。

步骤 5　打开“Windows 功能”对话框，选择“Internet 信息服务”复选框，并单击复选框前的“+”，如图 10—4 所示。

● 图 10—1　双击“默认程序”图标

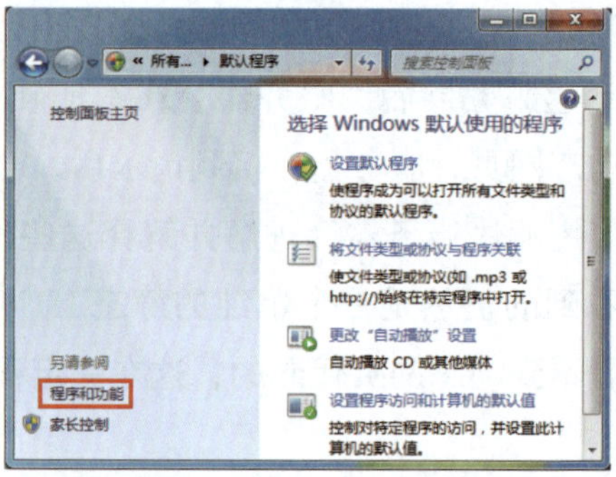

● 图 10—2　单击“程序和功能”

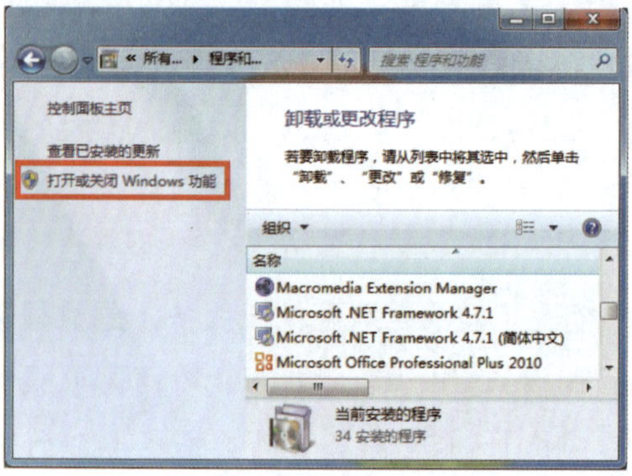

● 图 10—3　单击“打开或关闭 Windows 功能”

● 图 10—4　选择“Internet 信息服务”

步骤 6　单击“万维网服务”前的“+”，在“安全性”菜单中确认“基本身份验证”和“摘要式身份验证”选项处于已勾选状态，如图 10—5 所示。

步骤 7　在“应用程序开发功能”菜单中确认“ASP”和“ASP.NET”选项处于已勾选状态，如图 10—6 所示。

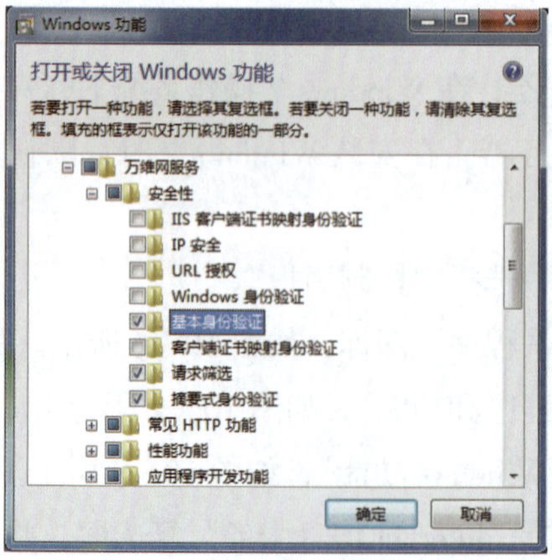

● 图 10—5　选中“基本身份验证”和“摘要式身份验证”选项

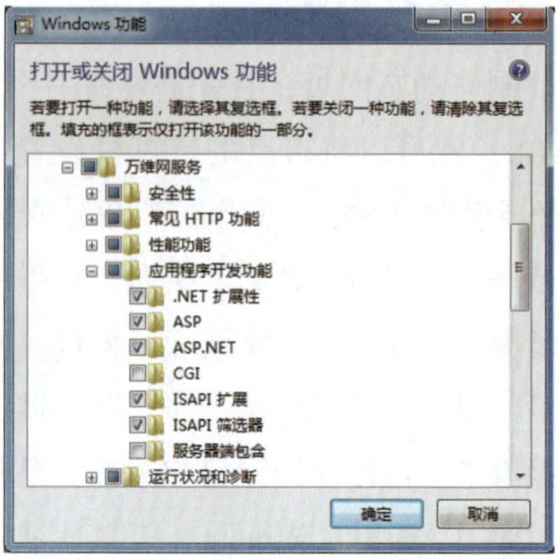

● 图 10—6　选中“ASP 和 ASP.NET”选项

步骤 8 单击“确定”按钮后开始安装 IIS。安装完成后，为确认是否已正确安装，可运行浏览器，在地址栏中输入“http://localhost”后按 Enter 键，结果应如图 10—7 所示。

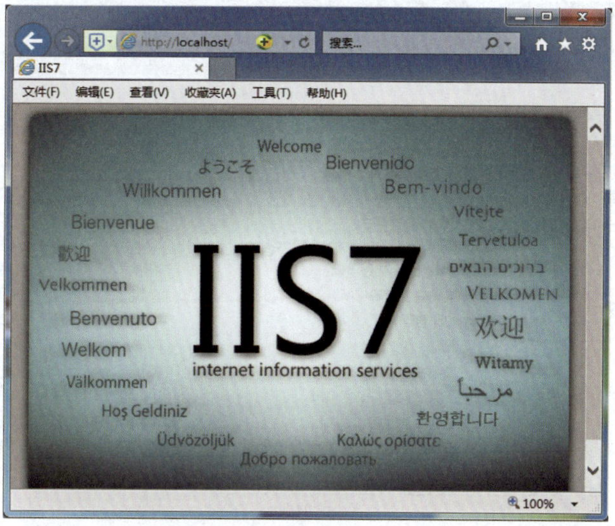

● 图 10—7 测试是否正确安装了 IIS

小提示 目前，最常用的三种动态网页制作技术是 ASP（Active Server Pages）、JSP（Java Server Pages）和 PHP（Hypertext：Preprocessor）：

ASP：是目前最流行、最普及和最容易上手的动态网页制作技术，缺点是存在一定的安全隐患，许多大型动态网站都不采用此技术。

JSP：其性能是三者中最优秀的，在大型网站领域拥有更多的优势。

PHP：完全免费，代码更简练，执行更快，但因历史较久，在适应某些新技术方面有所欠缺。

任务实施

安装 IIS 后，需要进行简单的设置，将网站与 IIS 联系起来，然后才能用于测试网页。

步骤 1 在本地磁盘创建文件夹“book”，并将本项目素材“book”文件夹中的内容拷贝至该文件夹中。

步骤 2 选择“开始”→“控制面板”命令，打开“控制面板”窗口，双击其中的

“管理工具”图标。

步骤 3 在打开的“管理工具”窗口中双击“Internet 信息服务（IIS）管理器”图标，如图 10—8 所示。

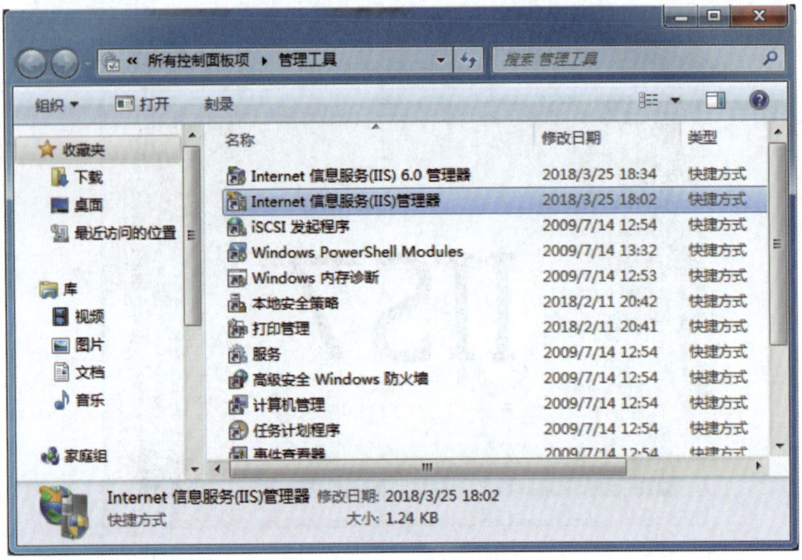

● 图 10—8 双击“Internet 信息服务管理器（IIS）管理器”图标

步骤 4 打开“Internet 信息服务（IIS）管理器”窗口，依次展开计算机名和“网站”菜单，双击“Default Web Site”，打开默认网站主页，如图 10—9 所示。

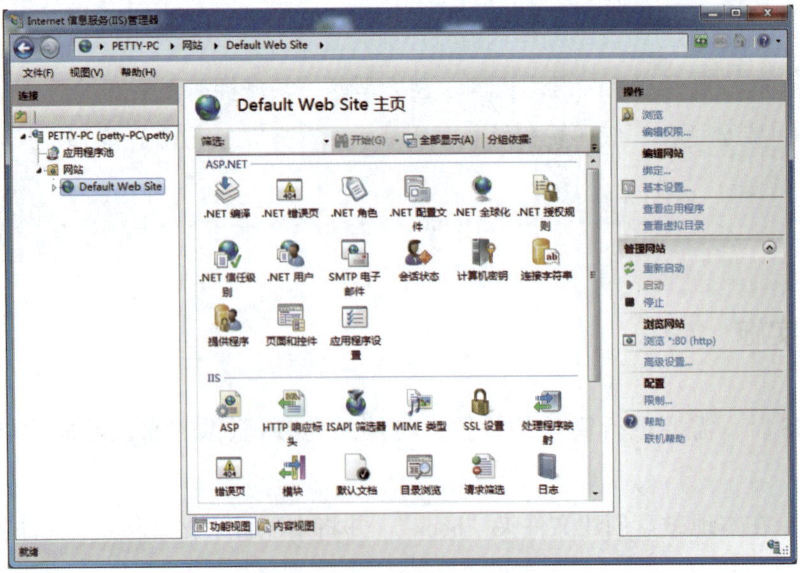

● 图 10—9 默认网站主页

步骤 5　在右侧“操作”栏中选择“基本设置”选项，打开“编辑网站”对话框，如图 10—10 所示。

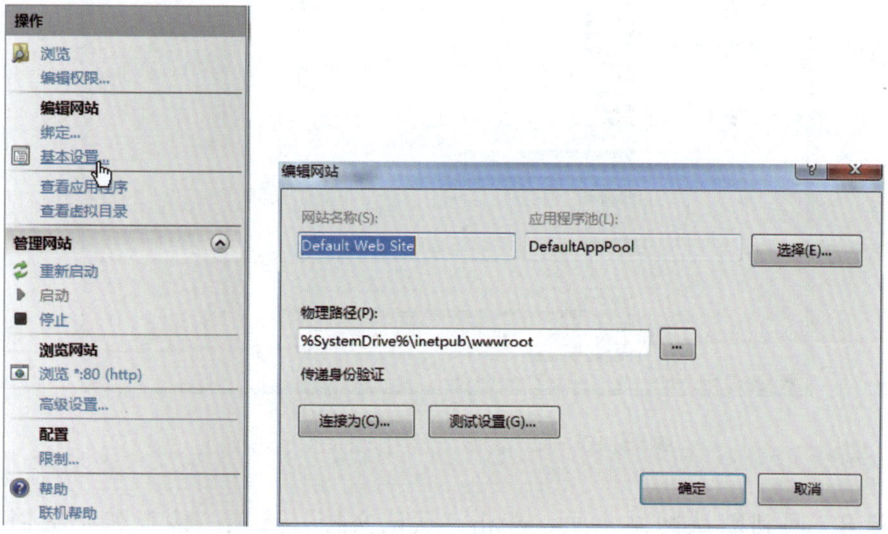

● 图 10—10　打开编辑网站对话框

步骤 6　在“编辑网站”对话框中单击“物理路径”编辑框右侧的浏览按钮，弹出“浏览文件夹”对话框，选择前面创建的文件夹“book”，并单击“确定”按钮，如图 10—11 所示。

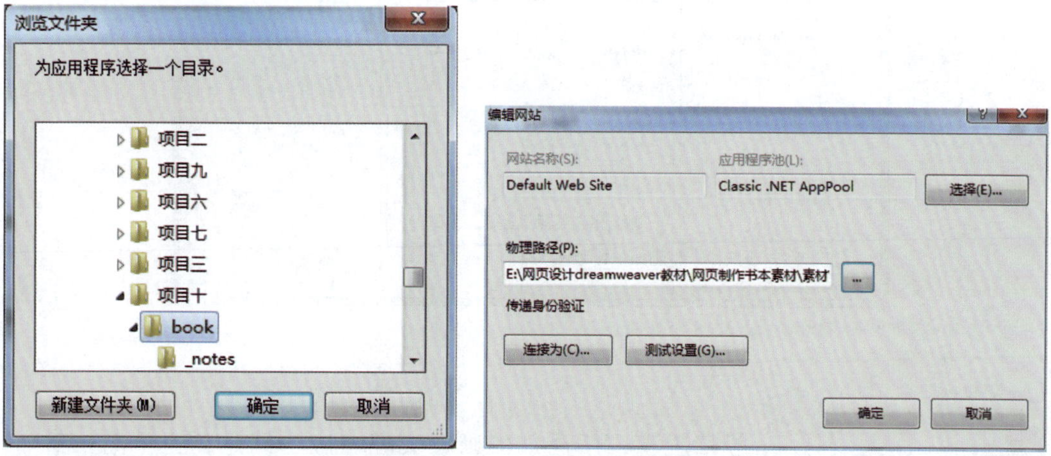

● 图 10—11　设置本地路径

步骤 7　在默认网站主页中双击“ASP”选项，打开相应的对话框，修改“启用父路径”选项值为“True”，并单击右侧的“应用”选项，如图 10—12 所示。

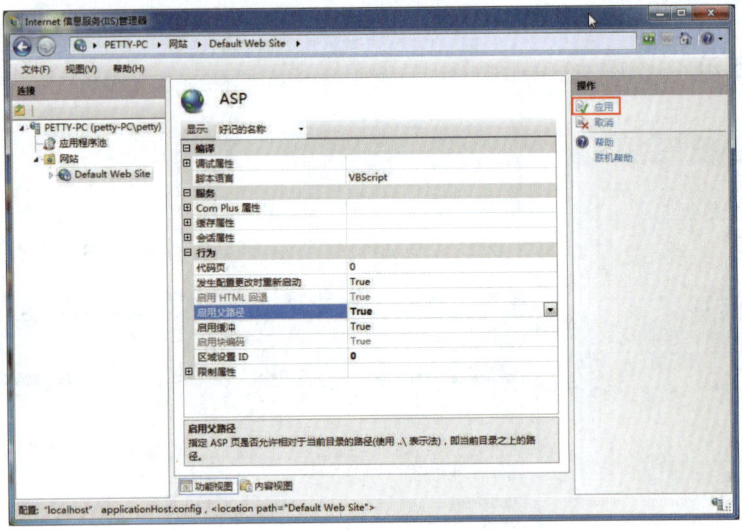

● 图 10—12　修改“启用父路径”选项值

步骤 8　回到默认网站主页，双击“默认文档”选项，检查默认文档是否为“index.asp”，如图 10—13 所示。

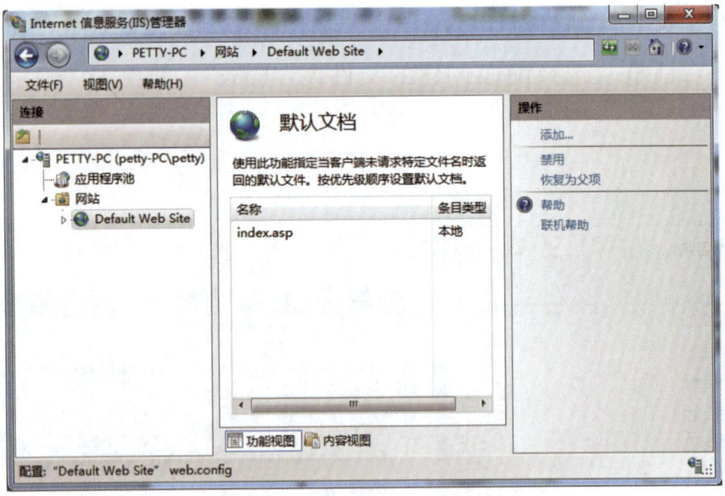

● 图 10—13　检查默认文档选项

> **小提示**　一般情况下，所添加的默认文档名应与网站的主页名一致。如果不一致，则需单击“添加”选项，添加网站主页为默认文档。

步骤 9　选中“Default Wed Site”选项，单击鼠标右键，在弹出的菜单中选择“管理网站”中的“高级设置”选项，打开“高级设置”对话框，如图 10—14 所示。

● 图 10—14　打开高级设置对话框

步骤 10　在“高级设置”对话框中选择“应用程序池”选项，在“选择应用程序池”对话框中选择“Classic.NET AppPool”选项，如图 10—15 所示，然后单击“确定”按钮。

> **小提示**　如果当前使用的是 64 位 Windows 7 操作系统，则需要在应用程序池的高级设置中将“启用 32 位应用程序”的值设为“True”。

步骤 11　为站点根文件夹 book 添加 Authenticated Users 的完全访问权限，如图 10—16 所示。

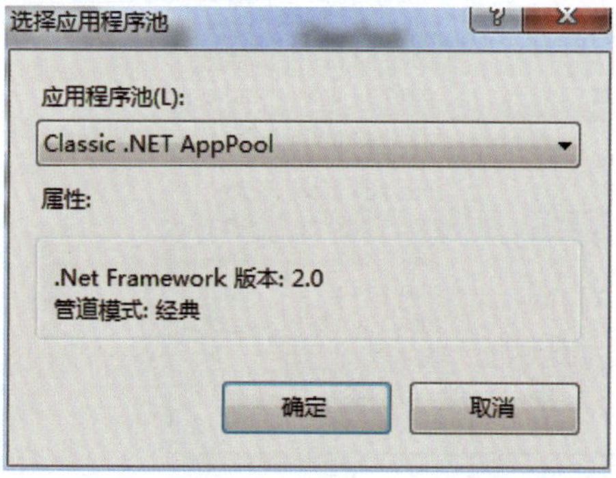

● 图 10—15　选择“Classic.NET AppPool”选项

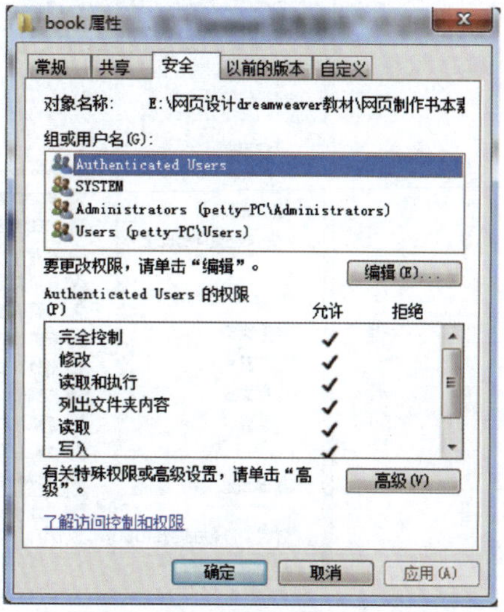

● 图 10—16　添加 book 文件夹的访问权限

步骤 12 为“C:\Windows\Temp”文件夹添加 Authenticated Users 的完全访问权限，如图 10—17 所示。

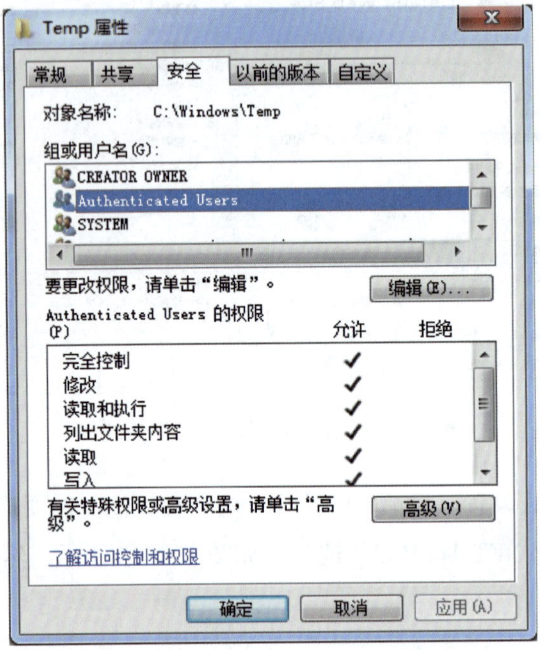

● 图 10—17 添加 Temp 文件夹的访问权限

步骤 13 为网站设置数据源，在“管理工具”对话框中选择“数据源（ODBC）”选项，如图 10—18 所示，双击将其打开。

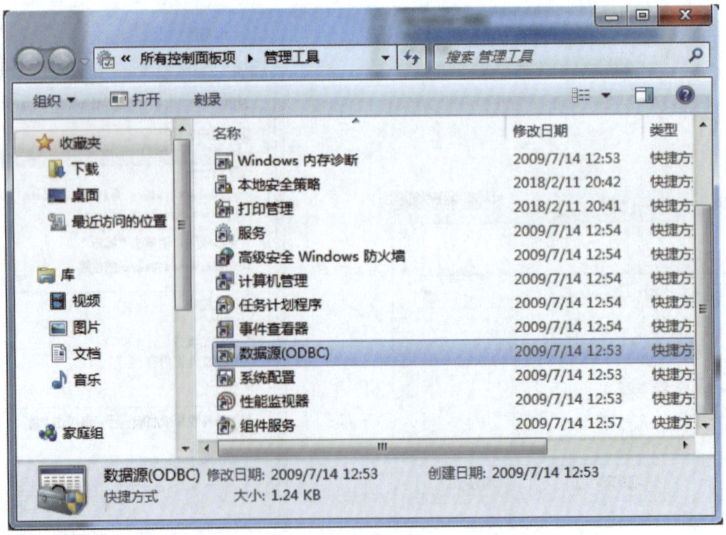

● 图 10—18 添加数据源（ODBC）

步骤 14　在“ODBC 数据源管理器”对话框中选择“系统 DSN”选项，如图 10—19 所示。

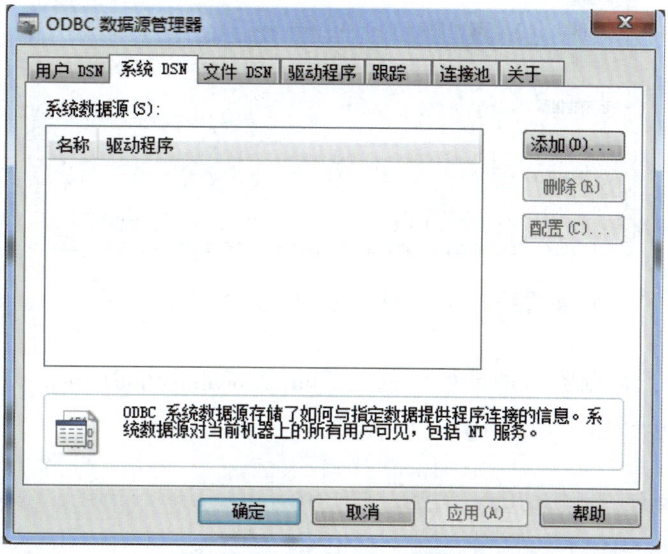

● 图 10—19　打开 ODBC 数据源管理器对话框

步骤 15　在“系统 DSN”选项中单击“添加”按钮，在“创建新数据源”对话框中选择“Driver do Microsoft Access”选项，如图 10—20 所示。

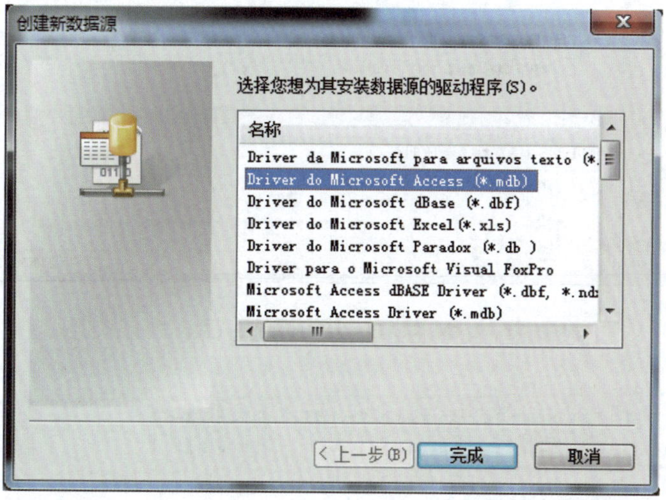

● 图 10—20　添加 Driver do Microsoft Accessc 程序

步骤 16　在“ODBC Microsoft Access 安装”对话框中输入数据源名称和选择相应的数据库，如图 10—21 所示。

● 图 10—21　设置数据源名称和选择数据库

设置完毕后，在浏览器地址栏中输入“http://localhost/index.asp”后按 Enter 键，将打开已设置的网站主页，如图 10—22 所示。

● 图 10—22　网站主页

任务 2　创建“留言板”数据库——了解数据库

学习目标

◆了解数据库的基本知识

◆熟悉数据库文件的创建方法

制作动态网站，首先需要创建网站所需要的数据库。本任务首先讲解数据库的相关知识，然后通过创建网站留言板所需要的数据库，来学习创建数据库的一般方法。

相关知识

数据库简介

数据库（Database）是以一定的组织形式存放在计算机存储介质上的相互关联的数据集合。

数据库看起来像是一个表格，按照行和列来表示信息。一般来说，表的每一行称为一个“记录”，每一列称为一个“字段”，记录和字段是数据库中最基本的术语。例如，一个记录某公司员工信息的数据库，通常包括姓名、年龄、学历等字段，而针对每个员工的具体数据就是一个记录。

在动态网站中，绝大多数网站数据（会员信息、留言内容等）都保存在数据库中，当需要某一数据时（例如个人注册信息），只要单击相关链接，应用程序就会自动调用数据库中的内容并将其显示在网页中。

目前常用的数据库管理系统有以下几种。

Access：适合创建中小型信息管理系统，由微软公司开发，是办公软件 Microsoft Office 的一个组件。

SQL Server：目前应用最广泛的数据库管理系统，适合创建中小型信息管理系统，由微软公司开发。

Oracle：适合创建大型信息管理系统，由 Oracle 公司开发。

DB2：适合创建大中型信息管理系统，由 IBM 公司开发。

任务实施

本任务数据库选用 Access。Access 的安装过程非常简单，在安装 Microsoft Office 办公软件时默认状态下会安装 Access，所以此处不再详述。

下面使用 Access 2010 创建一个包含 4 个字段的数据库，它们分别是编号、昵称、留言、日期和时间。利用该数据库可以保存用户个人信息及留言内容。

步骤 1 单击“开始”按钮，选择“所有程序”→“Microsoft Office”→“Microsoft Access 2010”命令，启动 Access。

步骤 2 在 Access 2010 工作窗口中选择“文件”→“新建”命令，然后单击右侧任务窗格中的“空数据库”，如图 10—23 所示。

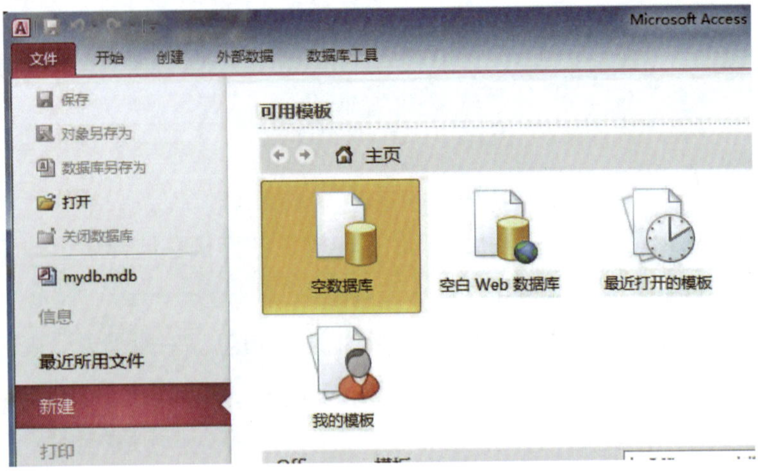

图 10—23　选择“空数据库”

步骤 3　打开“文件新建数据库”对话框，在“保存位置”下拉列表中选择希望保存数据库的文件夹（此处为在站点文件夹“book”中创建的“data”文件夹），在“文件名”编辑框中输入数据库文件名，然后单击“确定”按钮，如图 10—24 所示。

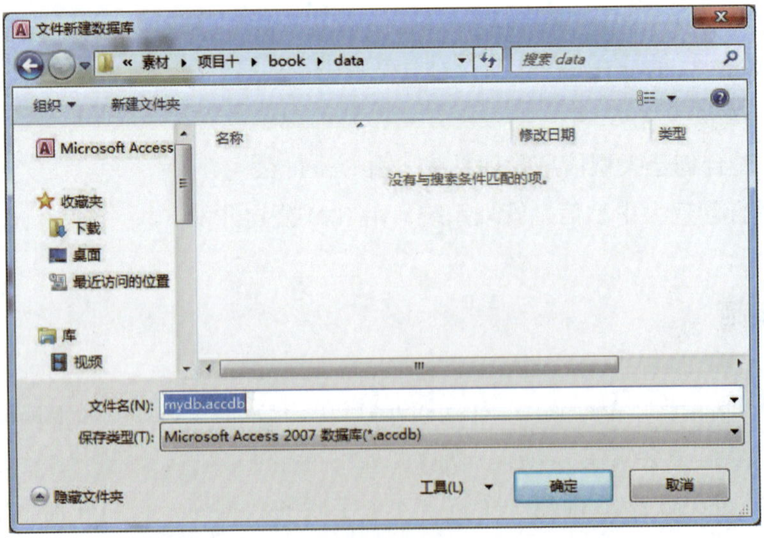

图 10—24　设置数据库保存位置和文件名

步骤 4　在数据库文件对话框中，双击“创建”菜单中的“表设计”按钮，如图 10—25 所示。

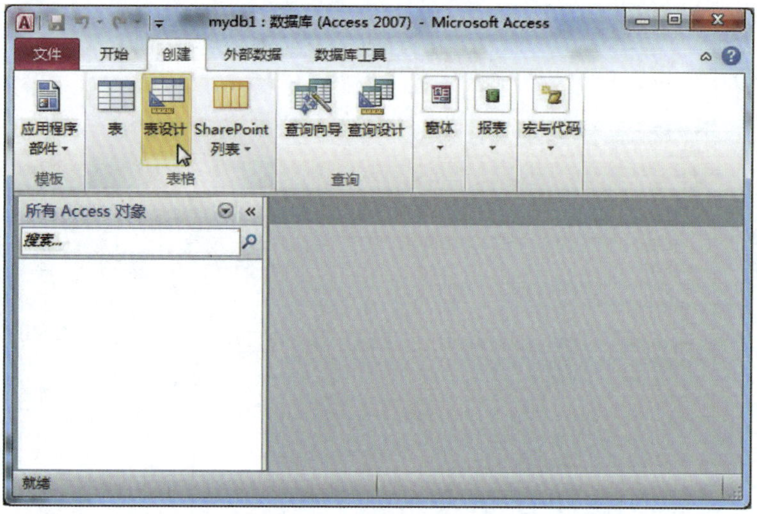

● 图 10—25　使用设计器创建表

步骤 5　打开表结构设计窗口，输入字段名“bianhao”，然后打开后面的数据类型下拉列表，从中选择“自动编号”，如图 10—26 所示。

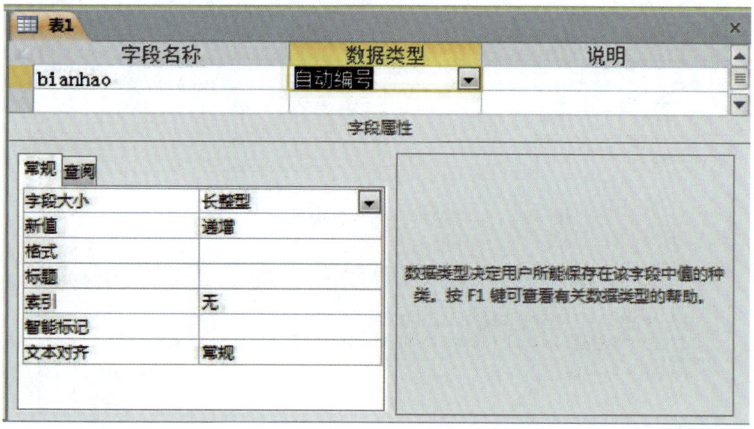

● 图 10—26　设置“bianhao”字段

步骤 6　输入字段名“nicheng”，取默认数据类型“文本”，在下面的“字段属性”设置区设置字段的“默认值”为“无名”，“允许空字符串”为“是”，如图 10—27 所示。

步骤 7　输入字段名“neirong”，取默认数据类型“文本”，在下面的“字段属性”设置区设置字段的“字段大小”为“255”，“允许空字符串”为“是”，如图 10—28 所示。

步骤 8　输入字段名“riqi”，设置其数据类型为“日期 / 时间”，单击“字段属性”设置区“默认值”后面的图标，在打开的“表达式生成器”对话框中设置“默认值”为“Date( )+Time( )”（当前日期和当前时间），然后单击“确定”按钮，如图 10—29 所示。

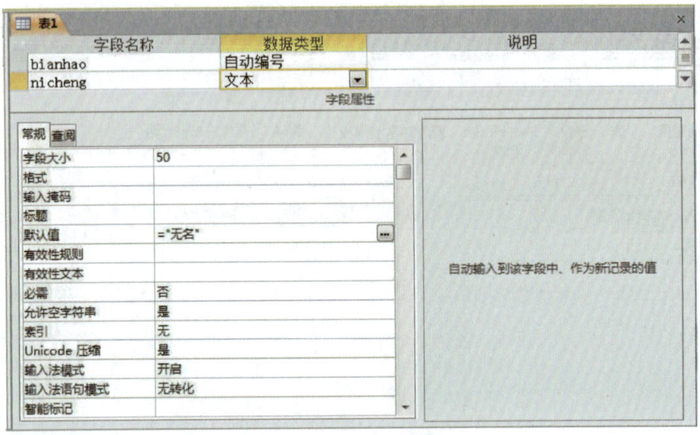

● 图 10—27 设置“nicheng”字段

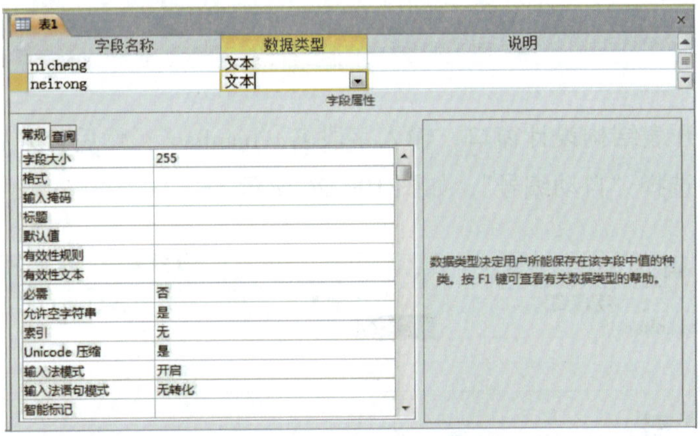

● 图 10—28 设置“neirong”字段

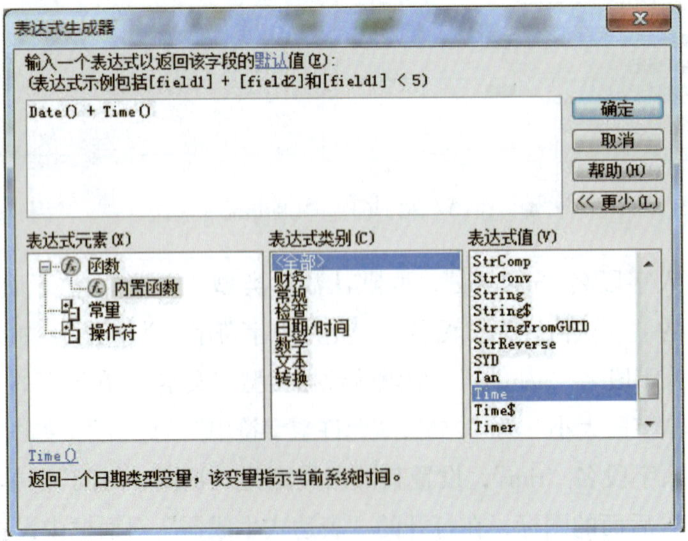

● 图 10—29 设置“riqi”字段

步骤 9　按 Ctrl+S 组合键保存文件，弹出“另存为”对话框，在“表名称”编辑框中输入“mytable”作为表名，然后单击“确定”按钮，如图 10—30 所示。

步骤 10　按照提示定义主键，单击“是”按钮，“bianhao”字段自动被定义为主键，其前方出现钥匙形状的小图标。最后单击“关闭”按钮，关闭表设计器，如图 10—31 所示。

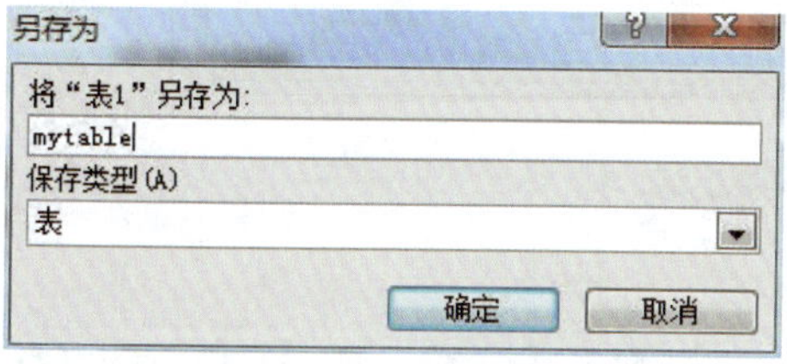

图 10—30　保存表

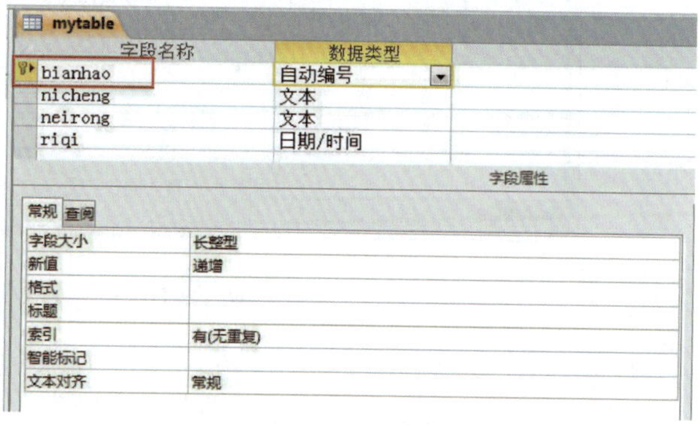

图 10—31　定义主键并关闭表设计器

步骤 11　为便于后面进行测试，在数据库管理窗口中双击“mytable”，打开输入表数据窗口，如图 10—32 所示。

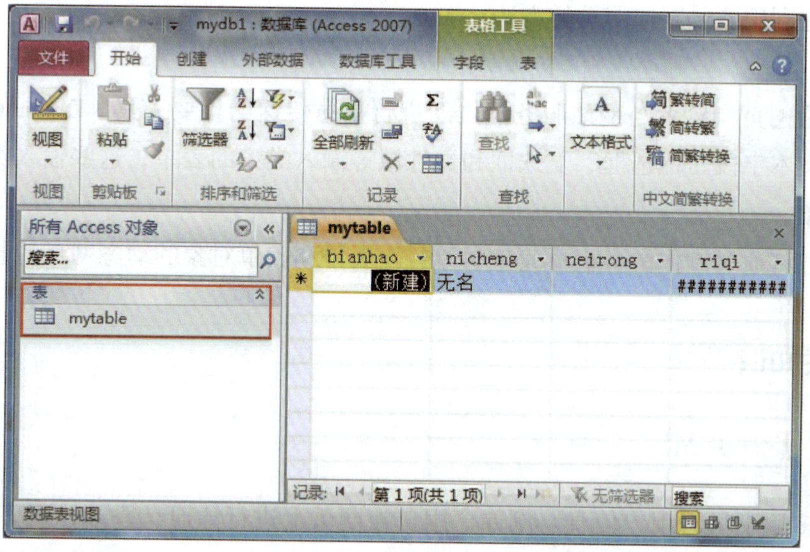

图 10—32　双击 mytable

步骤 12　随意输入两条记录（只输入昵称和内容即可，其他两个字段系统会自动生成），关闭表并退出 Access，如图 10—33 所示。

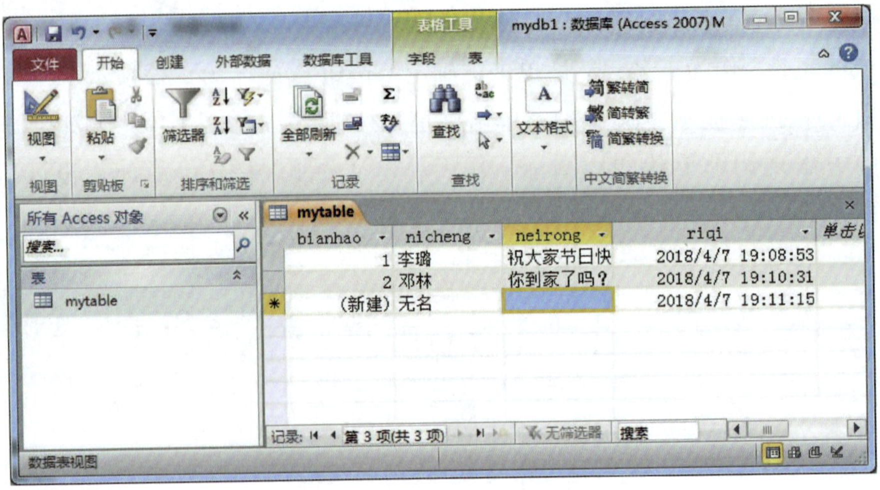

● 图 10—33 输入两条记录

任务 3 制作“留言板”——应用表单和表单对象

学习目标

◆掌握表单和表单对象的插入方法

◆掌握利用表单制作网页的方法

表单是网页浏览者与网站服务器之间进行信息传递的重要工具。Dreamweaver 可以创建带有文本字段、单选框、复选框和文件域等输入类型的表单，这些输入类型又被称为表单对象。

本任务将通过制作留言板页面来学习包含表单和表单对象的动态网页的制作方法。

相关知识

一、认识表单

表单多用于填写用户信息。例如，用户在网页上进行注册、登录、留言等操作时，都是通过表单向网站数据库提交或读取数据的。图 10—34 所示为网易免费邮箱注册页面，当用户填写完信息，单击“同意协议并注册”按钮后，所填信息将提交到网站数据库中。

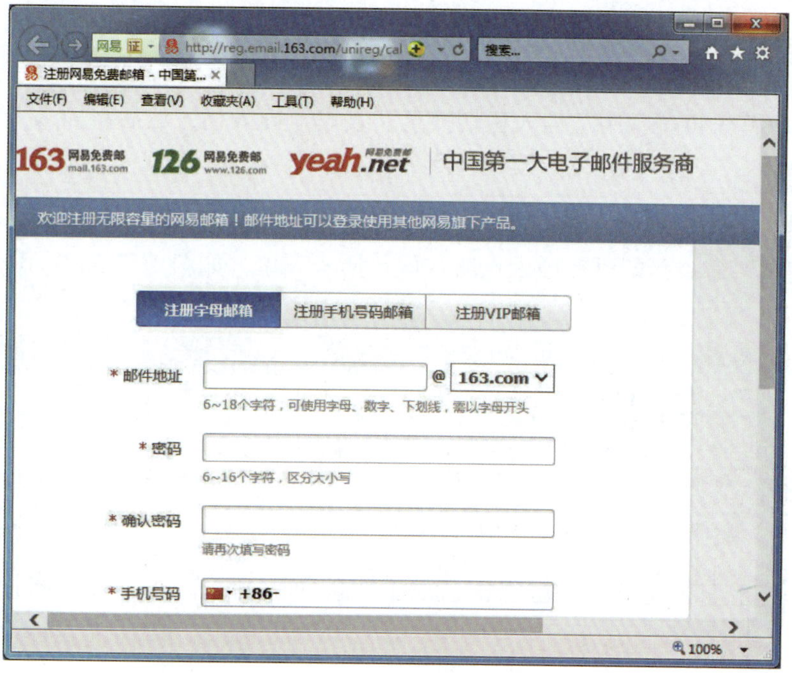

● 图 10—34 网易免费邮箱注册页面

严格来说，一个完整的表单设计应该分为两部分，即表单对象部分和应用程序部分，它们分别由网页设计师和程序设计师来完成。通常情况下，首先由网页设计师制作出一个表单页面（表单对象部分），此时的表单只是一个空壳，并不具备工作的能力；然后由程序设计师来编写程序（应用程序部分），实现表单与数据库之间的连接。

二、插入表单

选择 Dreamweaver“插入”栏中的“表单”选项卡，可插入的表单对象快捷按钮将显示在“插入”栏中，如图 10—35 所示。

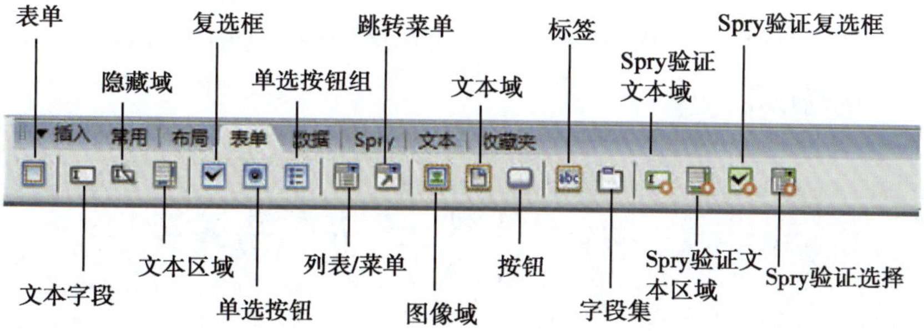

● 图 10—35 “表单”插入栏

表单对象只有添加到表单中才能起作用，所以在应用表单对象前需要先在页面中插入表单，在页面中插入表单的步骤如下。

步骤 1 首先将“常用”插入栏切换至“表单”插入栏，然后将插入点置于要插入表单的位置。

步骤 2 单击“表单”插入栏中的“表单”按钮，或选择“插入记录”→“表单”→“表单”命令，即可在插入点所在位置插入表单，如图 10—36 所示。

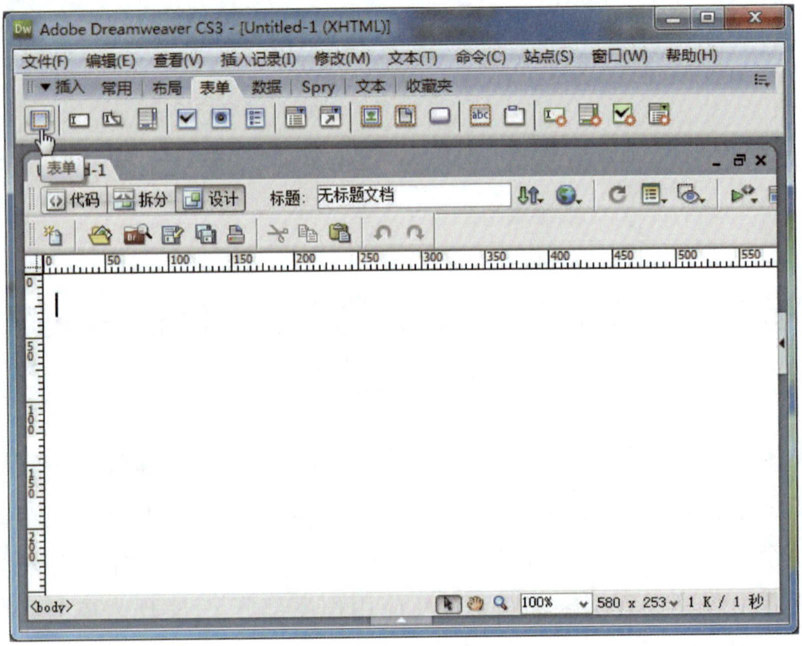

● 图 10—36 插入表单

小提示 表单在文档编辑窗口中是以红色虚线框显示，但此虚线框在浏览器中是不可见的。

步骤 3 设置表单属性。将插入点置于表单区域中，“属性”面板中将显示表单属性，如图 10—37 所示。

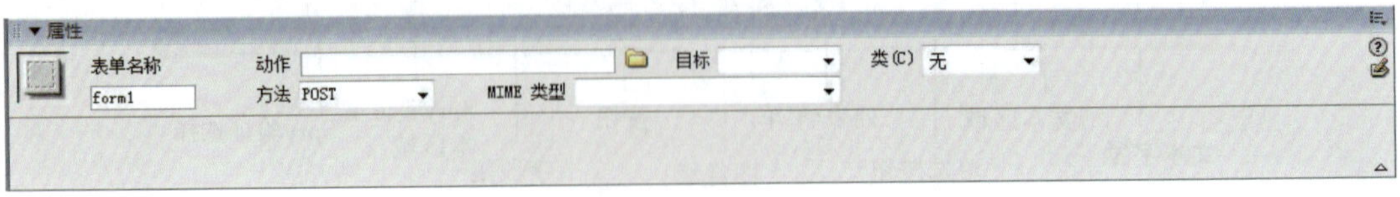

● 图 10—37 表单“属性”面板

该面板中各设置项的意义如下。

表单名称：设置表单名称，可用于程序调用。页面中插入的第 1 个表单默认名为“form1”，后面插入的依次为“form2”“form3”……

动作：用于指定处理该表单的动态网页或脚本文件的路径，可以直接输入完整的路径，也可以单击编辑框右侧的文件夹图标来选择站点中的文件。如果没有相关程序支持，也可以使用 E-mail 方式传输表单信息，此时只需在“动作”编辑框中输入“mailto:电子邮箱地址”即可。例如，“mailto:changchunying@tom.com”表示将表单中填写的信息提交到指定邮箱 changchunying@tom.com 中。

方法：选择传送表单数据的方式。“默认”表示采用默认的设置传送数据，一般的浏览器都以 GET 方式传送。GET 方式是将表单中的信息以追加到处理程序地址后面的方式进行传送，但是，这种方式不能发送信息量大的表单，其内容不能超过 8 192 个字符。POST 方式是将表单数据嵌入到请求处理程序中，理论上，这种方式对表单的信息量没有限制，而且在数据保密方面也有好处。

目标：选择打开返回信息网页的方式。如果在“动作”属性中使用了 E-mail 方式，则“目标”为空即可。

MIME 类型：指定提交给服务器的数据所使用的编码类型。

类：对表单应用定义好的 CSS 样式。

三、插入表单对象

表单就像一个容器，表单对象就是放在这个容器里的东西，只有添加了表单对象，表单才能真正起作用，才可以让访问者输入数据或执行其他操作。常用的表单对象主要有文本字段、单选框、复选框和按钮等，图 10—38 显示了常见的表单对象。

图 10—38　常见表单对象

表单对象的插入方法与表单类似。下面以文本字段为例，介绍表单对象的插入方法。文本字段是最常见的表单对象之一，在文本字段中可输入任何类型的文本内容，如姓名、地址、E-mail 或稍长一些的个人介绍等。文本字段可以以单行或多行显示，也可以以密码方式显示。在以密码方式显示时，输入的文本将显示为星号或其他项目符号，以避免旁观者看到输入的内容。

步骤 1 在插入文本字段之前，应确保已经插入一个表单，并且将插入点置于要插入文本字段的表单中。

步骤 2 将“常用”选项卡切换至“表单”选项卡，单击其中的文本字段按钮，打开“输入标签辅助功能属性”对话框，单击“确定”按钮，即可在表单域中添加文本字段，如图 10—39 所示。

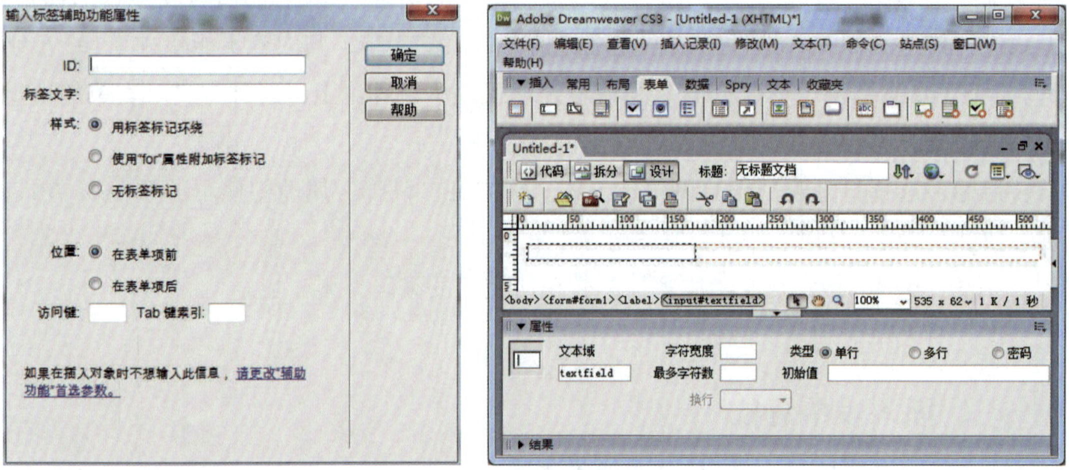

图 10—39 插入文本字段

> **小提示** 如果希望下次插入表单对象时不再显示该对话框，可单击对话框下方的链接文本“请更改‘辅助功能’首选参数”，然后在打开的对话框中取消选择“表单对象”复选框。

步骤 3 设置文本字段的属性。单击文本字段将其选中，此时“属性”面板中将显示其属性，如图 10—40 所示。

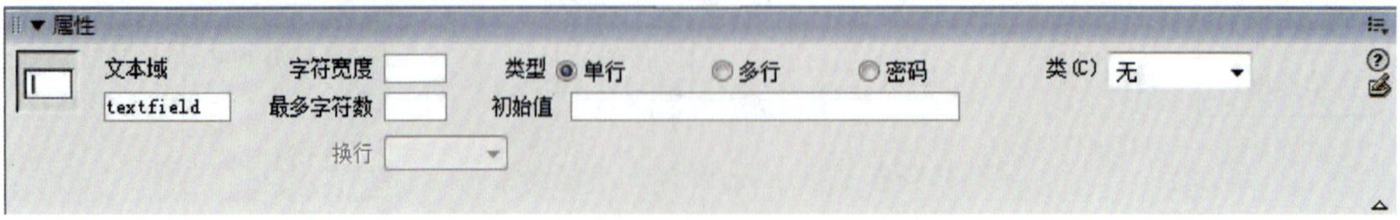

图 10—40 文本字段“属性”面板

文本字段“属性”面板中各设置项的意义如下。

文本域：指定文本字段名称，每个文本字段都必须有一个唯一的名称。文本字段名称最好便于记忆和理解，它将为后期的维护和管理提供方便。例如，“姓名”编辑框可以命名为“username”，“密码”编辑框可以命名为“password”。

小提示　表单对象的名称中不能包含空格或特殊字符，可以是字母、数字或下划线的组合。

字符宽度：用来设置文本字段中最多可显示的字符数。如果输入的字符数超过了可显示的字符数，浏览者将看不到这些字符，但并不影响文本字段识别和处理字符。

最多字符数：设置文本字段中最多可输入的字符数。如果该编辑框为空，则浏览者可输入任意数量的字符。最好根据文本字段的内容设置合适的“最多字符数”，防止个别浏览者恶意输入大量数据，影响到系统的稳定性。

初始值：文本字段中初始显示的内容，主要是一些提示性文本，如“请在此处输入用户名”“请在此处输入密码”等，可引导浏览者顺利填写该编辑框的内容。当浏览者输入内容时，初始值将被输入的内容代替。

类型：用于选择文本字段的类型。包括“单行”“多行”和“密码”。插入文本字段时默认为“单行”，表示文本字段中只能显示一行文本；“多行”表示插入的文本字段可以显示多行文本，并且选择该项时“属性”面板将发生变化，增加了用于设置多行文本的选项，如图 10—41 所示；“密码”表示在文本字段中输入的内容将以星号显示。

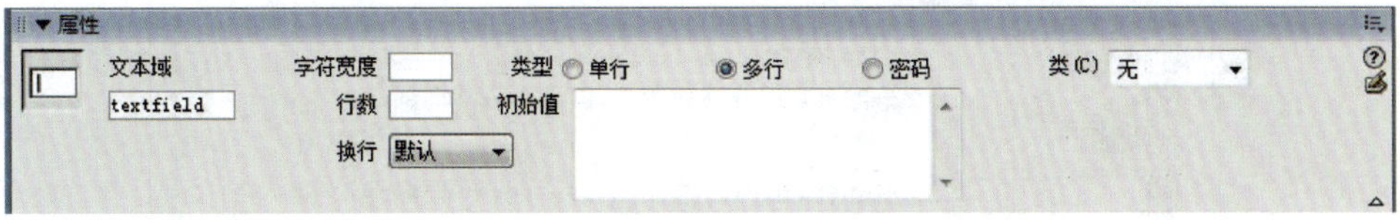

● 图 10—41　多行文本字段“属性”面板

当设置文本字段类型为“多行”时，可设置以下参数。

行数：设置多行文本字段的行数，可用于创建输入较多内容的栏目，如“留言”。

换行：指定当用户输入的内容较多，无法在定义的文本区域内显示时，如何显示这些内容。“换行”下拉列表中包含“默认”“关”“虚拟”和“实体”四个选项。选择“默认”时，当文本字段中的内容超出其右边界时，文本将向左侧滚动，此时需按 Enter 键换行；“关”选项与“默认”选项作用相同；选择“虚拟”选项或“实体”选项时，当浏览者输入的内容超出文本字段的右边界时，文本将自动换到下一行。二者的区别在于，选择前者时，提交的数据不包含换行符，选择后者时，提交的数据包含换行符。

任务实施

学习了表单和表单对象的相关知识后，即可应用这些知识来制作留言板。实现该实例主要包括制作留言列表页面和留言页面两部分内容。在制作过程中除了要留意表单和表单对象的应用方法外，还应关注如何将表单与前面创建的数据库连接起来，实现真正意义上的交互。

一、制作留言列表页面

1. 创建动态站点

在静态网页制作之前，需要先在 Dreamweaver 中创建站点，动态网站也是如此。

步骤 1 任务 1 中已经创建本地站点文件夹“book”，本任务就以该文件夹为例在 Dreamweaver 中创建动态站点。

步骤 2 启动 Dreamweaver 后，选择“站点”→“新建站点”命令，打开“book 的站点定义为”对话框。

步骤 3 选择“高级”选项卡，在“站点名称”编辑框中输入“book”作为站点名称，然后设置本地根文件夹和默认图像文件夹分别为“book”和其下的图像文件夹“images”，如图 10—42 所示。

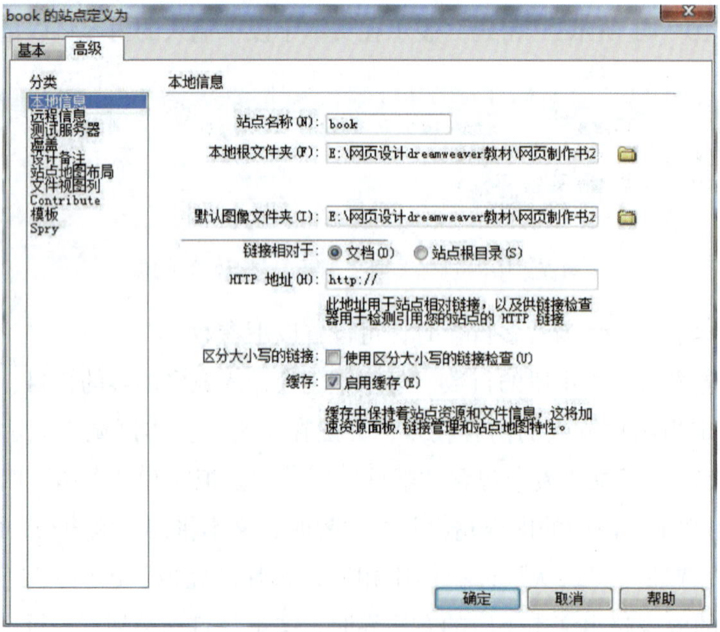

图 10—42　设置本地信息

步骤 4　单击左侧“分类”列表中的“测试服务器”类型，在“服务器模型”下拉列表中选择“ASP JavaScript”，在“访问”下拉列表中选择“本地 / 网络”，然后单击“确定”按钮，如图 10—43 所示。

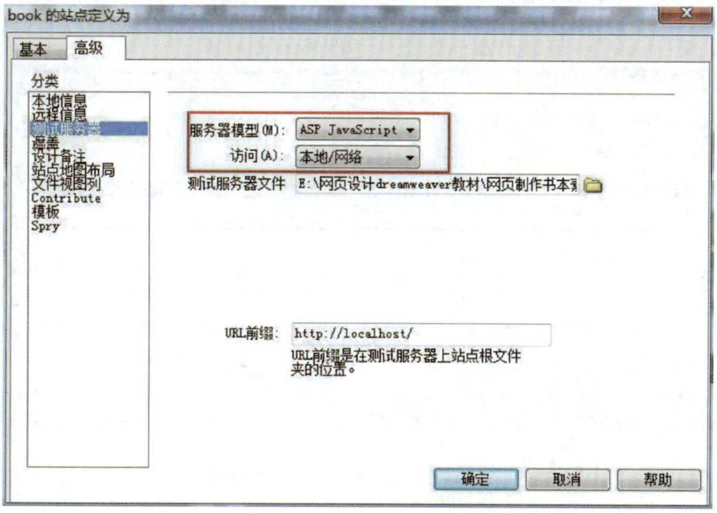

● 图 10—43　设置测试服务器

2. 插入表单

步骤 1　打开“book”站点中的“index.asp”，在网页左侧的空白单元格中单击，插入一个表单，如图 10—44 所示。

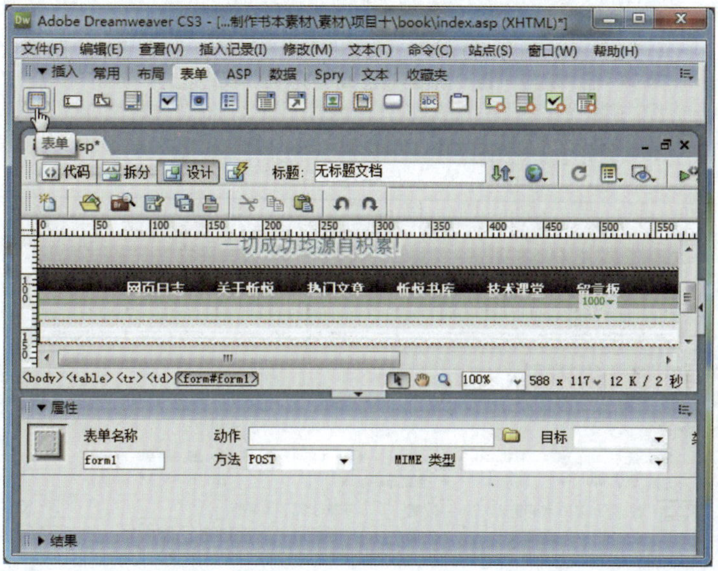

● 图 10—44　插入表单

步骤 2 将插入点置于表单中，插入一个 3 行 2 列，宽为 100%，填充为 4，间距为 1 的表格，并设置表格的背景颜色为浅灰色“#E1E1E1”，如图 10—45 所示。

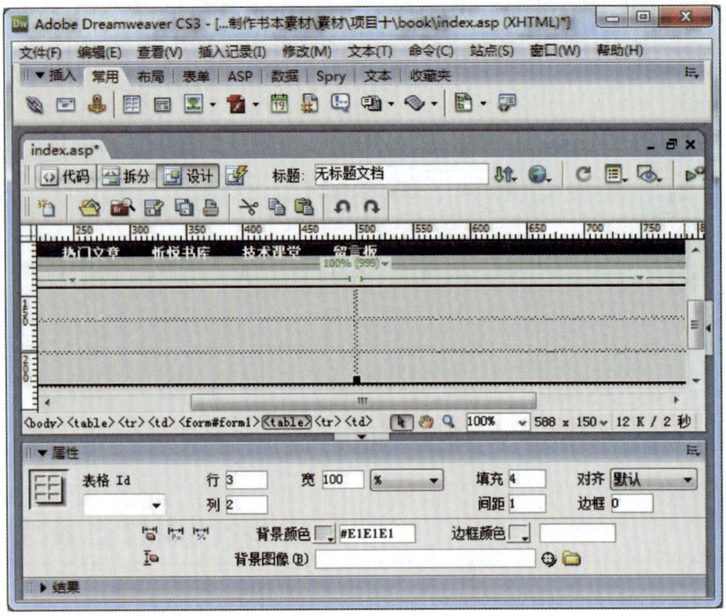

● 图 10—45 插入表格并设置属性

步骤 3 拖动鼠标选中表格下方两行的 4 个单元格，设置其背景颜色为白色，这样就创建了一个有着灰色边框的细线表格，如图 10—46 所示。

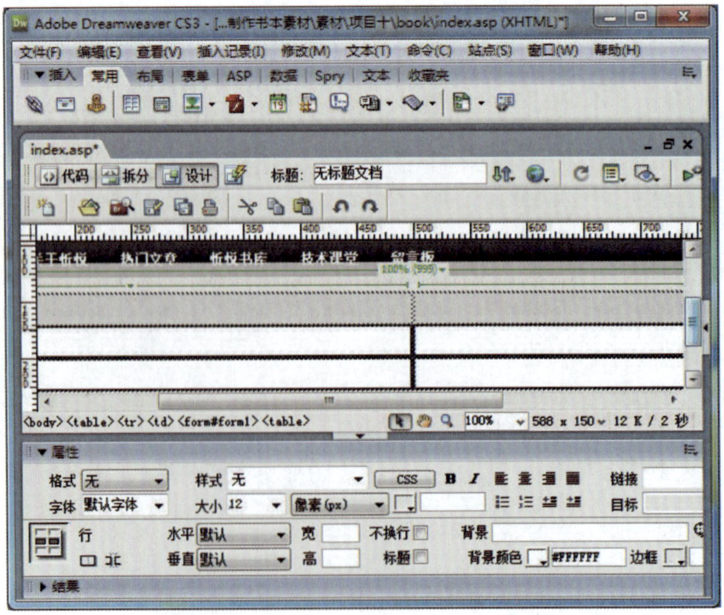

● 图 10—46 设置单元格背景颜色

步骤 4　将表格中第 2 行的两个单元格合并，并输入文本“留言:”；在第 3 行左侧的单元格中输入文本“昵称:”，并设置为右对齐；在第 3 行右侧的单元格中输入文本“时间:”，并设置为左对齐，如图 10—47 所示。

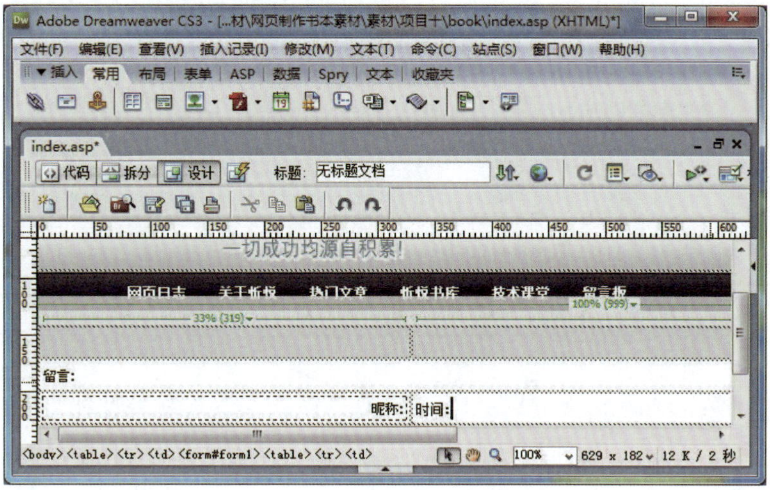

● 图 10—47　输入文本并设置对齐方式

3. 创建数据库连接

利用 Dreamweaver 中的“数据库”面板可以非常容易地连接服务器和数据库，具体操作步骤如下。

步骤 1　继续前面的操作，选择“窗口”→“数据库”命令，打开“数据库”面板，如图 10—48 所示。单击⊞按钮，在弹出的下拉列表中选择“数据源名称（DSN）”。

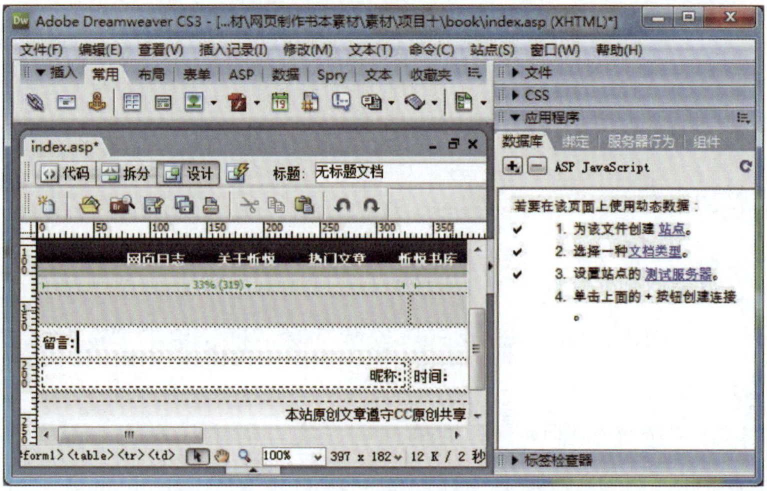

● 图 10—48　打开“数据库”面板并添加数据源名称

步骤 2 打开“数据源名称（DSN）”对话框，输入“连接名称”为“mb”；由于前面还没有为创建的数据库创建数据源，单击“数据源名称（DSN）”编辑框右侧的“定义”按钮，以定义数据源，如图 10—49 所示。

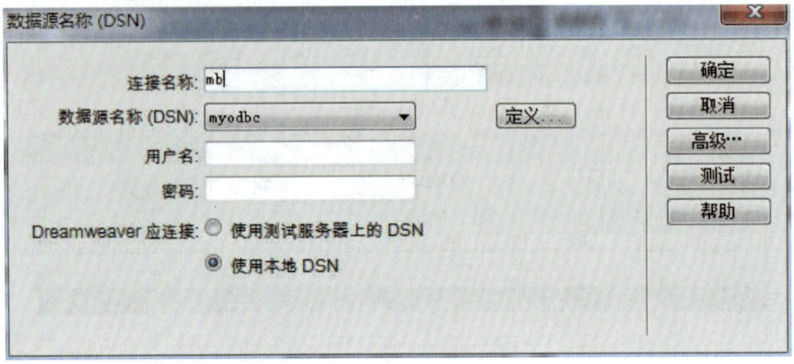

图 10—49　设置连接名称

步骤 3 打开“ODBC 数据源管理器”对话框，切换至“系统 DSN”选项卡，然后单击“添加”按钮，如图 10—50 所示。

步骤 4 打开“创建新数据源”对话框，从中选择“Driver do Microsoft Access（*.mdb）”，然后单击“完成”按钮，如图 10—51 所示。

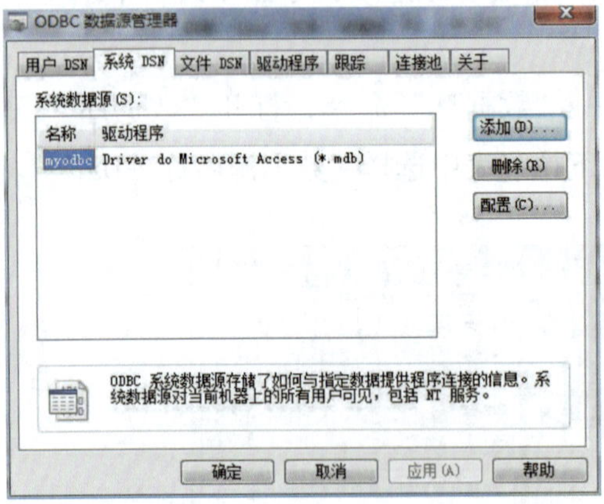

图 10—50　单击“添加”按钮

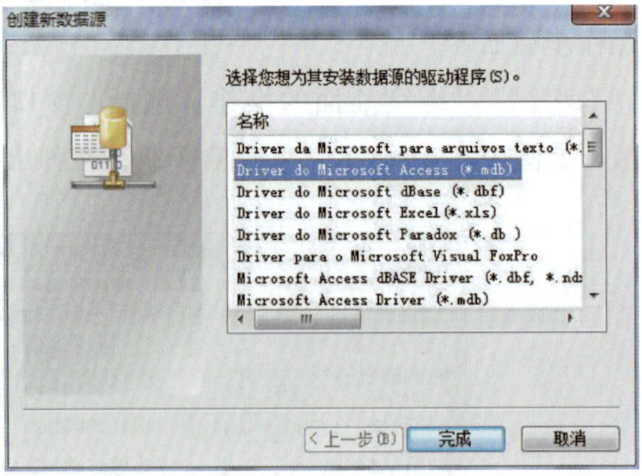

图 10—51　选择数据源类型

步骤 5 打开“ODBC Microsoft Access 安装”对话框，单击“选择”按钮，以选择数据库，如图 10—52 所示。

步骤 6 打开“选择数据库”对话框，首先在“目录”列表中选择数据库所在文件夹，然后在左侧的数据库列表中选择前面创建的数据库“mydb.mdb”，最后单击“确定”按钮，如图 10—53 所示。

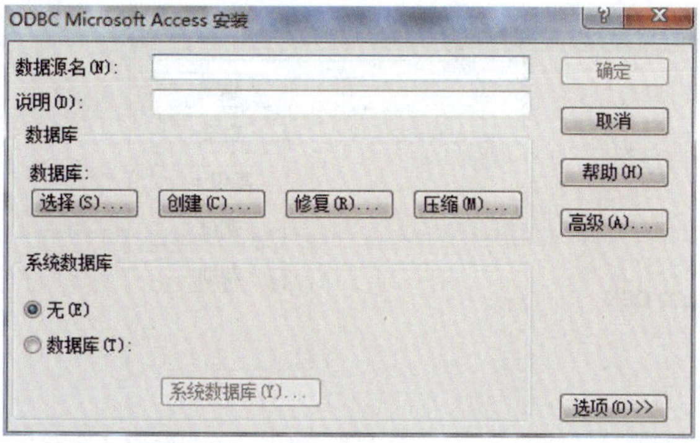

● 图 10—52 “ODBC Microsoft Access 安装”对话框

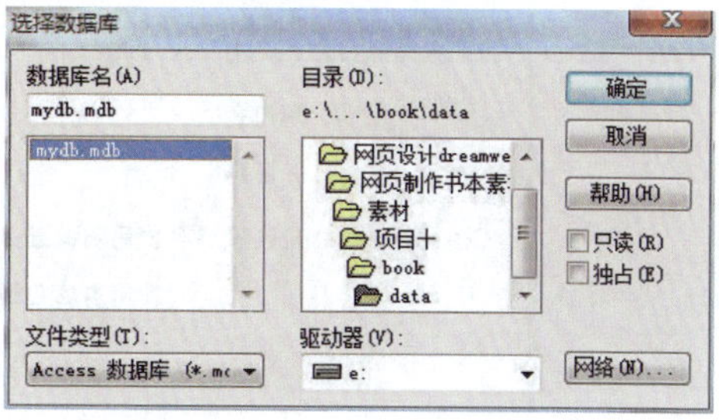

● 图 10—53 选择数据库

步骤 7 返回“ODBC Microsoft Access 安装”对话框，输入数据源名（此处为“myodbc”），然后单击“确定”按钮，如图 10—54 所示。

步骤 8 返回“ODBC 数据源管理器”对话框，新建的数据源已出现在系统数据源列表中，单击“确定”按钮，如图 10—55 所示。

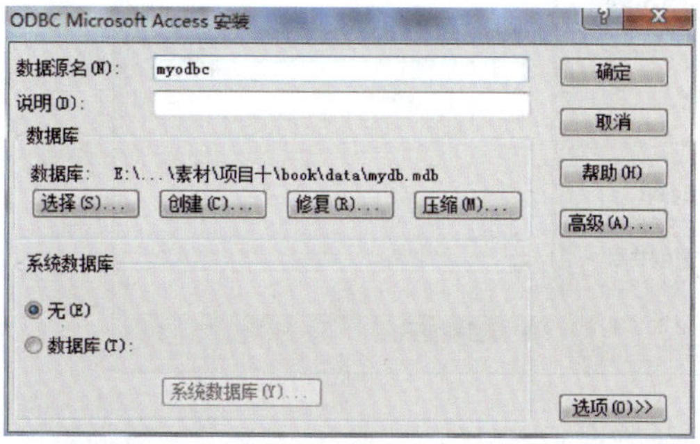

● 图 10—54 输入数据源名“myodbc”

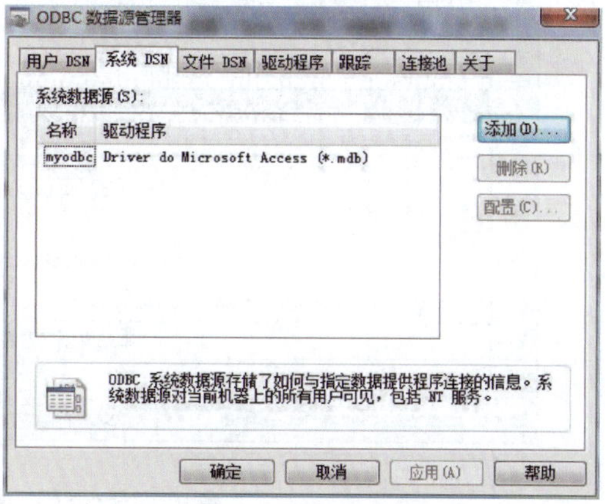

● 图 10—55 返回“ODBC 数据源管理器”对话框

步骤 9 返回“数据源名称（DSN）”对话框，新建的数据源名称出现在“数据源名称（DSN）”列表框中。如图 10—56 所示，为验证连接是否成功，可单击“测试”按钮。

步骤 10 根据提示对话框内容可判断是否设置无误。单击“确定”按钮，关闭提示对话框。

步骤 11 在“数据源名称（DSN）”对话框中单击“确定”按钮，关闭“数据源名称（DSN）”对话框，此时新建数据库连接已出现在“数据库”面板中，如图 10—57 所示。

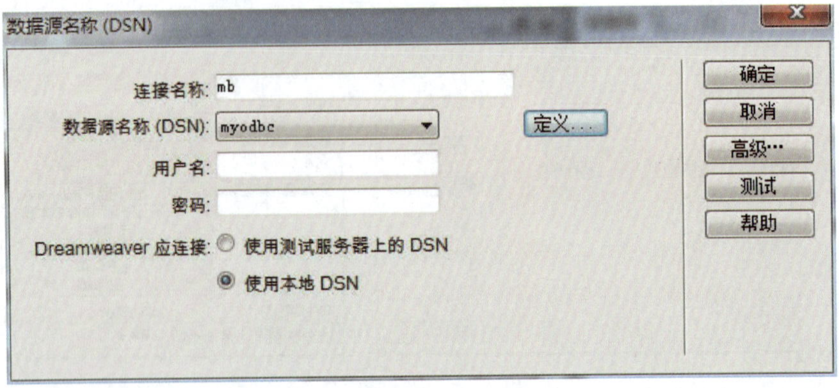

● 图 10—56　数据库连接成功

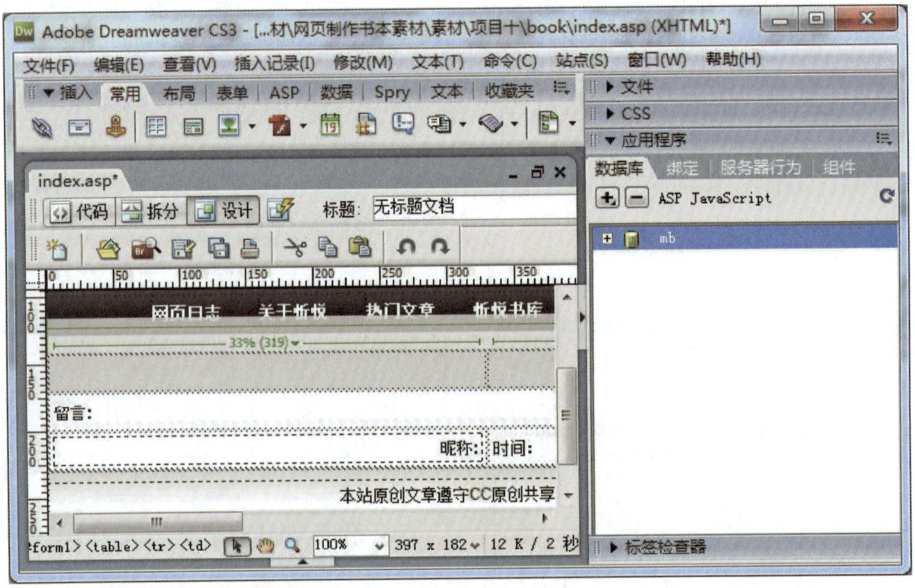

● 图 10—57　成功创建数据库连接

4. 创建记录集

记录集就是数据库表中各条记录的集合，此处创建记录集的目的是读取数据库中的内容。使用 Dreamweaver 提供的“绑定”面板，只需在弹出菜单中选择数据库连接和表即可轻松创建，具体操作如下。

步骤 1　继续前面的操作。打开“绑定”面板，单击“+”按钮，在弹出的菜单列表中选择“记录集（查询）”，如图 10—58 所示。

步骤 2　打开“记录集”对话框。在“连接”下拉列表中选择前面创建的“mb”连接，“表格”下拉列表中自动变为“mytable”，下面的“列”列表框中也自动显示表格中的字段名，如图 10—59 所示。

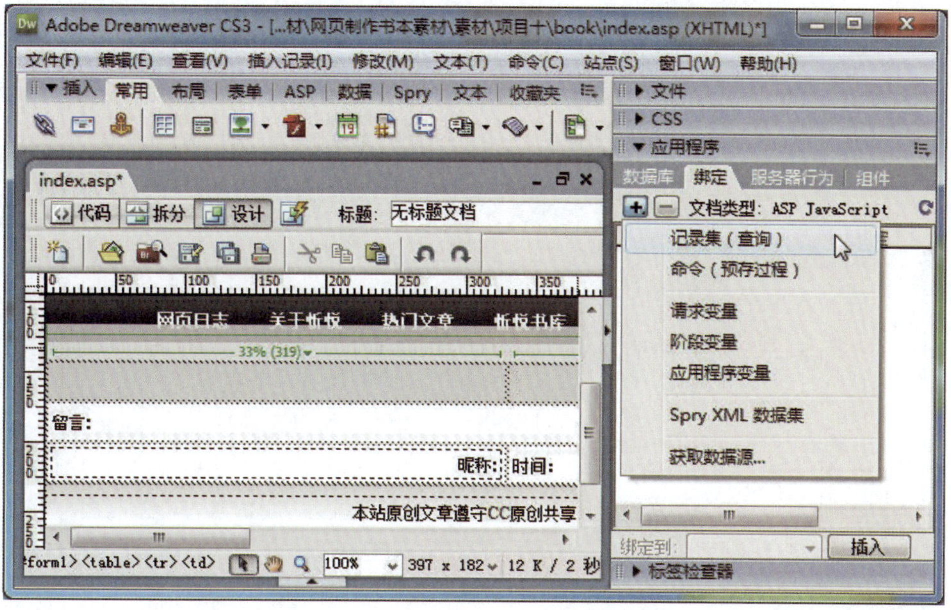

● 图 10—58 选择记录集

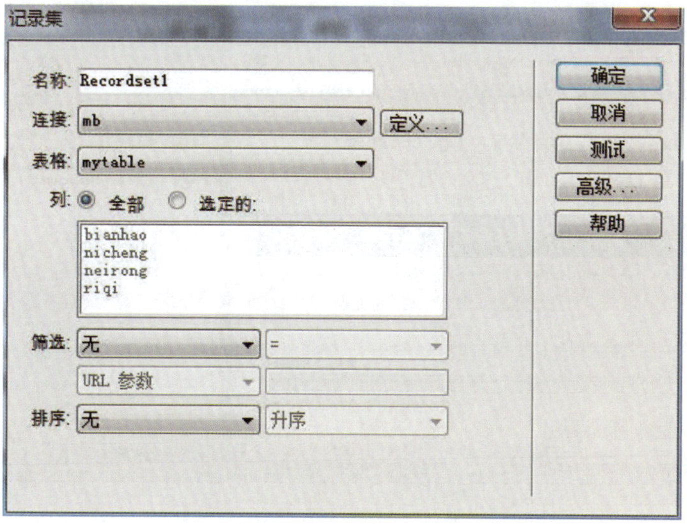

● 图 10—59 选择“mb”连接

步骤 3 为测试创建的记录集，单击“记录集”对话框右侧的“测试”按钮。此时将单击显示连接的表格内容，如图 10—60 所示。

步骤 4 依次单击“确定”按钮，关闭“测试 SQL 指令”对话框和“记录集”对话框，此时新创建的记录集已增加到“绑定”面板中，如图 10—61 所示。

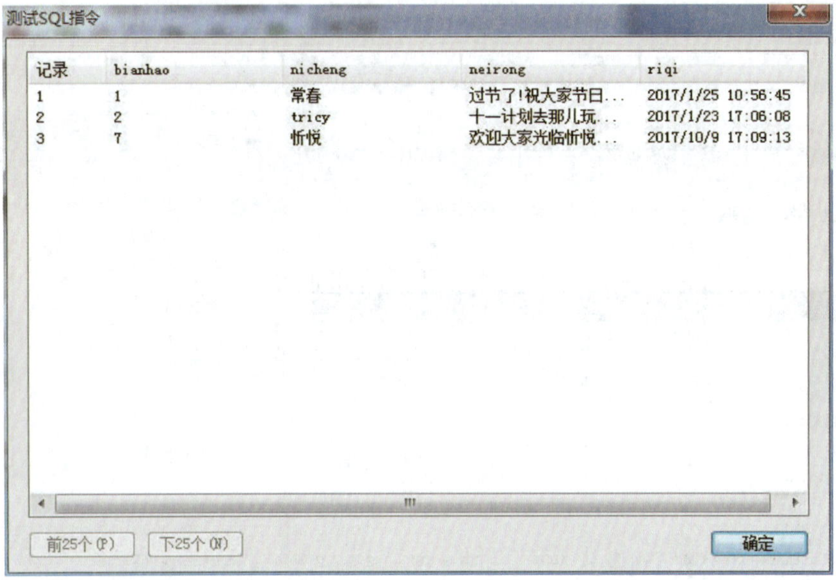

● 图 10—60 显示表格内容

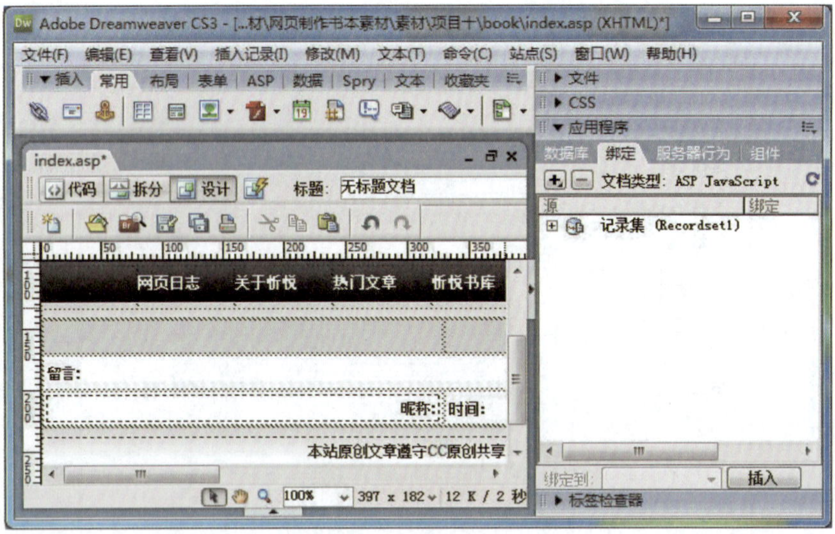

● 图 10—61 成功创建记录集

5. 设置动态文本

动态文本是指需要从数据库中读取而不是直接输入到网页中的文本。使用 Dreamweaver 提供的“服务器行为”面板可以设置动态文本，具体操作如下。

步骤 1 接着前面的操作。在表单表格的第 2 行“留言:”后面单击。打开“服务器行为”面板，单击“+”按钮，在弹出的下拉菜单中选择“动态文本”，如图 10—62 所示。

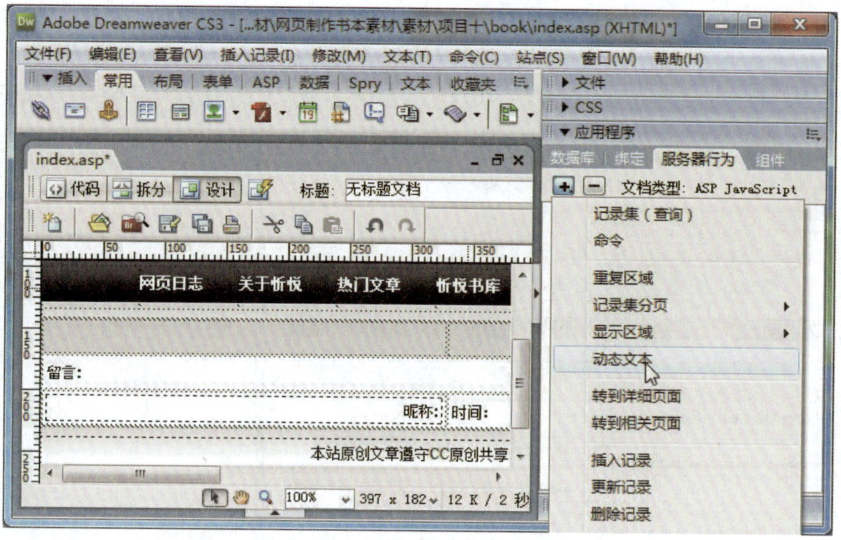

● 图 10—62 选择“动态文本”

步骤 2 打开“动态文本”对话框，在“域”列表区单击选择“neirong”字段，然后单击“确定”按钮，以插入动态文本，如图 10—63 所示。

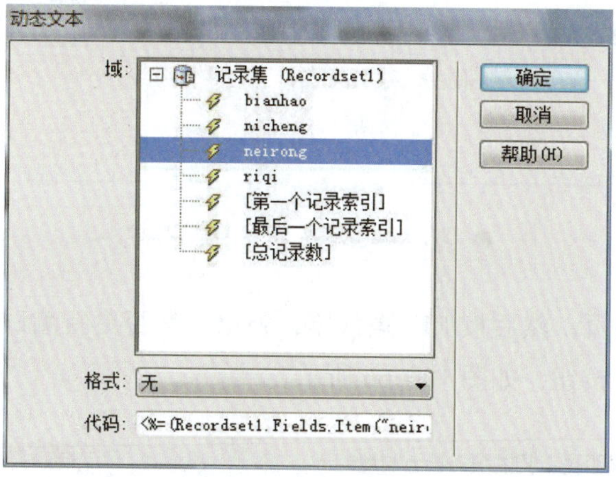

● 图 10—63 插入“neirong”字段

步骤 3 在表格的第 3 行“昵称:”后面单击，按照前面的方法插入“nicheng”字段；之后在“时间:”后面插入“riqi”字段，如图 10—64 所示。

步骤 4 由于该表单用来显示记录，不能只显示一行。因此，还要为它增加一个“重复区域”行为。为此，首先单击标签选择器中的“form”标签选中表单，然后在“服务器行为”面板中单击“+”按钮，在其下拉菜单中选择“重复区域”。

步骤 5 打开“重复区域”对话框。默认情况下，记录集的显示条数为 10 条，此处设置为 6，然后单击“确定”按钮，如图 10—65 所示。

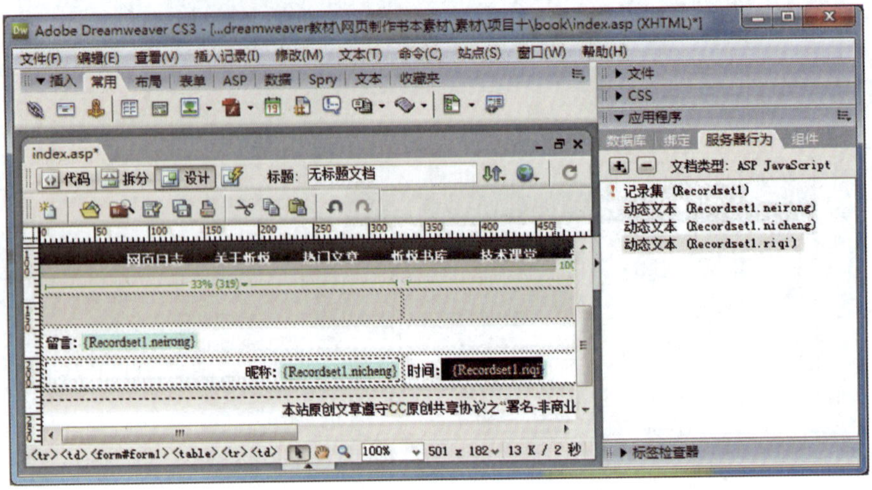

● 图 10—64 插入“nicheng”和“riqi”字段

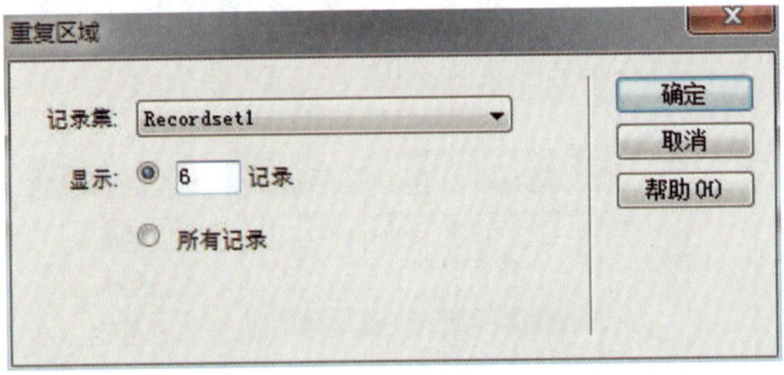

● 图 10—65 设置“重复区域”

步骤 6 保存网页，然后按 F12 键预览，弹出“是否更新测试服务器上的复制？”提示框，单击“是”按钮，如图 10—66 所示。

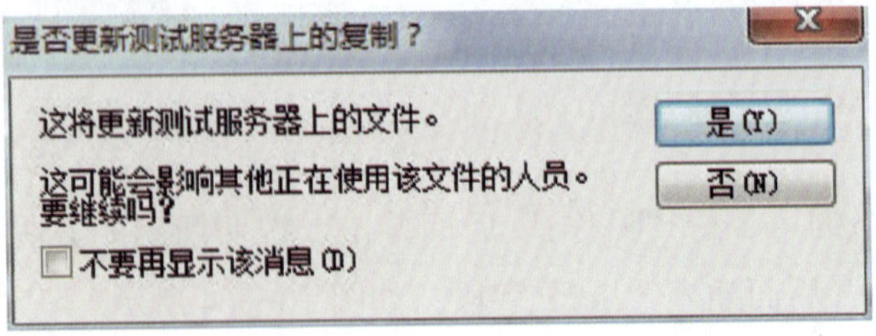

● 图 10—66 “是否更新测试服务器上的复制？”提示框

步骤 7 弹出“相关文件”提示框，根据需要单击“是”或“否”按钮。在 IE 浏览器中打开网页，如图 10—67 所示。

● 图 10—67　预览网页

二、制作留言页面

1. 插入表单和表单元素

步骤 1　打开“book”站点中的网页文档“leaveword.asp”。将插入点置于文档左侧的空白单元格中，然后将“常用”插入栏切换至“表单”插入栏，并单击“表单”图标，在空白处插入一个表单，如图 10—68 所示。

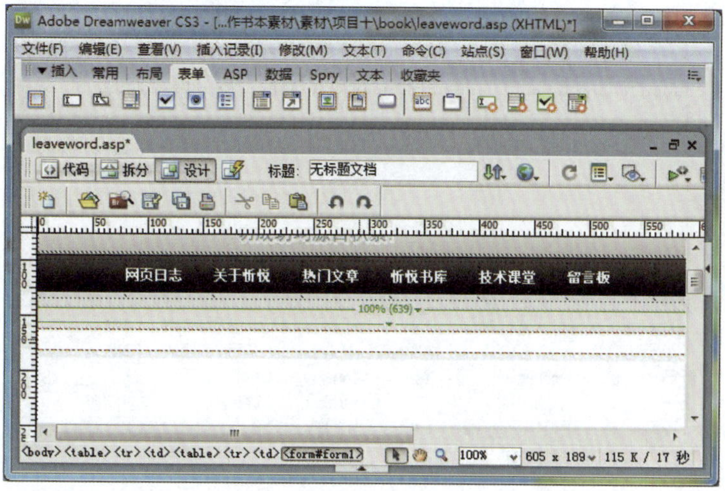

● 图 10—68　插入表单

步骤 2　将插入点置于刚插入的表单中，在其中插入一个 4 行 2 列，宽 100%，填充、间距和边框均为 0 的表格，如图 10—69 所示。

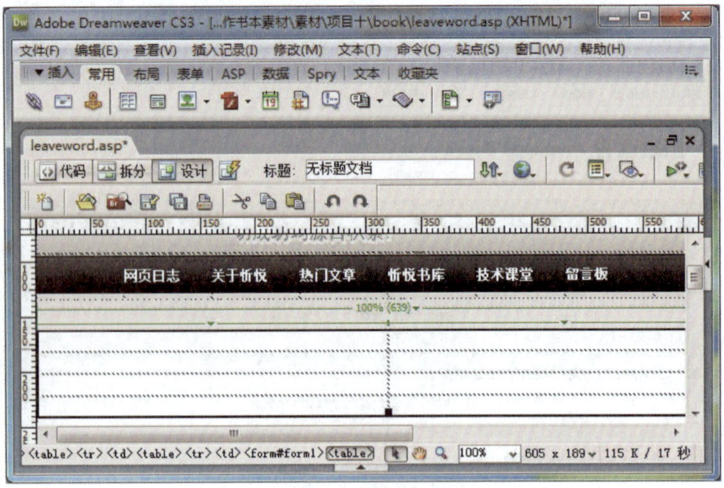

图 10—69　插入表格

步骤 3　将插入点置于表格的第 1 行第 1 列单元格中，设置其宽为 65 px，高为 28 px，然后在其中输入文本“昵称:”。

步骤 4　按照同样的方法在下方的两个单元格中分别输入文本“邮箱:”和“留言:”，并设置其高分别为 28 px 和 135 px，最后使所有文本“居中对齐”，如图 10—70 所示。

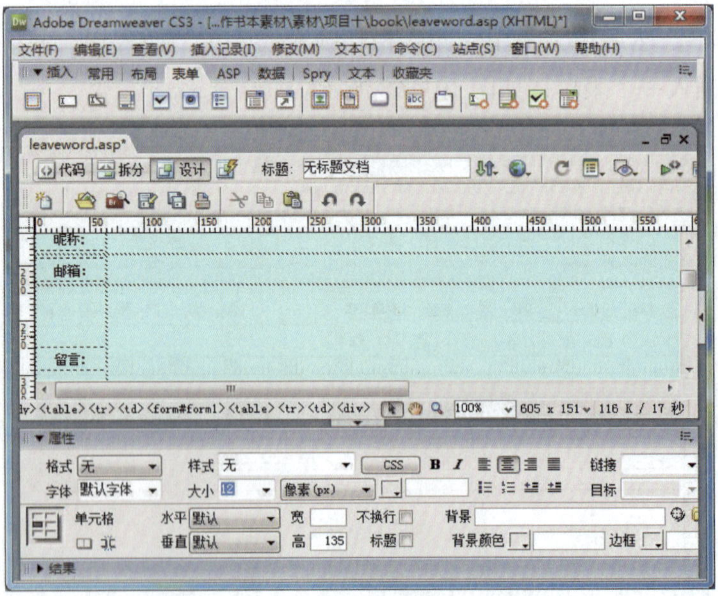

图 10—70　输入文本并设置对齐

步骤 5　将插入点置于第 1 行第 2 列单元格中，单击“表单”插入栏中的“文本字段”按钮，插入一个文本字段，并在“属性”面板上设置“字符宽度”为“30”，“最多字符数”为“50”，如图 10—71 所示。

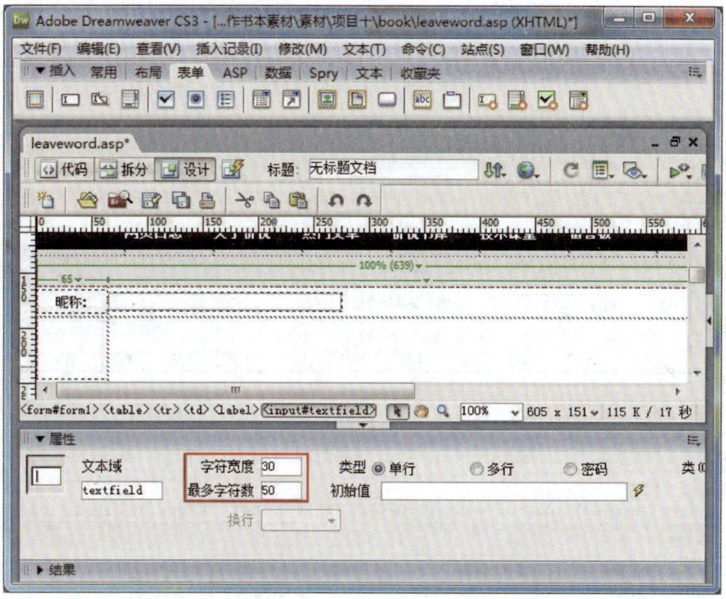

● 图 10—71 插入文本字段并设置属性

步骤 6 同样地，在第 2 行和第 3 行的第 2 列分别插入文本字段，并分别设置其属性，其尺寸应根据内容需要进行设定，如“邮箱”一行可设为单行、字符宽度 40，“留言”一行则可设为多行（10 行）、字符宽度 60。

步骤 7 将第 4 行第 2 列的单元格拆分为 3 列，在第 1 列插入一个“提交”按钮，并使其在单元格中“居中对齐”，如图 10—72 所示。

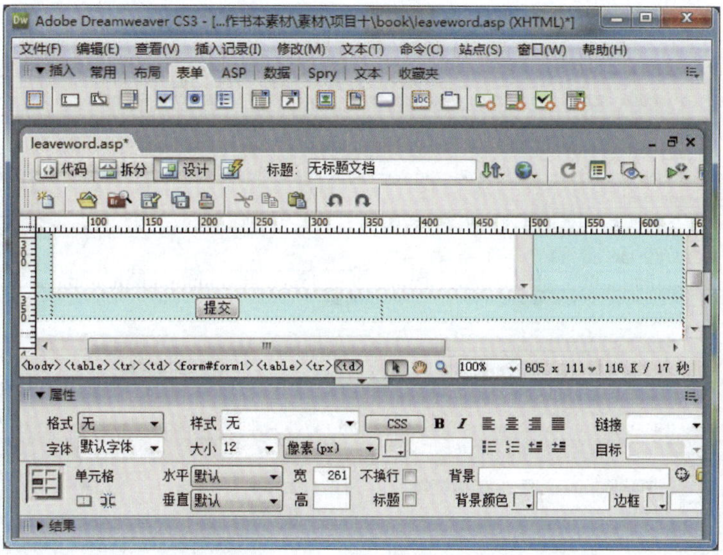

● 图 10—72 拆分单元格并插入按钮

步骤 8　在拆分后的第 2 列单元格中插入一个按钮，在“属性”面板上设置“值”为“重填”，“动作”为“重设表单”，如图 10—73 所示。

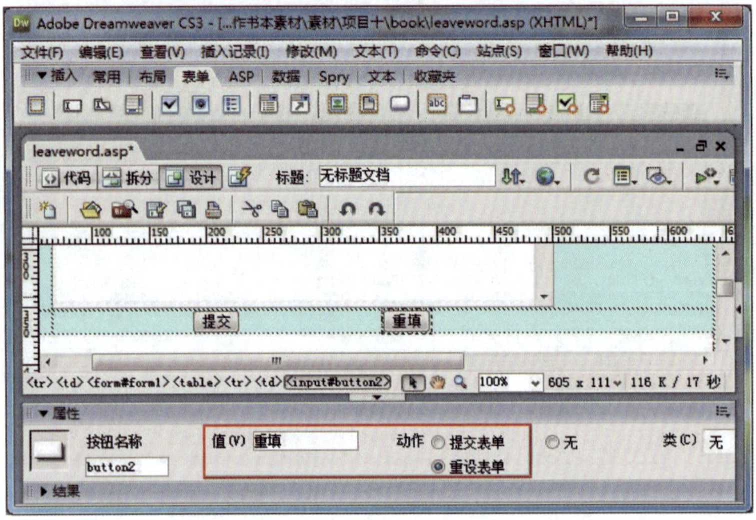

● 图 10—73　插入按钮并设置属性

步骤 9　在表单下方插入一个 1 行 2 列，宽为 100%，填充、间距和边框均为 0 的表格。在左侧单元格中输入文本“请不要发表任何违反国家法律法规的言论，谢谢合作！”。

步骤 10　将插入点置于右侧单元格中，单击“表单”插入栏中的“按钮”图标。

步骤 11　插入按钮后，在“属性”面板上设置“值”为“返回留言列表”，“动作”为“无”，如图 10—74 所示。

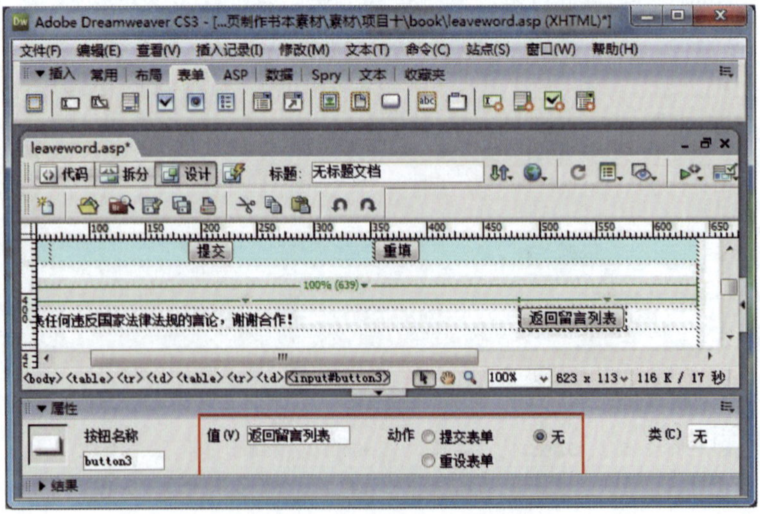

● 图 10—74　插入按钮并设置属性

小提示　由于该按钮所起的作用只是返回到留言列表页面，与表单中的内容无直接关系，所以不用添加表单，只需为其添加一段能链接至“留言列表”页面的代码即可。

2. 插入记录

由于在制作留言列表页面时已经创建了数据库链接，此处只需要将前面创建的文档包含至该文档中即可。

步骤 1　继续前面的操作，单击文档工具栏中的“拆分”按钮，在文档编辑窗口上方打开代码视图。

步骤 2　将插入点置于“<html>”起始标签上方一行的末尾，然后打开“数据库”面板，右键单击前面创建的数据库连接，在弹出的菜单中选择“插入代码”，如图 10—75 所示。

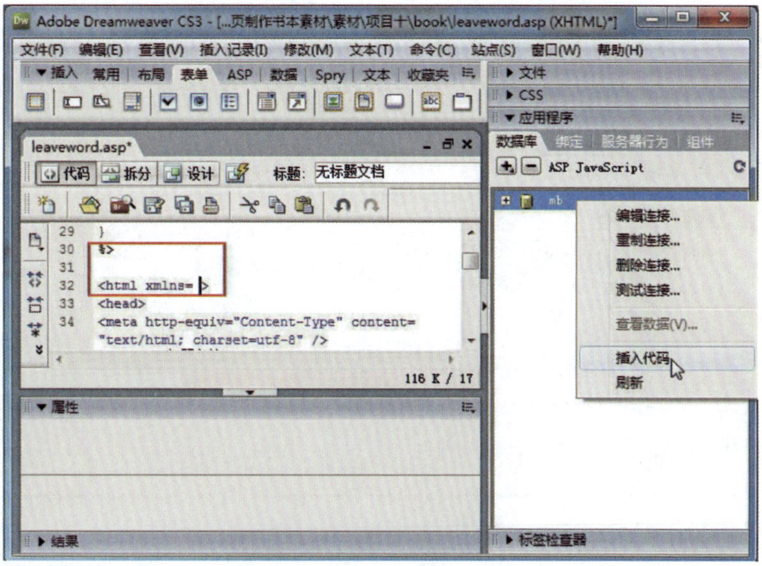

● 图 10—75　插入代码

步骤 3　切换至“设计”视图。打开“服务器行为”面板，单击“⊞”按钮，在打开的下拉菜单中选择“插入记录”，如图 10—76 所示。

步骤 4　在打开的“插入记录”对话框中设置“连接”为前面创建的“mb”，此时“插入到表格”自动变为“mytable”，“获取值自”也自动变为“form1”，单击“表单元素”列表区的文本字段“textfield< 忽略 >”，在下面的“列”下拉列表中选择“nicheng”字段，如图 10—77 所示。

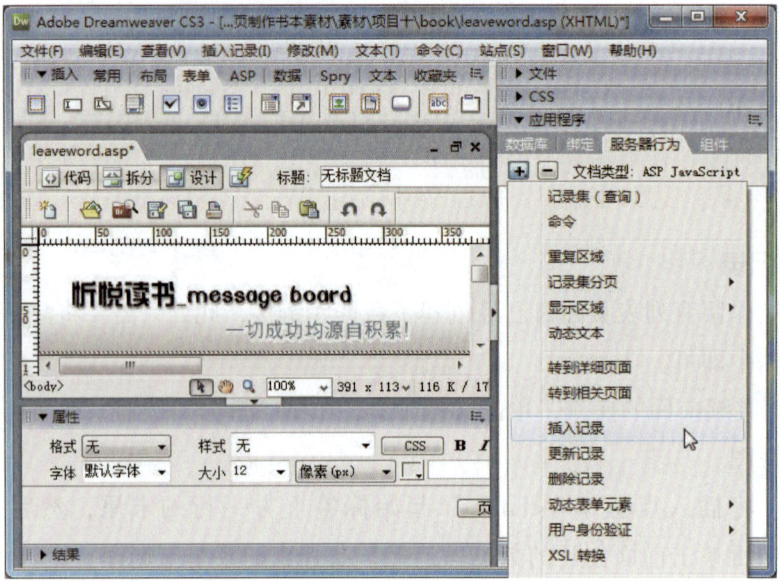

● 图 10—76 选择“插入记录”

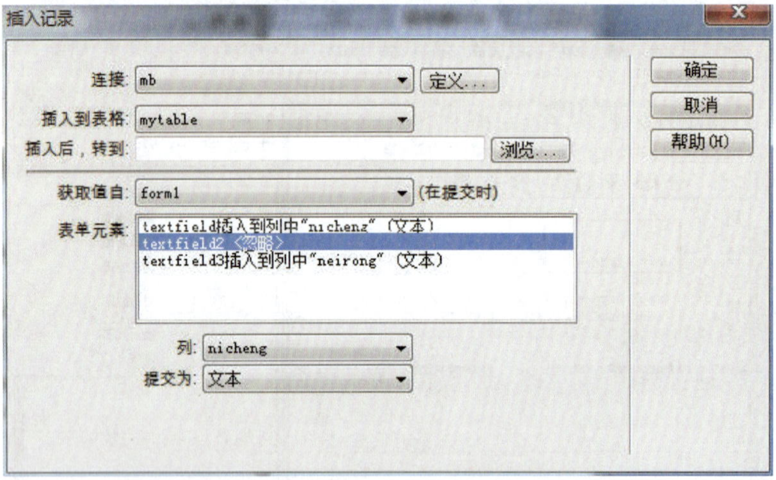

● 图 10—77 设置“插入记录”对话框

步骤 5 单击“表单元素”列表区的文本字段“textfield3< 忽略 >”，在下面的“列”下拉列表中选择“neirong”字段，然后单击“确定”按钮。

步骤 6 选中下方表格中的按钮“返回留言列表”，然后打开“行为”面板，单击“添加行为”按钮，在弹出的下拉菜单中选择“转到 URL”。

步骤 7 打开“转到 URL”对话框，单击“URL”编辑框后的“浏览”按钮，在打开的“选择文件”对话框中选择要转到的网页（此处为“index.asp”），然后单击“确定”按钮，如图 10—78 所示。

● 图 10—78　“转到 URL”对话框

步骤 8　保存文档后按 F12 键预览网页效果。在各个编辑框中输入内容，然后单击“提交”按钮，如图 10—79 所示。

● 图 10—79　预览网页

步骤 9　提交内容后编辑框都变空，单击“返回留言列表”按钮查看留言，可以看到刚才的留言已经显示在留言列表下方，如图 10—80 所示。

前面只完成了留言板前台的制作方法，实际上一个完整的留言板不仅有前台，还要有后台，以便于网站拥有者对留言进行回复和管理。如有兴趣，可以参考上面的方法，尝试完成留言板后台的制作。

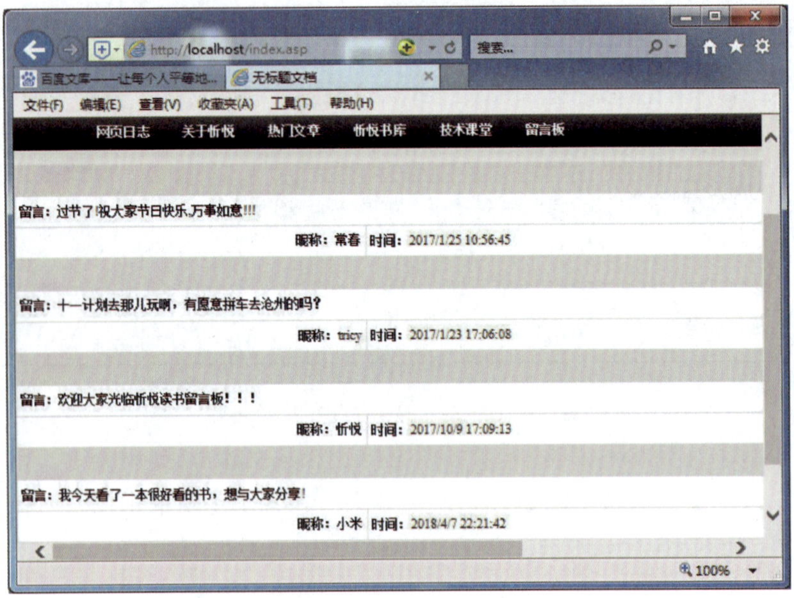

● 图 10—80 留言成功

巩固练习

参照图 10—81 所示网页，利用表格、表单和表单对象制作一个用户注册网页。（扫描二维码查看提示）

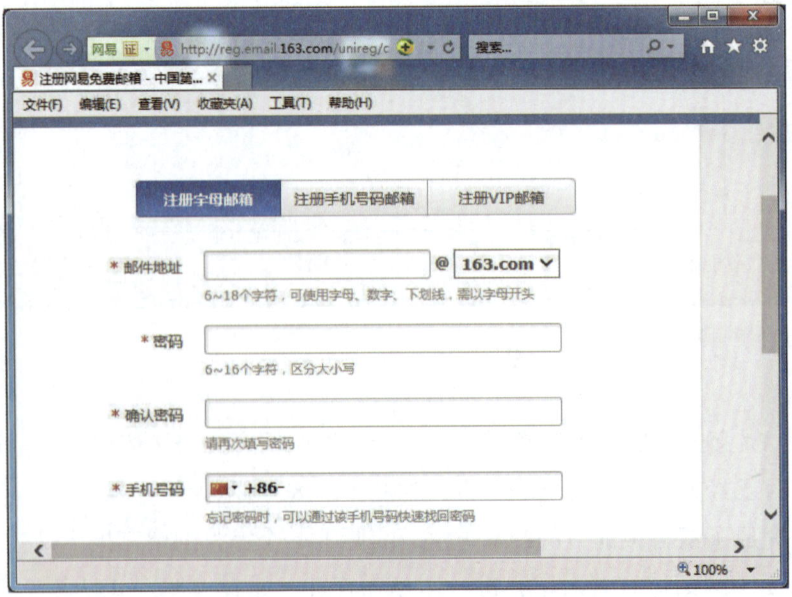

● 图 10—81 用户注册网页

知识拓展　动态网页不能正常显示的解决方法

在测试动态网页时，有时会出现页面不能正常显示，并提示“Microsoft OLE DB Provider for ODBC Drivers(0x80004005)”错误的情况。扫描二维码，了解这一问题的解决办法。

项目十一
制作饰品公司网站首页——应用 JavaScript 制作网页特效

项目内容

本项目的内容是为某饰品公司更新公司网站。该饰品公司主要要求在原有网站首页的基础上增加文字跑马灯和图片轮播网页特效，以增加网页的动感和与用户的交互效果，使网页动静结合。

项目分析

（1）该饰品公司要求网页有带有颜色变换的跑马灯效果，跑马灯是网页中常用的一种动态效果，该效果用 HTML 代码很容易实现，但要加上文字变换效果就要用到 JavaScript 代码。

（2）该网站要求有图片轮播效果，也可以在 Dreamweaver 中利用 JavaScript 来实现。

经过分析，应主要采用 JavaScript 代码来实现网页的特殊效果。

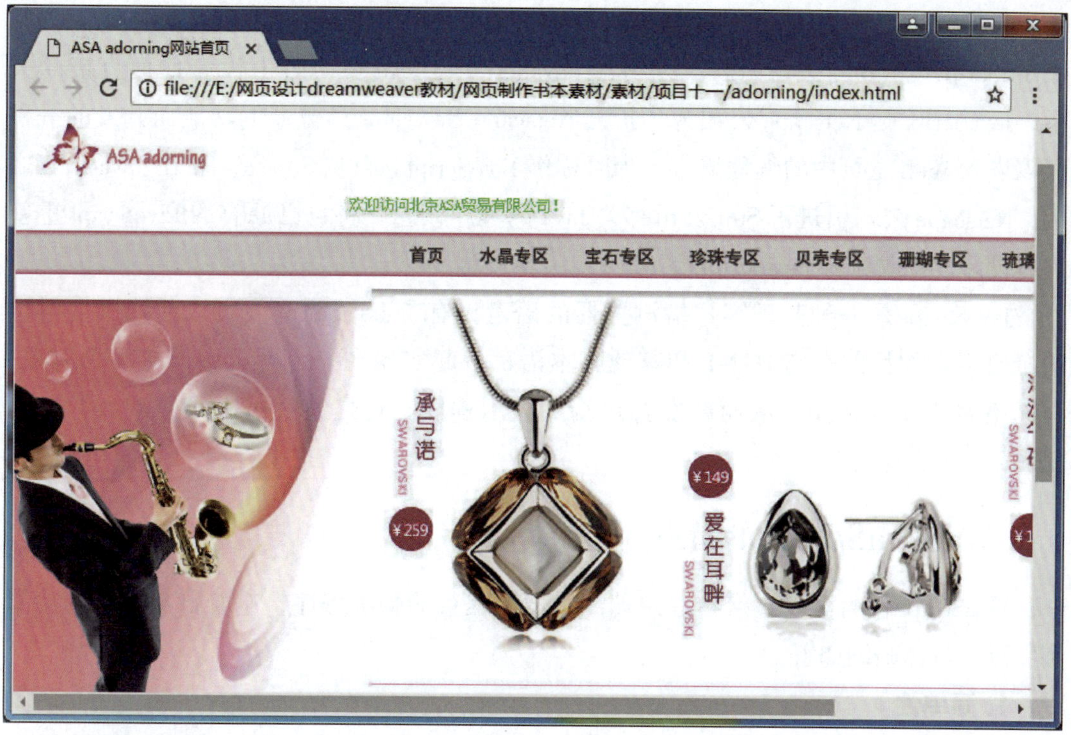

● 项目成果展示

任务 1　认识 JavaScript

学习目标

◆了解 JavaScript 的发展过程

◆理解 JavaScript 的特点

JavaScript 是一种目前常用的 Web 技术，用于扩展基本的 HTML 的功能，代替复杂的 CGI 程序来处理 Web 页表单信息，为 Web 页增加动态效果。

相关知识

一、JavaScript 简介

JavaScript 是一种基于对象的脚本语言，使用它可以开发 Internet 客户端的应用程序。JavaScript 在 HTML 页面中以语句的方式出现，并且执行相应的操作。

很多人可能认为 JavaScript 是 Java 的子集，或者认为 JavaScript 就是 Java 语言，就像 VBScript 与 VB 的关系一样。实际上 JavaScript 与 Java 在语言上没有任何直接的关系，JavaScript 是 Netscape 公司为了扩充 Netscape Navigator 浏览器的功能而开发的一种可以嵌入 Web 主页中的编程语言，当时称作 LiveScript。自从 Sun 公司推出 Java 语言之后，Netscape 公司引进了 Sun 公司有关 Java 的程序概念，将自己原有的 LiveScript 重新进行设计，并改名为 JavaScript。

JavaScript 是一种基于客户端浏览器的语言，有了 JavaScript 便可以使网页变得生动。使用它的目的是与 HTML 和其他脚本语言一起实现在一个网页中链接多个对象，与网络客户交互作用，从而开发客户端的应用程序。它是通过被嵌入或调入标准的 HTML 中来实现的。

二、JavaScript 的特点

JavaScript 作为可以直接在客户端浏览器上运行的脚本程序，有着自身独特的功能和特点，具体归纳如下。

1. 简单性

JavaScript 是一种脚本编写语言，采用小程序段的方式实现编程。像其他脚本语言一样，JavaScript 同样是一种解释性语言，提供了一个简易的开发过程。它的基本结构形式与 C、C++、VB 和 Delphi 十分类似。但它不像这些语言需要先编译，而是在程序运行过程中被逐行解释。它与 HTML 标识结合在一起，从而方便用户使用和操作。

2. 动态性

相对于 HTML 和 CSS 语言的静态而言，JavaScript 是动态的，它可以直接对用户或客户输入做出响应，无须经过 Web 服务程序。它对用户的响应，是以事件驱动的方式进行的。在主页中执行了某种操作所产生的动作，就称为“事件”，如按下鼠标、移动窗口和选择菜单等都可以视为事件。当事件发生后，可能会引起相应的事件响应。

3. 跨平台性

JavaScript 是依赖于浏览器本身、与操作环境无关的脚本语言。只要浏览器支持 JavaScript，计算机就可以正确执行它，无论这台计算机安装的是 Windows、Linux、Mac OS，还是其他操作系统。

4. 安全性

JavaScript 被设计为通过浏览器来处理并显示信息，但它不能修改其他文件中的内容。换句话说，它不能将数据存储在 Web 服务器或者用户的计算机上，更不能对用户文件进行修改或者删除操作。

5. 节省 CGI 的交互时间

随着网络的迅速发展，有许多网络服务器提供的服务要与浏览者进行交流，从而确定浏览者的身份和所需服务的内容等，这项工作通常由 CGI/PERL 编写相应的接口程序与用户进行交互来完成。网络与用户的交互一方面增大了网络的通信量，另一方面影响了服务器的性能。

JavaScript 是一种基于客户端浏览器的语言，用户在浏览的过程中填表、验证的交互过程只是通过浏览器对调入 HTML 文档中的 JavaScript 源代码进行解释执行来完成的，即使是必须调用 CGI 的部分，浏览器只将用户输入验证后的信息提交给远程的服务器，大大减少了服务器的负载。

三、JavaScript 与 CSS

JavaScript 与 CSS 都是可以直接在客户端浏览器解析并执行的脚本语言，通常意义上认为 CSS 是静态的样式设定，而 JavaScript 则是动态地实现各种功能。例如，之前提到的鼠标指针经过时变色的表格。

其中，CSS 分别设置鼠标指针没有经过时的样式和鼠标指针经过时的样式，JavaScript 则动态地判断鼠标指针的位置，从而调用不同的 CSS 样式。通过 JavaScript 与 CSS 很好的配合，可以制作出更多精巧而实用的效果。

任务实施

利用 Dreamweaver 创建 JavaScript 程序的步骤如下。

步骤 1 打开 Dreamweaver，新建一个网页文件。

步骤 2 在代码视图中输入如下代码。

```
<html>
<head><title> 第一个 JavaScript 程序 </title></head>
<body>
<script language="JavaScript">
    document.write(" 第一个 JavaScript 程序 ");
</script>
</body>
</html>
```

步骤 3 保存网页文档，并按 F12 键预览，效果如图 11—1 所示，见本项目教学资源“example”文件夹中的“11-01.html”文件。

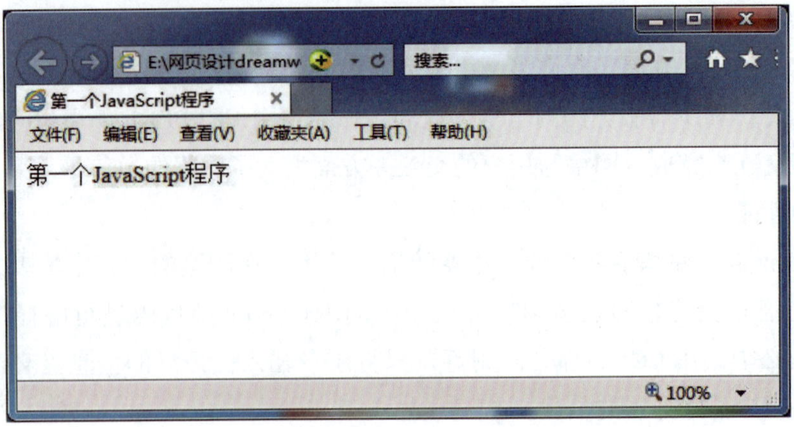

● 图 11—1 程序运行的效果

小提示 document.write( ) 语句表示输出，其功能是将括号内的字符串或变量输出到窗口。

任务 2 更新饰品公司网站首页——用 JavaScript 制作网页特效

学习目标

◆理解 JavaScript 的基本语法

◆掌握 JavaScript 基本语句的使用方法

◆掌握 JavaScript 常用函数的使用方法

◆理解 JavaScript 语言的交互性和动态性

◆掌握利用 JavaScript 语言制作网页特效的方法

相关知识

本任务主要是简单了解 JavaScript 的基本语法，体会 JavaScript 编写的基本的概念，以便使用时正确查找。对于 JavaScript 深入具体的学习，还应参考其他的相关资料。

JavaScript 可以出现在 HTML 的任意位置，甚至可以在 <html> 之前插入。它使用标记 <script>…</script> 进行声明，不过如果要在声明框架的网页（框架网页）中插入，就一定要在 <frameset> 标记之前插入，否则不会运行。JavaScript 的基本格式如下。

```
<script language="JavaScript">
…
//JavaScript 代码
…
</script>
```

另外一种插入 JavaScript 的方法，是把 JavaScript 代码写到另一个文件当中（此文件通常用“.js”作扩展名），然后用格式为“<script src="javascript.js" language="javascript"></script>”的标记把它嵌入到文档中。注意，一定要用“</script>”标记。

一、数据类型和变量

JavaScript 脚本语言同其他语言一样，有其自身的基本数据类型、表达式、算术运算符以及程序的基本框架结构。JavaScript 提供了 6 种数据类型，其中 4 种基本的数据类型用来处理数字和文字，而变量提供存放信息的空间，表达式则可以完成较复杂的信息处理。

1. 数据类型

下面对各种数据类型分别进行介绍。

string 字符串类型：字符串是用单引号或双引号来说明的（可以使用单引号来输入包含双引号的字符串，反之亦然），其内容为如“网页设计”“Next Station”和“CSS 样式设计”等文本。

数值数据类型：JavaScript 支持整数和浮点数，整数可以为正数、0 或者负数；浮点数可以包含小数点，也可以包含一个“e”（大小写均可，在科学记数法中表示“10 的幂”），或者同时包含这两项。

boolean（布尔）类型：可能的 boolean 值有 true 和 false。这是两个特殊值，不能用作 1 和 0。

undefined 数据类型：一个为 undefined 的值就是指在变量被创建后，未给该变量赋值时具有的值。

null 数据类型：null 值指没有任何值，什么也不表示。

object 类型：除了上面提到的各种常用类型外，对象也是 JavaScript 中的重要组成部分。

2. 变量

在 JavaScript 中变量用来存放脚本中的值，这样在需要使用该值时就可以用变量来代表，一个变量可以代表一个数字、文本或其他一些东西。变量的概念与其他程序语言中的变量是基本一致的。

JavaScript 是一种对数据类型要求不太严格的语言，所以不必声明每一个变量的类型。变量声明尽管不是必需的，但在使用变量之前先进行声明是一种好的习惯。可以使用 var 语句来进行变量声明。例如：

```
var temp;          // 没有赋值
var score=95;       // 数值类型
var male=true;      // 布尔类型
var author="isaac"  // 字符串
```

也可以将一个变量赋值后更改它的数据类型，但并不推荐这样操作。例如：

```
X=35.6;
X="JavaScript";
```

JavaScript 是一种区分大小写的语言，因此将一个变量命名为“computer”和将其命名为“Computer”是不一样的。另外，变量名称的长度是任意的，但必须遵循以下规则：

（1）第 1 个字符必须是一个字母（大小写均可）或一个下划线。

（2）后续的字符可以是字母、数字或下划线。

（3）变量名称不能是系统的保留字，如 true、for 或 return 等。

例 11.1 利用 Dreamweaver 创建 JavaScript 变量基本用法的案例。

步骤 1 打开 Dreamweaver，新建一个网页文件。

步骤 2 在代码视图中输入如下代码。

```
<html>
  <head><title> 变量的基本用法和用途 </title></head>
  <body>
    <script language="javascript">
     var name; // 声明变量 name
     var age; // 声明变量 age
     name=" 张三 "; // 把字符串 " 张三 " 存储到变量 name 中
     age=20;// 把整数 20 存储到变量 age 中
     document.write(name); // 将变量 name 的值显示在页面上
     document.write(" 的年龄是 :"); // 在页面上输出 " 的年龄是 :"
     document.write(age); // 将变量 age 的值显示在页面上
    </script>
  </body>
</html>
```

步骤 3 保存网页文档，并按 F12 键预览，效果如图 11—2 所示，见本项目教学资源“example”文件夹下的“11-02.html”文件。

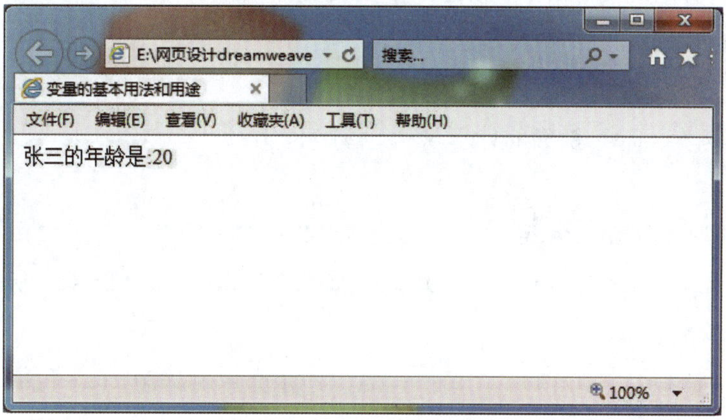

● 图 11—2 程序运行的效果

二、表达式及运算符

表达式在定义完变量后，就可以进行赋值、改变和计算等一系列操作。这一过程通常又由表达式来完成。可以说表达式是变量、常量、布尔以及运算的集合，因此表达式可以分为算术表达式、字符串表达式、赋值表达式、布尔表达式等。例如，“2+2”就是一个简单的表达式。

运算符是完成操作的一系列符号，在 JavaScript 中有算术运算符、比较运算符、布尔运算符。

算术运算符又分单目运算符和双目运算符。其中双目运算符包括 +（加）、-（减）、*（乘）、/（除）、%（取模）、|（按位或）、&（按位与）、<<（左移）、>>（右移）和 >>>（右移，零填充）等。单目运算符包括 -（取反）、~（取补）、++（递加 1）和 --（递减 1）等。它们的使用方法与一般程序设计语言一样，这里不再一一介绍。

比较运算符的基本操作过程是，首先对它的操作数进行比较，然后再返回一个 true 或 false 值，主要的比较运算符有：<（小于）、>（大于）、<=（小于等于）、>=（大于等于）、==（等于）和 !=（不等于）。

布尔逻辑运算符主要有：!（取反）、&（逻辑与）、&=（与之后赋值）、|（逻辑或）、|=（或之后赋值）、^（逻辑异或）、^=（异或之后赋值）、?:（三目操作符）、||（或）、==（等于）和 !=（不等于）。

其中，三目操作符的运算规则是，首先对“?”前的布尔表达式进行判断，然后根据表达式的值输出相应结果。例如，对表达式“a>b?a:b”，如果表达式结果为真，即 a 大于 b，则输出“:”前的 a，否则输出 b。

例 11.2 利用 Dreamweaver 创建 JavaScript 表达式及运算符基本用法的案例。

步骤 1 打开 Dreamweaver，新建一个网页文件。

步骤 2 在代码视图中输入如下代码。

```
<html>
  <head><title> 税额的计算 </title></head>
  <body>
    <script language="javascript">
        var  list, rate=0.05,paid=105,tax;  //list:标价;rate:税率;paid:付款额;tax:税额
        list=paid/(1+rate);        // 标价 = 付款额 /(1+ 税率 )
        tax=paid-list;
        document.writeln(" 标价 ="+list);
        document.writeln(" 税额 ="+tax);
    </script>
  </body>
</html>
```

步骤 3 保存网页文档，并按 F12 键预览，效果如图 11—3 所示，见本项目教学资源“example”文件夹下的“11-03.html”文件。

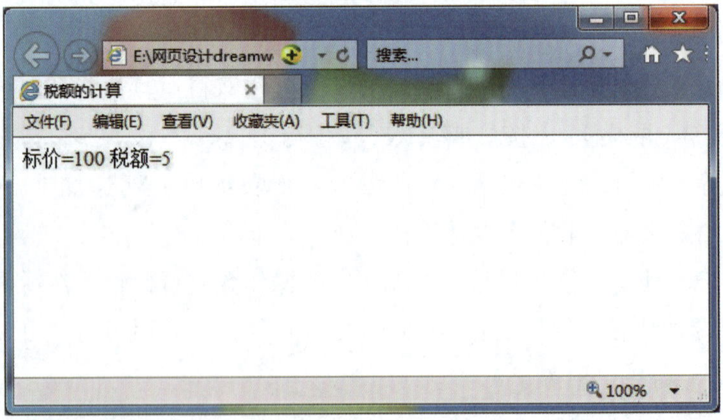

图 11—3 程序运行的效果

三、基本语句

JavaScript 中的语句与其他语言的语句类似，用于实现程序的控制和各种基本的功能。在 JavaScript 中每条语句都以分号结束，但其本身对是否添加分号要求并不严格。

但建议每条语句结束都加上分号，养成良好的编程习惯。JavaScript 的基本语句主要包括条件语句、循环语句和函数等。

1. 条件语句

条件语句主要有 if 语句、if else 语句和 switch 语句等，if 语句是最基本的条件语句，它的格式与 C++ 相同，例如：

```
if( 表达式 ){
语句 1;
语句 2;
}
```

如果表达式为 true，则执行大括号里的语句，为 false 则直接跳过该段语句，执行后面的语句。如果需要在表达式为 false 时指定执行某段代码，则应采用 if else 语句，例如：

```
if( 表达式 ){
语句 1;
语句 2; …}
else{
语句 3;
语句 4; …
}
```

其中语句 1 ~ 4 可以是任意的合法 JavaScript 语句，甚至嵌套 if 语句等。

例 11.3 条件语句的用法案例。

步骤 1 打开 Dreamweaver，新建一个网页文件。

步骤 2 在代码视图中输入如下代码。

```
<html>
  <head><title> 两个数的排序 </title></head>
  <body>
    <script language="javascript">
    var x, y, temp;
    x=parseFloat(prompt(" 请输入 x 的值：", "0"));
    y=parseFloat(prompt(" 请输入 y 的值：", "0"));
    if(x>y){
        temp=x;  x=y;  y =temp;
    }
```

```
    document.writeln(" 排序后，x="+x+"; y="+y);
    </script>
  </body>
</html>
```

步骤 3 保存网页文档，并按 F12 键预览，效果如图 11—4 所示，见本项目教学资源“example”文件夹下的“11-04.html”文件。

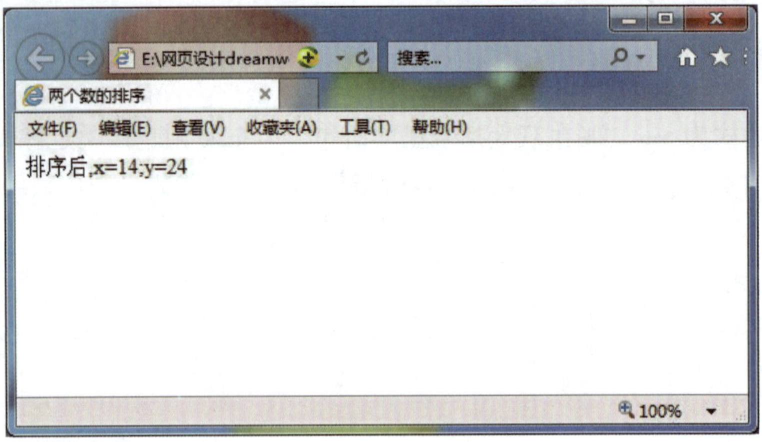

● 图 11—4 程序运行的效果

2. 循环语句

循环语句一般指在一定条件下重复执行的一段代码，在 JavaScript 中提供了多种循环语句，包括 for 语句、while 语句和 do while 语句等，还有用于跳出循环的 break 语句，用于终止当前循环并继续执行下一轮循环的 continue 语句等。

for 语句是使用频率最高的循环语句，它的格式与 C++ 类似，例如：

```
for(initialization statement; condition; adjust statement){
    语句 1;
    语句 2;
    ....
  }
```

for 语句由两个部分组成，即条件与循环体。循环体部分由具体的语句构成，是条件满足时要执行的代码。而条件部分又分为 3 个部分，每部分用分号隔开。“initialization statement”用于初始化数据；“condition”为循环判断的条件，它决定循环体执行的次数；“adjust statement”用于每次执行完循环体对参数进行调整。循环体中的语句同样可以是任何合法的 JavaScript 语句，也可嵌套 for 语句。

例 11.4　循环语句用法案例。

步骤 1　打开 Dreamweaver，新建一个网页文件。

步骤 2　在代码视图中输入如下代码。

```
<html>
  <head><title> 求 1 到 100 的和 </title></head>
  <body>
    <script language="javascript">
    var i, sum=0;
    for(i=1; i<=100; i++){
      sum+=i;
    }
    document.write("1+2+3+...+100="+sum);
    </script>
  </body>
</html>
```

步骤 3　保存网页文档，并按 F12 键预览，效果如图 11—5 所示，见本项目教学资源“example”文件夹下的“11-05.html”文件。

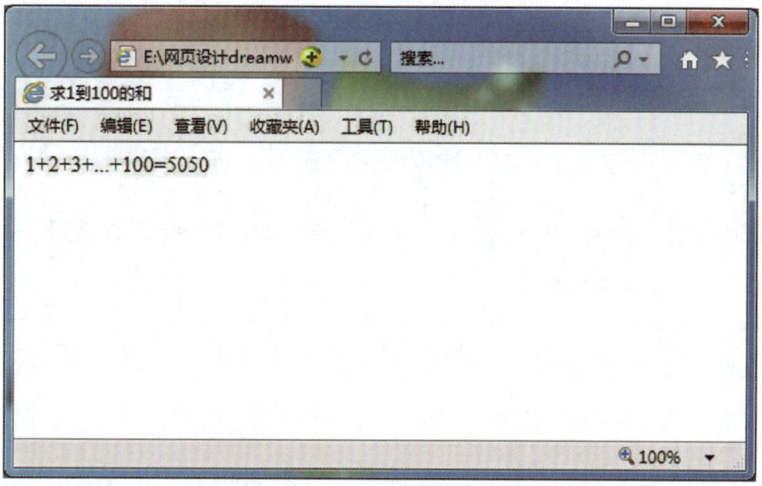

图 11—5　程序运行的效果

3. 函数

JavaScript 中的函数是通过关键字 function 来声明的，其使用方法与一般程序语言类似，例如：

```
function 函数名（[ 参数集 ]）{
…
[ return [ < 值 > ] ;]
…
}
```

其中中括号“[ ]”里的部分是可以省略的，当函数遇到 return 语句时，将直接跳出该函数体，返回调用它的地方继续往下执行。合理的使用函数能够将一些常用的功能集合在一起，统一调用，也可以使得页面代码清晰、可读性强。

例 11.5 一个函数定义的例子。

步骤 1 打开 Dreamweaver，新建一个网页文件。

步骤 2 在代码视图中输入如下代码。

```
<html>
  <head>
    <script type="text/javascript">
    function displaymessage()
    {alert("Hello World! 你好世界！这是弹出来的消息显示框 display-
message! ")
    }
    </script>
  </head>
  <body>
    <form>
      <input type="button" value="Click me! 点击我一下看看！"
onclick="displaymessage()">
    </form>
  </body>
</html>
```

步骤 3 保存网页文档，并按 F12 键预览，效果如图 11—6 所示，见本项目教学资源“example”文件夹下的“11-06.html”文件。

例 11.6 确认对话框函数程序案例。

步骤 1 打开 Dreamweaver，新建一个网页文件。

步骤 2 在代码视图中输入如下代码。

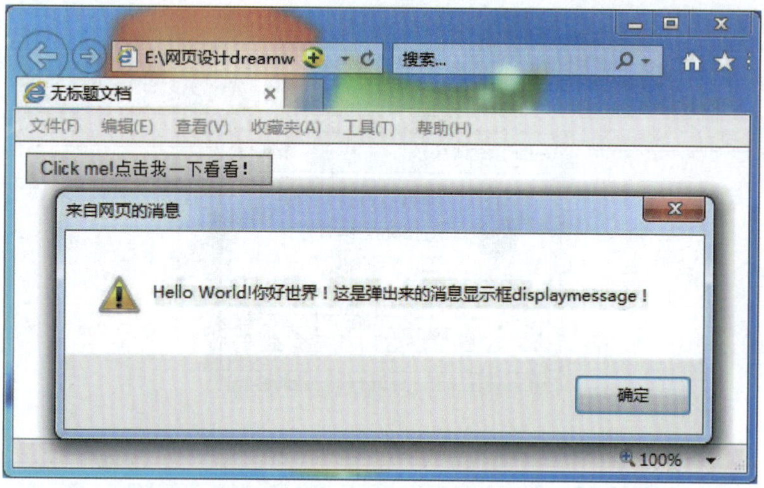

● 图 11—6　程序运行的效果

```
<html>
  <head><title> 确认对话框 </title></head>
  <body>
    <script language="javascript">
    var visited, show_text;
    visited=confirm ( " 您来过国防技师学院吗？ " ) ;
    show_text=visited? " 欢迎参观国防技师学院！ ":" 欢迎您有机会来国防技师学院参观 ！";
    document.write ( show_text ) ;
    </script>
  </body>
</html>
```

步骤 3　保存网页文档，并按 F12 键预览，效果如图 11—7 所示，见本项目教学资源“example”文件夹下的“11-07.html”文件。

> **小提示**　confirm 函数：显示一个确认对话框，包括“确定”“取消”按钮。当按下“确定”按钮，返回“true”，按下“取消”按钮，返回“false”。

例 11.7　提示对话框程序案例。

步骤 1　打开 Dreamweaver，新建一个网页文件。

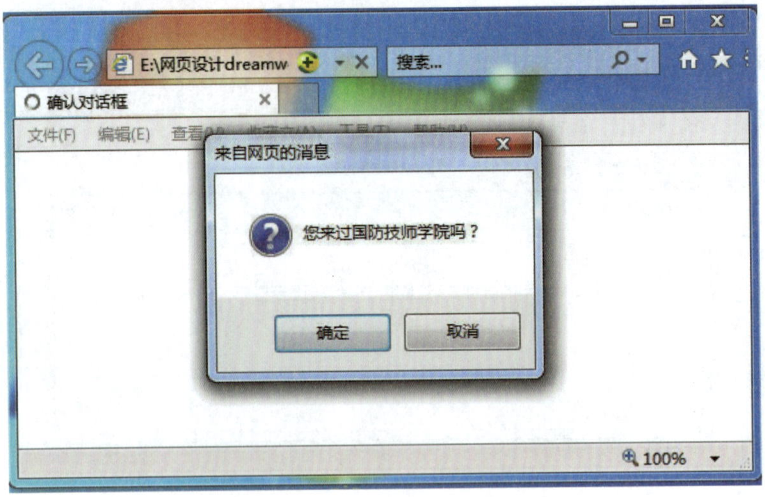

● 图 11—7　程序运行的效果

步骤 2　在代码视图中输入如下代码。

```
<html>
  <head><title> 确认对话框 </title></head>
  <body>
    <script language="javascript">
    var name;
    name=prompt（" 请输入您的姓名 :",""）;
    document.write（" 尊敬的 "+name+"：欢迎您进入我的主页！ "）;
    </script>
  </body>
</html>
```

步骤 3　保存网页文档，并按 F12 键预览，效果如图 11—8 所示，见本项目教学资源“example”文件夹下的“11-08.html”文件。

小提示　prompt 函数：显示一个输入对话框，提示等待用户输入。

任务实施

在学习了 JavaScript 基本知识后，通过修改更新饰品公司网站首页效果来学习 JavaScript 特效在实际网页制作中的应用。为简化学习过程，在素材中提供了网站的原

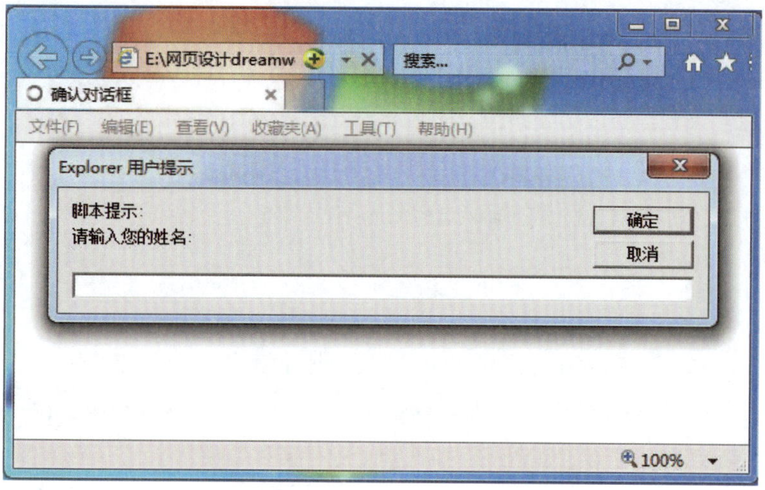

● 图 11—8　程序运行的效果

始首页，只需直接进行特效制作，相关素材见本项目素材中的“adorning”文件夹。另外，为便于理解，该首页 JavaScript 的特效制作分为三部分来完成。

一、利用 JavaScript 制作文字颜色变换跑马灯特效

步骤 1　用 Dreamweaver 打开原有的网页，如图 11—9 所示。

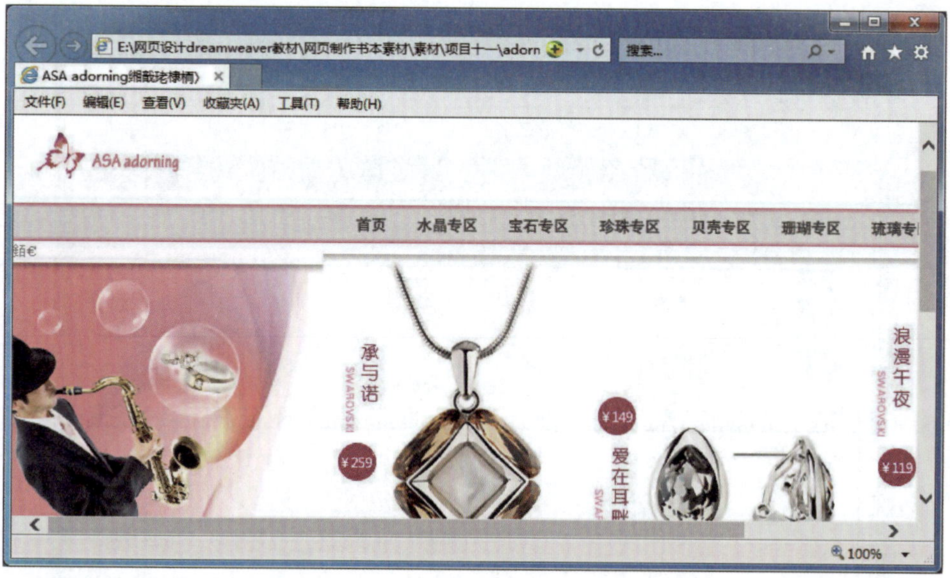

● 图 11—9　原有网页

步骤 2　准备 JavaScript 代码，代码如下。

```
<script language="javascript">
```

```
<!--
  function initArray(){
  this.length=initArray.arguments.length;
    for(var i=0;i<this.length;i++){
      this[i]=initArray.arguments[i];
          }
    }
  var ctext="欢迎访问北京 ASA 贸易有限公司！";
document.write(<div id="c"><center>+ctext+</center></div>);
-->
</script>
```

小提示 以上 JavaScript 代码加入网页源代码的 <body></body> 标记之间。具体位置可由设计者自己指定。

步骤 3 将网页的视图模式切换至“拆分”模式，将 JavaScript 代码插入到网页源代码中的适当位置，如图 11—10、图 11—11 所示。

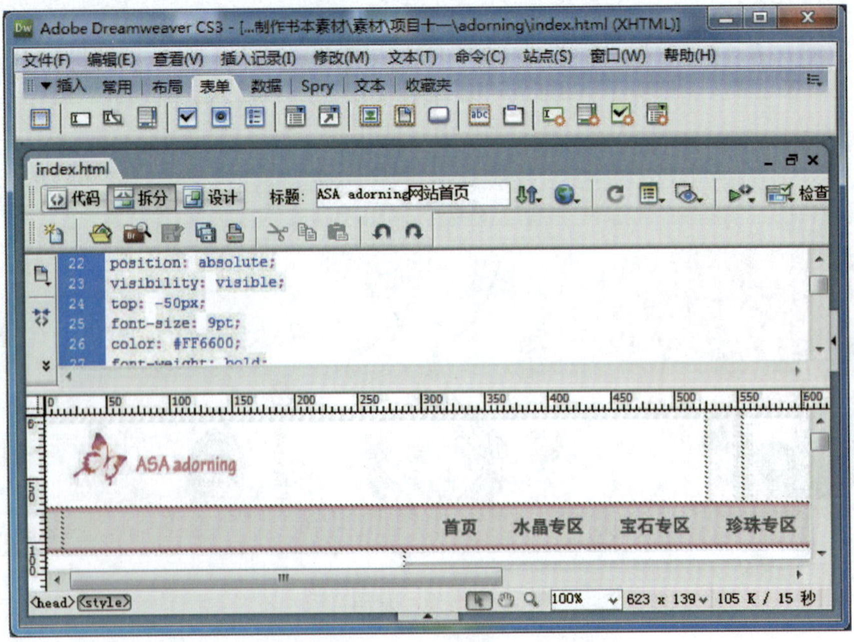

图 11—10 “拆分”视图模式

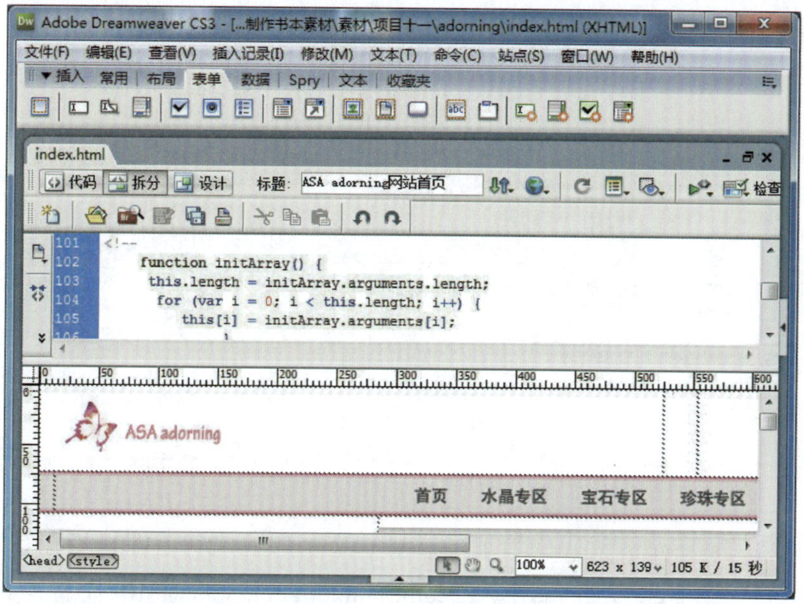

● 图 11—11 将 JavaScript 代码加入网页源代码中

小提示 JavaScript 代码可事先用记事本编辑好，然后直接复制拷贝到源代码的合适位置即可。

步骤 4 保存网页文档，并按 F12 键预览初始效果，如图 11—12 所示，如文字位置不合适，可先将鼠标定位到合适的位置，再将 JavaScript 代码放到源代码的相应位置中。

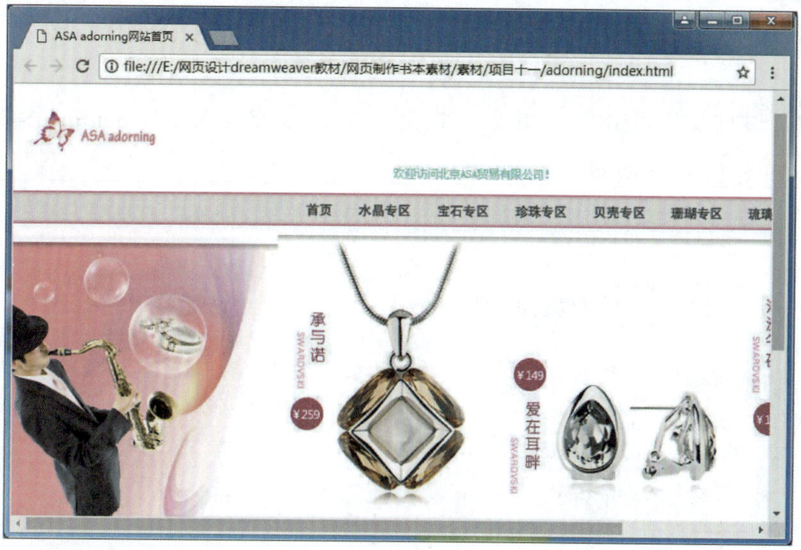

● 图 11—12 文字颜色变换的初始效果

步骤 5　在 JavaScript 代码的 initArray 数组中增加文字不同颜色轮换显示的效果，如图 11—13 所示。

```
<script language=javascript>
<!--
  function initArray() {
   this.length = initArray.arguments.length;
    for (var i = 0; i < this.length; i++) {
       this[i] = initArray.arguments[i];
          }
    }
   var ctext = " 欢迎访问北京ASA贸易有限公司！  ";
   var x = 0;
   var color = new initArray( "red","blue", "green", "black", "pink", "turquoise", "coral", "orange", "lime","violet");
   document.write('<div id="c"><center>'+ctext+'</center></div>');
function chcolor()
{
document.all.c.style.color = color[x];
(x<color.length-1)?x++:x=0;
}
setInterval("chcolor()",1000);
-->
</script>
```

● 图 11—13　在 JavaScript 代码中增加文字的颜色

步骤 6　在 JavaScript 代码中增加随机显示文字颜色语句，即将步骤 5 源代码中的 (x<color.length−1)?x++:x = 0 语句用 x = Math.round(Math.random()*10) 代替，如图 11—14 所示。

```
<script language=javascript>
<!--
  function initArray() {
   this.length = initArray.arguments.length;
    for (var i = 0; i < this.length; i++) {
       this[i] = initArray.arguments[i];
          }
    }
   var ctext = " 欢迎访问北京ASA贸易有限公司！  ";
   var x = 0;
   var color = new initArray( "red","blue", "green", "black", "pink", "turquoise", "coral", "orange", "lime","violet");
   document.write('<div id="c"><center>'+ctext+'</center></div>');
function chcolor()
{
document.all.c.style.color = color[x];
x=Math.round(Math.random()*10);
}
setInterval("chcolor()",1000);
-->
</script>
```

● 图 11—14　增加文字随机显示效果

步骤 7　增加文字的跑马灯效果，在 JavaScript 标签之前用 <marquee> 标签实现跑马灯效果，如图 11—15 所示。

```
<marquee behavior="alternate">
 <script language=javascript>
<!--
  function initArray() {
   this.length = initArray.arguments.length;
    for (var i = 0; i < this.length; i++) {
       this[i] = initArray.arguments[i];
          }
    }
   var ctext = " 欢迎访问北京ASA贸易有限公司！  ";
   var x = 0;
   var color = new initArray( "red","blue", "green", "black", "pink", "turquoise", "coral", "orange", "lime","violet");
   document.write('<div id="c"><center>'+ctext+'</center></div>');
function chcolor()
{
document.all.c.style.color = color[x];
x=Math.round(Math.random()*10);
}
setInterval("chcolor()",1000);
-->
 </script>
</marquee>
```

● 图 11—15　增加跑马灯效果

步骤 8　刷新并保存网页文档，并按 F12 键预览最终效果，如图 11—16 所示。

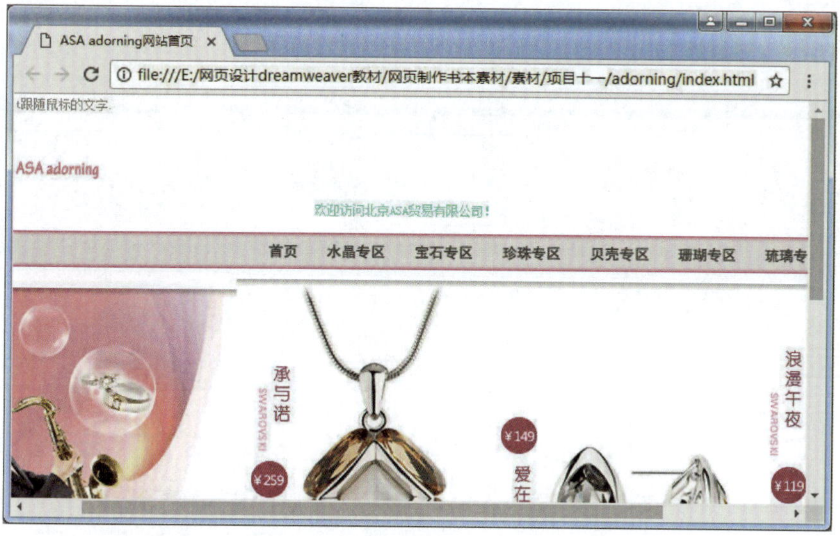

● 图 11—16　文字颜色变换特效的最终效果

二、利用 JavaScript 制作图片轮播效果

随着网页设计技术的发展，当今网页中图片的表现方式也更加多样，图片轮播已成为网页中必不可少的图片展示方式。可利用 CSS+JavaScript 的脚本语言实现网页中的滚动图片的设计，即在网页中一个固定位置循环滚动播放图片，当鼠标经过图片时滚动停止，当鼠标离开图片时又重新滚动。

本案例制作珠宝图片的轮播，可根据实际需要将轮播内容添加在网页的任何位置。

步骤 1　准备好轮播图片，存放于 images 文件夹，规范命名，注意图片大小须一致。如图 11—17 所示。

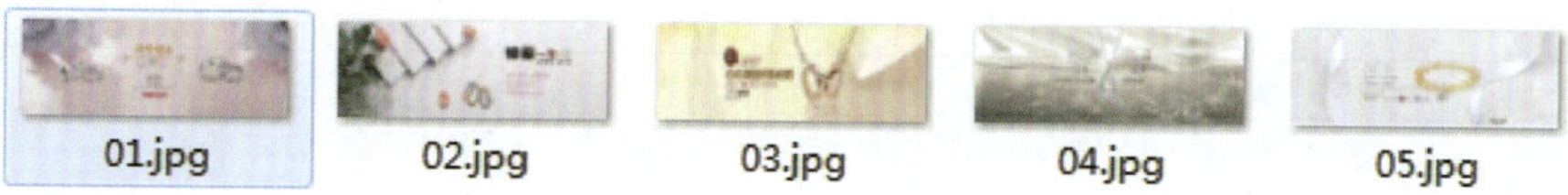

● 图 11—17　轮播图片

步骤 2　打开之前做好的网页 index.html。

步骤 3　在导航条下方输入以下代码，搭建轮播框架，如图 11—18 所示。

```
<div class="container">
  <div class="lunBo" id="lunBo">
    <div class="banner" id="banner"></div>
```

```
      <ul id="list"></ul>
    </div>
  </div>
```

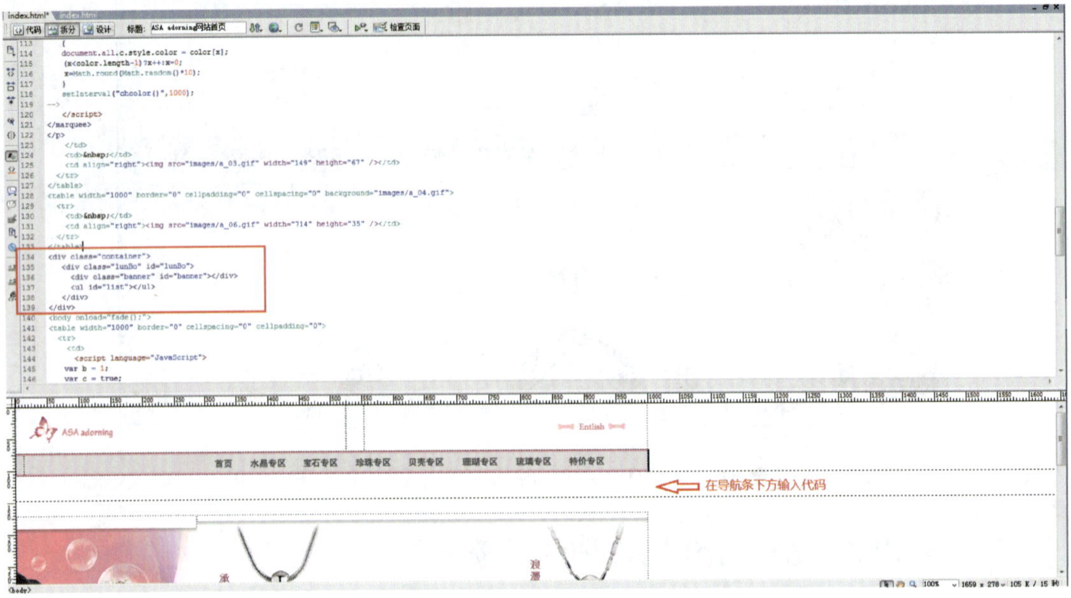

● 图 11—18　搭建轮播框架

步骤 4　在网页头部代码中设置 CSS 样式，添加如下代码：

```
* {
margin: 0;
padding: 0;
    }
ul {
list-style: none;
        }
.container{
  width:1000px;
  height: 340px;
  margin-top: 0;
  margin-bottom: 0;
         }
.lunBo{
```

```
width: 1000px;
height: 340px;
margin:0 auto;
position: relative;
    }
.lunBo .banner .item{
display: none;
    }
.lunBo .banner .item.active{
display: block;
    }
.lunBo .banner .item a{
border: none;
    }
.lunBoul{
position: absolute;
overflow: hidden;
bottom: 20px;
right: 20px;
  }
.lunBoulli{
float: left;
width: 30px;
    font: bold 16px/30px "微软雅黑";
background-color: #000;
color: #fff;
text-align: center;
cursor: default;
border-radius: 15px;
  }
.lunBoulli+li{
margin-left: 10px;
  }
```

```
.lunBoulli.active{
background-color: #fff;
color: red;
  }
```

步骤 5　新建 JavaScript 文档，保存为“lunbo.js”，如图 11—19 所示。

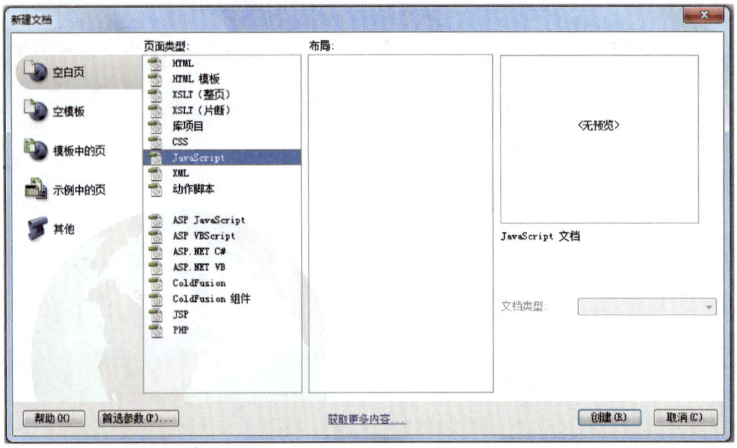

● 图 11—19　创建 JavaScript 文档

步骤 6　输入代码，如图 11—20 所示，注意图片路径及名称。

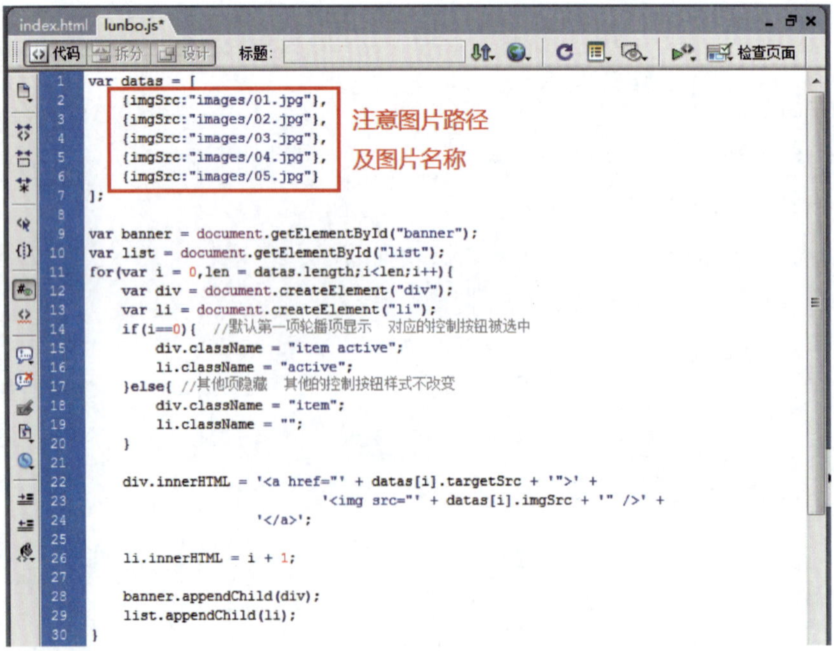

● 图 11—20　输入 JS 代码

步骤 7　继续输入 JavaScript 代码，完成轮播效果，如图 11—21 所示。

```
        list.appendChild(li);
}

var lunBo = document.getElementById("lunBo");
var items = document.querySelectorAll("#lunBo #banner .item");
var lis = document.querySelectorAll("#lunBo #list li");
var currentIndex = 0;//(控制按钮和轮播项共同的索引)
for(var i = 0,len = lis.length;i<len;i++){
    lis[i].index = i;
    lis[i].onmouseenter = function(){
        currentIndex = this.index;
        for(var j = 0;j<len;j++){
            lis[j].className = "";
            items[j].className = "item";
        }
        this.className = "active";
        items[this.index].className = "item active";
    }
}

var termId;  //全局变量
function autoPlay(){
    termId = setInterval(function(){
        currentIndex++;
        if(currentIndex==lis.length){
            currentIndex = 0;
        }
        lis[currentIndex].onmouseenter();
    },5000);
}

autoPlay();//打开页面自动轮播
//鼠标进入停止轮播
lunBo.onmouseenter = function(){
    clearInterval(termId);
}
//鼠标离开继续轮播
lunBo.onmouseleave = function(){
    autoPlay();
}
```

● 图 11—21　输入 JS 代码

步骤 8　打开“index.html”文件，在代码中链接 js 文件，如图 11—22 所示。

```
</table>
<div class="container">
    <div class="lunBo" id="lunBo">
        <div class="banner" id="banner"></div>
        <ul id="list"></ul>
    </div>
</div>
<script src="lunBo.js"></script>
<body onload="fade();">
```

● 图 11—22　链接 js 文件

步骤 9　保存网页文档，预览网页最终效果，如图 11—23 所示。

● 图 11—23　图片轮播最终效果

知识拓展　JavaScript 典型实例

JavaScript 语言效率高、功能强大，在表单数据合法性验证、网页特效、交互式菜单、动态页面等方面有着广泛的应用。扫描二维码，了解 JavaScript 的典型应用实例。

附录
Dreamweaver CS3 常用快捷键

附表 1　　“文件”菜单栏中命令的快捷键

命令	快捷键	命令	快捷键
新建	Ctrl+C	打开	Ctrl+O
在框架中打开	Ctrl+Shift+O	关闭	Ctrl+W
全部关闭	Ctrl+Shift+W	保存	Ctrl+S
另存为	Ctrl+Shift+S	打印代码	Ctrl+P
退出	Ctrl+Q		

附表 2　　“编辑”菜单栏中命令的快捷键

命令	快捷键	命令	快捷键
撤销	Ctrl+Z	重做	Ctrl+Y
剪切	Ctrl+X	复制	Ctrl+C
粘贴	Ctrl+V	全选	Ctrl+A
选择父标签	Ctrl+[	选择子标签	Ctrl+]
查找和替换	Ctrl+F	查找所选	Shift+F3
查找下一个	F3	转到行	Ctrl+G
显示代码提示	Ctrl+Space	刷新代码提示	Ctrl+.
缩进代码	Ctrl+Shift+>	凸出代码	Ctrl+Shift+<
平衡大括弧	Ctrl+’	首选参数	Ctrl+U

附表 3　　“查看”菜单栏中命令的快捷键

命令	快捷键	命令	快捷键
放大	Ctrl+=	缩小	Ctrl+–
符合所选	Ctrl+Alt+0	符合全部	Ctrl+Shift+0
符合宽度	Ctrl+Shift+Alt+0	切换视图	Ctrl+Alt+.
刷新设计视图	F5	文件头内容	Ctrl+Shift+H
样式模式 / 扩展表格模式	F6	表格模式 / 布局模式	Alt+F6
可视化助理 / 隐藏所有	Ctrl+Shift+I	标尺 / 显示	Ctrl+Alt+R
网格 / 显示网格	Ctrl+Alt+G	网络 / 靠齐到网络	Ctrl+Shift+Alt+G
辅助线 / 显示辅助线	Ctrl+;	辅助线 / 锁定辅助线	Ctrl+Alt+;
辅助线 / 靠齐辅助线	Ctrl+Shift+;	辅助线 / 辅助线靠齐元素	Ctrl+Shift+/
插件 / 播放	Ctrl+Alt+P	插件 / 停止	Ctrl+Alt+X
插件 / 播放全部	Ctrl+Shift+Alt+P	插件 / 停止全部	Ctrl+Shift+Alt+X
隐藏面板	F4		

附表 4　　“插入记录”菜单栏中命令的快捷键

命令	快捷键	命令	快捷键
标签	Ctrl+E	图像	Ctrl+Alt+I
媒体 /Flash	Ctrl+Alt+F	命令锚记	Ctrl+Alt+A
模板对象 / 可编辑区域	Ctrl+Alt+V		

附表 5　　“修改”菜单栏中命令的快捷键

命令	快捷键	命令	快捷键
页面属性	Ctrl+J	CSS 样式	Shift+F11
快速标签编辑器	Ctrl+T	创建链接	Ctrl+L
移除链接	Ctrl+Shift+L	表格 / 选择表格	Ctrl+A
表格 / 合并单元格	Ctrl+Alt+M	表格 / 拆分单元格	Ctrl+Alt+S
表格 / 插入行	Ctrl+M	表格 / 插入列	Ctrl+Shift+A
表格 / 删除行	Ctrl+Shift+M	表格 / 删除列	Ctrl+Shift+–
表格 / 增加列宽	Ctrl+Shift+]	表格 / 减少列宽	Ctrl+Shift+[
排列顺序 / 左对齐	Ctrl+Shift+1	排列顺序 / 右对齐	Ctrl+Shift+3
排列顺序 / 对齐上缘	Ctrl+Shift+4	排列顺序 / 对齐下缘	Ctrl+Shift+6
排列顺序 / 设成宽度相同	Ctrl+Shift+7	排列顺序 / 设成高度相同	Ctrl+Shift+9
时间轴 / 增加对象到时间轴	Ctrl+Shift+Alt+T		

附表 6 “文本”菜单栏中命令的快捷键

命令	快捷键	命令	快捷键
缩进	Ctrl+Alt+]	凸出	Ctrl+Alt+[
段落格式 / 无	Ctrl+0	段落样式 / 段落	Ctrl+Shift+P
段落格式 / 标题 1	Ctrl+1	段落样式 / 标题 2	Ctrl+2
段落格式 / 标题 3	Ctrl+3	段落样式 / 标题 4	Ctrl+4
段落格式 / 标题 5	Ctrl+5	段落样式 / 标题 6	Ctrl+6
对齐 / 左对齐	Ctrl+Shift+Alt+L	对齐 / 居中对齐	Ctrl+Shift+Alt+C
对齐 / 右对齐	Ctrl+Shift+Alt+R	对齐 / 两端对齐	Ctrl+Shift+Alt+J
样式 / 粗体	Ctrl+B	样式 / 斜体	Ctrl+I
检查拼音	Shift+F7		

附表 7 “命令”菜单栏中命令的快捷键

命令	快捷键	命令	快捷键
开始录制	Ctrl+Shift+X		

附表 8 “站点”菜单栏中命令的快捷键

命令	快捷键	命令	快捷键
获取	Ctrl+Shift+D	取出	Ctrl+Shift+Alt+D
上传	Ctrl+Shift+U	存回	Ctrl+Shift+Alt+U
检查站点范围的链接	Ctrl+F8		

附表 9 “窗口”菜单栏中命令的快捷键

命令	快捷键	命令	快捷键
插入	Ctrl+F2	属性	Ctrl+F3
CSS 样式	Shift+F11	AP 元素	F2
数据库	Ctrl+Shift+F10	绑定	Ctrl+F10
服务器行为	Ctrl+F9	组件	Ctrl+F7
文件	F8	资源	F11
代码片段	Shift+F9	标签检查器	F9
行为	Shift+F4	结果	F7
参考	Shift+F1	历史记录	Shift+F10
框架	Shift+F2	代码检查器	F10
时间轴	Alt+F9	隐藏面板	F4

附表 10　　“帮助”菜单栏中命令的快捷键

命令	快捷键	命令	快捷键
使用 Dreamweaver 帮助	F1	使用 ColdFusion 帮助	Ctrl+F1
参考	Shift+F1		